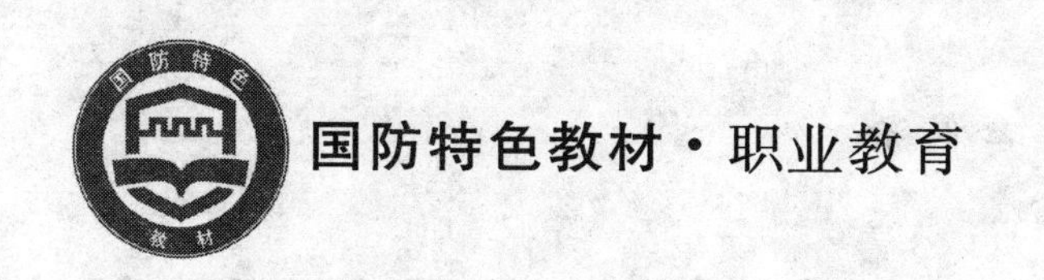

塑料成型工艺与模具设计

庞　军　主　编
陈元龙　张玉萍　副主编
解念锁　主　审

北京航空航天大学出版社
北京理工大学出版社　哈尔滨工业大学出版社
哈尔滨工程大学出版社　西北工业大学出版社

内容简介

本书是“十一五”国防特色规划职业教育教材。

全书除绪论外共分3篇17章。第1篇为塑料成型基础，分2章介绍塑料成型的必要知识，包括高分子聚合物的结构特点、热力学性能和流变学性质，以及其熔体在成型过程中的流动状态及物理和化学变化。另外，还介绍了塑料的组成与工艺特性、塑件的设计等。第2篇为注射成型模具设计与制造，以实例为主线，分10章详细介绍注射模具的设计、制造、装配、试模和修模等问题。第3篇为其他塑料模具设计及快速原型制造技术，分5章简单介绍压缩模、压注模、挤出模、中空吹塑模设计及快速原型制造技术。

本书可作为高等职业学校、高等专科学校及成人高等学校的教材，也可供从事塑料成型技术和塑料模具设计及制造的工程技术人员参考。

图书在版编目(CIP)数据

塑料成型工艺与模具设计/庞军主编. --北京：北京航空航天大学出版社，2010.6

ISBN 978-7-5124-0025-2

Ⅰ.①塑… Ⅱ.①庞… Ⅲ.①塑料成型—工艺 ②塑料模具—设计 Ⅳ.①TQ320.66

中国版本图书馆CIP数据核字(2010)第033618号

塑料成型工艺与模具设计

庞　军　主　编

陈元龙　张玉萍　副主编

解念锁　主　审

责任编辑　李　杰　王淑梅

*

北京航空航天大学出版社出版发行

北京市海淀区学院路37号(邮编100191)　http://www.buaapress.com.cn

发行部电话:(010)82317024　传真:(010)82328026

读者信箱:bhpress@263.net　邮购电话:(010)82316936

北京市媛明印刷厂印装　各地书店经销

*

开本:787×960　1/16　印张:23.5　字数:526千字

2010年6月第1版　2010年6月第1次印刷　印数:3 000册

ISBN 978-7-5124-0025-2　定价:43.00元

前 言

随着现代工业的发展，塑料制件不仅在工业、农业和日常生活中得到广泛使用，而且在军工行业中的应用也越来越广泛。军工行业对塑料制件的质量要求较高，而高质量的模具设计、先进的模具制造设备、合理的加工工艺、优质的模具材料和现代的成型设备等都是成型优质塑料制件的重要条件。

塑料成型工艺与模具设计实践性强，并且正处在飞速发展之中。编者在多年从事高等职业教育、教学和生产实践的基础上，参考国内外大量有关塑料模具设计、模具制造以及塑料成型工艺等方面的资料，整理编写了这本书。在本书的编写过程中，以够用为度，注重理论联系实际，注重新的塑料成型技术的介绍，注重反映国内外先进技术，同时力求体现各高等职业院校在教学改革方面所取得的成果。

本书是按照现代模具工业技术人员必须具备的正确制定塑料成型工艺、合理设计塑料成型模具和合理制定模具零件的加工工艺的知识、技术和能力的要求进行编写的。全书共分3篇17章。第1篇为塑料成型基础，分两章介绍塑料成型的必要知识，包括高分子聚合物结构特点与性能，尤其是聚合物的热力学性能和流变学性质以及聚合物熔体在成型过程中的流动状态及物理和化学变化。另外，还介绍了塑料的组成与工艺特性、塑件的设计等。第2篇为注射成型模具设计与制造，以实例为主线介绍注射模具的设计、制造、装配、试模及修模等问题，因为注射成型技术应用最广泛，且注射模设计最复杂也最具代表性，所以本篇分10章进行详细介绍。第3篇为其他塑料模具设计及快速原型制造技术，分5章简单介绍压缩模、压注模、挤出模和中空吹塑模设计，并简要介绍了先进的快速原型制造技术。

本书可作为高等职业学校、高等专科学校及成人高等学校的教材，也可供从事塑料成型技术和塑料模具设计、制造的工程技术人员参考。

参加本书编写的有陕西航空职业技术学院的庞军及陈元龙、张玉萍，陕西飞机工业(集团)有限公司的王新忠，威海工业技术学校庞文。本书由庞军担任主编，陈元龙、张玉萍担任副主编，并由陕西理工学院解念锁担任主审。

因编者水平有限，编写时间较仓促，书中难免有不当和错误之处，恳请广大读者批评指正。

编　者

2009 年 12 月

目　录

第 1 篇　塑料成型基础

第2篇　注射成型模具设计与制造

第3篇 其他塑料模具设计及快速原型制造技术

绪 论

0.1　塑料及塑料工业的发展

塑料是以高分子合成树脂为主要成分，在一定的温度和压力下，可塑制成一定的形状、并且在一定条件下保持不变的材料。各种合成树脂都是将低分子化合物的单体通过合成的方法生产出的高分子化合物。

塑料是21世纪才发展起来的一大类新材料，具有质量小、比强度高、电气性能优越、化学稳定性好、摩擦系数小、耐磨性能优良、吸振和消声隔音效果好等特点，同时易成型、易切削、易焊接，能很好地同其他材料相粘接，加之原料来源丰富，因此在汽车、家电、办公用品、工业电器、建筑材料及电子通信等领域得到了广泛的应用，成为4大工业材料(钢材、木材、水泥和塑料)中发展最快的一种材料。塑料制件(塑件)几乎已经进入一切工业部门以及人民日常生活的各个领域。目前，我国的塑料工业已逐步成为国民经济的支柱产业之一。

塑料工业是随着石油工业的发展而发展起来的新兴工业，包含塑料生产和塑件生产两大部分。塑料生产是指树脂或塑料原材料的生产，通常由树脂厂来完成。塑件生产即塑料成型加工，是根据塑料性能，利用各种成型加工手段，使其成为具有一定形状和使用价值的物品或定型材料。

塑件生产主要包括成型、机械加工、修饰和装配等4个生产过程。成型是将各种形态(如粉状、粒状、溶液和分散体等)的塑料原料，制成所需形状的塑件或型坯的过程，是塑件生产中最重要且必不可少的过程，其他三个过程可视塑件要求而取舍。

0.2　塑料成型模具

塑料成型模具是成型塑件的主要工艺装备之一，它可使塑料获得一定的形状和所需性能。在塑件生产中约有95%是依靠模具完成的，塑件的更新都是以成型工艺的改进和模具的更新为前提的。

塑料模具可分为下列几类：

(1)注射模

注射模又称注塑模。塑料注射成型是在金属压铸成型原理基础上发展起来的。首先将粒状或粉状的塑料原料加入到注射机的料筒中，经过加热熔融成粘流态，然后在注射机螺杆或柱塞(已很少使用)的推动下，熔融塑料以一定的流速通过料筒前端的喷嘴及模具的浇注系统注入闭合的模具型腔中，经过一定时间的保压，塑料在模内冷却、硬化定形，接着打开模具，从模内脱出成型的塑件。注射成型主要用于热塑性塑料的成型。近年来，热固性塑料的注射成型也在逐渐增加。注射成型具有能成型形状复杂的塑件及生产效率高等特点，在塑件的生产中占有很大的比重。注射成型所使用的模具称为注射模。据统计，注射模的产量占世界塑料成型模具产量的一半以上。

(2)压缩模

压缩模又称压塑模。压缩成型是将预热过的塑料原料直接放在加热的模具型腔(加料室)内，凸模向下运动，在热和压力的作用下，塑料呈熔融状态并充满型腔，然后固化成型。压缩成型多用于热固性塑料的成型，是塑件成型方法中较早采用的一种方法。该方法成型周期较长、生产效率低。压缩成型所使用的模具称为压缩模。

(3)压注模

压注模又称传递模。压注模的加料室与型腔是通过浇注系统连接起来的，通过压柱或柱塞将加料室内受热塑化熔融的塑料经浇注系统压入被加热的闭合型腔，最后固化定型。压注成型主要用于热固性塑料的成型，所使用的模具称为压注模。

(4)挤出模

挤出模又称挤出机头。挤出成型是利用挤出机料筒内的螺杆旋转加压的方式，连续地将塑化好的呈熔融状态的塑料从料筒中挤出，通过特定截面形状的机头口模成型并借助于牵引装置将挤出的塑件均匀拉出，同时冷却定型，获得截面形状一致的连续型材。该方法生产效率高、成本低、适应性强。挤出成型所使用的模具称为挤出模。

(5)气动成型模

气动成型模是指利用气体作为动力成型塑件的模具。气动成型模包括中空吹塑成型模、真空成型模与压缩空气成型模等。

除了上述介绍的几类常用的塑料成型模具外，还有泡沫塑料成型模、浇铸成型模、滚塑(包括搪塑)成型模、压延成型模以及聚四氟乙烯冷压成型模等。

0.3 塑料成型技术发展趋势

在塑件的生产中，高质量的模具设计、先进的模具制造设备、合理的加工工艺、优质的模具材料和现代化的成型设备等是成型优质塑件的重要条件。一副优良的注射模可成型上百万次，一副好的压缩模能成型25万次以上，这与上述各种因素有很大关系。下面从塑料模的设计、制造、模具的材料以及成型技术等方面，简单介绍一下塑料成型技术的发展趋势。

1. CAD/CAE/CAM 技术的快速发展和推广应用

随着模具工业的发展，模具型腔形状和模具结构越来越复杂，模具制造精度要求越来越高，而生产周期要求越来越短。为了适应这种发展趋势，应用计算机辅助设计(CAD)、计算机辅助工程(CAE)和计算机辅助制造(CAM)技术，可以模拟塑料成型过程，优化成型工艺参数，提高模具质量，缩短模具设计与制造周期，降低生产成本。CAD/CAE/CAM 技术给模具工业带来了巨大的变革，成为模具技术最重要的发展方向。

模具 CAD/CAE/CAM 技术及其应用已日趋成熟。模具 CAD/CAE/CAM 系统是计算机辅助某一种类型模具的设计、计算、分析、绘图以及数控加工、自动编程等的有机集成。采用模具 CAD/CAM 一体化技术，可以构建模具型腔或型芯的三维实体，可以生成刀具轨迹和数控加工代码，进行计算机仿真。通过计算机与数控加工机床 DNC 的通信接口，使得型腔或型芯实体的加工程序可以传递给数控加工机床，可在试切成功后，再进行正式的模具加工。利用 CAE 技术可以在模具加工制造前，在计算机上对整个成型过程进行模拟分析，准确预测熔体的填充、保压、冷却情况，以及塑件中的应力分布、分子和纤维取向分布、塑件的收缩和翘曲变形等情况，以便设计者能尽早发现问题，及时修改塑件和模具设计。CAE 技术主要应用于塑件设计、模具设计和成型参数确定等方面。尤其在大型、复杂塑料模具设计过程中，CAE 技术的应用显得更为重要。

CAD/CAE/CAM 技术具有更新速度快、综合性强和效率高的特点，目前 CAD/CAE/CAM 技术还在不断地发展，它不但可以实现计算机辅助设计中的各个分过程或若干过程的集成，而且可以把生产的全过程集成在一起。

2. 快速原型制造技术的发展

快速原型制造技术(Rapid Prototyping & Manufacturing，RP&M)又称为快速成型制造技术，是由 CAD 模型直接驱动的快速制造复杂形状三维物理实体技术的总称，是 20 世纪 80 年代后期发展起来的新兴先进制造技术，是现代工业从大规模批量生产转变为小批量个性化生产，产品的生命周期越来越短，同时对产品质量和外观设计水平的要求也越来越高而产生的。利用快速成型技术不需任何工装，可快速制造出任意复杂的甚至连数控设备都极难制造或根本不可能制造出来的产品样件，这样大大减少了产品开发的风险和加工费用，缩短了研制周期。

3. 各种模具新材料的研制和使用

模具材料的选用在模具的设计与制造中是一个比较重要的问题，它直接影响到模具的制造工艺、模具的使用寿命、塑件的成型质量和模具的加工成本等。国内外模具工作者在分析模具的工作条件、失效形式和如何提高模具使用寿命的基础上进行了大量的研究工作，并且已开发出了许多具有良好使用性能和加工性能、热处理变形小的新型模具钢种，如预硬钢、新型淬火回火钢、马氏体时效钢、析出硬化钢和耐腐蚀钢等。经过应用，均取得了较为满意的技术和经济效果。另外，为了提高模具的寿命，在模具成型零件的表面强化处理方面也做了许多研究与工程实践，取得了很好的效果。目前，上述的研究与开发工作还在不断地深入进行，已取得的成果正在大力推广。

4. 塑件的微型化、超大型化和精密化

为了满足塑件在各种工业产品中的使用要求，塑料成型技术正朝着微型化、大型化甚至超大型化和精密化方面发展。这些对成型设备、塑件成型工艺和模具设计与制造都提出了更高的要求。

5. 模具标准化

为了满足大规模制造塑料成型模具和缩短模具制造周期的需要，塑料模具的标准化工作就显得十分重要。模具标准化是指在模具设计和制造中应遵循的技术规范、基准和准则。从某种意义上讲，模具的标准化程度体现了一个国家模具工业的发展水平。

我国模具标准化工作起始于20世纪70年代，几十年来，全国模具标准化技术委员会组织制定和审定了许多有关塑料模具及其他模具的技术标准。

随着模具工业的发展，如何让模具标准的制定和修订更加符合市场经济的运行规律，以满足市场对模具标准化的需求；如何提高标准与市场的关联性，增强标准的适应性和有效性；如何进一步扩大标准的应用覆盖率等，是目前模具标准化工作需要重点研究和解决的问题。

0.4 本课程的学习目的和要求

本课程包括塑料成型工艺与塑料成型模具设计两大主题，侧重于塑料模具设计。通过本课程的学习，要求了解塑料成型理论基础知识，掌握各种常用塑料成型基本原理及工艺特点，具有独立制定塑件成型工艺的能力；并在此基础上，掌握各种成型模具的结构特点、设计计算方法，具有独立设计一般的塑料成型模具的能力。此外，还要求能分析各种塑件缺陷的原因并提出解决办法。

本课程是一门实践性较强的课程。因此在学习时，除了重视其中必要的基础知识、工艺方法等理论学习外，还应特别注意实践环节的学习与训练。

思考与练习

常见的塑件成型方法有哪些？常见的塑料模具分哪几类？

第1篇 塑料成型基础

第1章 塑料成型的基础知识

塑料成型是将塑料原材料转变成为具有一定形状和性能的塑件的一门工程技术。为了获得合格的塑件，必须对塑料的成型工艺特性及其在成型过程中表现的物理化学行为有充分的认识。

1.1 塑料概述

1.1.1 塑料的组成

塑料是以合成树脂为主要成分，加入能改善其性能的各种添加剂（也称助剂）制成的。

1. 树 脂

树脂可分成天然树脂和合成树脂两类。松香、虫胶等属于天然树脂，其特点是无明显熔点，受热后逐渐软化，可溶解于溶剂而不溶于水等。用人工方法合成的树脂称为合成树脂，实际使用的塑料一般都是以合成树脂为主要原料制成的。树脂都属于高分子聚合物，简称为高聚物或聚合物。

合成树脂是塑料中最重要的成分，决定了塑料的类型和基本性能，如：热性能、物理性能、化学性能和力学性能等。在塑料中，合成树脂起着联系或胶粘着其他成分的作用，可使塑料具有可塑性和流动性，从而具有成型性能。塑料中树脂含量为40%～100%。

2. 添加剂

常用的添加剂包括填充剂、增塑剂、稳定剂、润滑剂、着色剂、固化剂和发泡剂等。

(1)填充剂

填充剂又称填料，是塑料中重要的但并非每种塑料都必不可少的成分。填充剂与塑料中的其他成分只是机械混合，它们之间不起化学作用。

填充剂在塑料中的作用有两个：一是减少树脂用量，降低塑料成本；二是改善塑料的某些性能，扩大塑料的应用范围。在许多情况下，填充剂所起到的作用是很大的，例如在聚乙烯、聚氯乙烯等树脂中加入木粉后，既克服了脆性，又降低了成本。用玻璃纤维作为塑料的填充剂，能使塑料的力学性能大幅度提高，而用石棉作填充剂则可以提高塑料的耐热性。有的填充剂还可以使塑料具有树脂所没有的性能，如导电性、导磁性和导热性等。这是塑料品种多、性能各异的主要原因之一。常用的填充剂有木粉、纸浆、云母、石棉、玻璃纤维和炭黑等。塑料中的填充剂含量一般为20%～50%。

(2)增塑剂

增塑剂用来提高塑料的可塑性和柔软性。常用的增塑剂是一些不易挥发的高沸点液体、有机化合物或低熔点的固体有机化合物。增塑剂的加入会降低塑料的稳定性、介电性能和机械强度，因此在塑料中应尽可能地减少增塑剂的使用量。大多数塑料一般不添加增塑剂。常用的增塑剂有邻苯二甲酸二丁酯、邻苯二甲酸二辛酯等。

(3)稳定剂

为了防止或抑制塑料在成型、储存和使用过程中，因受外界因素（如热、光、氧、射线等）作用所引起的性能变化，即所谓“老化”，需要在聚合物中添加稳定剂。稳定剂可分为热稳定剂、光稳定剂和抗氧化剂等。常用的稳定剂有硬脂酸盐类、铅的化合物及环氧化合物等。如在聚氯乙烯中加入硬脂酸盐，可防止热成型时的分解；在塑料中加入炭黑作紫外线吸收剂，可提高耐光辐射的能力。

(4)润滑剂

润滑剂对塑料表面起润滑作用，可防止塑料在成型加工过程中粘附在模具上。同时，添加润滑剂还可以提高塑料的流动性，便于成型加工，并使塑料表面更加光滑。常用的润滑剂为硬脂酸及其盐类，其加入量通常小于1%。

(5)着色剂

着色剂又称色母。为满足塑件使用上的美观要求，常加入着色剂。一般用有机颜料、无机颜料和染料作着色剂。着色剂应具有着色力强、色泽鲜艳、分散性好的特点，不易与其他组分起化学变化，且具有耐热、耐光等性能。着色剂的用量一般为0.01%～0.02%。

(6)硬化剂

硬化剂又称固化剂或交联剂。在热固性塑料成型时，线型分子结构的合成树脂需转变成体型分子结构（称交联反应或称硬化、固化）。添加硬化剂的目的是促进交联反应。例如在环氧树脂中加入乙二胺、三乙醇胺和咪唑等。

(7)发泡剂

制作泡沫塑件时,需要预先将发泡剂加入塑料中,以便在成型时放出气体,形成具有一定孔型的泡沫塑件。常用的发泡剂有氯二乙丁腈、石油醚和碳酸胺等。

此外,还有阻燃剂、防静电剂和防霉剂等添加剂。

1.1.2 塑料的分类

塑料的品种较多,分类的方式也很多,常用的分类方法有以下两种:

1. 按树脂的分子结构和热性能不同分类

根据塑料中树脂的分子结构和热性能不同,可分为热塑性塑料和热固性塑料。

(1)热塑性塑料

这种塑料中树脂的分子结构是线型或支链型结构,如图 1-1(a)、(b)所示。它在加热时可塑制成一定形状的塑件,冷却后保持已定型的形状。如再次加热,又可软化熔融,可再次塑制成一定形状的塑件,如此可反复多次。在上述过程中,一般只有物理变化而无化学变化。由于这一过程是可逆的,在塑件加工中产生的边角料及废品可以回收粉碎造粒后重新利用。

聚乙烯、聚丙烯、聚氯乙烯、聚苯乙烯、ABS、聚酰胺、聚甲醛、聚碳酸酯、有机玻璃、聚砜和氟塑料等都属于热塑性塑料。

(2)热固性塑料

这种塑料在受热之初分子结构为线型结构,具有可塑性和可溶性,可塑制成一定形状的塑件。当继续加热时,线型聚合物分子主链间形成化学键结合(即发生交联反应),分子呈网状结构,最终变为体型结构,如图 1-1(c)所示。此时,塑料变得既不熔融,也不溶解,塑件形状固定下来不再变化。上述成型过程中,既有物理变化又有化学变化。由于热固性塑料具有上述特性,故加工中的边角料和废品不可回收再利用。

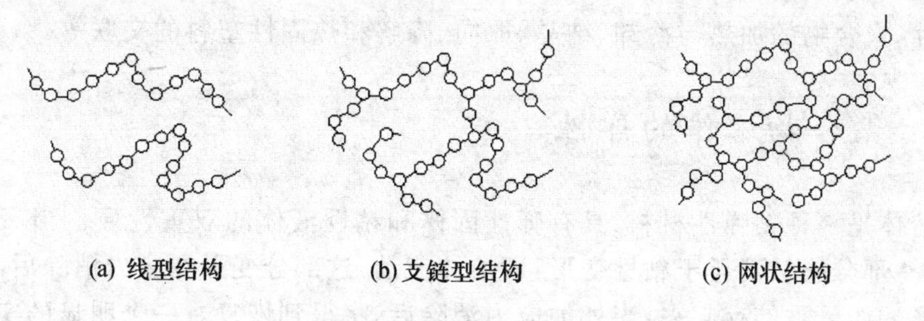

图 1-1　树脂分子结构

属于热固性塑料的有酚醛塑料、氨基塑料、环氧塑料、有机硅塑料和硅酮塑料等。

2. 按照塑料的性能及用途分类

根据塑料的性能及用途不同，可分为通用塑料、工程塑料、增强塑料和特殊塑料。

(1)通用塑料

这类塑料是指产量大、用途广、价格低的塑料。主要包括聚乙烯、聚氯乙烯、聚苯乙烯、聚丙烯、酚醛塑料和氨基塑料 6 大品种，它们的产量占塑料总产量的一半以上，构成了塑料工业的主体。

(2)工程塑料

这类塑料常指在工程中用做结构件的塑料。除具有较高的机械强度外，这类塑料还具有很好的耐磨性、耐腐蚀性、自润滑性及尺寸稳定性等。它们具有某些金属特性，因而现在越来越多地代替金属来做某些机械零件。

目前，常用的工程塑料包括聚酰胺、聚甲醛、聚碳酸酯、ABS、聚砜、聚苯醚和聚四氟乙烯等。

(3)增强塑料

在塑料中加入玻璃纤维等填料作为增强材料，以进一步改善塑料的力学性能和电性能，这种新型的复合材料通常称为增强塑料。它具有优良的力学性能，比强度和比刚度都较高。增强塑料分为热塑性增强塑料和热固性增强塑料。热固性增强塑料又称为玻璃钢。

(4)特殊塑料

特殊塑料指具有某些特殊性能的塑料。如氟塑料、聚酰亚胺塑料、有机硅塑料、环氧树脂、导电塑料、导磁塑料、导热塑料以及为某些专门用途而改性得到的塑料。

1.2 塑料成型过程中的物理和化学行为

塑料在成型过程中，会出现各种物理和化学行为，这些基本的物理和化学行为包括：聚合物熔体的弹性、聚合物的加热与冷却、结晶、取向、降解和热固性塑料的交联等。

1.2.1 聚合物熔体的弹性

聚合物熔体是一种粘弹性材料，具有弹性固体和粘性液体的双重性质。当聚合物熔体受外加应力时，一部分能量消耗于粘性变形，即熔体流动，这部分变形在应力消除后不能恢复；而另一部分变形的能量被储存起来，当外加应力消除后，将得到恢复。一个明显的实例就是塑料在挤出成型时的出模膨胀，这种现象是低分子熔体所没有的。

聚合物熔体流动过程中最常见的弹性行为是端末效应和不稳定流动。

1. 端末效应

聚合物熔体在流道中流动时要消耗一部分能量，表现为沿流动方向所出现的压力降；同时，熔体在进入流道入口端一定区域内的收敛流动中也会产生能量消耗。这两项能量除消耗于粘性液体流动时的摩擦外，还消耗于聚合物流动过程的弹性变形。在聚合物流出流道出口端时，弹性变形的恢复又引起液流出现膨胀。在流道入口端与出口端出现这种与聚合物熔体弹性行为有紧密联系的现象称为端末效应，亦分别称为入口效应和离模膨胀效应。

产生入口效应的原因，首先在于聚合物熔体以收敛方式进入流道入口时，必须发生变形以适应它在新的且有适当压缩性的流道内流动，但聚合物熔体具有弹性，也就是对变形具有抵抗力，因此，就必须消耗适当的能量，即消耗相当的压力降来完成在这段管内的变形。其次，熔体各点的速度在进入流道前后是不同的，为调整速度，也要消耗一定的压力降。

对于离模膨胀效应，有很多解释，但简单来讲可理解为：聚合物熔体从流道中流出后，周围压力大大减小，甚至完全消失，这意味着聚合物内的大分子突然变得自由了，因此，前段流动中储存于大分子中的弹性变形能量被释放出来，致使在流动变形中已经伸展开的大分子链重新卷曲，各分子链的间距随之增大，从而导致聚合物内自由空间增大，于是体积相应发生膨胀。

2. 不稳定流动和熔体破裂现象

在挤出成型时，常出现不稳定流动和熔体破裂现象，即在低应力或低剪切速率下，挤出物具有光滑的表面和均匀的形状，但当切应力或剪切速率升高到某一数值时，挤出物变得表面粗糙，失去光泽，粗细不均和出现扭曲等，严重时会得到波浪形、竹节形或周期性螺旋形的挤出物，在极端严重的情况下，甚至会得到断裂的、形状不规则的碎片或圆柱。这种现象表明，在低应力或低剪切速率的条件下，各种因素引起的小的扰动容易受到抑制，而在高应力或高剪切速率时，液体中的扰动难以抑制，容易发展成不稳定流动，引起液流破坏，这种现象称为熔体破裂。出现熔体破裂时的应力或剪切速率称为临界应力和临界剪切速率。

不稳定流动和熔体破裂现象受以下因素的影响：

(1)聚合物的相对分子质量及其分布

聚合物的相对分子质量及其分布对不稳定流动均有影响。通常，聚合物相对分子质量越大，相对分子质量分布越窄，则出现不稳定流动的临界应力越小。也就是说，聚合物的弹性行为越突出，临界应力越小，熔体破裂现象越严重。

(2)温　度

提高聚合物的温度则使出现不稳定流动时的临界应力提高。

(3)流道结构

在大截面流道向小截面流道的过渡处，减小流道的收敛角，并使过渡的内壁呈流线状时，可以提高出现不稳定流动的剪切速率，如图 1－2 所示。

不稳定流动的另一种现象是发生在挤出物表面上的“鲨鱼皮症”。其特点是在挤出物表面上形成很多细微的皱纹，类似于鲨鱼皮。随不稳定流动程度的差异，这些皱纹从人字形、鱼鳞状至鲨鱼皮状不等，或密或疏。

对于上述不稳定流动现象产生的原因目前还在探讨之中，但可以肯定的是，过分提高挤出速度会使塑件外观和内在质量均受到不良的影响。

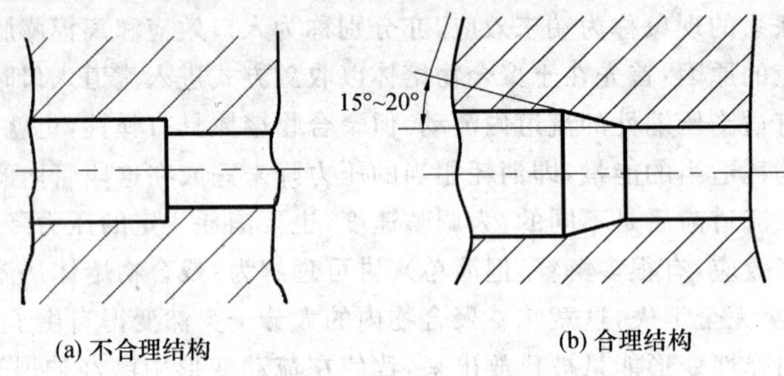

图 1－2 流道结构

1.2.2 塑料的热力学性能

塑料的物理、力学性能与温度密切相关，温度变化时塑料的受力行为发生变化，呈现出不同的物理状态，表现出分阶段的力学性能特点。塑料在受热时的物理状态和力学性能对塑料的成型有着非常重要的意义。

1. 热塑性塑料在受热时的物理状态

热塑性塑料在受热时常存在的物理状态为玻璃态（结晶聚合物亦称结晶态）、高弹态和粘流态。图 1－3 所示为线型无定形聚合物和线型结晶聚合物受恒定压力时变形程度与温度关系的曲线，也称热力学曲线。

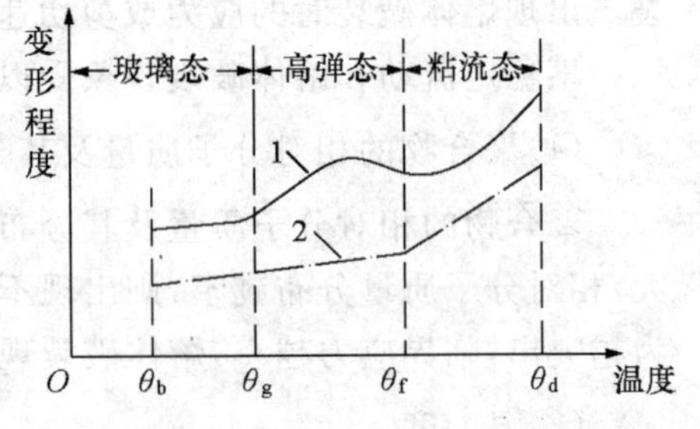

1—线型无定形聚合物；2—线型结晶聚合物

图 1－3 线型聚合物的热力学曲线

(1)玻璃态

塑料在温度 θ_g 以下的状态是坚硬的固体，称之为玻璃态，这种状态是大多数塑件的使用状态。处于此状态的塑料，在外力作用下分子链只能发生很小的弹性变形（服从胡克定律）。θ_g 称为玻璃化温度，是聚合物从玻璃态转变为高弹态（或高弹态转变为玻璃态）的临界温度，是多数塑件使用温度的上限。聚合

物在 θ_g 以下还存在一个脆化温度 θ_b，聚合物在此温度下受力很容易断裂，所以 θ_b 是塑件使用温度的下限。

(2)高弹态

当塑料受热温度超过 θ_g 时，由于聚合物的链段运动，塑料进入高弹态。处于这一状态的塑料变成类似橡胶的弹性体，具有可逆的变形性质。从图 1-3 曲线 1 可以看到，线型无定形聚合物有明显的高弹态；而从曲线 2 可看到，线型结晶聚合物无明显的高弹态。完全结晶的聚合物无高弹态，或者说在高弹态温度下受力也不会有明显的弹性变形，但结晶聚合物一般不可能完全结晶，都含有非结晶的部分，所以它们在高弹态温度阶段仍能产生一定程度的变形，只不过比较小而已。

(3)粘流态

当塑料受热温度超过 θ_f 时，由于分子链的整体运动，塑料开始进入粘流态。此时塑料可以有明显的流动，通常也称之为熔体。塑料在这种状态下的变形不具可逆性质，一经成型和冷却后，其形状会永远保持下来。

θ_f 称为粘流化温度，是聚合物从高弹态转变为粘流态（或粘流态转变为高弹态）的临界温度。当塑料继续加热至温度 θ_d 时，开始分解变色。θ_d 称为热分解温度，是聚合物在高温下开始分解的临界温度。θ_f 是塑料成型加工重要的参考温度，$\theta_f \sim \theta_d$ 的范围越宽，塑料成型加工就越容易进行，而塑料的成型温度应严格控制在热分解温度和粘流化温度范围内，常见聚合物的热分解温度与成型温度见表 1-1 所列。

表 1-1 常见聚合物的热分解温度与成型温度 单位：℃

聚合物	热分解温度 θ_d	成型温度	聚合物	热分解温度 θ_d	成型温度
高密度聚乙烯(HDPE)	320	220～280	聚酰胺-6(PA-6)	310～380	230～290
聚丙烯(PP)	328～410	200～300	氯化聚醚(CPT)	290	180～270
聚氯乙烯(PVC)	200～300	150～190	聚甲醛(POM)	220～280	195～220
聚对苯二甲酸乙二脂(PETP)	380	260～280	聚甲基丙烯酸甲酯(PA)	170～300	180～240
聚碳酸酯(PC)	380	270～320	聚苯乙烯(PS)	300～400	170～250

2. 热固性塑料在受热时的物理状态

热固性塑料在受热时伴随着化学反应，它的物理状态变化与热塑性塑料明显不同。开始加热时，由于树脂是线型结构，和热塑性塑料相似，加热到一定温度时，树脂分子链运动的结果使之很快由固态变成粘流态，这使它具有可成型的性能。但这种流动状态存在的时间很短，很快由于化学反应的作用，分子结构变成网状，塑料硬化变成坚硬的固体。再加热分子运动仍不能恢复，化学反应继续进行，分子结构变成体型，塑料还是坚硬的固体。当温度升到一定值时，塑料开始分解。

3. 塑料的加工工艺性

塑料在受热时的物理状态决定了塑料的成型加工性能。当温度高于 θ_f 时，塑料由固体状的玻璃态转变为液体状的粘流态即熔体。从 θ_f 开始分子热运动大大激化，塑料的弹性模量降低到最低值，这时塑料熔体的形变特点是，在不太大的外力作用下就能引起宏观流动，此时的形变主要是不可逆的塑性变形，冷却聚合物就能将形变永久保持下来。因此，这一温度范围常用来进行注射、挤出、吹塑和贴合等加工。不同状态下热塑性塑料的物理性能与加工工艺性能见表 1-2。

表 1-2　热塑性塑料在不同状态下的物理、工艺性能

状　态	玻璃态	高弹态	粘流态
温　度	θ_g 以下	$\theta_g \sim \theta_f$	$\theta_f \sim \theta_d$
分子状态	分子纠缠为无规则线团或卷曲状	分子链展开，链段运动	高分子链运动，彼此滑移
物理状态	坚硬的固态	高弹态固态，橡胶状	塑性状态或高粘滞状态
加工可能性	可进行锉、锯、钻、车、铣等机械加工	可弯曲、吹塑、真空成型、冲压等，成型后会产生较大的内应力	可注射、挤出、压延、模压等，成型后应力小

1.2.3　聚合物的结晶

聚合物的结晶是成型过程中发生的物理变化，它对塑件的性能和质量均有很大影响，生产中经常需要调整某些工艺参数，以便合理控制聚合物的结晶过程。

1. 聚合物的结晶现象

(1)结　晶

聚合物可以分为结晶聚合物和非结晶聚合物两大类型，其中非结晶聚合物又可称为无定形聚合物。

聚合物的结晶现象发生在高温熔体向低温固态转变的过程中。在此过程中，若聚合物的分子链结构型态能够得到规整排列，则该聚合物为结晶聚合物，否则为非结晶聚合物。通常，分子结构简单、对称性高或分子链节虽大、但分子之间力也很大的聚合物，在它们从高温向低温转变时均可结晶，如聚乙烯、聚四氟乙烯、聚甲醛等。但是，对于分子链刚性大，或带有庞大侧基的聚合物来说，一般很难结晶，如聚砜、聚苯乙烯等。

结晶与非结晶聚合物的物理力学性能及成型性能有很大差异。通常，结晶聚合物具有好的耐热性、非透明性和较高的机械强度，而非结晶聚合物则与此相反。此外，聚合物结晶态与低分子物质结晶态也有很大区别，主要表现为晶体不整齐，结晶不完全，结晶速度慢以及没有明晰熔点等。

聚合物的结晶能力可以用结晶速度反映。但值得注意的是，即使结晶能力很高的聚合物，当外部条件不充分时，也有可能出现很慢的结晶速度，甚至不结晶。通常，聚合物的结晶形状多为球晶，在高压条件下也会生成纤维状晶体。

(2)二次结晶和后结晶

二次结晶是指发生在初晶结构不完善的部位或初晶残留下的非晶区内的结晶现象，它是在聚合物的结晶速度很慢时造成的。二次结晶速度比初结晶更慢，有时甚至需要几年或几十年才能完成。除二次结晶外，有些塑件在成型后还会发生一种后结晶现象，即聚合物成型时，一部分来不及结晶的区域在成型后发生的继续结晶的现象。通常，后结晶在初晶的界面上生成并发展，可促使聚合物内的晶体进一步长大。

二次结晶与后结晶都会使塑件的性能和尺寸在使用或储存过程中发生变化。为避免这种现象，可对成型后的塑件进行退火热处理，以加快塑件的二次结晶和后结晶速度，从而有效地保证塑件的性能和尺寸的稳定。

(3)结晶速度和结晶度

结晶速度可以反映聚合物的结晶能力。当聚合物熔体从熔点以上的高温区冷却到熔点与玻璃化温度之间的低温区后，结晶速度主要受温度的影响。同低分子物质相似，聚合物的结晶过程也具有成核与生长两个阶段。通常聚合物的成核速度随温度降低而增大，但晶体的生长速度却随温度降低而减小，因此，聚合物在某一温度下可达到该种聚合物最快的结晶速度。

结晶度是表征聚合物结晶程度的重要指标，它是指聚合物内结晶组织的质量(或体积)与聚合物总质量(或总体积)之比。聚合物可能达到的最大结晶度与自身结构和外部条件(如温度等)有关。大多数聚合物的结晶度约为10%～60%，但有些聚合物的结晶度也可能达到很高数值，如聚丙烯的结晶度可达到70%～95%，高密度聚乙烯和聚四氟乙烯的结晶度也能超过90%。

2. 结晶对塑件性能的影响

(1)密　度

结晶意味着分子链已经排列成规整而紧密的构型，分子间作用力加强，所以密度将随结晶程度的增大而提高。例如，结晶度为70%的聚丙烯，密度为0.896 g/cm^3；而结晶度提高到95%时，密度达到0.903 g/cm^3。

(2)力学性能

由于结晶后聚合物大分子之间作用力加强，所以其抗拉强度将随之提高。例如，结晶度为

70%的聚丙烯，抗拉强度为27.5 MPa；而结晶度提高到95%时，抗拉强度可增至42 MPa。结晶态聚合物因其分子链规整排列，因此对同一聚合物而言，随着结晶度的提高，其冲击韧度将下降。

结晶还将使聚合物在模内的冷却时间缩短，给塑件带来一定的脆性。例如，结晶度分别为55%、85%和95%的聚丙烯，其脆化温度分别为0℃、10℃和20℃。

(3)热性能

结晶有助于提高聚合物的软化温度和热变形温度。例如，结晶度为70%的聚丙烯，受载荷作用的热变形温度为124.9℃，而结晶度提高到95%时，热变形温度可升至151.1℃。

(4)翘　曲

结晶后聚合物会因分子链规整排列而发生体积收缩，结晶程度越高，体积收缩越大。因此结晶态塑件会比非结晶态塑件更容易因收缩不均而发生翘曲。

(5)表面粗糙度和透明度

结晶后的分子链规整排列会增加聚合物组织结构的致密性，塑件表面粗糙度将因此而降低，但由于球晶会引起光波散射，使透明度减小或丧失。一般结晶聚合物不透明或半透明，如聚甲醛等；无定形聚合物为透明，如有机玻璃等。但也有例外，如聚(4)甲基戊烯为结晶聚合物却有高透明性，ABS为无定形聚合物却不透明。

3. 影响结晶的因素

(1)温　度

聚合物的结晶条件、结晶度都取决于熔体温度和聚合物在熔融状态的停留时间。前已述及，聚合物由非晶态转变为晶态的过程只能发生在熔点以下和玻璃化温度以上这一温度区间内，结晶过程包括晶核生成和晶体生长两个过程。聚合物的结晶是从数量众多的晶核处开始的，晶核的数量在很大程度上取决于熔体温度和聚合物在熔融状态的停留时间，熔体温度越高，在这种温度下保持的时间越长，则可能使熔体中保留的晶核数量越少。因此，注射成型时应采用较低的模温和较短的注射时间，以利提高结晶速率，从而提高塑件的某些力学性能。

(2)压力和切应力

实验证明，压力增大使聚合物能在高于正常情况下的熔化温度发生结晶，压力越高，结晶温度也越高。

(3)分子结构

聚合物分子结构越简单、越规整，则结晶越快，结晶程度越高，同一种聚合物的最大结晶速率随相对分子质量的增大而减少。

(4)添加剂

聚合物中若添加低分子物质(如增塑剂等)、固体杂质和水分对聚合物的结晶过程将产生影响,有的添加剂能促进结晶,有的阻碍结晶。在塑件生产中,往往主动采用具有促进结晶过程的添加物,使其起“成核剂”的作用。由于成核剂存在,结晶速度加快,单个球晶相对数量增多,晶粒尺寸变小,从而可以改善塑件的性能。

1.2.4　塑料成型过程中的取向行为

所谓取向就是在应力作用下聚合物分子链倾向于沿应力方向作平行排列的现象。

1. 取向结构的分类

根据应力性质的不同,取向结构可分为拉伸取向和流动取向。拉伸取向是由拉应力引起的,取向方向与应力方向一致;流动取向是在切应力作用下沿着流动方向形成的。

由于塑件的结构形态、尺寸和塑料熔体在模具型腔内流动的情况不同,取向结构可分为单轴取向和多轴取向(或称平面取向)。单轴取向时,取向结构单元均沿着一个流动方向有序排列,如图 1-4(a)所示;而多轴取向时,结构单元可沿两个或两个以上流动方向有序排列,如图 1-4(b)所示。

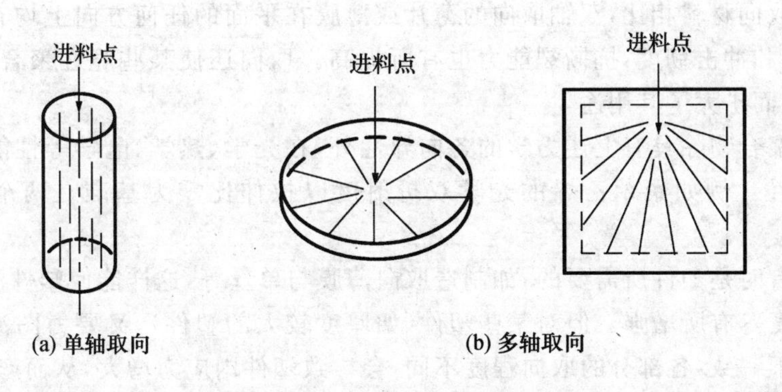

图 1-4　聚合物成型时的流动取向

熔体充入模具型腔时,先与型腔表壁接触的熔体迅速冷却,形成一个来不及取向的薄壳,以后的熔体将在薄壳内流动。由于薄壳对熔体的摩擦作用,其附近的熔体流动阻力很大,熔体内会产生很大的切应力,所以大分子能在此处高度取向。而熔体中部所受摩擦力最小,切应力也较小,所以大分子一般只能轻度取向。在中部熔体与薄壳附近之间的过渡区中,大分子取向程度为中等,介于前两种取向程度之间。

2. 取向对塑件性能的影响

(1)取向使塑件具有各向异性

取向对聚合物的力学性能(尤其是抗拉强度)有显著影响。对单轴取向而言,取向以后,在与取向轴平行的方向(直向),其抗拉强度大为增强;而与取向轴垂直方向(横向)的抗拉强度则有所减弱。表 1-3 列出了某些塑料试样在横直两向上的抗拉强度与伸长率。

表 1-3 试样在横直两向上的抗拉强度与伸长率

塑 料	抗拉强度/MPa		伸长率/%	
	横 向	直 向	横 向	直 向
聚苯乙烯	20.0	45.0	0.9	1.6
ABS	36.5	72.0	1.0	2.2
高冲击聚苯乙烯	21.0	23.0	3.0	17.0
高密度聚乙烯	29.0	30.0	30.0	72.0
聚碳酸酯	65.0	66.5	—	—

聚丙烯撕裂膜在拉伸比达到 10 倍后,强度几乎提高 10 倍。双轴取向改善了单轴取向时机械强度弱方向的力学性能,使薄片或薄膜在平面内两个方向上都倾向于具有单轴取向的优良性质。与未取向材料相比,双轴取向的薄片或薄膜在平面的任何方向上均有较高的抗拉强度、断裂伸长率和冲击韧度,抗撕裂能力也有所提高。取向还使某些脆性聚合物的韧性增强,如聚苯乙烯,从而扩大了其用途。

经取向的聚合物除具有上述力学的各向异性外,在光学、热学、电学等性能方面均呈现出明显的各向异性。例如聚苯乙烯的光学双折射度以拉伸比零为基准在两个方向上均明显增加。

各向异性有时是塑件所需要的,如制造取向薄膜与单丝等,这样能使塑件沿拉伸方向的抗拉强度与光泽度等有所增强。但对某些塑件(如厚度较大的塑件),又要力图消除这种各向异性。因为取向不一致,各部分的取向程度不同,会导致塑件内应力增大,从而产生翘曲变形,使用时会容易断裂。

(2)取向对塑件其他性能的影响

聚合物的玻璃化温度随取向程度的提高而上升,高度取向的聚合物,其玻璃化温度可升高 25℃。取向聚合物的回缩或热收缩与取向程度有关。取向程度越大,回缩或热收缩越大。线膨胀系数随取向程度而变化,通常垂直方向的线膨胀系数比取向方向的线膨胀系数约大 3 倍。取向使塑料变硬,弹性模量增大。

综上所述,聚合物的取向对塑件的性能影响很大。在塑件成型生产中,可以利用聚合物的取向来提高塑件的性能，例如吹塑薄膜就是利用聚合物双轴取向原理来提高其性能的，但并不是说聚合物取向对塑件性能均有益处，在生产厚度较大的塑件时，就应力图消除取向现象，使塑件不致发生翘曲变形或裂纹，从而保证塑件质量。

1.2.5 聚合物的降解

降解是指聚合物成型时在高温、氧气、应力及水分等作用下发生的化学分解反应。降解的实质是聚合物分子结构发生变化，如分子链断裂、侧链变化、相对分子质量下降等。降解的结果导致聚合物失去弹性、熔体粘度变化，使塑件强度降低，表面粗糙，使用寿命下降。因此，生产中必须充分估计降解反应发生的可能性，并采取一定的防治措施。具体措施如下：

①严格控制塑料原料技术指标，避免因原料不纯对降解发生催化作用。

②成型前对塑料采取必要的预热和干燥，严格控制其含水量。

③合理选择并严格控制成型工艺参数，保证聚合物在不易降解的条件下成型，这对稳定性差、成型温度接近分解温度的塑料尤为重要。

④成型设备与模具应具有良好的结构，与聚合物接触的部位不应有死角或缝隙，流道长度要适中，加热和冷却系统应有灵敏度较高的显示装置，以保证良好的温度控制和冷却速率。

⑤对热、氧稳定性较差的聚合物，可考虑在配方中加入稳定剂和抗氧化剂等，以提高聚合物的抗降解能力。

1.2.6 聚合物的交联

聚合物由线型结构转变为体型结构的化学过程称为交联，经交联后的塑件强度、耐热性、化学稳定性和尺寸稳定性均有所提高。交联反应主要发生在热固性塑料的成型过程中。

在生产中，交联一词常用硬化或熟化代替。所谓“硬化得好”或“硬化得完全”，并不意味着交联反应完全，而实际上只是指成型固化过程中的交联反应发展到了一种最为适宜的程度，在这种程度下，塑件能获得最佳的物理和力学性能。通常，由于各种原因，聚合物很难完全交联，但硬化程度可以彻底完成或超过百分之百。因此，生产中常将硬化程度超过百分之百的情况称为过熟，反之则称为欠熟。需要注意，对于不同的热固性塑料，即使采用同一品种的聚合物，如果添加剂不同，它们发生完全硬化时的交联反应程度也有一定差异。

一般来讲，不同的热固性塑料其硬化方式（即交联反应过程）也不同，但硬化速度随温度升高而加快，最终完成的硬化程度与硬化过程持续的时间长短有关。硬化时间短时，塑件容易欠熟，内部常会带有比较多的可溶性低分子物质，而且分子间的结合力也不强，因此导致塑件的强度、耐热性、化学稳定性和绝缘性指标下降，热膨胀、后收缩、残余应力、蠕变量等数值增大，塑件的表面缺少光泽，容易发生翘曲，甚至会产生裂纹。如果塑件出现裂纹，不仅会促使上述各种性能进一步恶化，而且还会使吸水量显著增加。硬化时间过长，塑件容易过熟。过熟的塑件强度下降、变脆、变色、表面出现密集的小泡等，有时甚至还会碳化或降解。

1.3 塑料的成型工艺性能

塑料的成型工艺性能是塑料在成型加工过程中表现出来的特有性质。有些性能直接影响成型方法的选择和塑件质量，同时也影响着模具的设计。下面就热塑性塑料和热固性塑料的成型工艺性能分别进行讨论。

1.3.1 热塑性塑料的成型工艺性能

1. 收缩性

塑件自模具中取出冷却到室温后，其尺寸或体积会发生收缩变化，这种性质称为塑料的收缩性。由于这种收缩不仅是由于树脂本身的热胀冷缩造成的，而且还与各种成型因素有关，因此成型后塑件的收缩称为成型收缩，其衡量指标为收缩率。收缩率又分为实际收缩率和计算收缩率两种，其计算公式如下：

$$S' = \frac{L_c - L_s}{L_s} \times 100\%$$

$$S = \frac{L_m - L_s}{L_s} \times 100\% \qquad (1-1)$$

式中：S'——实际收缩率；

S——计算收缩率；

L_c——塑件在成型温度时的单向尺寸，mm；

L_s——塑件在室温时的单向尺寸 mm；

L_m——模具在室温时的单向尺寸，mm。

实际收缩率表示塑件实际所发生的收缩。因成型温度下的塑件尺寸不便测量，而实际收缩率与计算收缩率数值相差又很小，所以模具设计时常以计算收缩率做为设计参数，来计算型腔及型芯等的尺寸。但在大型、精密模具成型零件工作尺寸计算时则应采取实际收缩率。

引起塑件收缩的原因除了热胀冷缩、脱模时的弹性恢复及塑性变形等原因产生的尺寸线收缩外，还与塑件形状、料流方向及成型工艺参数有关。此外，塑件脱模后残余应力的缓慢释放和必要的后处理工艺也会使塑件尺寸发生变化，生产后收缩。影响塑件成型收缩的因素主要有：

①塑料品种。各种塑料都有其各自的收缩率范围，同一种塑料由于相对分子质量、填料及配比等不同，其收缩率及各向异性也不同。

②塑件结构。塑件的形状、尺寸、壁厚、有无嵌件、嵌件数量及布局等对塑件收缩率都有很大影响，如塑件壁厚收缩率大，有嵌件收缩率小等。

③模具结构。模具的分型面、加压方向、浇注系统形式、布局及尺寸等对塑件收缩率及方向性影响也很大，尤其是挤出和注射成型更为明显。

④成型工艺。挤出成型和注射成型的塑件一般收缩率较大，方向性也很明显。塑料的装料形式、预热情况、成型温度、成型压力、保压时间等对收缩率及方向性都有较大影响。例如采用压锭加料，进行预热，采用较低的成型温度、较高的成型压力，延长保压时间等均是减小收缩率及方向性的有效措施。

由上述分析可知，影响收缩率大小的因素很多。收缩率不是一个固定值，而是在一定范围内变化的。收缩率的波动将引起塑件尺寸波动，因此模具设计时应根据以上因素综合考虑选择塑料的收缩率，对精度高的塑件应选取收缩率波动范围小的塑料，并留有试模后修正的余地。

2. 流动性

在成型过程中，塑料熔体在一定的温度、压力下填充模具型腔的能力称为塑料的流动性。塑料流动性差，就不容易充满型腔，易产生缺料或熔接痕等缺陷，因此需要较大的成型压力才能成型。相反，塑料的流动性好，可以用较小的成型压力充满型腔。但流动性太好，会在成型时产生严重的溢料飞边。

流动性的大小与塑料的分子结构有关。具有线型分子而没有或很少有交联结构的树脂流动性大。塑料中加入填料，会降低树脂的流动性，而加入增塑剂或润滑剂，则可增加塑料的流动性。

影响塑料流动性的因素主要有：

①温度。一般来说，料温高则流动性大，但不同塑料各有差异。聚苯乙烯、聚丙烯、聚酰胺、聚甲基丙烯酸甲酯、ABS、AS、聚碳酸酯、醋酸纤维素等塑料流动性随温度变化的影响较大；而聚乙烯、聚甲醛等塑料的流动性受温度变化的影响较小。

②压力。注射压力增大，则塑料熔体受剪切作用大，流动性也增大，尤其是聚乙烯、聚甲醛较为敏感。

③模具结构。浇注系统的结构形式、尺寸，型腔的排布方式、表面粗糙度，排气系统和冷却系统的设计等因素都直接影响塑料熔体的流动性。凡促使熔体温度降低、流动阻力增大的因素（如塑件壁厚太薄，转角处采用尖角等），就会使塑料的流动性降低。

3. 相容性

相容性是指两种或两种以上不同品种的塑料，在熔融状态下不产生相分离现象的能力。如果两种塑料不相容，则混熔时塑件会出现分层、脱皮等表面缺陷。不同塑料的相容性与其分子结构有一定关系，分子结构相似者较易相容，例如高压聚乙烯、低压聚乙烯、聚丙烯彼此之间的混熔等；分子结构不同时较难相容，例如聚乙烯和聚苯乙烯之间的混熔。塑料的相容性又俗称为共混性。通过这一性质，可以得到类似共聚物的综合性能，是改进塑料性能的重要途径之一。例如聚碳酸酯和ABS塑料相容，能改善聚碳酸酯的成型工艺性。

4. 吸湿性和热敏性

(1)吸湿性

吸湿性是指塑料对水分的亲疏程度。据此塑料大致可分为两类：一类是具有吸湿或粘附水分倾向的塑料，如聚酰胺、聚碳酸酯、聚砜、ABS等；另一类是既不吸湿也不易粘附水分的塑料，如聚乙烯、聚丙烯和聚甲醛等。

凡是具有吸湿或粘附水分倾向的塑料，若成型前水分未去除，则会在成型过程中促使塑料发生水解，并由于水分在成型设备的高温料筒中变为气体而使成型后的塑件出现气泡、银丝等缺陷。这样，不仅增加了成型难度，而且降低了塑件表面质量和力学性能。因此，为保证成型的顺利进行和塑件质量，对吸湿性和粘附水分倾向大的塑料，在成型之前应进行干燥，将水分控制在0.5%～0.2%以下，ABS的含水量应控制在0.2%以下。

(2)热敏性

热敏性是指某些热稳定性差的塑料，在料温高和受热时间长的情况下就会产生降解、分解或变色的特性。热敏性很强的塑料称为热敏性塑料，如硬聚氯乙烯、聚三氟氯乙烯、聚甲醛等。热敏性塑料产生的分解、变色实际上是高分子材料的变质和破坏，不但影响塑料的性能，而且分解出的气体或固体(尤其是有些气体)会对人体、设备和模具产生损害。有的分解产物往往又是该塑料分解的催化剂，如聚氯乙烯分解产物氯化氢，能促使高分子分解作用进一步加剧。因此在模具设计、选择注射机及成型时都应予以注意，可选用螺杆式注射机，增大浇注系统截面尺寸，模具和料筒镀铬处理，不允许有死角滞料，严格控制成型温度、模温、加热时间、螺杆转速及背压等，还可在热敏性塑料中加入稳定剂，以减弱其热敏性能。

1.3.2 热固性塑料的成型工艺性能

热固性塑料的成型工艺性能与热塑性塑料的成型工艺性能既有相似之处，又有不同。其主要性能指标有收缩率、流动性、水分及挥发物含量与固化速度等。

1. 收缩率

同热塑性塑料一样，热固性塑料经成型冷却也会发生尺寸收缩，其收缩率的计算方法与热塑性塑料相同。产生收缩的主要原因如下：

①热收缩。热收缩是由于热胀冷缩而使塑件成型冷却后所产生的收缩。热收缩与模具的温度成正比，是成型收缩中主要的收缩因素之一。

②结构变化引起的收缩。热固性塑料在成型过程中进行了交联反应，分子由线型结构变为网状结构，由于分子链间距的缩小，结构变得紧密，故产生了体积变化。

③弹性恢复。塑件从模具中取出后，作用在塑件上的压力消失，由于弹性恢复，会造成塑件体积的负收缩(膨胀)。在成型以玻璃纤维和布质为填料的热固性塑料时，这种情况尤为明显。

④塑性变形。塑件脱模时，成型压力迅速降低，但模壁紧压在塑件的周围，使其产生塑性变形。发生变形部分的收缩率比没有变形部分的大，因此塑件往往在平行加压方向收缩较小，在垂直加压方向收缩较大。为防止两个方向的收缩率相差过大，可采用迅速脱模的方法补救。

影响收缩率的因素与热塑性塑料也相同，有原材料、模具结构、成型方法及成型工艺条件等。塑料中树脂和填料的种类及含量，也将直接影响收缩率的大小。当所用树脂在固化反应中放出的低分子挥发物较多时，收缩率较大；放出的低分子挥发物较少时，收缩率较小。在同类塑料中，填料含量较多或填料中无机填料增多时，收缩率较小。

凡有利于提高成型压力、增大塑料充模流动性、使塑件密实的模具结构，均能减少塑件的收缩率，例如用压缩或压注成型的塑件比注射成型的塑件收缩率小。而凡能使塑件密实、成型前可使分子挥发物溢出的成型工艺因素，都能使塑件收缩率减小，例如成型前对酚醛塑料的预热、加压等。

2. 流动性

热固性塑料流动性的意义与热塑性塑料流动性类同，但热固性塑料通常以拉西格流动性来表示。其测定原理如图1-5所示，将一定质量的被测塑料预压成圆锭，将圆锭放入拉西格流动性测定模中，在一定温度和压力下，测定它从模孔中挤出的长度(毛糙部分不计在内)，此即拉西格流动性，数值大则表示流动性好。

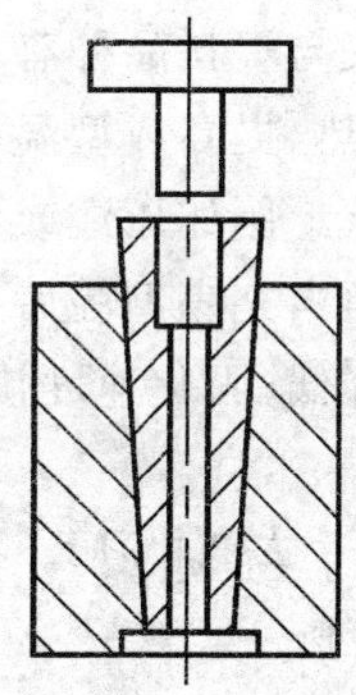

图1-5　拉西格流动性测定模

每一品种塑料的流动性可分为3个不同等级：拉西格流动值为100～131 mm的塑料，用于压缩成型无嵌件、形状简单、厚度一般的塑件；拉西格流动值为131～150 mm的塑料，用于压缩成型中等复杂程度的塑件；拉西格流动值为150～180 mm的塑料，用于压缩成型结构复杂、型腔很深、嵌件较多的薄壁塑件或用于压注成型。

3. 比体积(比容)与压缩率

比体积是单位质量的松散塑料所占的体积；压缩率为塑料与塑件两者体积或比体积之比

值，其值恒大于1。比体积与压缩率均表示粉状或短纤维塑料的松散程度，可用来确定压缩模、压注模加料室容积的大小。

比体积和压缩率较大时，则要求加料室体积大，同时也说明塑料内气体含量较多，排气困难，成型周期长，生产率低；比体积和压缩率较小时，有利于预压锭和压缩、压注成型。但比体积太小时，以容积法装料会造成加料量不准确。各种塑料的比体积和压缩率是不同的，同一种塑料，其比体积和压缩率又因塑料颗粒形状、颗粒度及其均匀性不同而异。

4. 水分和挥发物含量

热固性塑料中的水分和挥发物来自两方面，一是塑料生产过程遗留下来及成型前在运输、储存时吸收的；二是成型过程中化学反应产生的副产物。若成型时塑料中的水分和挥发物过多又处理不及时，则会产生如下问题：流动性增大、易产生溢料，成型周期长，收缩率大，塑件易产生气泡、组织疏松、翘曲变形、波纹等缺陷。

此外，有的气体对模具有腐蚀作用，对人体有刺激作用，因此必须采取相应措施，消除或抑制有害气体的产生，包括采取成型前对塑料进行预热干燥处理、在模具中开设排气槽或压缩成型操作时设排气工步、模具表面镀铬等措施。

5. 固化特性

固化特性是热固性塑料特有的性质，是指热固性塑料成型时完成交联反应的过程。固化速度不仅与塑料品种有关，而且与塑件形状、壁厚、模具温度和成型工艺条件有关，采用预压的锭料、预热、提高成型温度，增加加压时间都能加快固化速度。此外，固化速度还应适应成型方法的要求。例如压注或注射成型时，应要求在塑化、填充时交联反应慢，以保持长时间的流动状态。但当充满型腔后，在高温、高压下应快速固化。固化速度慢的塑料，会使成型周期变长，生产率降低；固化速度快的塑料，则不易成型大型复杂塑件。

思考与练习

1.1 什么是塑料？塑料常用的添加剂有那些？各有什么作用？

1.2 什么是热塑性塑料？什么是热固性塑料？两者本质区别是什么？

1.3 简述热塑性塑料和热固性塑料的成型工艺性能。

1.4 什么是塑料的流动性？影响塑料的流动性的基本因素有哪些？

1.5 试说明线型无定形聚合物热力学曲线上的θ_b、θ_g、θ_f、θ_d的含义，并指出塑件的使用温度范围和塑件的成型温度范围。

1.6 影响塑料成型过程中的取向行为的因素有哪些？

1.7 影响热塑性塑料收缩率的因素有哪些？

第2章 塑料制件设计

塑件设计不仅要满足使用要求，而且要考虑塑件的结构工艺性，并要尽可能使模具结构简单化。这样，既可保证塑件的质量，又可降低生产成本。在进行塑件结构工艺性的设计时，应遵循以下几个原则：

①在保证塑件使用性能的前提下，尽量选用价格低廉和成型性能较好的塑料，并力求结构简单、壁厚均匀、成型方便。

②在设计塑件时应考虑其模具的总体结构，使模具型腔易于制造，模具抽芯和推出机构简单。

③在设计塑件时，应考虑塑料的成型工艺性，如流动性、收缩性等，塑件形状应有利于模具分型和排气，应有利于补缩和冷却。

④当设计的塑件外观要求较高时，应先通过造型，而后逐步绘制图样。

塑件结构工艺性设计的主要内容包括：塑件尺寸和精度、表面粗糙度、形状、壁厚、斜度、加强肋、支撑面、圆角、孔、螺纹、嵌件、文字符号及标记等。

2.1 塑料制件的尺寸和精度

2.1.1 塑件尺寸

塑件尺寸应根据使用要求进行设计，但要受到塑料的流动性制约。在一定的设备和工艺条件下，流动性好的塑料可以成型较大尺寸的塑件，反之能成型的塑件尺寸就较小。塑件尺寸还受成型设备的限制，注射成型的塑件尺寸要受到注射机的注射量、锁模力和模具安装板尺寸的限制；压缩和压注成型的塑件尺寸要受到压机最大压力和压机工作台最大尺寸的限制。

因此，从塑料性能、模具制造成本和成型工艺性等条件出发，只要能满足塑件的使用要求，应尽量将塑件设计得紧凑、尺寸小些。

2.1.2 塑件尺寸精度

为了降低模具的加工难度和制造成本，在满足塑件使用要求的前提下应尽可能取较低的塑件尺寸精度。影响塑件尺寸精度的因素很多，如模具制造精度及使用后的磨损程度，塑料收缩率的波动，成型工艺条件的变化以及塑件的形状等。

塑件尺寸公差根据GB/T 14486－1993《工程塑料模塑塑料件尺寸公差标准》确定，尺寸公差见表 2－1。塑件尺寸公差的代号为 MT，公差等级分为 7 级。在标准中只规定了公差，上、下偏差可根据塑件使用要求来分配。一般的，塑件上孔径的上偏差取表中数值冠以“＋”号，下偏差为零；塑件上轴径的上偏差为零，下偏差取表中数值冠以“－”号；中心距尺寸及其他位置尺寸公差采用双向等值偏差，即取表中数值的一半再冠以“±”。

对塑件的精度要求应根据具体情况来分析，一般配合部分尺寸精度高于非配合部分尺寸精度。塑件的精度要求越高，模具的制造精度要求也越高，模具的制造难度及成本亦越高，而塑件的废品率也会增加。因此，应根据表 2－2 合理地选用精度等级。

表 2－1　模塑件尺寸公差(GB/T 14486－1993)

公差等级	公差种类	基本尺寸																									
		大于	0	3	6	10	14	18	24	30	40	50	65	80	100	120	140	160	180	200	225	250	280	315	355	400	450
		到	3	6	10	14	18	24	30	40	50	65	80	100	120	140	160	180	200	225	250	280	315	355	400	450	500
标注公差的尺寸公差																											
MT1	A		0.07	0.08	0.09	0.10	0.11	0.12	0.14	0.16	0.18	0.20	0.23	0.26	0.29	0.32	0.36	0.40	0.44	0.48	0.52	0.56	0.60	0.64	0.70	0.78	0.86
	B		0.14	0.16	0.18	0.20	0.21	0.22	0.24	0.26	0.28	0.30	0.33	0.36	0.39	0.42	0.46	0.50	0.54	0.58	0.62	0.66	0.70	0.74	0.80	0.88	0.96
MT2	A		0.10	0.12	0.14	0.16	0.18	0.20	0.22	0.24	0.26	0.30	0.34	0.38	0.42	0.46	0.50	0.54	0.60	0.66	0.72	0.76	0.84	0.92	1.00	1.10	1.20
	B		0.20	0.22	0.24	0.26	0.28	0.30	0.32	0.34	0.36	0.40	0.44	0.48	0.52	0.56	0.60	0.64	0.70	0.76	0.82	0.86	0.94	1.02	1.10	1.20	1.30
MT3	A		0.12	0.14	0.16	0.18	0.20	0.24	0.28	0.32	0.36	0.40	0.46	0.52	0.58	0.64	0.70	0.78	0.86	0.92	1.00	1.10	1.20	1.30	1.44	1.60	1.74
	B		0.32	0.34	0.36	0.38	0.40	0.44	0.48	0.52	0.56	0.60	0.66	0.72	0.78	0.84	0.90	0.98	1.06	1.12	1.20	1.30	1.40	1.50	1.64	1.80	1.94
MT4	A		0.16	0.18	0.20	0.24	0.28	0.32	0.36	0.42	0.48	0.56	0.64	0.72	0.82	0.92	1.02	1.12	1.24	1.36	1.48	1.62	1.80	2.00	2.20	2.40	2.60
	B		0.36	0.38	0.40	0.44	0.48	0.52	0.56	0.62	0.68	0.76	0.84	0.92	1.02	1.12	1.22	1.32	1.44	1.56	1.68	1.82	2.00	2.20	2.40	2.60	2.80
MT5	A		0.20	0.24	0.28	0.32	0.38	0.44	0.50	0.56	0.64	0.74	0.86	1.00	1.14	1.28	1.44	1.60	1.76	1.92	2.10	2.30	2.50	2.80	3.10	3.50	3.90
	B		0.40	0.44	0.48	0.52	0.58	0.64	0.70	0.76	0.84	0.94	1.06	1.20	1.34	1.48	1.64	1.80	1.96	2.12	2.30	2.50	2.70	3.00	3.30	3.70	4.10
MT6	A		0.26	0.32	0.38	0.46	0.54	0.62	0.70	0.80	0.94	1.10	1.28	1.48	1.72	2.00	2.20	2.40	2.60	2.90	3.20	3.50	3.80	4.30	4.70	5.30	6.00
	B		0.46	0.52	0.58	0.68	0.74	0.82	0.90	1.00	1.14	1.30	1.48	1.68	1.92	2.20	2.40	2.60	2.80	3.10	3.40	3.70	4.00	4.50	4.90	5.50	6.20
MT7	A		0.38	0.48	0.58	0.68	0.78	0.88	1.00	1.14	1.32	1.54	1.80	2.10	2.40	2.70	3.00	3.30	3.70	4.10	4.50	4.90	5.40	6.00	6.70	7.40	8.20
	B		0.58	0.68	0.78	0.88	0.98	1.08	1.20	1.34	1.52	1.74	2.00	2.30	2.60	3.10	3.20	3.50	3.90	4.30	4.70	5.10	5.60	6.20	6.90	7.60	8.40
未注公差的尺寸允许公差(±)																											
MT5	A		0.10	0.12	0.14	0.16	0.19	0.22	0.25	0.28	0.32	0.37	0.43	0.50	0.57	0.64	0.72	0.80	0.88	0.96	1.05	1.15	1.25	1.40	1.55	1.75	1.95
	B		0.20	0.22	0.24	0.26	0.29	0.32	0.35	0.38	0.42	0.47	0.53	0.60	0.67	0.74	0.82	0.90	0.98	1.06	1.15	1.25	1.35	1.50	1.65	1.85	2.05
MT6	A		0.13	0.16	0.19	0.23	0.27	0.31	0.35	0.40	0.47	0.55	0.64	0.74	0.86	1.00	1.10	1.20	1.30	1.45	1.60	1.75	1.90	2.15	2.35	2.65	3.00
	B		0.23	0.26	0.29	0.33	0.37	0.41	0.45	0.50	0.57	0.65	0.74	0.84	0.96	1.10	1.20	1.30	1.40	1.55	1.70	1.85	2.00	2.25	2.45	2.75	3.10
MT7	A		0.19	0.24	0.29	0.34	0.39	0.44	0.50	0.57	0.66	0.77	0.90	1.05	1.20	1.35	1.50	1.65	1.85	2.05	2.25	2.45	2.70	3.00	3.35	3.70	4.10
	B		0.29	0.34	0.39	0.44	0.49	0.54	0.60	0.67	0.76	0.87	1.00	1.15	1.30	1.45	1.60	1.75	1.95	2.15	2.35	2.55	2.80	3.10	3.45	3.80	4.20

注：1 本标准中 A 为不受模具活动部分影响的尺寸公差值；B 为受模具活动部分影响的尺寸公差值。

2 本标准中规定的数值，应以塑件成型后 24 h 或经后处理后，在温度为(23±2)℃，相对湿度(65±5)%时进行测量为准。

表 2-2 常用材料模塑件公差等级和选用(GB/T 14486—1993)

塑料品种		公差等级		
		标注公差尺寸		未注公差尺寸
		高精度	一般精度	
丙烯腈-丁二烯-苯乙烯共聚物(ABS)		MT2	MT3	MT5
丙烯腈-苯乙烯共聚物(AS)		MT2	MT3	MT5
醋酸纤维素塑料(CA)		MT3	MT4	MT6
环氧树脂(EP)		MT2	MT3	MT5
尼龙(PA)	无填料填充	MT3	MT4	MT6
	玻璃纤维填料	MT2	MT3	MT5
聚对苯二甲酸丁二醇脂(PBTP)	无填料填充	MT3	MT4	MT6
	玻璃纤维填料	MT2	MT3	MT5
聚邻苯二甲酸二丙烯脂(PDAP)		MT2	MT3	MT5
聚碳酸酯(PC)		MT2	MT3	MT5
聚乙烯(PE)		MT5	MT6	MT7
聚醚砜(PESU)		MT2	MT3	MT5
聚对苯二甲酸乙二醇脂(PETP)	无填料填充	MT3	MT4	MT6
	玻璃纤维填料	MT2	MT3	MT5
酚醛塑料(PF)	无机填料填充	MT2	MT3	MT5
	有机填料填充	MT3	MT4	MT6
聚甲基丙烯酸甲酯(PA)		MT2	MT3	MT5
聚甲醛(POM)	≤150 mm	MT3	MT4	MT6
	>150 mm	MT4	MT5	MT7
聚丙烯(PP)	无填料填充	MT3	MT4	MT6
	无机填料填充	MT2	MT3	MT5
聚苯醚(PPO)		MT2	MT3	MT5
聚苯硫醚(PPS)		MT2	MT3	MT5
聚苯乙烯(PS)		MT2	MT3	MT5
聚砜(PSU)		MT2	MT3	MT5
硬质聚氯乙烯(RPVC)		MT2	MT3	MT5
软质聚氯乙烯(SPVC)		MT5	MT6	MT7
氨基塑料和氨基酚醛塑料(VF/MF)	无机填料填充	MT2	MT3	MT5
	有机填料填充	MT3	MT4	MT6

2.2 塑料制件的表面质量

塑件表面质量主要包括表面粗糙度和表观质量。

2.2.1 塑件表面粗糙度

塑件的外观要求越高,表面粗糙度值应越小。塑件表面粗糙度的高低,主要与模具型腔表面的表面粗糙度有关。一般来说,模具表面的表面粗糙度要比塑件低1～2级。模具在使用过程中,由于型腔磨损而使表面粗糙度值不断加大,所以模具使用一段时间应给予抛光复原。透明塑件要求型腔和型芯的表面粗糙度相同,而不透明塑件则根据使用情况来决定型芯和型腔的表面粗糙度。

塑件的表面粗糙度可参照GB/T 14234－1993《塑料件表面粗糙度标准—不同加工方法和不同材料所能达到的表面粗糙度》选取,见表2-3。一般取 R_a 值为1.6～0.2 μm。

表2-3 不同加工方法和不同材料所能达到的表面粗糙度(GB/T 14234－1993)

加工方法	材料		R_a 值参数范围/μm										
			0.025	0.050	0.100	0.200	0.40	0.80	1.60	3.20	6.30	12.50	25
注射成型	热塑性塑料	PA	—	—	—	—	—	—	—				
		ABS	—	—	—	—	—	—	—				
		AS	—	—	—	—	—	—	—				
		聚碳酸酯		—	—	—	—	—	—				
		聚苯乙烯		—	—	—	—	—	—	—			
		聚丙烯			—	—	—	—	—				
		尼龙			—	—	—	—	—				
		聚乙烯			—	—	—	—	—	—	—		
		聚甲醛		—	—	—	—	—	—				
		聚砜				—	—	—	—				
		聚氯乙烯				—	—	—	—	—			
		聚苯醚				—	—	—	—	—			
		氯化聚醚				—	—	—	—	—			
		PBT				—	—	—	—	—			
	热固性塑料	氨基塑料				—	—	—	—	—			
		酚醛塑料				—	—	—	—	—			
		嘧胺塑料				—	—	—	—	—			

续表 2-3

加工方法	材料	R_a 值参数范围/μm										
		0.025	0.050	0.100	0.200	0.40	0.80	1.60	3.20	6.30	12.50	25
压注和挤出成型	氨基塑料				—	—	—	—	—			
	酚醛塑料				—	—	—	—	—			
	嘧胺塑料			—	—	—	—					
	硅酮塑料				—	—	—					
	DAP					—	—	—	—			
	不饱和聚酯					—	—	—	—			
	环氧塑料				—	—	—	—	—			
机械加工	有机玻璃	—	—	—	—	—	—	—	—	—		
	尼龙							—	—	—	—	
	聚四氟乙烯						—	—	—	—	—	
	聚氯乙烯							—	—	—	—	
	增强塑料							—	—	—	—	—

2.2.2 塑件表观质量

塑件的表观质量指的是塑件成型后的表观缺陷状态，如常见的缺料、溢料、飞边、凹陷、气孔、熔接痕、银纹、翘曲与收缩和尺寸不稳定等。它们是由于塑件成型工艺条件、塑料选择及模具总体设计不当等多种因素造成的。成型时塑件常见的表观缺陷及其产生原因见附录（附录 C 热塑性塑料注射成型塑件常见的表观缺陷及产生原因，附录 D 热固性塑料制件常见的表观缺陷及产生原因）。

2.3 塑料制件的结构设计

2.3.1 形状

塑件的形状应在满足使用要求的情况下尽可能易于成型。由于侧抽芯和瓣合模不但使模具结构复杂，制造成本提高，而且还会在分型面上留下飞边。因此，塑件设计时可在保证塑件使用要求的前提下，适当改变塑件的结构，尽可能避免侧孔与侧凹，以简化模具的结构，表 2-4 所列为改变塑件形状以利于成型的典型实例。

表 2-4 改变塑件形状以利于塑件成型的典型实例

序号	不合理	合理	说明
1	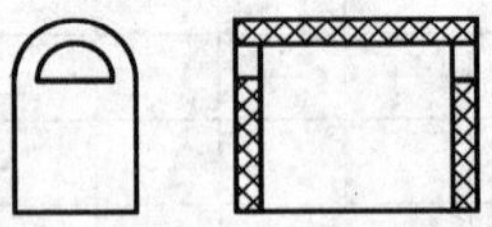	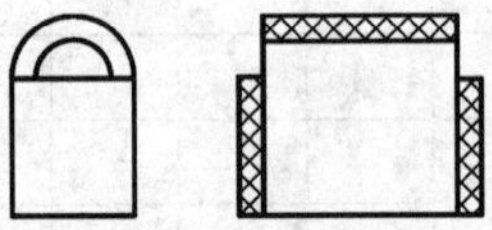	改变塑件形状后，则不需要采用侧抽芯或瓣合分型的模具
2	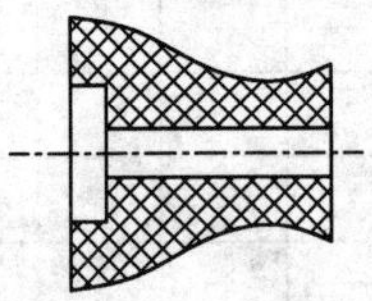	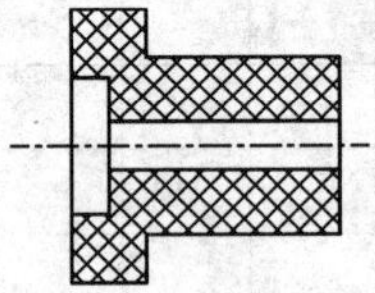	改变塑件形状后，无须采用瓣合凹模，使塑料模具结构简化，塑件表面无拼缝痕迹
3	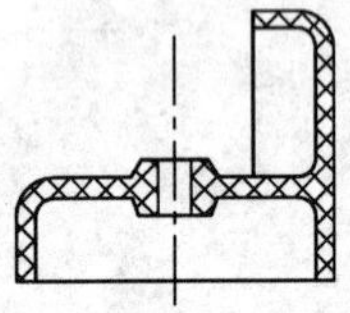	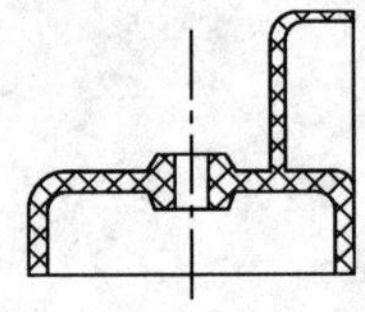	塑件内侧凹，侧抽芯距过长，侧抽芯困难。改变塑件形状后，侧抽芯距离缩短
4	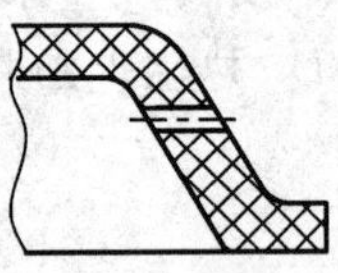	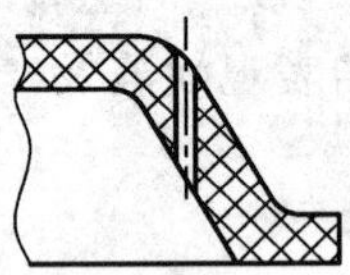	将横向侧孔改为垂直向孔，可免去侧抽芯机构，使模具结构简单

当侧向凹、凸面积小而不深(高)时，可以用整体凸模或型腔成型，采取强制脱模的方法将塑件脱出，如图 2-1 所示。采用强制脱模应注意要满足以下条件：塑件在脱模温度下应具有足够的弹性，以保证塑件在强制脱模时不会被损坏，例如聚乙烯、聚丙烯、ABS、丁苯橡胶改性聚苯乙烯、聚甲醛等塑料能适应这种情况；侧凹或侧凸应有较大过渡圆角；侧凹或侧凸深度或高度比率满足图 2-1(a)、(b)所示要求。

但是，多数情况下塑件的侧向凹凸不可进行强制脱模，此时应采用带有侧向分型与抽芯机构的模具。

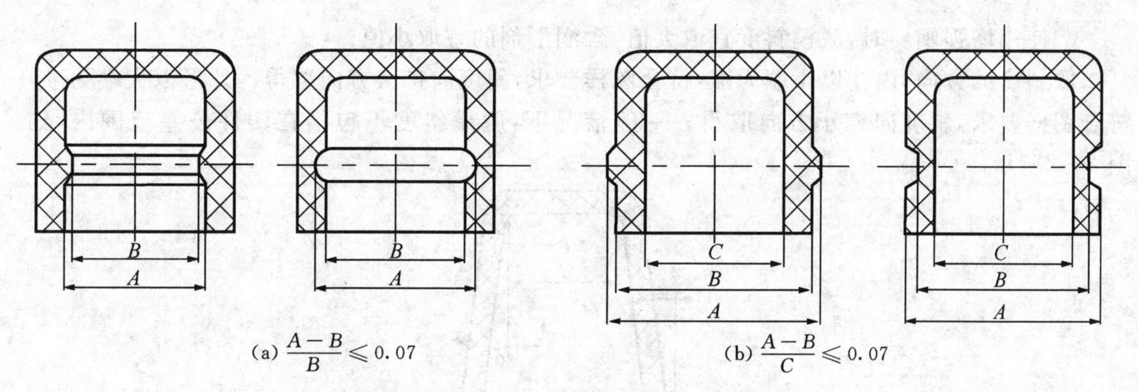

(a) $\frac{A-B}{B} \leqslant 0.07$　　(b) $\frac{A-B}{C} \leqslant 0.07$

图2-1　可强制脱模的侧向凹、凸结构

2.3.2　脱模斜度

为了便于从塑件中抽出型芯或从型腔中脱出塑件，防止在脱模时擦伤塑件，在设计塑件时必须使塑件内外表面沿脱模方向留有足够的斜度，即脱模斜度。

脱模斜度的大小取决于塑料的性能、塑件的几何形状（如高度或深度、壁厚）及型腔表面状态（如表面粗糙度、加工纹路）等。表2-5列出了常见塑料推荐的脱模斜度。

表2-5　常见塑料推荐的脱模斜度

塑料名称	脱模斜度	
	型　腔	型　芯
聚乙烯、聚丙烯、软质聚氯乙烯、聚酰胺、氯化聚醚、聚碳酸酯、聚砜	25′～45′	20′～45′
硬聚氯乙烯、聚碳酸酯、聚砜	35′～40′	30′～50′
聚苯乙烯、有机玻璃、ABS、聚甲醛	35′～1°30′	30′～40′
热固性塑料	25′～40′	20′～50′

注：本表所列脱模斜度适于开模后塑件留在型芯上的情形。

一般地，质硬、脆的塑料比质软、韧的塑料脱模斜度大。具体选择时还应注意以下几点：

①塑件精度要求高的，应选取较小的脱模斜度。

②塑件尺寸较高、较大的，应选用较小的脱模斜度。

③塑件形状复杂的、不易脱模的应选用较大的脱模斜度。

④塑件收缩率大的，应选用较大的脱模斜度。

⑤塑件壁厚较厚时，会使成型收缩增大，脱模斜度应取较大值。

⑥若要求脱模后塑件保持在型芯的一边，那么塑件内表面的脱模斜度可取得比外表面小；反之，若要求脱模后塑件留在型腔内，则塑件外表面的脱模斜度应小于内表面。但应注意当内外表面的脱模斜度不一致时，则不能保证塑件壁厚的均匀性。

⑦使用增强塑料时，脱模斜度宜取大值，含润滑剂的宜取小值。

取斜度的方向，内孔以小端为准，符合图样要求，斜度向扩大方向取得。外形以大端为准，符合图样要求，斜度向缩小方向取得。一般情况下，脱模斜度不包括在塑件公差范围内，如图 2-2所示。

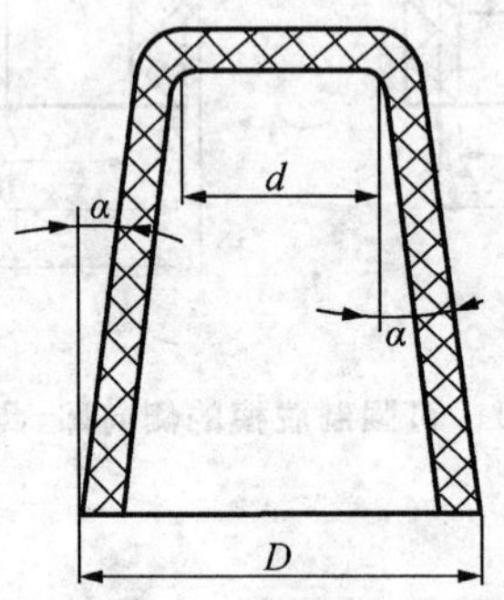

图 2-2 塑件斜度

2.3.3 壁 厚

塑件的壁厚首先取决于其使用要求，即强度、结构、重量、电气性能、尺寸稳定性及装配等各项要求。

塑件壁厚小，则成型时流动阻力大，大型复杂塑件就难以充满型腔。塑件壁厚的最小尺寸应满足以下几个方面要求：具有足够的强度和刚度；脱模时能经受推出机构的推出力而不变形；能承受装配时的紧固力。塑件最小壁厚值随塑料品种和塑件大小不同而异。壁厚过大，不但造成原料的浪费，而且对热固性塑料成型来说增加了成型时间，并易造成固化不完全；对热塑性塑料则增加了冷却时间，降低了生产率，另外也容易产生气泡、缩孔、凹陷等缺陷，从而影响塑件质量。

热塑性塑料易于成型薄壁塑件，其最小壁厚能达到 0.25 mm，但一般不宜小于 0.6～0.9 mm，常取 2～4 mm。热固性塑料的小型塑件，壁厚取 1.6～2.5 mm，大型塑件取 3.2～8 mm。另外还必须指出，壁厚与流程有密切关系。所谓流程是指塑料熔体从浇口起流向型腔各处的距离。经大量的实践验证，各种塑料在其常规工艺参数下，流程大小与塑件壁厚成正比例关系。即塑件流程越长，要求壁厚越大。

同一塑件的壁厚应尽可能一致，否则会因冷却或固化速度不同而产生内应力，使塑件产生翘曲、缩孔、裂纹甚至开裂。为了使壁厚尽量一致，在可能的情况下常将壁厚的部分挖空。如果在结构上要求具有不同的壁厚时，壁厚之比不应超过 3：1，且不同壁厚应采用适当的修饰半径使壁厚部分缓慢过渡。表 2-6 所列为改善塑件壁厚不均的典型实例。

表 2-6　改善塑件壁厚不均的典型实例

序　号	不合理	合　理	说　明
1			
2			左图壁厚不均，易产生气泡、缩孔、凹陷等缺陷，使塑件变形；右图壁厚均匀，能保证质量
3			
4			壁厚不均塑件，可将易产生凹痕的表面设计成波纹形式或在厚壁处开设工艺孔，以掩饰或消除凹痕

2.3.4　加强肋

加强肋的主要作用是在不增加壁厚的情况下，加强塑件的强度和刚度，避免塑件翘曲变形。此外，合理布置加强肋还可以改善充模流动性，减少塑件内应力，避免气孔、缩孔和凹陷等缺陷。

加强肋的形状如图 2-3 所示。若塑件壁厚为 δ，则加强肋高度 $L=(1\sim3)\delta$，肋根宽 $A=\left(\frac{1}{4}\sim1\right)\delta$（当 $\delta\leqslant2$ mm 时，取 $A=\delta$），肋根过

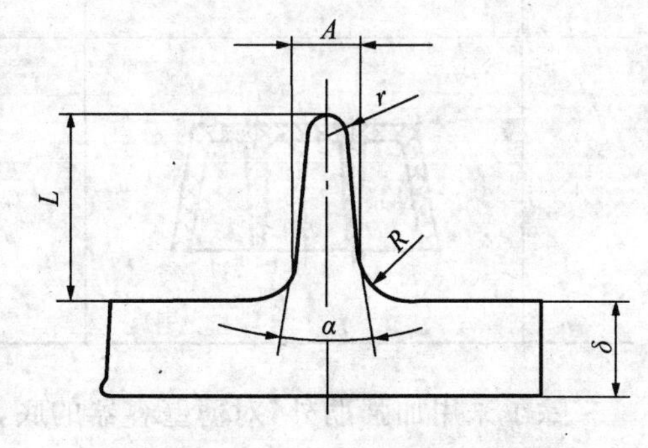

图 2-3　加强肋的尺寸

渡圆角 $R=\left(\frac{1}{8}\sim\frac{1}{4}\right)\delta$，收缩角 $\alpha=2^{\circ}\sim5^{\circ}$，肋部圆角 $r=\frac{\delta}{8}$。

此外，设计加强肋时还应注意：加强肋的厚度应小于塑件厚度，并与塑件壁用圆弧过渡；加强肋端面高度不应超过塑件高度，宜低于 0.5 mm 以上；尽量采用数个高度较低的肋代替孤立的高肋；肋与肋间距离应大于肋宽的两倍；加强肋的设置方向除应与受力方向一致外，还应尽可能与熔体流动方向一致，以免料流受到搅乱，使塑件的韧性降低。表 2-7 所列为加强肋设计的典型实例。

表 2-7 加强肋设计的典型实例

序号	不合理	合理	说明
1	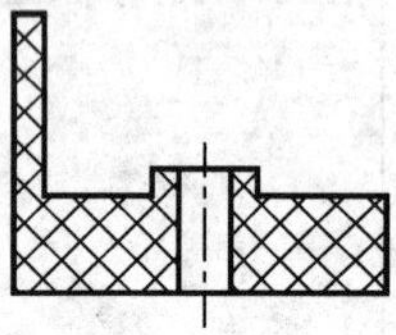	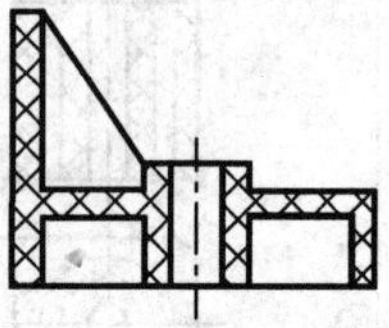	过厚处应减薄并设置加强肋以保持原有强度
2	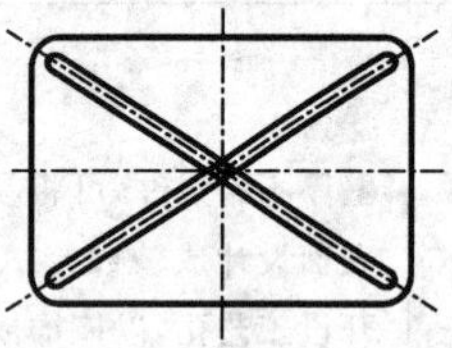	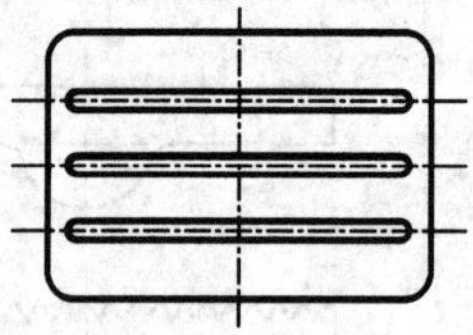	平板状塑件，加强肋应与料流方向平行，以免造成充模阻力过大和降低塑件韧性
3	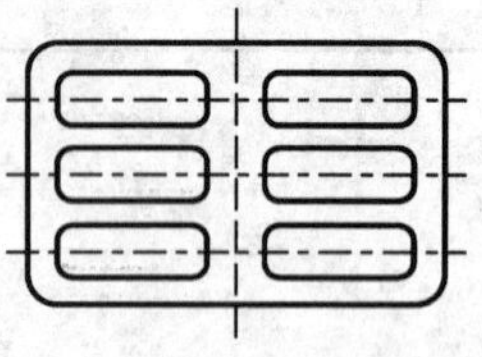	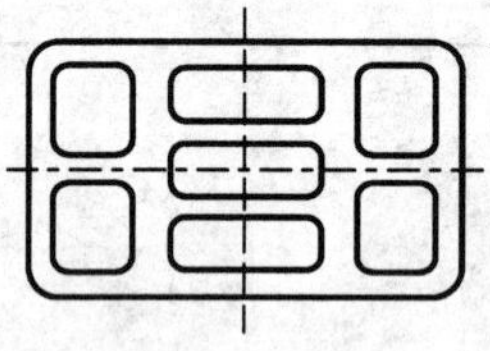	非平板状塑件，加强肋应交错排列，以免塑件产生翘曲变形
4	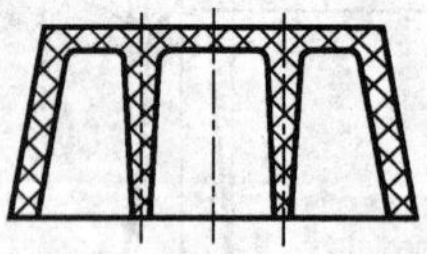	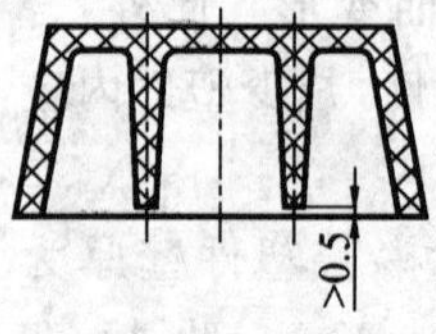 >0.5	加强肋应设计得矮一些，与支承面的间隙应大于 0.5 mm

除了采用加强肋外，对薄壁容器的底、盖和边缘结构可按图 2-4 和图 2-5 设计，这样可以有效地增加塑件刚性、减小变形。

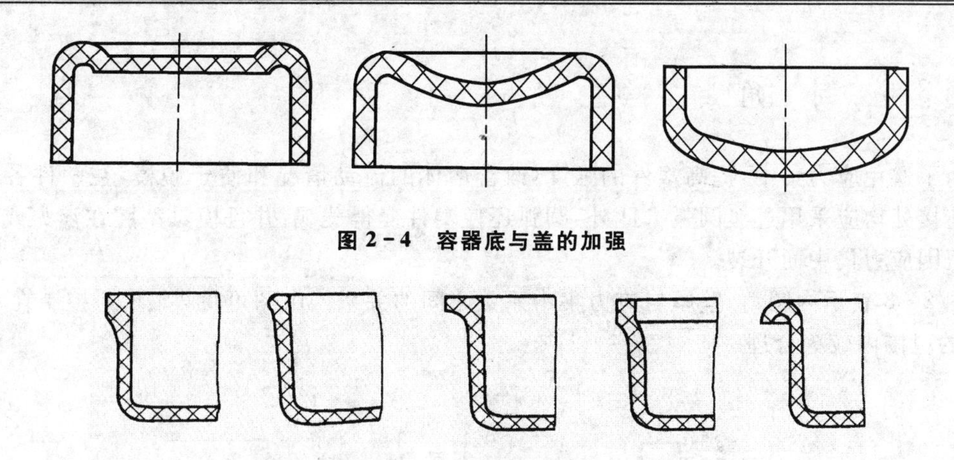

图2-4　容器底与盖的加强

图2-5　容器边缘的增强

矩形薄壁容器采用软塑料时，侧壁易出现内凹变形，因此在不影响使用的情况下，可将塑件各边均设计成外凸的弧状，使变形不易看出，如图2-6所示。

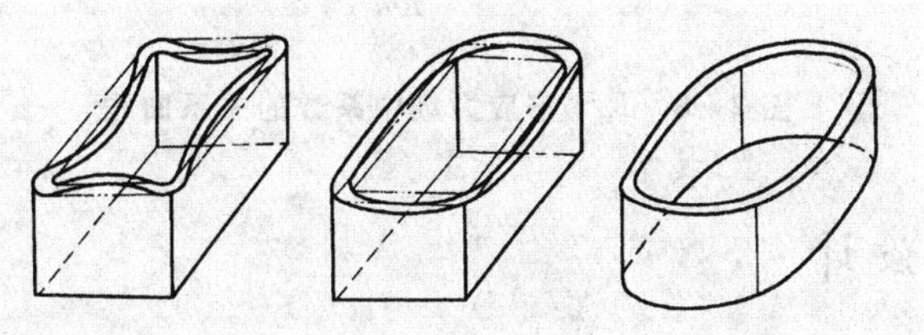

图2-6　防止矩形薄壁容器侧壁内凹变形

2.3.5　支承面

塑件的支承面应保证其稳定性，不宜以塑件的整个底面作为支承面，因为塑件出现少许翘曲或变形时，将会使底面不平。通常采用的是几个凸起的脚底或凸边支承，如图2-7所示。图2-7(a)以整个底面做支承面是不合理的，图2-7(b)和图2-7(c)分别以脚底和边框凸起作为支承面，这样设计较合理。

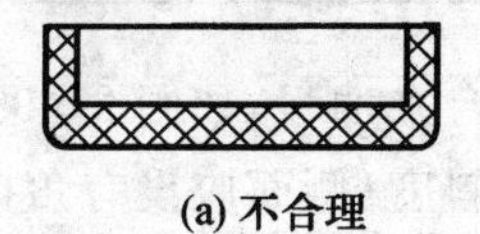

(a) 不合理

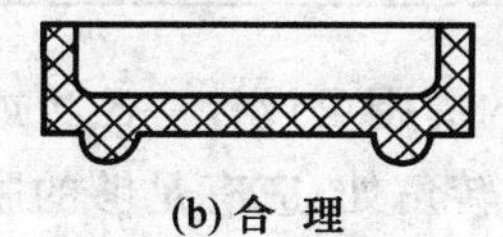

(b) 合　理

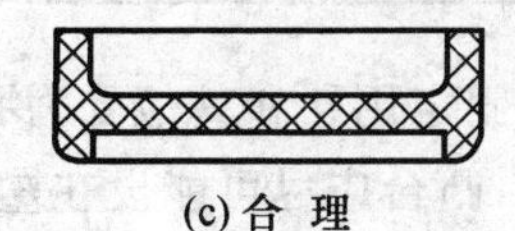

(c) 合　理

图2-7　塑件的支承面

2.3.6 圆 角

为了避免应力集中，提高塑件的强度，改善熔体的流动情况和便于脱模，在塑件各内外表面的连接处均应采用过渡圆弧。此外，圆弧还使塑件变得美观，并且模具型腔在淬火或使用时也不至因应力集中而开裂。

图 2-8 表示内圆角、壁厚与应力集中系数之间的关系。由图可见，将 R/δ 控制在 0.25～0.75 的范围内较为合理。

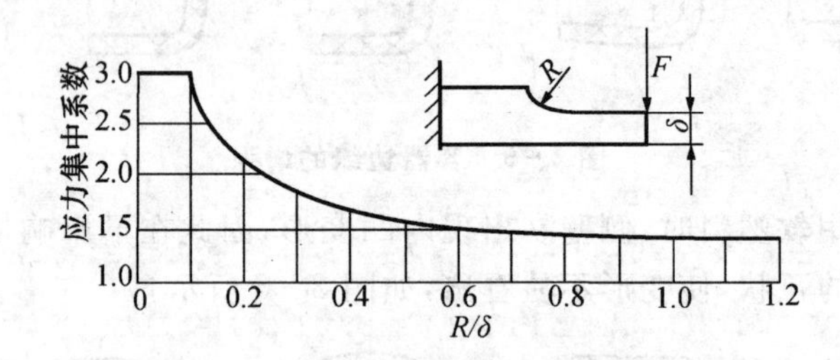

图 2-8 R/δ 与应力集中系数的关系曲线

2.3.7 孔的设计

塑件上常见的孔有通孔、盲孔、异型孔（形状复杂的孔）和螺纹孔等。这些孔均应设置在不宜削弱塑件强度的地方，在孔与孔之间、孔与边壁之间应留有足够的距离。热固性塑料两孔之间及孔与边壁之间的间距与孔径的关系见表 2-8。当两孔直径不一样时，按小的孔径取值。热塑性塑料两孔之间及孔与边壁之间的关系可按表 2-8 中所列数值的 75%确定。

表 2-8 热固性塑料孔间距、孔边距与孔径关系 mm

孔 径	～1.5	＞1.5～3	＞3～6	＞6～10	＞10～18	＞18～30
孔间距孔边距	1～1.5	＞1.5～2	＞2～3	＞3～4	＞4～5	＞5～7

塑件上固定用孔和其他受力孔的周围可设计一凸边或凸台来加强，如图 2-9 所示。凸台设计应注意：凸台应尽可能设在塑件转角处；应有足够的脱模斜度；侧面应设有角撑，以分散负荷压应力；凸台与基面接合处应有足量的圆弧过渡；凸台直径至少应为孔径的两倍；凸台高度一般不应超过凸台外径的两倍；凸台壁厚不应超过基面壁厚的 3/4，以 1/2 为好。

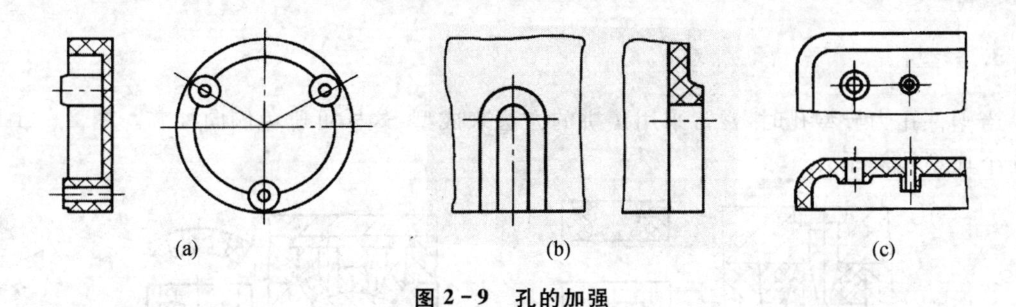

图 2－9　孔的加强

1. 通　孔

成型通孔用的型芯一般有以下几种安装方法，如图 2－10 所示。在图 2－10(a)中型芯一端固定，这种方法简单，但会出现不易修整的横向飞边，且当孔较深或孔径较小时型芯易弯曲。在图 2－10(b)中用一端固定的两个型芯来成型，并使一个型芯径向尺寸比另一个大 0.5～1 mm，这样即使稍有不同心，也不致引起安装和使用上的困难，其特点是型芯长度缩短一半，刚性增加。这种成型方式适用于较深的孔，且孔径要求不很高的场合。在图 2－10(c)中型芯一端固定，一端导向支承，这种方法使型芯有较好的强度和刚度，又能保证同心度，较为常用，但其导向部分因发生磨损，会产生圆周轴向飞边。

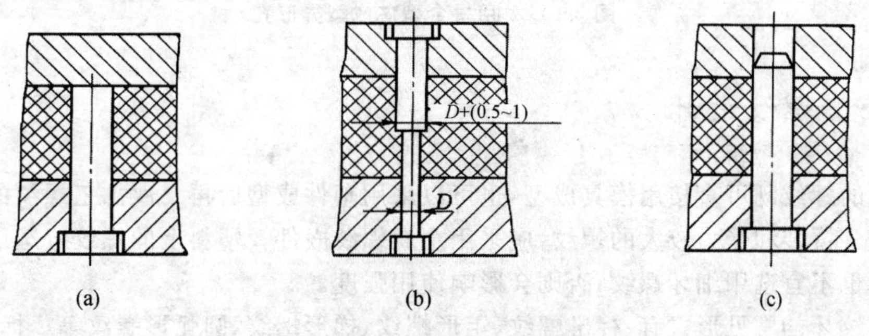

图 2－10　通孔的成型方法

型芯不论用什么方法固定，孔深均不能太大，否则型芯会弯曲。压缩成型时尤应注意，通孔深度应不超过孔径的 3.75 倍。

2. 盲　孔

盲孔只能用一端固定的型芯来成型，因此其深度应浅于通孔。根据实践经验，注射成型或压注成型时，孔深应不超过直径的 4 倍。压缩成型时，孔深应浅些，平行于加压方向的孔一般不超过直径的 2.5 倍，垂直于加压方向的孔一般不超过直径的 2 倍。直径小于 1.5 mm 的孔或深度太大的孔最好用成型后再机械加工的方法获得。如能在成型时于钻孔位置压出定位浅孔，则将给后续加工带来很大方便。

3. 异型孔

当塑件孔为异型孔时，常常采用镶拼的方法来成型，这样可避免侧向抽芯。图 2－11 所示为几个典型的例子。

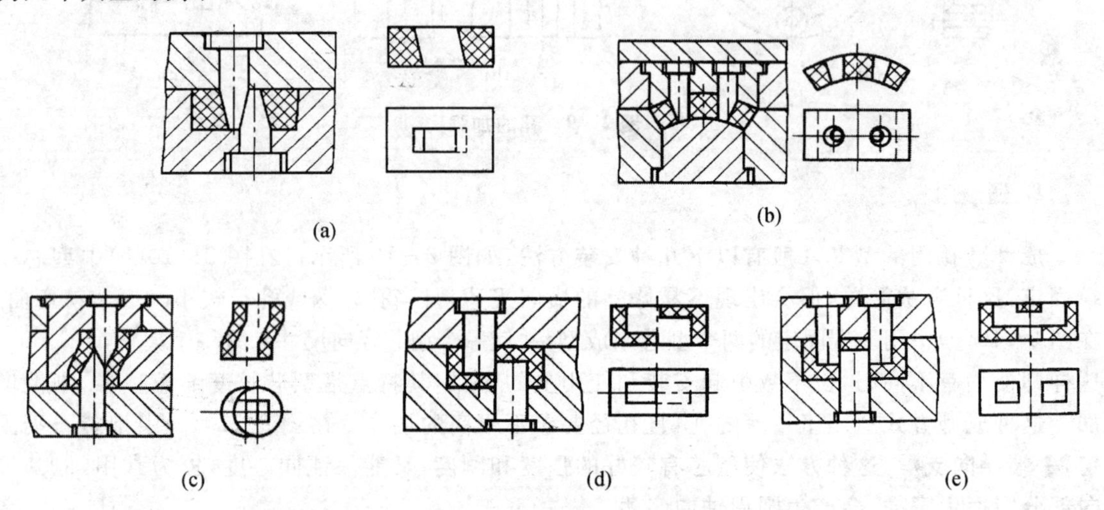

图 2－11 用拼合型芯成型异形孔

2.3.8 螺纹设计

塑件上的螺纹既可直接用模具成型，也可以采用塑件成型后再二次加工螺纹的方法获得。对于需要经常拆装和受力较大的螺纹，应采用金属螺纹嵌件。塑料上的螺纹应选用粗牙螺纹，直径较小时也不宜选用细牙螺纹，否则会影响使用强度。

塑料螺纹牙的常见形式有：标准螺纹、矩形螺纹、梯形螺纹、圆弧形螺纹等。标准螺纹最常用，但不宜选用过小的细牙螺纹；矩形螺纹和梯形螺纹常用于较高强度的连接；圆弧形螺纹主要用于瓶盖，常用多头，便于快速开启瓶盖。

塑件上螺纹的直径不宜过小，螺纹的外径不应小于 4 mm，内径不应小于 2 mm，精度不超过 3 级。如果模具上螺纹的螺距未考虑收缩率，那么塑件螺纹与金属螺纹的配合长度则不能太长，一般不大于螺纹直径的 1.5～2 倍，否则会因干涉造成附加内应力，使螺纹连接强度降低。

为了防止螺纹最外圈崩裂或变形，应使螺纹的始端或终端应逐渐开始和结束，有一段过渡长度 l，如图 2－12(a)、(b)所示，其数值可按表 2－9 选取。

自攻螺纹是采用自攻螺钉装配时形成的螺纹，即先成型一个比螺钉外径小的底孔，然后使用时再用自攻螺钉形成螺纹。自攻螺纹的形成有切割形式和旋压形式，所以，相应有切割自攻螺钉和旋压自攻螺钉。切割自攻螺钉适用于硬度和刚性较大的塑料，如聚苯乙烯、ABS 等，用于承受载荷小、振动小、拆卸次数很少的场合。切割自攻螺钉拧入塑件时，依靠螺钉上面的切割刃将塑料削下来形成螺纹。旋压自攻螺钉适用于韧性和弹性较好的塑料，如聚酰胺、聚乙烯、聚丙烯等，拆卸次数较多的场合。旋压自攻螺钉是依靠螺钉拧入塑料时将材料挤压开而形成螺纹。

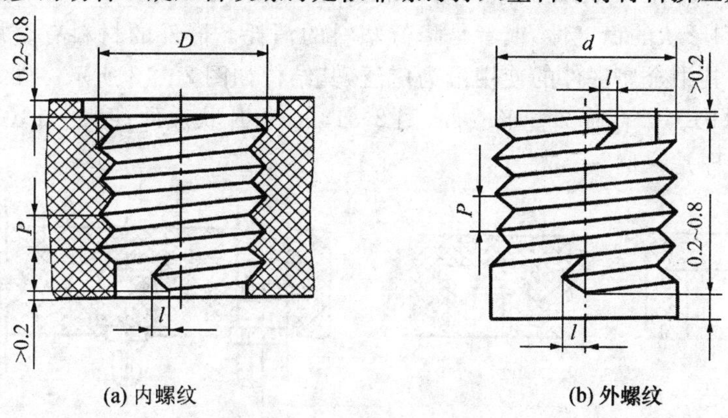

(a) 内螺纹　　(b) 外螺纹

图 2－12　塑料螺纹结构

表 2－9　塑料螺纹始末端尺寸　mm

螺纹直径	螺距 P		
	l<0.5	0.5>l≥1	>1
≤10	1	2	3
>10～20	2	2	4
>20～34	2	4	6
>34～52	3	6	8
>52	3	8	10

自攻螺钉尺寸如下：螺钉旋入深度不小于 2 倍螺钉外径；切割自攻螺纹底孔直径等于螺钉中径；旋压自攻螺纹底孔直径等于螺钉中径的 80%。其他尺寸可参照设计手册确定。

2.3.9　嵌件设计

塑件中镶入嵌件的目的是提高塑件局部的强度、硬度、耐磨性、导电性、导磁性等，或者是增加塑件的尺寸和形状的稳定性，或者是降低塑料的消耗。嵌件的材料有金属、玻璃、木材和已成型的塑件等，其中金属嵌件的使用最为广泛，其结构如图 2－13 所示。图 2－13(a)为圆筒形嵌件；图 2－13(b)为带台阶圆柱形嵌件；图 2－13(c)为片状嵌件；图 2－13(d)为细杆状贯穿嵌件，汽车方向盘即是一例。

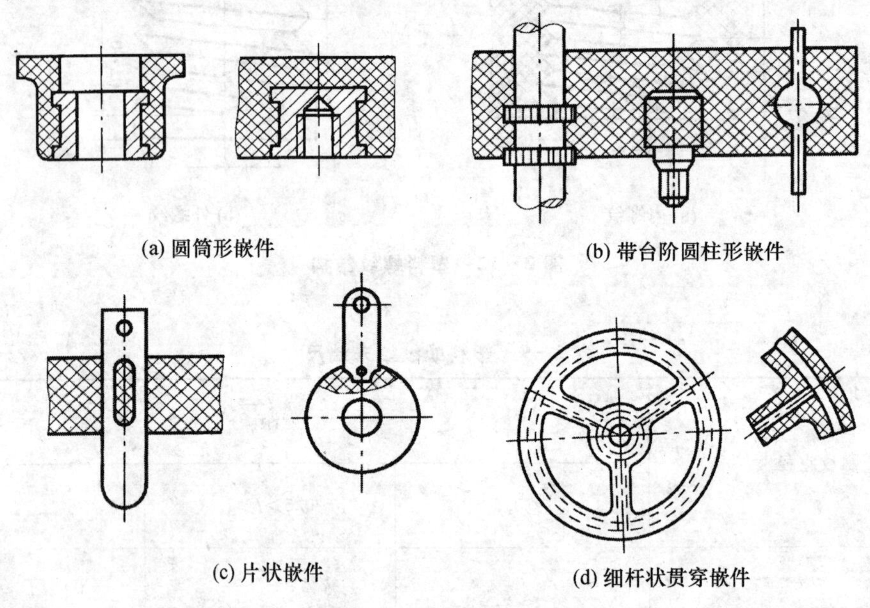

图 2－13　几种常见的金属嵌件

金属嵌件的设计有如下要点：

1. 嵌件应牢固地固定在塑件中

为了防止嵌件受力时在塑件内转动或脱出，嵌件表面必须设计适当的凹凸形状。图 2－14(a)所示为最常用的菱形滚花，其抗拉和抗扭强度都较大；图 2－14(b)所示为直纹滚花，这种滚花在嵌件较长时允许塑件沿轴向少许伸长，以降低这一方向的内应力，但在这种嵌件上必须开有环形沟槽，以免在受力时被拔出；图 2－14(c)所示为六角形嵌件，因其尖角处易产生集中，故较少采用；图 2－14(d)所示为用孔眼、切口或局部折弯来固定的片状嵌件；薄壁管状嵌件也可用边缘折弯法固定，如图 2－14(e)所示；针状嵌件可采用将其中一段轧扁或折弯的办法固定，如图 2－14(f)所示。

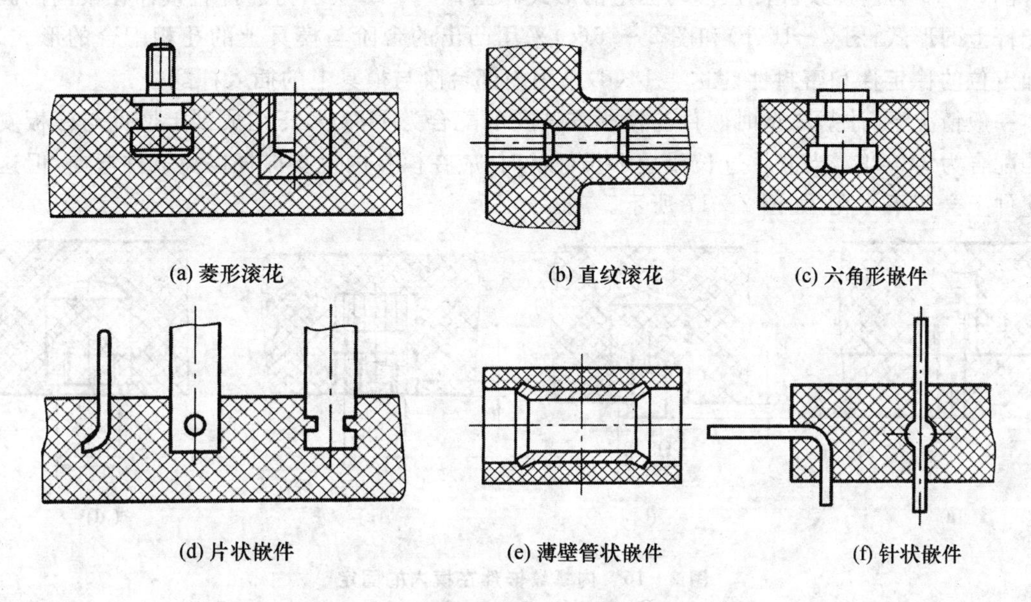

图 2-14　金属嵌件在塑件内的固定方式

2. 模具内的嵌件应定位可靠

模具中的嵌件在成型时要受到高压熔体流的冲击，可能发生位移和变形，同时塑料熔体还可能挤入嵌件上预压的孔或螺纹中，影响嵌件使用。因此嵌件必须可靠定位，并要求嵌件的高度不超过其定位部分直径的 2 倍。图 2-15 为外螺纹嵌件在模内的固定方法。图 2-15(a)利用嵌件上的光杆部分和模具配合；图 2-15(b)采用凸肩配合的形式，既可增加嵌件插入后的稳定性，又可阻止塑料流入螺纹中；图 2-15(c)为嵌件上有凸出的圆环，在成型时圆环被压紧在模具上而形成密封环，以阻止塑料熔体的流入。

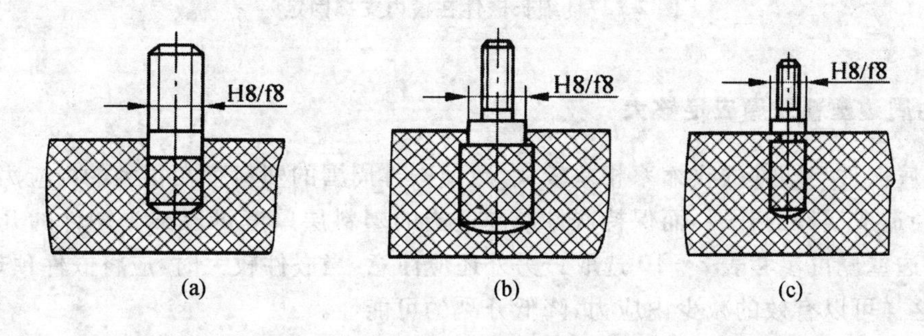

图 2-15　外螺纹嵌件在模内的固定

图 2－16 为内螺纹嵌件在模内固定的形式。图 2－16(a)所示为嵌件直接插在模内的圆截面光杆上的形式；图 2－16(b)和图 2－16(c)采用凸出的台阶与模具上的孔相配合的形式，以增加定位的稳定性和密封性；图 2－16(d)采用内部台阶与模具上的插入杆配合。

一般情况下，注射成型时嵌件与模板安装孔的配合为 H8/f8；压缩成型上嵌件与模板安装孔的配合为 H9/f9。当嵌件过长或呈细长杆状时，应在模具内设支撑杆以免嵌件弯曲，但这时在塑件上会留下小孔，如图 2－17 所示。

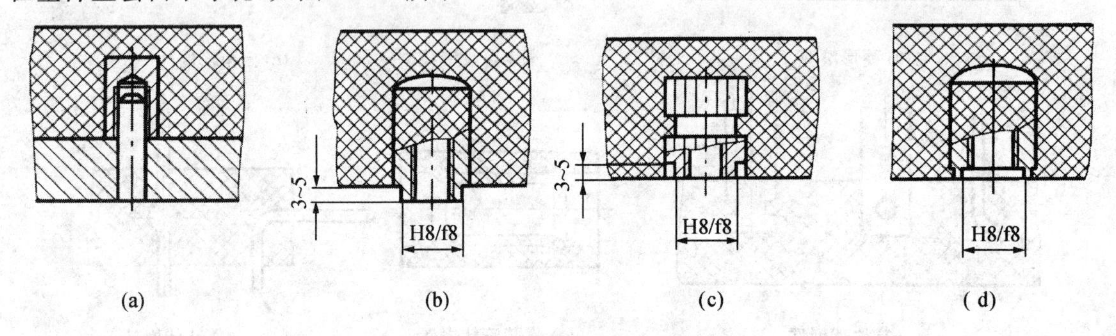

图 2－16 内螺纹嵌件在模内的固定

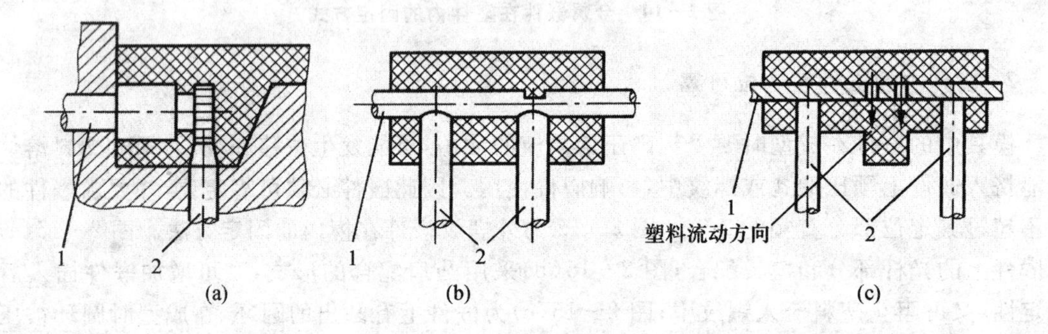

1—嵌件；2—支撑杆

图 2－17 细长嵌件在模内支撑固定

3. 嵌件周边塑料壁厚应足够大

由于金属嵌件与塑件的收缩率相差较大，致使嵌件周围的塑料存在很大的内应力，如果设计不当，则会造成塑件的开裂，而保持嵌件周围适当的塑料层厚度可以减少塑件的开裂倾向。金属嵌件周边壁厚可参考表 2－10 选取。另外还应注意，当嵌件较大时，应将嵌件预热到接近塑料温度，这样可以有效的减少内应力，降低开裂的可能性。

表 2－10　金属嵌件周边塑料壁厚　mm

图　例	金属嵌件直径 D	周围塑料层最小厚度 C	顶部塑料层最小厚度 H
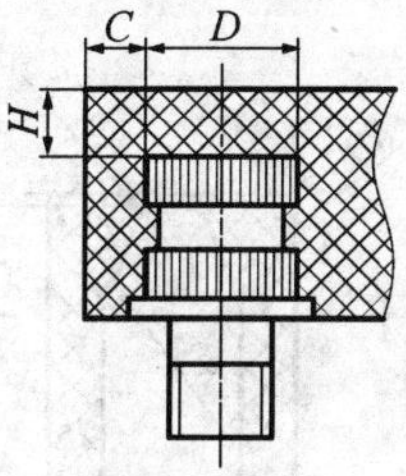	≤4	1.5	0.8
	>4～8	2.0	1.5
	>8～12	3.0	2.0
	>12～16	4.0	2.5
	>16～25	5.0	3.0

成型带嵌件的塑件会降低生产效率，使生产不易实现自动化，因此在设计塑件时应尽可能避免使用嵌件。

2.3.10　标记符号及表面彩饰

由于装潢或某些特殊要求，塑件上有时需要带有文字或图案、标记符号及花纹（或表面彩饰）。

标记符号应放在分型面的平行方向上，并有适当的斜度以便脱模。若标记符号为凸形，在模具上即为凹形，加工较容易，但标记符号容易被磨损。若标记符号为凹形，在模具上即为凸形，用一般机械加工难以满足，需要用特殊加工工艺，但凹入标记符号可涂印各种装饰颜色，增添美观感。图 2－18 所示是在凹框内设置凸起的标记符号，它可把凹框制成镶块嵌入模具内。这样既易于加工，标记符号在使用时又不易被磨损破坏，最为常用。

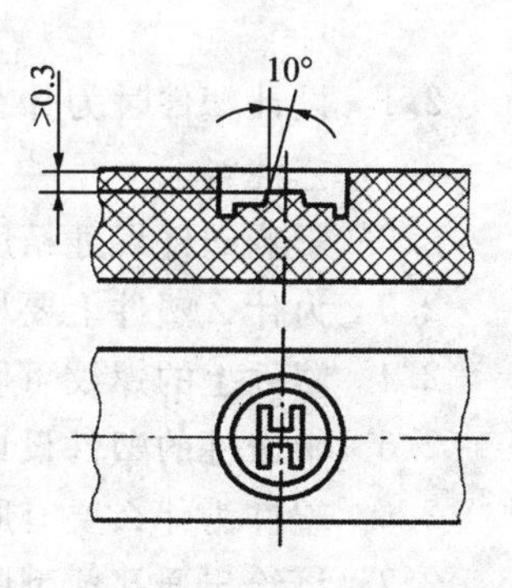

图 2－18　塑件上的文字或符号

塑件上成型的标记符号，凸出的高度不小于 0.2 mm，线条宽度不小于 0.3 mm，通常以 0.8 mm 为宜。两条线间距离不小于 0.4 mm，边框可比图案纹高出 0.3 mm 以上。标记符号的脱模斜度应大于 10°。

塑件的表面彩饰可以遮盖塑件表面在成型过程中产生的疵点、银纹等缺陷，同时增加了产品外观的美感，如收音机外壳采用皮革纹装饰。目前对某些塑件常用彩印、胶印、丝印和喷镀等方法进行表面彩饰。

2.3.11 铰 链

有些塑料如聚丙烯、乙丙烯共聚物、ABS等，可直接制成铰链。常用铰链截面形式如图2-19所示，铰链部分厚度一般为0.25～0.4 mm。要求充模时熔体流向必须通过铰链部分，使铰链处产生高度取向，以提高其抗折断能力。

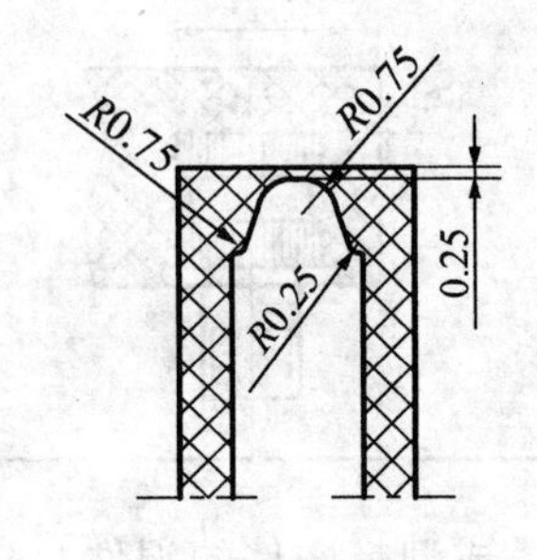

图2-19 铰链的截面形状

在设计铰链时还应注意，铰链部分的长度不可过长，否则折弯线不止一处，闭合效果不佳。壁厚减薄过渡处，应以圆弧过渡。铰链部分的厚度，在模具加工时应使之均匀，而且此处的模具温度也须保持一致，否则会降低其弯折寿命。

思考与练习

2.1 设计塑件时为什么要考虑结构工艺性？举几个例子说明设计塑件时，如何考虑其工艺性？

2.2 影响塑件尺寸精度、表面质量的因素有哪些？

2.3 为什么塑件上要尽量避免侧孔或侧凹？可强制脱模的侧凹、侧凸的条件是什么？

2.4 塑件上的螺纹可用那些方法获得？设计塑件上的螺纹时，应注意哪些问题？

2.5 带嵌件的塑件设计应注意哪些问题？

2.6 塑件为什么要有脱模斜度，其大小如何确定？

2.7 请绘出通孔成型的3种形式结构简图。

2.8 请举出2～3个塑件表面彩饰的例子。

第 2 篇　注射成型模具设计与制造

第 3 章　注射成型工艺及注射模概述

3.1　注射成型工艺

3.1.1　注射成型原理及特点

注射成型又称注射模塑、注塑成型，是热塑性塑料的一种主要成型方法。除氟塑料外，几乎所有的热塑性塑料都可用此方法成型。近年来，用注射成型生产热固性塑料制件的技术已渐趋成熟。

注射成型的原理是：将颗粒状或粉状塑料从注射机的料斗送进加热的料筒中，经过加热熔融塑化成为粘流态液体，在注射机柱塞或螺杆的推动下，以一定的流速经过喷嘴，注入模具型腔，经一定时间的保压冷却定型后开模，在推出机构的作用下，取出成型的塑件。此时，塑件可保持模具型腔所赋予的形状和尺寸。这样就完成了一次注射成型工作循环。

注射成型的特点是：成型周期短，能一次成型外形复杂、尺寸精度高、带有嵌件的塑件；对塑料品种的适应性强；生产效率高，产品质量稳定，易于实现自动化生产。所以，注射成型广泛地用于塑件的生产中，但注射成型的设备及模具制造费用较高，不适合单件及批量较小的塑件的生产。

3.1.2　注射成型工艺过程

注射成型工艺过程包括：成型前的准备、注射成型过程以及塑件的后处理 3 个阶段。

1. 成型前的准备

为使注射过程能顺利进行并保证塑件的质量，在成型前应进行一系列必要的准备工作。

(1)塑料原料外观的检验和工艺性能的测定

检验内容包括对色泽、粒度及均匀性、流动性（熔体指数、粘度）、热稳定性及收缩率的检验。

(2)塑料的预热和干燥

对于吸水性强的塑料，在成型前必须进行干燥处理，除去塑料中过多的水分和挥发物，以防止成型后塑件表面出现斑纹和气泡等缺陷，甚至发生降解，严重影响塑件的外观和内在质量。

各种塑料干燥的方法应根据塑料的性能和生产批量等条件进行选择。小批量生产用塑料大多采用热风循环烘箱或红外线加热烘箱进行干燥；大批量生产用塑料宜采用效率较高的沸腾干燥或真空干燥。

(3)嵌件的预热

在成型带金属嵌件，特别是带较大嵌件的塑件时，嵌件放入模具之前必须预热，以减少塑料和嵌件的温度差，降低嵌件周围塑料的收缩应力，保证塑件质量。

(4)料筒的清洗

当改变产品、更换原材料及颜色时均需清洗料筒。通常，柱塞式料筒可拆卸清洗，而螺杆式料筒可采用对空注射法清洗。

(5)脱模剂的选用

塑件的脱模，主要依赖于合理的工艺条件和正确的模具设计。在成型易粘模的塑料制件时，为能使塑件顺利脱模，可使用脱模剂。常用的脱模剂有硬脂酸锌(除聚酰胺外，其他各种塑料均可使用)、液态石蜡(亦称白油，适用于聚酰胺)和硅油(润滑效果好，但价格较贵，使用也较麻烦)等。

2. 注射成型过程

完整的注射成型过程包括加料、加热塑化、合模、注射充模与冷却定型、脱模等工步。但从实质上讲主要是塑化、注射充模和冷却定型等基本过程。

(1)加热塑化

塑化是指将粉状或粒状的塑料加热熔融呈粘流态并具有良好的可塑性的全过程。注射机螺杆在传动系统的驱动下，将来自料斗的塑料向前输送、压实，在料筒外加热器、螺杆和料筒的剪切、摩擦的联合作用下，塑料逐渐熔融塑化。

对塑化的要求是：塑料在进入型腔之前，既要达到规定的成型温度，又要使熔体各点温度均匀一致，并能在规定时间内提供上述质量的足够熔融塑料以保证生产连续顺利进行。

(2)合　模

注射机的合模机构推动动模安装板及安装在动模安装板上的模具动模部分与定模安装板上的模具定模部分合模并锁紧，保证成型时提供足够的锁模力。

(3)注射充模与冷却定型

合模完成后，将注射机整个注射座推动前移，使注射机喷嘴与模具主流道口完全贴合。当注射机喷嘴与模具完全贴合以后，注射液压缸驱动螺杆相对料筒前移，将积聚在料筒端部的熔体以足够压力注入模具的型腔。在这个过程中塑料熔体的温度将不断下降，产生收缩。为保证塑件的致密性、尺寸精度和力学性能，必要时需补料。此时，型腔内压力的变化如图3-1所示。

1)充 模

塑化好的塑料熔体在注射机柱塞或螺杆的推动作用下，以一定的压力和速度经过喷嘴和模具的浇注系统进入并充满模具型腔，这一阶段称为充模。这一阶段的时间从开始充模到 t_1，压力变化为：熔体未注入模具型腔前型腔内没有压力；待型腔充满时型腔内的压力达到最大值 p_0。

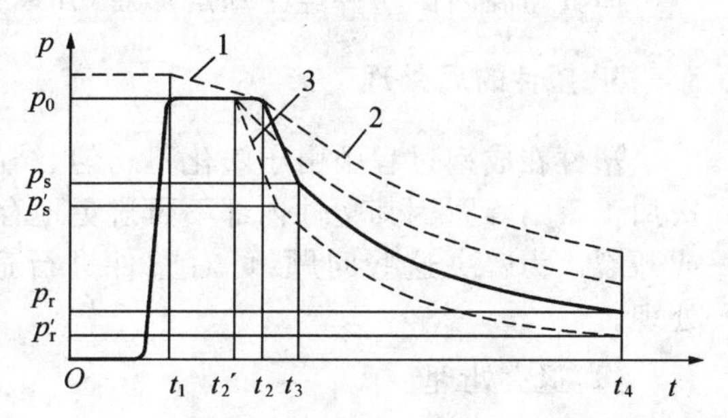

图3-1 注射成型过程中塑料压力的变化

2)保压补缩($t_1 \sim t_2$)

保压补缩阶段是从熔体充满型腔时起至柱塞或螺杆退回时为止。在这段时间内，熔体因为冷却而收缩，但由于柱塞或螺杆继续缓慢向前移动，使料筒中的熔体继续进入型腔，进行补料，从而保证型腔内熔体压力仍为最大值。如果柱塞或螺杆在熔体充满型腔后停在原位不动，则熔体压力略有下降，如图3-1中的虚线1所示。保压补缩阶段对于提高塑件密度、减少塑件的收缩和克服塑件表面缺陷均具有重要影响。

3)倒流阶段($t_2 \sim t_3$)

倒流阶段是从柱塞或螺杆开始后退时起至浇口处熔体冻结时止。在这一阶段，由于柱塞或螺杆后退，喷嘴处压力迅速降为零，这时型腔中的熔体压力比浇注系统流道内的高，因此就会发生型腔中熔体通过浇口倒流回浇注系统的倒流现象，从而使型腔内压力迅速下降。倒流将一直进行到浇口处熔体冻结时为止，p_1 为浇口冻结时的压力。如果柱塞或螺杆后退时浇口处的熔体已经冻结，或者在喷嘴中装有止逆阀，则倒流阶段不存在，就不会出现 $t_2 \sim t_3$ 压力下降的曲线，而是图3-1中所示的虚线2。

综上述，有无倒流或倒流的多少决定于保压补缩的时间。如果保压补缩的时间短(如 $t_1 \sim t'_2$)，则倒流的塑料熔体多(如图3-1中所示的虚线3)，浇口冻结时型腔内的压力小。

4)浇口冻结后的冷却($t_3 \sim t_4$)

这一阶段是从浇口处塑料熔体完全冻结起到塑件脱模取出时为止。这时，倒流不再继续进行，型腔内的熔体继续冷却并凝固定型。脱模时，塑件应具有足够的刚度，不致产生翘曲变形。在冷却阶段中，随着温度的迅速下降，型腔内的塑料体积收缩，压力也逐渐下降。开模时，型腔内的压力不一定等于外界大气压。型腔内压力与外界压力之差称为残余压力 p_r。当残余压力为正值时，脱模比较困难，塑件容易被刮伤甚至破裂；当残余压力为负值时，塑件表面出现凹陷或内部产生真空泡；当残余压力接近零时，塑件不仅脱模方便，而且质量较好。

当浇口处的熔体冻结时，注射机即可卸压。一般来说，卸压完成后，螺杆即可旋转、后退，为下一次的加料、塑化过程做好准备。

应该指出的是,若冷却速度过快或模温不均,则塑件会由于冷却不均匀而导致各部分收缩不一致,使塑件产生内应力,因此冷却速度必须适当。

(4)脱　模

模具型腔内的塑件经冷却定形后,开模并且推出模具内的塑件。

3. 塑件的后处理

塑件在成型过程中由于塑化不均匀、结晶、取向和冷却不均匀、金属嵌件的影响,塑件的二次加工不当等原因其塑件内部不可避免地存在一些内应力,导致塑件在使用过程中产生变形或开裂。为解决这些问题,可对塑件进行适当的后处理,常用的后处理方法有退火和调湿处理。

(1)退火处理

退火处理是将塑件放在一定温度的加热液体介质(如热水、热的矿物油、甘油、乙二醇和液体石蜡等)或热空气循环烘箱中静置一段时间,然后缓慢冷却至室温,从而消除塑件的内应力,提高塑件的性能。退火的温度应控制在塑件使用温度 10～20 ℃以上,或塑料的热变形温度以下 10～20 ℃。退火处理的时间取决于塑料品种、加热介质温度、塑件的形状和成型条件。退火处理后冷却速度不能太快,以避免重新产生内应力。

退火处理可以消除塑件的内应力,稳定塑件尺寸,对于结晶型塑料还能提高结晶度、稳定结晶结构,从而提高其弹性模量和硬度,但却降低了断裂伸长率。

(2)调湿处理

调湿处理是将刚脱模的塑件放入热水中,以隔绝空气,防止对塑件的氧化,加快吸湿平衡速度的后处理方法。其目的是使塑件颜色、性能以及尺寸保持稳定,防止塑件使用中的尺寸变化,使其尽快达到吸湿平衡。调湿处理主要用于吸湿性强的塑料。

3.1.3　注射成型工艺参数

正确的注射成型工艺可以保证塑料熔体良好塑化,顺利充模、冷却与定型,从而生产出合格的塑件。温度、压力和时间是影响注射成型工艺的重要参数。

1. 温　度

在注射成型中需控制的温度有料筒温度、喷嘴温度和模具温度等。前两种温度主要影响塑料的塑化和流动,而后一种温度主要是影响塑料的充模和冷却定型。

(1)料筒温度

料筒温度的选择与诸多因素有关,主要有以下几方面:

1)塑料的粘流温度或熔点

不同的塑料其粘流温度或熔点是不同的,对于非结晶塑料,料筒末端最高温度应高于粘流温度；对于结晶塑料，则应高于熔点。但无论是非结晶塑料还是结晶塑料，料筒温度均不能超过塑料本身的分解温度。也就是说，料筒温度应控制在粘流温度（或熔点）与分解温度之间，即$\theta_f \sim \theta_d$或$\theta_m \sim \theta_d$。除了严格控制最高温度外，还应控制塑料在加热料筒中停留的时间，因为停留时间过长（即使在温度不十分高的情况下）塑料也会发生降解。

2）注射机类型

在柱塞式注射机中，塑料的加热仅靠料筒壁和分流梭表面进行传热，且料层较厚，升温较慢。因此料筒温度应高些，以使塑料内层受热、塑化均匀。而对于螺杆式注射机，由于螺杆转动的同时使塑料受剪切作用，塑料自身摩擦生热，使传热加快，因此螺杆式注射机的料筒温度可以低于柱塞式10～20℃。

3）塑件及模具结构特点

对于薄壁塑件，由于其相应的型腔狭窄，造成熔体充模的阻力大，冷却快。为了提高熔体流动性，使其顺利充模，料筒温度应选择高一些。相反，注射厚壁塑件时，料筒温度可选择低一些。对于形状复杂或带有嵌件的塑件，或者熔体充模流程曲折较多、较长的，料筒温度也应选择高一些。

料筒温度的分布，一般从料斗一侧起至喷嘴是逐步升高的，以利于塑料逐步均匀塑化。

（2）喷嘴温度

喷嘴温度通常略低于料筒最高温度，这是为了防止熔体在喷嘴处产生流涎现象。但是，喷嘴温度不能过低，否则熔体在喷嘴处会出现早凝而将喷嘴堵塞，或者有早凝料注入型腔而影响塑件的质量。

料筒温度和喷嘴温度的最佳值一般通过试模来确定。

（3）模具温度

模具温度对塑料熔体在型腔内的流动和塑件的内在品质与表面质量影响很大。模具温度的高低决定于塑料的特性、塑件尺寸与结构、性能要求及其他工艺条件等。

模具温度由通入定温的冷却介质来控制，也有的靠熔体注入模具自然升温和自然散热达到平衡而保持一定的模温。在特殊情况下，可采用电阻加热圈和加热棒对模具加热而保持定温。不管对模具是加热或冷却，对塑料熔体来说进行的都是冷却降温过程，以使塑件冷却定型。

2. 压　力

注射成型过程中的压力包括塑化压力和注射压力，它们关系到塑化和成型的质量。

（1）塑化压力

塑化压力是指采用螺杆式注射机时，螺杆顶部熔体在螺杆旋转后退时所受的压力，亦称背压，其大小可以通过液压系统中的溢流阀来调整。

塑化压力大小对熔体实际温度、塑化效率及成型周期等均有影响。在其他条件相同的情况下，增加塑化压力会提高熔体的温度，可使熔体的温度均匀、色料的混合均匀并排出熔体中的气体。但增加塑化压力会降低塑化速率，从而延长成型周期，而且增加了塑料分解的可能性。所以，塑化压力应在保证塑件质量的前提下越低越好，其具体数值与塑料的品种有关，一般取 6 MPa 左右，通常不超过 20 MPa。

(2)注射压力

注射机的注射压力指柱塞或螺杆顶部对塑件熔体所施加的压力。其作用是克服熔体流动充模过程中的流动阻力，使熔体具有一定的充模速率及对熔体进行压实。

注射压力的大小取决于注射机的类型、塑料的品种、模具结构、模具温度、塑件的壁厚及流程的大小等，尤其是浇注系统的结构和尺寸。对于熔体粘度高的塑料，其注射压力应比粘度低的塑料高；对薄壁、面积大、形状复杂及成型时熔体流程长的塑件，注射压力也应较高；模具结构简单、浇口尺寸较大的，注射压力可以较低；对于柱塞式注射机，因料筒内压力损失较大，故注射压力应比螺杆式注射机的高；料筒温度高、模具温度高的，注射压力可以较低。

型腔充满后，注射压力的作用在于对模内熔体的压实。在成型过程中，压实时的压力等于或小于注射时所用的注射压力。如果注射时和压实时的压力相等，则往往可以使塑件的收缩率减小，并且尺寸稳定性及力学性能较好。缺点是会造成脱模时的残余压力过大、塑件脱模困难，成型周期长。但对结晶塑料来说，使用这种方法，成型周期不一定增长，因为压实压力大时可以提高塑料的熔点，脱模可以提前。如聚甲醛，如果压力加大到 50 MPa，则熔点可以提高到 90 ℃。

3. 成型周期

完成一次注射成型所需要的时间，称为成型周期，它是决定注射成型生产率及塑件质量的一个重要因素。成型周期包括注射时间，闭膜冷却时间和其他时间 3 部分。

(1)注射时间

注射时间包括充模时间和保压时间。充模时间指柱塞或螺杆前进时间，一般不超过 10 s；保压时间指柱塞或螺杆停留在前进位置的时间，一般为 20～120 s(特厚塑件可达 5～10 min)，通常以塑件收缩率最小为保压时间的最佳值。

(2)闭模冷却时间

闭模冷却时间指柱塞后退或螺杆转动后退的时间，主要取决于塑件的壁厚、模具温度、塑料的热性能和结晶性能。冷却时间的长短应以保证塑件脱模时不引起变形为原则。

(3)其他时间

其他时间指开模、脱模涂拭脱模剂、安放嵌件和闭模等时间。其他时间应尽可能缩短，以提高生产率。

成型周期是以上 3 部分时间之和，将直接影响生产效率和设备利用率。应在保证产品质量的前提下，尽量缩短成型周期中各阶段的时间。在整个成型周期中，注射时间和冷却时间是基本组成部分，其长短对塑件的质量有决定性影响。

常见热塑性塑料注射成型条件见表 3-1。

表3-1 常见热塑性塑料注射成型条件

塑料名称		聚乙烯（低压）	聚氯乙烯（硬质）	聚丙烯	聚碳酸酯	聚甲醛（共聚）	聚苯乙烯	苯乙烯-丁二烯-丙烯腈共聚物	改性聚甲基丙烯酸甲酯(372*)	氯化聚醚
缩写		PE	PVC	PP	PC	POM	PS	ABS	PA	CPT
密度/(g·cm⁻³)		0.94～0.96	1.38	0.9～0.91	1.18～1.20	1.41～1.43	1.04～1.06	1.03～1.07	1.18	1.4
计算收缩率/%		1.5～3.6	0.6～1.5	1.0～2.5	0.5～0.8	1.2～3.0	0.6～0.8	0.3～0.8	0.5～0.7	0.4～0.8
预热	温度/℃	70～80	70～90	80～100	110～120	80～100	60～75	80～85	70～80	100～105
	时间/h	1～2	4～6	1～2	8～12	3～5	2	2～3	4	1
料筒温度/℃	后段	140～160	160～170	160～180	210～240	160～170	140～160	150～170	160～180	170～180
	中段	—	165～180	180～200	230～280	170～180	—	165～180	—	185～200
	前段	170～200	170～190	200～220	240～285	180～190	170～190	180～200	—	210～240
喷嘴温度/℃		—	—	—	240～250	170～180	—	170～180	210～240	180～190
模具温度/℃		60～70	30～60	80～90	90～110①	90～120①	32～65	50～80	40～60	80～110①
注射压力/MPa		60～100	80～130	70～100	80～130	80～130	60～110	60～100	80～130	80～120
成型时间/s	注射时间	15～60	15～60	20～60	20～90	20～90	15～45	20～90	20～60	15～60
	高压时间	0～3	0～5	0～3	0～5	0～5	0～3	0～5	0～5	0～5
	冷却时间	15～60	15～60	20～90	20～90	20～60	15～60	20～120	20～90	20～60
	总周期	40～130	40～130	50～160	40～190	50～160	40～120	50～220	50～150	40～130
螺杆转速/(r·min⁻¹)		—	28	48	28	28	48	30	—	28
适用注射机类型		螺杆、柱塞均可	螺杆式	螺杆、柱塞均可	螺杆式较好	螺杆式	螺杆、柱塞均可	螺杆、柱塞均可	螺杆、柱塞均可	螺杆式较好
后处理	方法	—	—	—	红外线灯、鼓风烘箱	红外线灯、鼓风烘箱	红外线灯、鼓风烘箱	红外线灯、烘箱	红外线灯、鼓风烘箱	—
	温度/℃				100～110	140～145	70	70	70	
	时间/h				8～12	4	2～4	2～4	4	

3.1.4 注射成型工艺规程的编制

根据塑件的使用要求和塑料的工艺特性，合理设计塑件结构，选择原材料，正确选择成型方法，确定成型工艺过程及成型工艺条件，合理选择成型设备等，这一系列工作称为制定塑件的成型工艺规程。制定工艺规程的主要目的就是保证成型工艺过程的顺利进行，使塑件达到质量要求。保证塑件的质量的问题，贯穿于制定塑件成型工艺过程的各个阶段。这里着重介绍注射成型工艺规程编制的要点。

1. 成型工艺规程编制的主要内容

成型工艺规程编制的主要内容就是合理确定塑件的生产工序顺序及生产工艺条件。合理地确定生产工序、恰当地选择成型工艺参数并采取必要措施进行稳定控制，是塑件质量的根本保证。

(1)生产工序顺序的确定

塑件生产主要包括塑料预处理、塑件成型、塑件后处理、机械加工、修饰和装配等六个生产过程，其顺序不容颠倒。在这六个基本工序中，塑件的成型是最重要的，是一切塑件生产的必经过程，其它五个工序根据塑件的要求而取舍，在确定塑件的生产工序时，一定要保证必要的工序，合理地把各个工序安排到适当的位置，并做到上下工序有机的联系。在各个工序中可能有很多工步，如塑件成型包括了加料、加热塑化、合模、注射充模与冷却定型、脱模等工步，这些工步也要合理安排，按要求来进行。

(2)成型工艺条件的选定及控制

合理的成型工艺参数是塑件生产得以顺利进行和生产高质量塑件的重要条件。塑件生产需要控制的成型工艺参数主要有：温度、压力和时间，各成型工艺参数之间又有密切的联系，不确定的因素也较多，成型工艺参数选择不合理或有较大的波动既影响生产又影响塑件质量。所以确定成型工艺参数时必须根据塑料的成型工艺特性和实际生产条件全面分析，同时还要根据成型过程出现的情况和塑件检验结果及时修正，尽量做到控制准确、波动小。

2. 成型工艺规程的编制具体步骤

成型工艺规程是塑件生产的纲领性文件，它指导着塑件的生产准备及生产全过程，成型工艺规程的编制是保证塑件生产顺利进行以及产品质量所做的最重要的前期工作。塑件成型工艺规程编制的具体步骤如下：

(1)塑件的分析

1)对塑料的分析

检查和分析塑料的使用性能能否满足塑件的实际使用要求。分析塑料的成型工艺性能是否适应成型工艺的要求。通过分析为成型工艺的制定和成型工艺参数的选择提供依据，对模具设计提出要求，对成型设备选择提出要求。

2)对塑件成型工艺性及技术标准的分析

分析塑件的成型工艺性和技术标准是否符合工艺要求，通过分析明确塑件加工的难易程度，找到成型工艺及模具设计的难点所在，对不合理的结构及要求在满足塑件使用要求的前提下，提出修改意见。

(2)塑件成型方法及成型工艺流程的确定

在塑件分析的基础上，根据塑料的特性及塑件的要求可以确定塑件的一般成型方法。对于可以用两种以上方法成型的塑件，则应根据塑件的质量要求和生产的具体条件而定。

成型工艺流程要根据塑料的特性及塑件的使用要求按照需要合理确定。如塑料是否需要预处理，塑件是否需要后处理及二次加工等。在确定成型工艺流程时，根据需要把有关的工序安排在适当的位置上。

(3)成型工艺参数的确定

首先根据塑料的特性认真分析各工艺参数之间的关系，确定一个初步的试模工艺条件，再根据试模实际情况和塑件的检验结果及时修正。最后确定正式生产的工艺参数，并提出工艺参数控制要求。

(4)成型设备和工具的选择

应按塑件成型所需要的塑料总体积或质量，选择相应最大注射量的注射机，然后进行其他参数的校核。

除成型工序所用的设备外，其他工序所用的设备也要选择。然后按工序注明所用设备的型号和规格。

(5)成型工艺文件的制定

成型工艺文件的制定就是把成型工艺规程编制的内容和参数汇总，并以适当的工艺文件的形式确定下来，作为生产准备和指导生产的依据。生产中最主要的成型工艺文件是塑件成型工艺卡片。根据生产纲领不同，成型工艺卡片所包含的内容也有所不同，但基本内容必须具备。

表 3 - 2 所列为推荐使用的注射成型工艺卡片，供参考。

表 3-2　注射成型工艺卡片

		塑料注射成型工艺卡片			资料编号	
车间					共　页	第　页
塑件名称		塑料牌号			设备型号	
装配图号		塑料定额			每模件数	
塑件图号		单件重量			工装号	
零件草图				材料干燥	设备	
					温度/℃	
					时间/h	
				料筒温度/℃	后段	
					中段	
					前段	
					喷嘴	
				模具温度/℃		
				时间/s	注射	
					保压	
					冷却	
				压力/Mpa	注射压力	
					背压	
后处理	温度			时间定额/min	辅助	
	时间				单件	
检验						
编制	校对	审核	组长	车间主任	检验组长	主管工程师

3.2　注射模的基本结构

3.2.1　注射模的分类

注射模的分类方法有很多，例如：可按所使用注射机的类型分为立式注射模、卧式注射模和角式注射模；按成型的塑料特性可分为热塑性塑料注射模和热固性塑料注射模；按模具的型腔数目可分为单型腔注射模和多型腔注射模。但使用最多的是按注射模的总体结构特征分类，一般可将注射模具分为单分型面注射模、双分型面注射模、斜导柱（弯销、斜导槽、斜滑块）侧向分型与抽芯注射模、带有活动镶件的注射模、定模带有推出装置的注射模和自动卸螺纹注射模等。这里只简单介绍典型的单分型面注射模和双分型面注射模的结构，其他类型的注射模在后续章节中介绍。

3.2.2　注射模的结构及其组成

1. 单分型面注射模

单分型面注射模也称两板式注射模。图 3－2 所示为一典型的单分型面注射模结构，模具由动模和定模两大部分组成，定模部分安装在注射机上固定的定模安装板上，动模部分安装在注射机上移动的动模安装板上。注射前动模与定模闭合构成闭合的型腔，模具处于合模状态，如图 3－2(a)所示；塑料熔体通过浇注系统注入型腔，冷却、定形后，动、定模沿分型面打开，由推出机构脱出塑件，如图 3－2(b)所示。

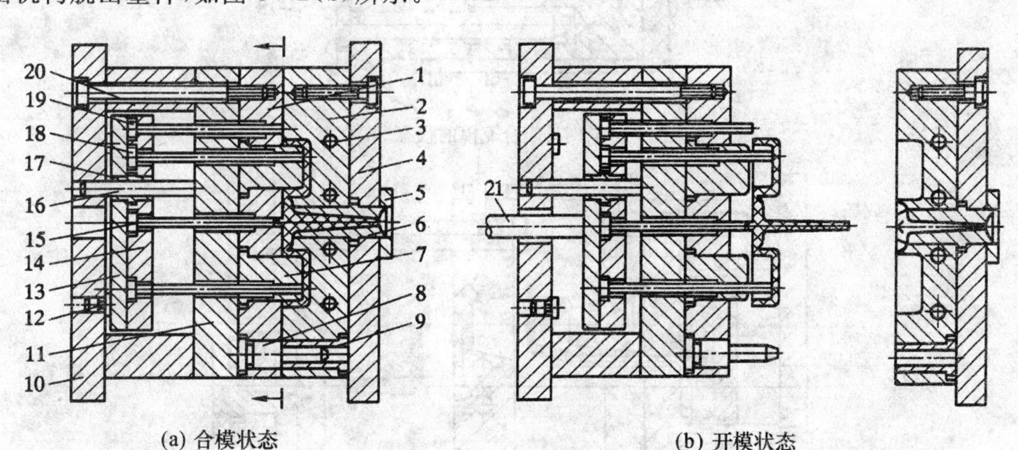

(a) 合模状态　　(b) 开模状态

1－型芯固定板；2－凹模板；3－冷却水道；4－定模座板；5－定位圈；6－浇口套；7－型芯；8－导柱；9－导套；10－动模座板；11－支承板；12－支承钉；13－推板；14－推杆固定板；15－拉料杆；16－导柱；17－导套；18－推杆；19－复位杆；20－垫板；21－注射机顶杆

图 3－2　单分型面注射模的结构

2. 双分型面注射模

(1)双分型面注射模工作过程

双分型面注射模有两个分型面，如图 3－3 所示。开模时，注射机开合模系统带动动模部分左移，模具首先在 $A-A$ 分型面分型，中间板 7 随动模一起左移，主浇道凝料随之被拉出。当动模部分移动一定距离后，拉杆 4 限定中间板 7 的位置，使中间板停止移动，如图 3－3(b)

所示。动模继续左移，$B-B$ 分型面分型，因塑件包紧在型芯 12 上，这时浇注系统凝料在浇口处被拉断，然后在 $A-A$ 分型面之间自行脱落或人工取出。动模继续左移，当注射机的顶杆接触推板 25 时，推出机构开始工作，在推杆 23 的推动下将塑件从型芯 12 上推出，塑件在 $B-B$ 分型面之间自行落下。

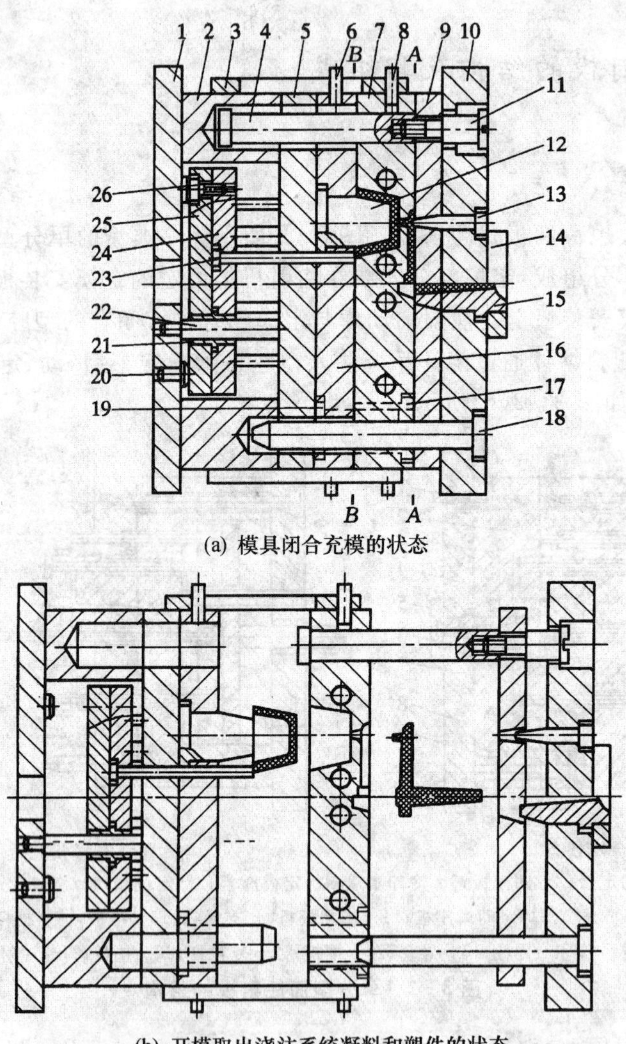

(a) 模具闭合充模的状态

(b) 开模取出浇注系统凝料和塑件的状态

1—动模座板；2—垫块；3—定距拉板；4—拉杆；5—支承板；6—限位销；7—中间板；8—销钉；9—定模推件板；10—定模座板；11—限位螺钉；12—型芯；13—拉料杆；14—定位圈；15—浇口套；16—型芯固定板；17—导套；18—导柱；19—导柱；20—支撑钉；21—导套；22—导柱；23—推杆；24—推杆固定板；25—推板；26—螺钉

图 3-3 双分型面注射模

(2)双分型面注射模的结构特点

双分型面注射模泛指浇注系统凝料和塑件由不同分型面取出的注射模,也称为三板式注射模。与单分型面注射模相比,在定模边增加了一块可以往复移动的型腔中间板,简称为中间板,也可称为流道板。图 3-3 所示为双分型面注射模,$A-A$ 为第一分型面,$B-B$ 为第二分型面。

双分型面注射模与单分型面注射模相比具有如下特点:

①采用点浇口的双分型面注射模可以将塑件和浇注系统凝料在模内分离,为此应该设计浇注系统凝料的脱出机构,保证将点浇口拉断,还要可靠地将浇注系统凝料从定模板或型腔中间板上脱离,如图 3-3 中的定模推件板 9。

②为保证两个分型面的打开顺序和打开距离,要在模具上增加定距拉紧装置,如图 3-3 中的由定距拉板 3、限位钉 6 和销钉 8 组成的定距拉紧装置,因此模具结构比较复杂。

3. 注射模的组成部分及其作用

一般地,注射模是由成型零部件、浇注系统、导向机构、推出机构、温度调节控制系统、排气系统和结构零部件组成,如果塑件有侧向的孔或凸台,注射模还应包括侧向分型与抽芯机构。

下面以图 3-2 为例,介绍注射模各组成部分的作用:

(1)成型零部件

成型零部件由型芯固定板 1、凹模板 2 和型芯 7 等零件组成。成型零部件直接与塑料接触,成型塑件的某些部分,决定着塑件形状和精度,并承受熔体压力。

(2)浇注系统

浇注系统是熔融的塑料熔体由注射机喷嘴进入模具型腔的通道。浇注系统可引导塑料熔体充满型腔并将注射压力传递到型腔的各个部分。浇注系统一般包括主流道、分流道、浇口及冷料穴 4 部分,由浇口套 6、拉料杆 15 等零件组成。

(3)导向机构

导向机构是指实现动、定模导向或推出机构导向的机构。包括导柱 8 和 16、导套 9 和 17。

(4)推出机构

推出机构是指开模后将塑件从模具中推出的装置。由推板 13、推杆固定板 14、拉料杆 15、导柱 16、导套 17、推杆 18、支承钉 12 和复位杆 19 等零件组成。

(5)温度调节控制系统

温度调节控制系统是指根据被成型塑料对模具温度的要求,对模具加热或冷却的系统。一般成型热塑性塑料的注射模主要采用冷却系统,即冷却水道 3。

(6)排气系统

为了将成型时塑料本身挥发的气体及型腔中的气体排出模外,常常在分型面上开设排气槽。对于成型小塑件的模具,可直接利用分型面或推杆等与模具的间隙排气。

(7)结构零部件

结构零部件是指用来安装固定或支承成型零部件及上述各部分的零部件。由定模座板4、定位圈5、支承板11、支承钉12、垫板20和动模座板10等零件组成。

(8)侧向分型与抽芯机构

当塑件上有侧向凹、凸形状时,需要由侧向的成型块来成型。在塑件被推出之前,必须先抽出侧向成型块,然后才能取出塑件。带动侧向成型块移动的机构称为侧向分型与抽芯机构。

3.3 注射模与注射机的关系

3.3.1 注射机的分类

注射机是塑料注射成型所用的专用设备。注射机的类型可以按其外形和塑料在料筒的塑化方式分类。各种注射机尽管结构不同,但基本上都由合模、锁模系统与注射系统组成。工作时,模具安装在移动的动模安装板及固定的定模安装板上,由合模系统合模并将模具锁紧,注射系统将塑料原料送到料筒中加热直至塑化,并将熔融的塑料注入模具。注射机设有电加热和水冷却系统,以调节模具温度。塑件在模具中冷却定形后开模,由推出机构将塑件推出。

1. 按外形分类

注射机按外形可分为立式注射机、卧式注射机、直角式注射机。

(1)卧式注射机

图3-4所示为最常用的卧式螺杆注射机。其注射系统与合模锁模系统的轴线呈一直线水平排列。因这种注射机具有重心低,稳定;加料、操作及维修方便;塑件可自行脱落,易实现自动化等优点而被广泛使用。但卧式注射机也存在模具安装麻烦,嵌件安放不稳,机器占地较大的缺点。

(2)立式注射机

立式注射机的注射系统与合模锁模系统的轴线呈一直线竖直排列,其结构如图3-5所示。这种注射机的特点是占地少,模具拆装方便,易于安放嵌件,但重心高,加料困难,推出的塑件要手工取出,不易实现自动化。注射系统一般为柱塞结构,注射量小于60 g。

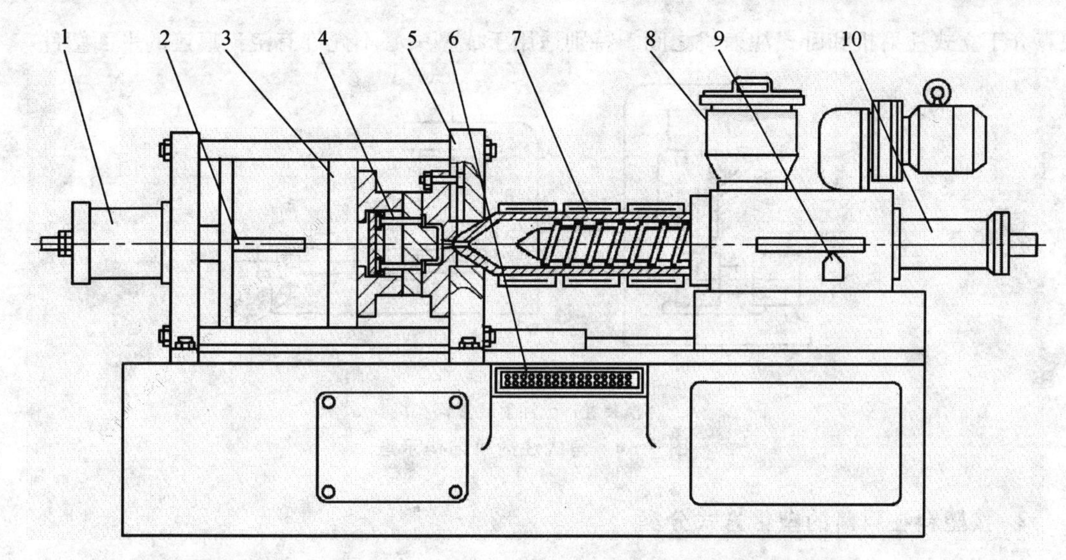

1—锁模液压缸;2—中心顶杆;3—动模安装板;4—注射模;5—定模安装板;6—控制台;
7—料筒及加热器;8—料斗;9—定量供料装置;10—注射液压缸

图3-4 卧式螺杆注射机

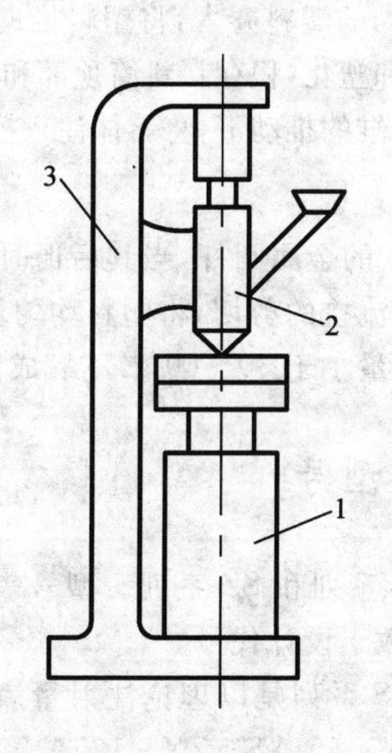

1—合模装置;2—注射装置;3—机身

图3-5 立式注射机结构示意

(3)角式注射机

角式注射机的注射系统与合模锁模系统的轴线相互垂直排列,其结构如图3-6所示。其优、缺点介于立式注射机和卧式注射机之间。特别适用于成型中心不允许有浇口痕迹的平面塑件。

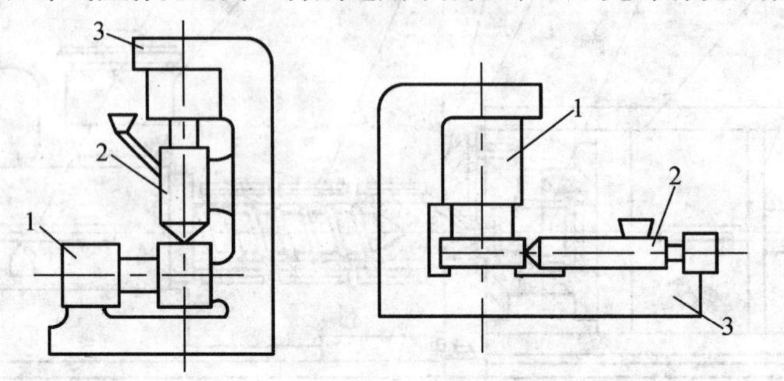

1－合模装置；2－注射装置；3－机身

图 3－6　角式注射机结构示意

2. 按塑料在料筒的塑化方式分类

注射机按塑料在料筒的塑化方式可分为螺杆式注射机和柱塞式注射机。

(1)螺杆式注射机

螺杆在料筒内旋转时，将料斗内的塑料卷入，将塑料推向料筒前端的同时，在料筒的加热和螺杆的剪切作用下，塑料充分混合和塑化，积存在料筒顶部和喷嘴之间。当积存的熔体达到预定的注射量时，螺杆停止转动，在液压缸的推动下，将熔体注入模具。卧式注射机多为螺杆式。

(2)柱塞式注射机

注射柱塞直径为 20～100 mm 的金属圆杆，当其后退时塑料自料斗定量地落入料筒内，柱塞前进，塑料通过料筒的加热与分流梭的剪切，将塑料均匀塑化，完成注射。

立式注射机多为柱塞式，注射量小于 30～60 g，不易成型流动性差、热敏性强的塑料。

3.3.2　注射机的规格型号

我国注射机的规格系列有 XS 系列和 SZ 系列。型号表示主要由 3 组汉语拼音和数字组成，其格式为：产品代号＋规格参数＋设计代号。

这里只简单介绍 XS 系列。XS 系列是以理论注射量表示注射机的规格。常用的卧式注射机型号有 XS－ZY－30、XS－ZY－60、XS－ZY－125A 等，其中 XS 表示塑料成型设备，Z 表示注射机，Y 表示预塑式，数字表示注射机的最大注射量，A 指设计序号为第一次改型。

表 3－3 列出了部分国产注射机型号和主要技术规格。

表 3-3 部分国产注射机型号和主要技术规格

项目 \ 型号	XS-ZS-22	XS-Z-30	XS-Z-60	XS-ZY-125	G54-S200/400	SZY-300	XS-ZY-500	XS-ZY-1000	SZY-2000	XS-ZY-4000
最大理论注射量/cm³	30、20	30	60	125	200～400	320	500	1 000	2 000	4 000
螺杆(柱塞)直径/mm	25、20	28	38	42	55	60	65	85	110	130
注射压力/MPa	75、117	119	122	120	109	77.5	145	121	90	106
注射行程/mm	130	130	170	115	160	150	200	260	280	370
注射方式	双柱塞(双色)	柱塞式	柱塞式	螺杆式	螺杆式	螺杆式	螺杆式	螺杆式	螺杆式	螺杆式
锁模力/kN	250	250	500	900	2 540	1 500	3 500	4 500	6 000	10 000
最大成型面积/cm²	90	90	130	320	645		1 000	1 800	2 600	3 800
最大开合模行程/mm	160	160	180	300	260	340	500	700	750	1 100
模具最大厚度/mm	180	180	200	300	406	355	450	700	800	1 000
模具最小厚度/mm	60	60	70	200	165	285	300	300	500	700
喷嘴圆弧半径/mm	12	12	12	12	18	12	18	18	18	
喷嘴孔直径/mm	2	2	4	4	4		3、5、6、8	7.5	10	
顶出形式	四侧设有顶杆、机械顶出	四侧设有顶杆、机械顶出	中心设有顶杆、机械顶出	两侧设有顶杆、机械顶出	动模板设顶板，开模时模具顶杆固定板上的顶杆通过动模板与顶板互碰，机械顶出	中心及上、下两侧设有顶杆、机械顶出	中心液压顶出，顶出距100 mm，两侧顶杆机械顶出	中心液压顶出，两侧顶杆机械顶出	中心液压顶出，顶出距 125 mm，两侧顶杆机械顶出	中心液压顶出，两侧顶杆机械顶出
动、定模固定板尺寸/(mm×mm)	250×280	250×280	330×440	428×458	532×634	620×520	700×850	900×1 000	1 180×1 180	
拉杆空间/mm	235	235	190×300	260×290	290×368	400×300	540×440	650×550	760×700	1 050×950
合模方式	液压—机械	液压—机械	液压—机械	液压—机械	液压—机械	液压—机械	液压—机械	两次动作液压式	液压—机械	两次动作液压式
液压泵 流量/(L·min⁻¹)	50	50	70、12	100、12	170、12	103.9、12.1	200、25	200、18、1.8	175.8×2、14.2	50、50
液压泵 压力/MPa	6.5	6.5	6.5	6.5	6.5	7.0	6.5	14	14	20
电动机功率/kW	5.5	5.5	11	11	18.5	17	22	40、5.5、5.5	40、40	17、17
螺杆驱动/kN				4	5.5	7.8	7.5	13	23.5	30
加热功率/kW	1.75		2.7	5	10	6.5	14	16.5	21	37
机器外形尺寸/(mm×mm×mm)	2 340×800×1 460	2 340×850×1 460	3 160×850×1 550	3 340×750×1 550	4 700×1 400×1 800	5 300×940×1 815	6 500×1 300×2 000	7 670×1 740×2 380	10 908×1 900×3 430	11 500×3 000×4 500

3.3.3 注射机基本参数的校核

注射模需要安装在注射机上才能进行工作，因此在设计注射模时，要进行注射机基本参数的校核，包括注射机的成型工艺参数、模具安装在注射机上的相关结构尺寸和模具的动作3方面的校核。

1. 对注射机工艺参数的校核

(1)最大注射量的校核

最大注射量是指注射机一次注射塑料的最大量，有两种表示方法：一是用容量(cm^3)表示，一是用质量(g)表示。国际上规定注射机的最大注射质量按常温下密度为1.05 g/cm^3 的普通聚苯乙烯的对空注射量计，国产注射机的最大注射量以容量表示的居多。在注射时，由于流动阻力增大，使塑料熔体沿螺杆的反流量增大，因此实际最大注射量是注射机额定最大注射量的80%～85%，因此有：

$$(0.8\sim0.85)V_{max}\geqslant(nV_s+V_j) \tag{3-1}$$

式中：V_{max}——注射机额定注射量，cm^3；

n——一模的型腔数；

V_s——单个塑件的体积，cm^3；

V_j——浇注系统凝料的体积，cm^3。

(2)注射压力的校核

注射压力应等于型腔内熔体的压力加上熔体在流经料筒、喷嘴、浇注系统和型腔过程中，因流动阻力造成的压力损耗值。型腔压力大小对塑件的致密度有直接影响，表3-4和表3-5分别列出了常用塑料可选用的型腔压力和不同塑件形状、精度下可选用的型腔压力参考值。要求注射机的额定注射压力满足塑件的成型需要。

表3-4 常用塑料可选用的型腔压力 MPa

塑料品种	高压聚乙烯(PE)	低压聚乙烯(PE)	PS	AS	ABS	POM	PC
型腔压力	10～15	20	15～20	30	30	35	40

表3-5 塑件形状和精度不同时可选用的型腔压力

条　件	型腔平均压力/MPa	举　例
易于成型的塑件	25	聚乙烯、聚苯乙烯等厚壁均匀的日用品、容器类
普通塑件	30	薄壁容器类
高粘度、高精度塑件	35	ABS、聚甲醛等机械零件、高精度塑件
粘度和精度特别高的塑件	40	高精度的机械零件

(3)锁模力的校核

当高压塑料熔体充满型腔时，产生的作用力会迫使模具沿分型面胀开，从而产生严重的溢料现象。因此，注射机的锁模力必须大于该胀型力，即

$$F_p \geqslant p(nA + A_j) \tag{3-2}$$

式中：F_p——注射机额定锁模力，N；

p——型腔压力(参考表 3-4 和表 3-5 取)，MPa；

A——单个塑件在模具分型面上的投影面积，mm^2；

A_j——浇注系统在模具分型面上的投影面积，mm^2。

2. 注射模安装在注射机上的相关结构尺寸的校核

各种规格的注射机为模具安装所提供的结构与尺寸各有差异。设计注射模时应校核的项目有：最大和最小模厚、喷嘴尺寸、定位圈尺寸、模板的平面尺寸和模具安装用螺纹孔直径及位置尺寸等。

(1)模具厚度及拉杆间距校核

在模具设计时应使模具的总厚度介于注射机可安装模具的最大模厚和最小模厚之间。同时应校核模具的外形尺寸，使得模具能从注射机拉杆之间装入。

(2)喷嘴与模具主流道始端的关系校核

注射机喷嘴头部的球面应与模具主流道始端的球面贴合，以免高压熔体从狭缝处溢出。模具主流道始端的球面半径 R_2 一般应比喷嘴头部球面半径 R_1 大 1～2 mm，如图 3-7 所示。否则会造成主流道内的凝料脱出困难。

(3)定位圈尺寸校核

为了使模具的主流道的中心线与注射机喷嘴的中心线相重合，模具定模板上应设定位圈。为确保模具能顺利安装在注射机上，定位圈外径 d 应与注射机定模安装板上的定位孔呈较松动的间隙配合。

(4)模具安装固定尺寸校核

注射机的动模安装板、定模安装上分布有许多螺纹孔供固定模具用。固定模具的方法有两种：一是用螺钉直接固定模具，这时模具动、定模座板上各安装孔的位置及孔径应与注射机动、定模安装板上的螺纹孔完全吻合，如图 3-8(a)所示；二是用压板间接固定，如图 3-8(b)所示。第二种固定方法有较大的灵活性。

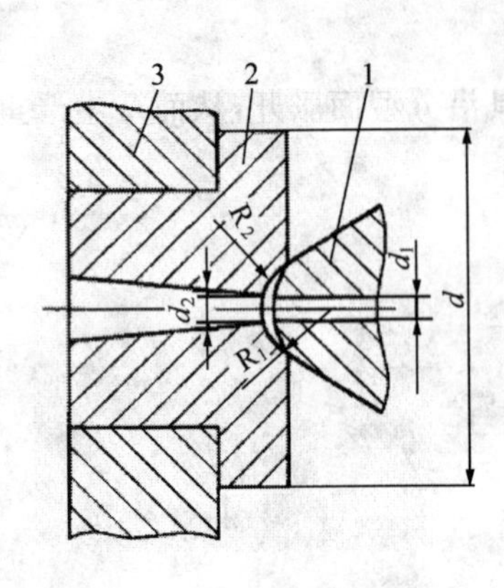

1—喷嘴;2—主流道衬套;3—定模板

图 3-7 主流道与注射机喷嘴的不正确配合

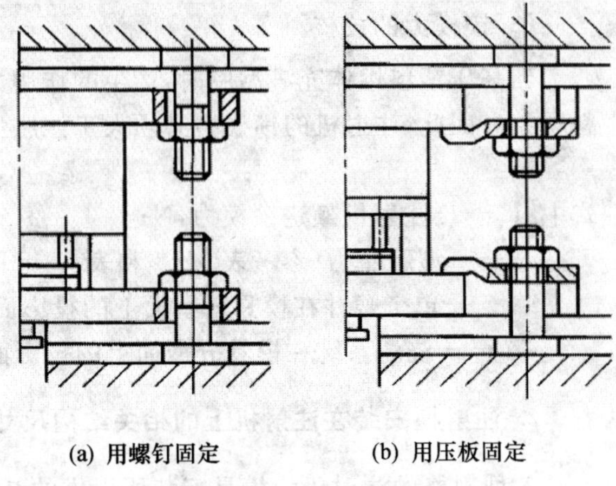

(a) 用螺钉固定 (b) 用压板固定

图 3-8 模具的固定

3. 模具动作需求的校核

校核注射机能否满足模具的所有动作要求。当注射机确定时,可以根据其动作能力设计模具的动作,如注射机带有旋转装置时,模具脱螺纹机构设计就可以比较简单。所有注射模都需做的模具动作需求的校核是开模行程的校核。

注射机的开模行程是有限制的,塑件从模具中取出时所需的开模距离必须小于注射机的最大开模距离,否则塑件将无法从模具中取出。

(1)注射机最大开模行程与模具厚度无关

当注射机采用液压机械联合作用的锁模机构,最大开模行程由连杆机构的最大行程决定,并不受模具厚度的影响,即注射机最大开模行程与模具厚度无关时,单分型面模具如图 3-9 所示,开模行程可用下式校核:

$$S \geqslant H_1 + H_2 + (5\sim10)\text{mm} \tag{3-3}$$

式中:S——注射机的最大开模行程,mm;

H_1——塑件脱模距离(型芯的高度),mm;

H_2——包括流道凝料在内的塑件的高度,mm。

若双分型面模具如图 3-10 所示,则开模行程可用下式校核:

$$S \geqslant H_1 + H_2 + a + (5\sim10)\text{mm} \tag{3-4}$$

式中:a——中间板与定模板之间的分开距离(流道凝料的长度),mm。

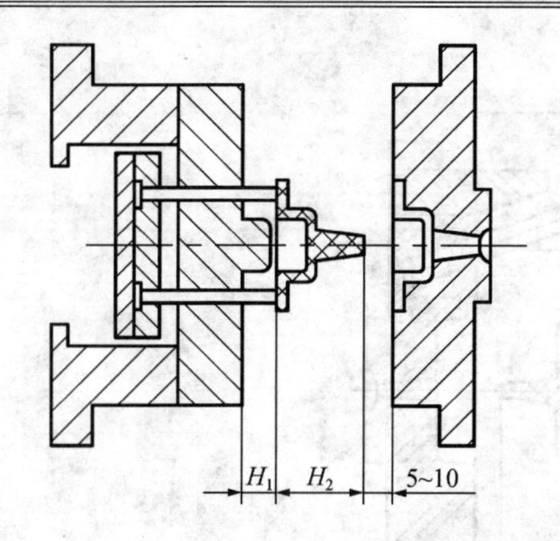

图 3-9　单分型面注射模具开模行程的校核

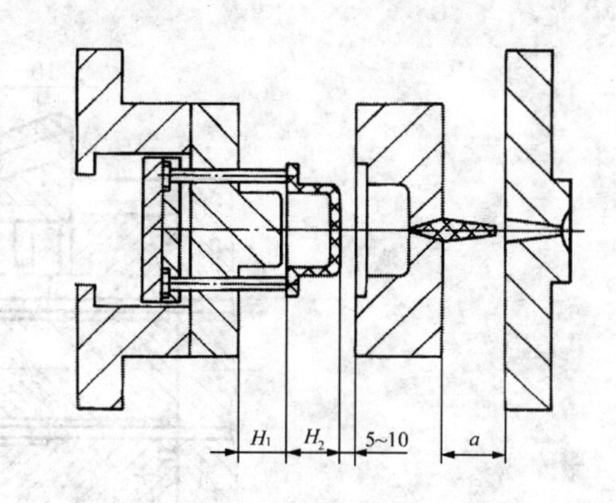

图 3-10　双分型面注射模具开模行程的校核

(2)注射机最大开模行程与模具厚度有关

当注射机采用液压机械联合作用的锁模机构，最大开模行程由连杆机构的最大行程决定，并受模具厚度的影响，即注射机最大开模行程与模具厚度有关时，单分型面模具如图 3-9 所示时，开模行程可用下式校核：

$$S \geqslant H_m + H_1 + H_2 + (5 \sim 10)\text{mm} \tag{3-5}$$

式中：H_m——模具的厚度。

双分型面模具如图 3-10 所示时，开模行程可用下式校核：

$$S \geqslant H_m + H_1 + H_2 + a + (5 \sim 10)\text{mm} \tag{3-6}$$

(3)模具带有机械式侧向分型与抽芯机构

带有机械式侧向分型与抽芯机构的注射模是靠一定的开模距离来完成其侧向分型或侧抽芯动作的。此时，开模行程的确定必须综合考虑侧向分型(抽芯)与取出塑件的要求。

如图 3-11 所示，斜导柱侧抽芯机构完成侧向抽芯距离 l 所需要的开模距离为 H_c，当 $H_c > H_1 + H_2$ 时，开模行程应按下式校核：

$$S \geqslant H_c + (5 \sim 10)\text{mm} \tag{3-7}$$

当 $H_c < H_1 + H_2$ 时，开模行程应按下式校核：

$$S \geqslant H_1 + H_2 + (5 \sim 10)\text{mm} \tag{3-8}$$

如果注射机最大开模行程与模具厚度有关时，注射机的最大开模行程应在上两式右边加上 H_m。

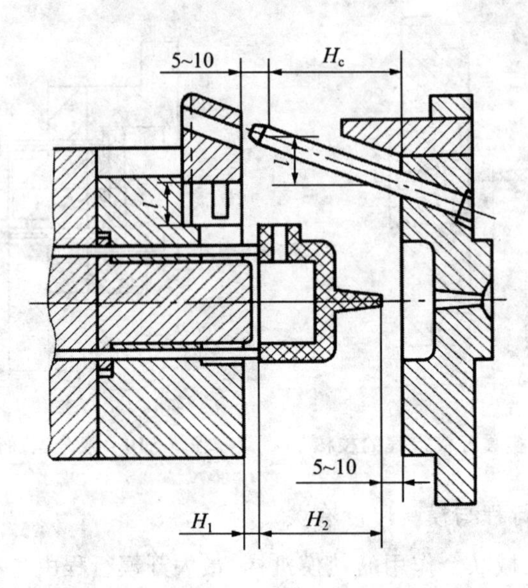

图 3-11　带有侧抽芯机构模具开模行程的校核

思考与练习

3.1　简述注射成型原理及其工艺过程。

3.2　塑件常用的后处理有哪些？各种后处理方法有什么作用？

3.3　什么是背压？背压大小与塑化质量及塑化速率有何关系？

3.4　注射成型工艺参数中的温度控制包括哪些？如何加以控制？

3.5　注射成型周期包括哪几部分？

3.6　典型的注射模具由哪几部分组成？各部分的作用是什么？

3.7　按外形分注射机有哪几类？各有什么特点？

3.8　简述卧式螺杆式注射机的工作原理。

3.9　选用注射机时，为什么要进行校核？主要校核哪些工艺参数？

3.10　试说明 XS-ZY-125 型号注射机各参数所代表的含义。

第4章　注射模浇注系统设计

浇注系统是指模具中由注射机喷嘴到型腔之间的进料通道。其作用是使熔体均匀充满型腔，并使注射压力有效地传送到型腔的各个部位。浇注系统的结构及其尺寸关系到塑料熔体的填充过程，并在很大程度上影响塑件的成型质量。

注射模浇注系统可分为普通浇注系统和无流道浇注系统两大类。

4.1　普通浇注系统

普通浇注系统一般有直浇口式和横浇口式两种。图 4-1(a)为安装在卧式或立式注射机上的注射模具所用的浇注系统，即直浇口式浇注系统，其主流道垂直于模具分型面；图 4-1(b)为安装在角式注射机上的注射模具所用浇注系统，即横浇口式浇注系统，其主流道平行于分型面。

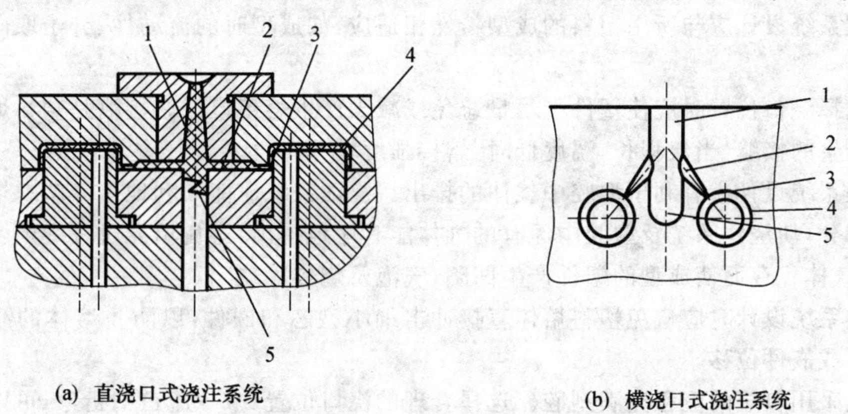

1—主流道；2—分流道；3—浇口；4—塑件；5—冷料穴

图 4-1　普通浇注系统的组成

4.1.1　普通浇注系统的组成及设计原则

1. 普通浇注系统的组成

普通浇注系统一般由主流道、分流道、浇口和冷料穴等 4 部分组成。

(1)主流道(又称主浇道)

主流道是连接注射机喷嘴与分流道或型腔(单腔模)的进料通道,负责将塑料熔体从喷嘴引入模具,其形状、尺寸直接影响塑料熔体的流速及填充时间。

(2)分流道(又称分浇道)

分流道是介于主流道和浇口之间的流道,可使塑料熔体平稳地转向并均衡分配给各型腔(多型腔注射模)。

(3)浇口(又称进料口)

浇口通常是分流道与型腔之间最狭窄的部分(直接浇口除外)。熔体流经浇口时可以提高流速,便于迅速充满型腔,同时可防止产生过度倒流,在成型后凝料与塑件易分离。

(4)冷料穴

冷料穴是指在模具中直接对着主流道(或分流道)的孔或槽,用以储存注射时流动熔体前端的冷料,防止冷料进入型腔影响塑件的质量,或由于冷料堵塞浇口而造成填充不足。

2. 浇注系统的设计原则

①浇注系统设计应与所用塑料的成型特性相适应,如成型时的流动性、分子取向及补缩等性能。

②在选择浇口位置时应使塑件上尽量避免或减少产生熔接痕。熔接痕是塑料熔体在型腔中汇合时产生的接缝,当流程长、温度低时,熔接强度较低。

③浇注系统设计应有利于型腔中气体的排出。浇注系统应能顺利地引导塑料熔体充满型腔的各个部分,使浇注系统及型腔中原有的气体能有序地排出,避免填充过程中产生紊流或涡流,避免因气体积存而使成型的塑件产生凹陷、气泡及烧焦等缺陷。

④浇注系统设计时应避免塑料熔体直接冲击细小型芯和嵌件,以防止熔体的冲击力使细小型芯变形或嵌件位移。

⑤尽量采用较短的流程充满型腔。选择合理的浇口位置,减少流道的折弯,可以缩短充填时间,避免因流程长、压力和热量损失大而引起的型腔充填不满等成型缺陷。

对于大型或薄壁塑件,塑料熔体有可能因流动距离过长或流动阻力太大而无法充满整个型腔。为此,在模具设计过程中,除了考虑采用较短的流程外,还应对其成型时的流动距离比进行校核,以避免产生型腔填充不足的问题。

流动距离比简称流动比,是指塑料熔体在模具中进行最长距离的流动时,其截面厚度相同的各段料流通道或各段型腔的长度与其对应截面厚度之比值的总和,即

$$\Phi = \sum_{i=1}^{n} \frac{L_i}{t_i} \leqslant [\Phi] \tag{4-1}$$

式中:Φ—— 流动距离比;

L_i—— 模具中各段料流通道或各段型腔的长度，mm；

t_i—— 模具中各段型腔的截面厚度，mm；

$[\Phi]$—— 塑料的许用流动距离比，见表 4-1。

表 4-1　部分塑料的注射压力与流动距离比

塑料品种	注射压力/MPa	流动距离比	塑料品种	注射压力/MPa	流动距离比
聚乙烯(PE)	49	140～100	尼龙 66(PA66)	88.2	130～90
	68.6	240～200		127.4	160～130
	147	280～250	尼龙 6(PA6)	88.2	320～200
聚丙烯(PP)	49	140～100	聚碳酸酯(PC)	88.2	130～90
	68.6	240～200		117.6	150～120
	117.6	280～240		127.4	160～120
聚苯乙烯(PS)	88.2	300～260	硬聚氯乙烯(HPVC)	68.6	110～70
聚甲醛(POM)	98	210～110		88.2	140～100
软聚氯乙烯(SPVC)	88.2	280～200		117.6	160～120
	68.6	240～160		127.4	170～130

例如：图 4-2 所示的侧浇口进料的塑件，料流通道按截面的厚度可分为 5 段，每段的长度和厚度如图示，其流动距离比为

$$\Phi = \frac{L_1}{t_1} + \frac{L_2}{t_2} + \frac{L_3}{t_3} + \frac{L_4}{t_4} + \frac{L_5}{t_5}$$

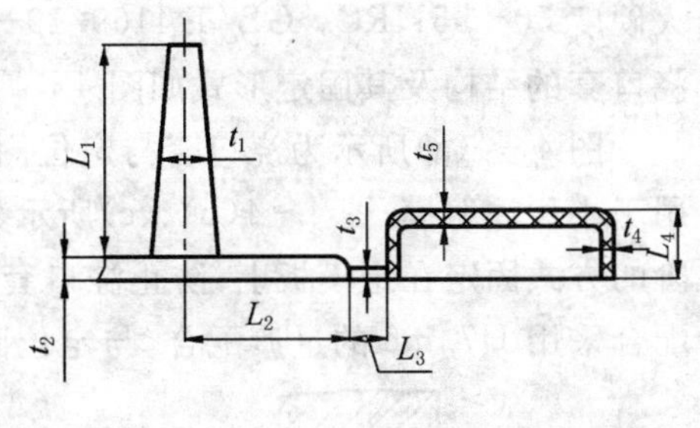

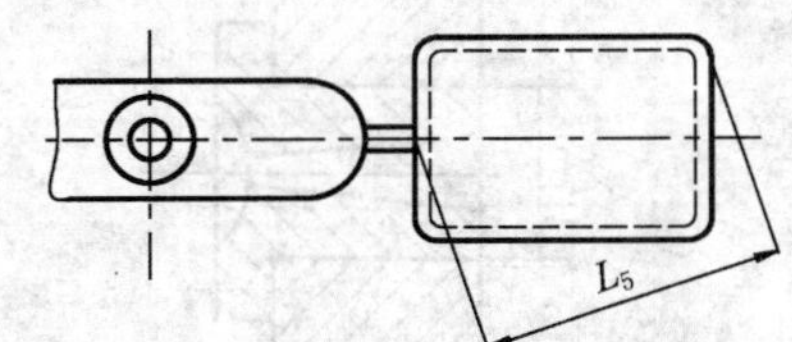

图 4-2　流动距离比计算实例

4.1.2　普通浇注系统设计

1. 主流道的设计

主流道是熔体最先流经模具的部分，其形状与尺寸对塑料熔体的流动速度和充模时间有较大的影响。设计时应使塑料熔体在主流道中的温度降和压力损失最小。

在直浇口式浇注系统中，主流道垂直于分型面，其几何形状与尺寸如图 4-3 所示。其设计要点如下：

①主流道通常设计成圆锥形，其锥角 $\alpha = 2^\circ \sim 4^\circ$，对流动性较差的塑料可取 $\alpha = 3^\circ \sim 6^\circ$，以便于将主流道凝料从主流道中拔出。主流道内壁表面粗糙度 R_a 值一般取 0.4～1.6 μm。

②为防止主流道与喷嘴接触处溢料，主流道与喷嘴应紧密对接，接处应设计成半球形凹坑，其半径 $R_2=R_1+(1\sim2)$ mm，凹坑深度 $h=3\sim5$ mm，小端直径 $d_2=d_1+(0.5\sim1)$ mm。

③为减小料流转向过渡时的阻力，主流道大端应设计成圆角过渡，其圆角半径$r=1\sim3$ mm。

④在保证塑件良好成型的前提下，主流道长度 L 应尽量短，否则将增多主流道凝料、增加压力损失，并会使塑料熔体因降温过多而影响注射成型。通常主流道长度由模板厚度确定，一般取 $L\leqslant60$ mm。

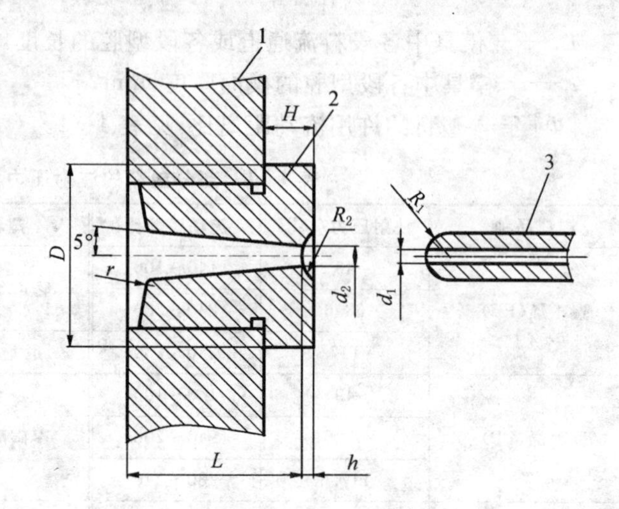

1—定模板；2—浇口套；3—注射机喷嘴

图 4-3 主流道形状及其与注射机喷嘴的配合关系

⑤由于主流道与塑料熔体及喷嘴反复接触和碰撞，因此常将主流道设计成可拆卸的主流道衬套，此衬套称作浇口套。浇口套一般采用碳素工具钢如 T8A、T10A 等材料制造，要求淬火硬度 50～55HRC。GB/T 4169.19—2006 规定了塑料注射模用浇口套的尺寸规格和公差。浇口套的结构及其固定形式如图 4-4 所示。

图 4-4(a)所示为浇口套与定位圈设计成整体的形式，用螺钉固定在定模座板上，一般只用于小型注射模；图 4-4(b)、(c)所示为浇口套与定位圈设计成两个零件的形式，浇口套以台阶的方式固定在定模板上；防止浇口套在塑料熔体的反压力下退出模具。浇口套与模板间的配合采用 H7/m6 的过渡配合，与定位圈采用 H9/f9 的间隙配合。

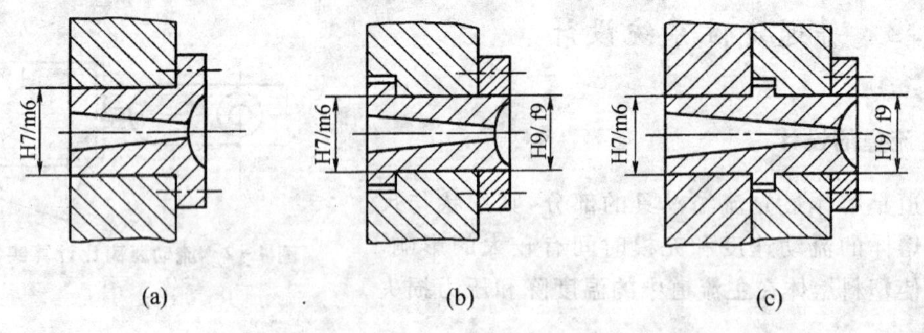

图 4-4 主流道浇口套结构及其固定形式

为使模具主流道的中心线与注射机喷嘴的中心线重合，定位圈在模具安装调试时应插入注射机定模安装板的定位孔内。定位圈与定位孔呈较松的间隙配合。

在角式注射机用的横浇口式浇注系统中，主流道平行于分型面，开设在分型面两侧。因不需沿轴线拔除主流道凝料，主流道截面设计成圆柱形。主流道与喷嘴接触处做成平面或半球形，并可在此处模具上设局部镶块，以减少使用中的变形和磨损。

2. 分流道设计

分流道一般用于多型腔模具，其作用是改变塑料熔体流动方向，使其平稳均衡地流入各个型腔。设计时应尽量减少流动过程中的热量损失和压力损失。分流道设计要点如下：

(1)分流道的截面形状和尺寸

分流道截面形状应尽量使其比表面积小，以减少流动过程中的热量损失和压力损失。比表面积指流道内壁表面积与其体积之比。

常见的分流道截面形状有圆形、梯形、U 形、半圆形及矩形等几种形式，如图 4－5 所示。其中圆形截面分流道的比表面积最小，但须开设在分型面两侧，要求装配时对应两部分需吻合，装配难度较大；梯形及 U 形截面分流道加工比较容易，且热量损失和流动阻力均不大，为常用形式；半圆形截面分流道需用球头铣刀加工，其比表面积比梯形和 U 形截面分流道略大，在设计中也有采用；矩形截面的分流道则因比表面积大，且流动阻力也大，故在设计中不常采用。

分流道截面尺寸视塑件尺寸、塑料品种、注射速率以及分流道长度而定。要求分流道截面尺寸应满足良好的压力传递和保证合理的填充时间。

通常，圆形截面分流道直径为 2～12 mm；对流动性较好的聚丙烯、尼龙、聚乙烯等塑料，在分流道长度很短时，直径可小到 2 mm；对流动性较差的聚碳酸酯、聚砜等可大至 12 mm；对大多数塑料，常取 5～6 mm。

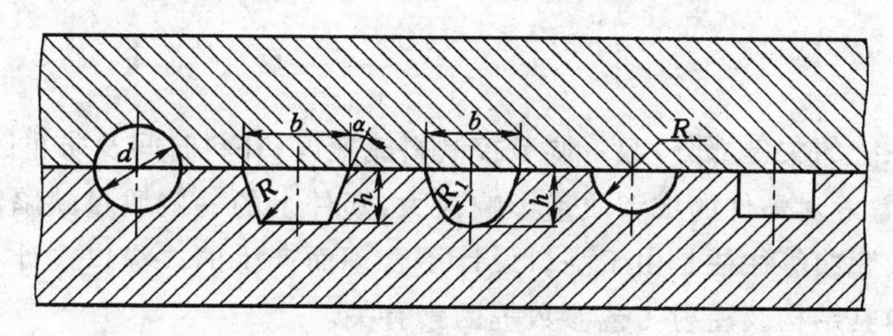

图 4－5　分流道截面形状

梯形截面分流道尺寸可按下面经验公式确定

$$b = 0.2654\sqrt{m}\sqrt[4]{L} \qquad (4-2)$$

$$h = \frac{2}{3}b \qquad (4-3)$$

式中：b —— 梯形大底边宽度，mm；

m —— 塑件的质量，g；

L —— 分流道的长度，mm；

H —— 梯形的高度,mm。

梯形的侧面斜角常取 5～10°。式(4-2)的适用范围为塑件壁厚在 3.2 mm 以下、塑件质量小于 200 g,且计算结果 b 应在 3.2～9.5 mm 范围内才合理。按照经验,根据成型条件不同,b 也可在 5～10 mm 内选取。

U 形截面分流道的宽度 b 也可在 5～10 mm 内选取,半径 $R=0.5b$,深度 $h=1.25R$,斜角 $\alpha=5\sim10°$。

分流道长度 L_f 通常为主流道大端直径的 1～2.5 倍,一般取 8～30 mm。

(2)分流道表面粗糙度

分流道表面质量不要求太高,表面粗糙度 R_a 值通常取 1.25～2.5μm。这样,可增加分流道表壁对外层塑料熔体的阻力,使外层塑料冷却层固定,形成绝热层,有利于保温。但表壁不得凹凸不平,以免对分型和脱模不利。

(3)分流道与浇口连接形式

分流道与浇口通常采用斜面和圆弧连接,如图 4-6所示。这样有利于塑料的流动和填充。

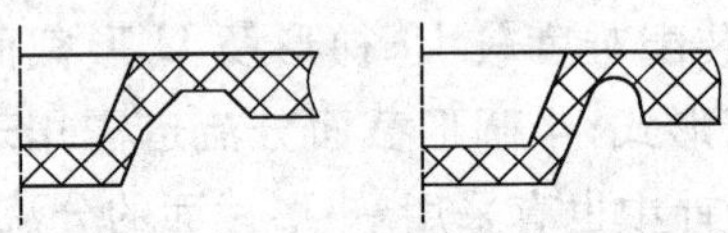

图 4-6 分流道与浇口的连接形式

(4)分流道在分型面上的布置形式

分流道应尽量均匀布置,使各浇口处压力降相等;流程尽量短,排列紧凑,使模具尺寸小;应使塑件投影面积中心与锁模力中心重合。分流道布置形式有平衡式与非平衡式两种,这与多型腔的平衡式与非平衡式的排布是一致的。

3. 浇口设计

浇口是浇注系统的关键部分,起着调节控制料流速度、补料时间及防止倒流等作用。浇口的形状、尺寸和位置等对塑件的成型质量影响很大,塑件上的一些质量缺陷,如缩孔、缺料、白斑、熔接痕、质脆及翘曲等往往是由于浇口设计不合理而产生的。浇口设计与塑料性能、塑件形状、截面尺寸、模具结构及注射工艺参数等因素有关。

浇口可分为限制性浇口和非限制性浇口两类。限制性浇口是整个浇注系统中截面尺寸最小的部位,通过截面积的突然变化,使熔体以较快的速度进入并充满型腔,在充满后能适时冷却封闭,并且便于塑件与浇注系统凝料分离。对于多型腔模具,还可以通过调节浇口的尺寸达到平衡进料的目的。非限制性浇口是整个浇注系统中截面尺寸最大的部位,可以降低流动阻力、加强补料作用,主要用于大中型筒类、壳类塑件。

按浇口的结构形式和特点,常用的浇口可分成以下几种形式:

(1)直接浇口

直接浇口又称主流道型浇口,属于非限制性浇口,如图4-7所示。塑料熔体由主流道的大端直接进入型腔，因而具有流动阻力小、流动路程短及补缩时间长等特点。由于注射压力直接作用在塑件上，故容易在进料处产生较大的残余应力而导致塑件翘曲变形。这种浇口尺寸较大，去除较困难，去除后会留有较大的浇口痕迹，影响塑件的美观。这类浇口大多用于注射成型大、中型长流程深腔筒形或壳形塑件，尤其适合于聚碳酸酯、聚砜等高粘度塑料。另外，这种形式的浇口只适用于单型腔模具。

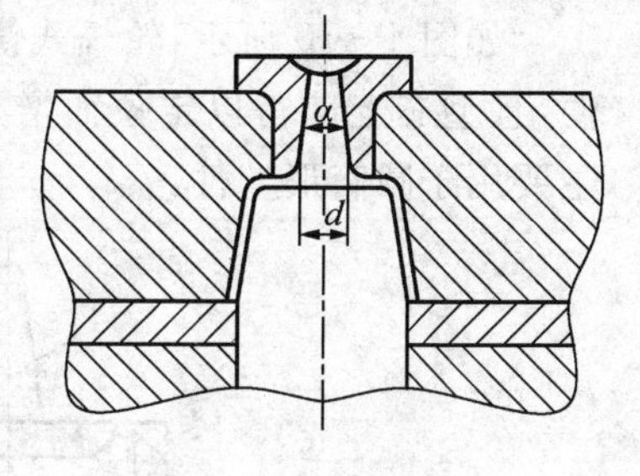

图4-7 直接浇口

在设计直接浇口时，主流道根部不宜过大，否则该处会因温度高而容易产生缩孔。成型薄壁塑件时，根部直径不宜超过塑件壁厚的两倍。一方面应尽量采用较小锥度的主流道锥角 $\alpha=2^\circ\sim4^\circ$，另一方面应尽量减小模板厚度。

直接浇口的浇注系统有着良好的熔体流动状态，塑料熔体从型腔底面中心部位流向分型面，有利于排气。这样的浇口形式，使塑件和浇注系统在分型面上的投影面积最小，模具结构紧凑，注射机受力均匀。

(2)中心浇口

中心浇口是直接从中心环形进料，如图4-8所示。中心浇口具备直接浇口的优点，并且浇口去除比直接浇口方便。适用于中心有通孔的深腔的箱、筒、壳形塑件，其变异形式很多，如环形浇口、轮辐式浇口和爪形浇口等。

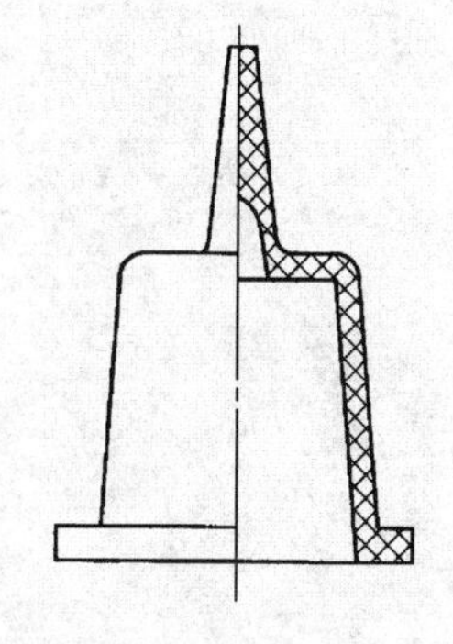
图4-8 中心浇口

1)环形浇口

环形浇口如图4-9所示，其特点是进料均匀，圆周上各处流速大致相等，型腔内空气易排出，可避免或减少熔接痕迹，但浇口去除较困难。主要用于筒形塑件。

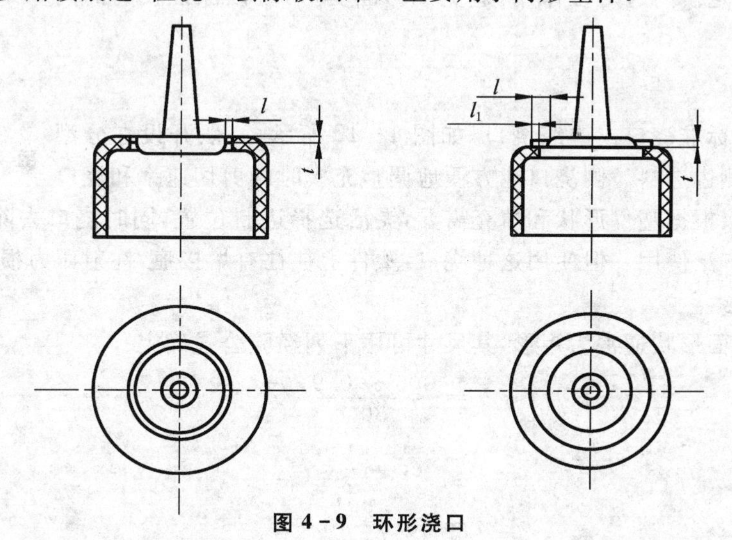

图4-9 环形浇口

2)轮辐式浇口

如图 4－10 所示，轮辐式浇口将整个圆周进料改为几个小段圆弧进料，这样浇口去除方便，且型芯上部得以定位而增加了稳定性，缺点是增加了熔接痕，对塑件强度有一定的影响。主要用于圆筒形塑件。

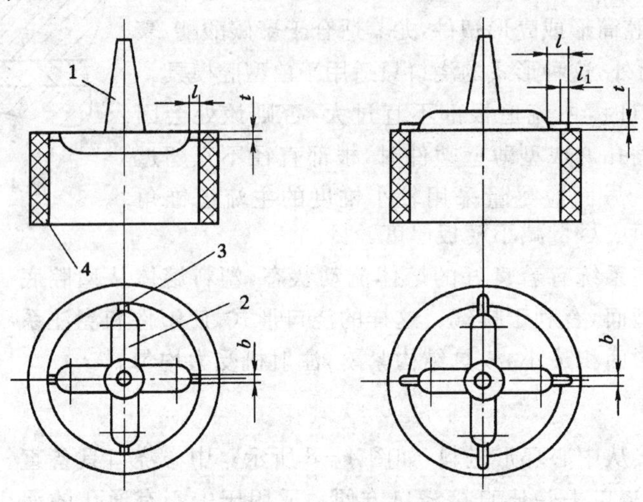

1—主流道；2—分流道；3—轮辐式浇口；4—塑件

图 4－10 轮辐式浇口

3)爪形浇口

如图 4－11 所示，爪形浇口在型芯头部开设流道，分流道与浇口不在同一平面内，主要用于内孔较小的管状塑件和同轴度要求较高的塑件。由于型芯顶端伸入定模内起定位作用，避免了弯曲变形，可以保证较高的同轴度。

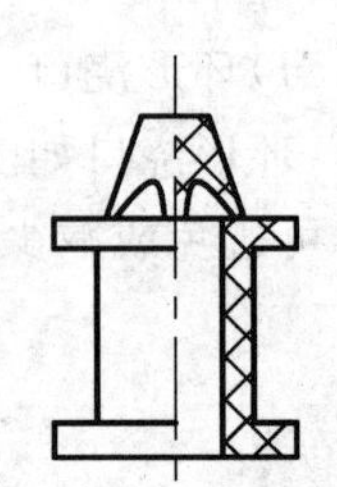

图 4－11 爪形浇口

(3)侧浇口

侧浇口又称标准浇口或边缘浇口，如图 4－12 所示，一般开设在分型面上，从塑件的侧边进料。侧浇口能方便地调整充模时的剪切速率和浇口封闭时间，也可以根据塑件形状和填充需要，灵活选择进料位置，同时浇口去除方便且不留明显痕迹，故得到广泛使用。但使用这种浇口，塑件上往往有熔接痕，注射压力损失较大，且排气不够顺畅。

侧浇口的截面形状通常为矩形，其尺寸可用下列经验公式确定：

$$b = \frac{0.6 \sim 0.9}{30}\sqrt{A} \tag{4-4}$$

$$A = \frac{V}{\delta} \tag{4-5}$$

$$t = (0.6 \sim 0.9)\delta \tag{4-6}$$

式中：b ——侧浇口的宽度，mm；

A ——塑件的外表面积，mm^2；

t ——侧浇口的厚度，mm；

δ ——浇口处塑件的壁厚，mm。

式中的系数：PS、PE 取 0.6；POM、PC、PP 取 0.7；PVAC、PA、PA 取 0.8；PVC 取 0.9。

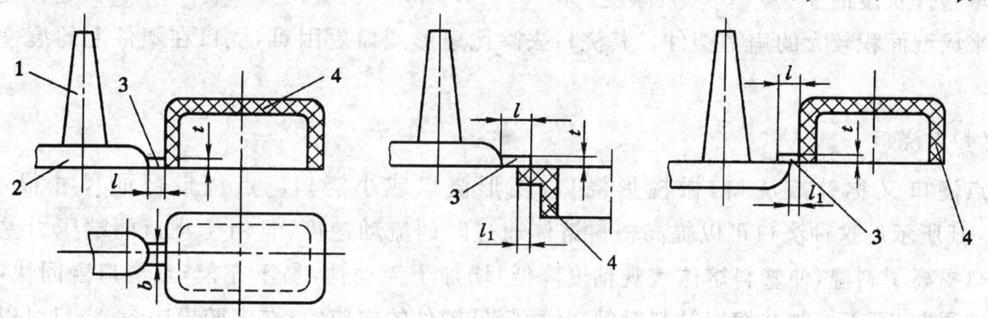

1—主流道；2—分流道；3—侧浇口；4—塑件

图 4-12 侧浇口

侧浇口有两种变异的形式，即扇形浇口和平缝浇口。

1)扇形浇口

扇形浇口是一种沿浇口方向宽度逐渐增加而厚度逐渐减小的呈扇形的侧浇口，如图 4-13所示，常用于扁平而较薄的塑件，如盖板、标尺、和托盘类等。通常在与型腔接合处形成长l=1～1.3 mm，厚 t=0.25～1.0 mm 的进料口，进料口的宽度 b 视塑件大小而定，一般取 6 mm 到浇口处型腔宽度的 1/4，整个扇形的长度 l 可取 6 mm 左右，塑料熔体通过它进入型腔。采用扇形浇口，使塑料熔体在宽度方向上的流动得到更均匀的分配，塑件的内应力较小，还可减少流纹和取向所带来的不良影响，但浇口痕迹较明显。

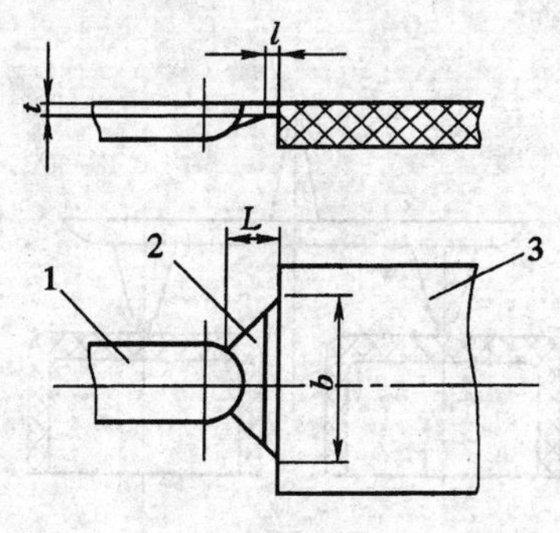

1—分流道；2—扇形浇口；3—塑件

图 4-13 扇形浇口图

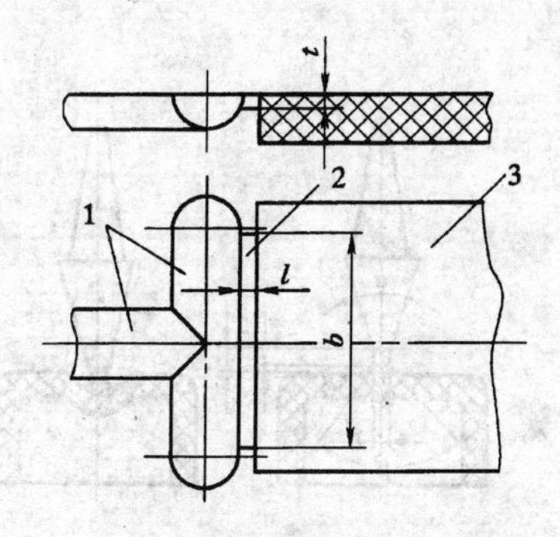

1—分流道；2—平缝浇口；3—塑件

图 4-14 平缝浇口

2)平缝浇口

平缝浇口又称薄片浇口。平缝浇口宽度很大，厚度很小，形成一条窄缝，与特别开设的平行流道相连，如图 4－14 所示。通过平行流道与窄缝，塑料熔体得到均匀分配，以较低的线速度平稳均匀的流入型腔，降低了塑件的内应力，减少了因取向而造成的翘曲变形。浇口宽度 b 一般取塑件长度的25％～100％，厚度 t 取 0.2～1.5 mm，长度 l＝1.2～1.5 mm。这种浇口主要用来成型面积较大的扁平塑件。其浇口去除比扇形浇口更困难，浇口在塑件上的痕迹也更明显。

(4)点浇口

点浇口又称针点浇口、橄榄形浇口、菱形浇口或小浇口。点浇口截面尺寸很小，如图 4－15所示。这种浇口可以提高塑料熔体通过时的流动速度，且由于浇口两端压力差和摩擦生热提高了料温，使塑料熔体表观粘度降低，增加了流动性，易于充模；点浇口凝固快，缩短了成型周期，可以控制并缩短补料时间，从而降低塑件的内应力；在多腔模中，点浇口可以平衡各型腔的进料速度。同时由于浇口直径很小，容易在开模时实现自动切断，塑件上疤痕较小。由于上述原因，点浇口被广泛采用。

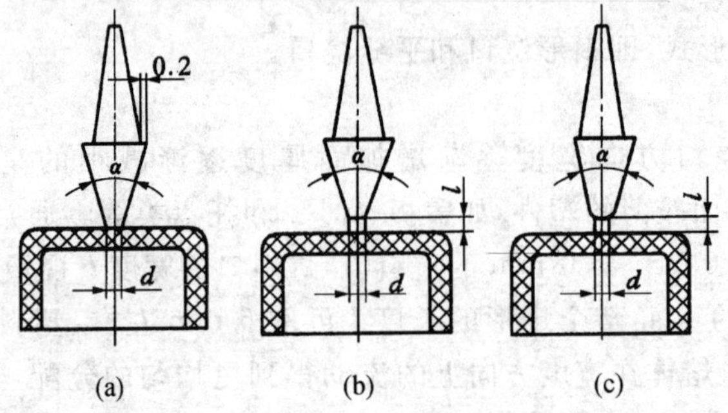

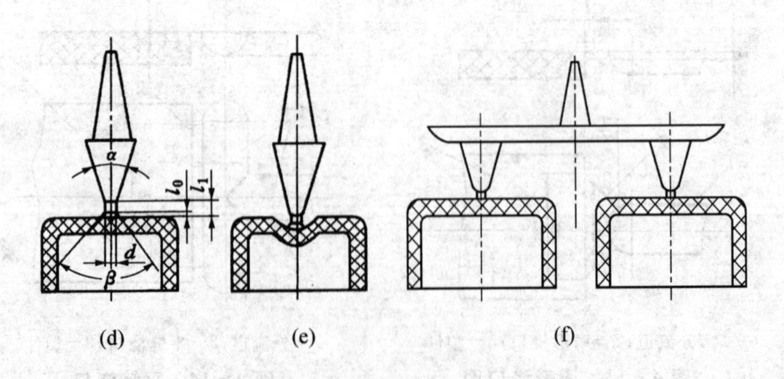

图 4－15 点浇口

点浇口的形式有许多种，图4-15(a)所示为直接式，直径为d的圆锥形的小端直接与塑件相连。图4-15(b)所示为点浇口的另一种形式，圆锥形的小端有一端直径为d、长度为l的浇口与塑件相连，但这种形式的浇口直径d不能太小，浇口长度l不能太长，否则脱模时浇口凝料会断裂而堵塞浇口，影响注射的正常进行。上述两种形式点浇口制造方便，但去除浇口时容易伤到塑件，浇口也容易磨损，仅适用于流动性较好的塑料和批量不大的塑件成型。图4-15(c)所示为圆锥形小端带有圆角的形式，其截面积相应增大，塑料冷却减慢，注射过程中型芯受到的冲击力要小一些，但加工不如上述两种形式方便。图4-15(d)所示为点浇口底部增加一个小凸台的形式，其作用是保证脱模时浇口断裂在凸台小端，使塑件表面不受损伤，但塑件表面留有凸台，影响其表面质量，甚至可能影响塑件的安装使用，为了防止这种缺陷，可在设计时让小凸台低于塑件的表面，如图4-15(e)所示。图4-15(f)所示适用于一模多腔或一个较大塑件多个点浇口的形式。

点浇口的尺寸如图4-15所示，$d=0.5\sim1.5$ mm，最大不超过2 mm，$l=0.5\sim2$ mm，常取1.0～1.5 mm，$l_0=0.5\sim1.5$ mm，$l_1=1.0\sim2.5$ mm，$\alpha=6^\circ\sim15^\circ$，凸台斜角$\beta=60^\circ\sim90^\circ$。点浇口的直径也可用经验公式计算：

$$d=(0.14\sim0.20)\sqrt[4]{\delta^2A} \tag{4-7}$$

式中：d——点浇口的直径，mm；

δ——塑件在浇口处的壁厚，mm；

A——型腔表面积，mm^2。

注意：采用点浇口的模具，必须在定模部分增加一个分型面，用于取出浇注系统凝料。

(5)潜伏式浇口

潜伏式浇口由点浇口演变而来，又称剪切浇口或隧道浇口，因此具有与点浇口类似的特点。这种浇口的分流道位于模具的分型面上。浇口斜向开设在塑件的隐蔽处，塑料熔体通过型腔的侧面或推杆的端部进入型腔，因而不影响塑件的外观。其结构形式如图4-16所示。由于浇口与型腔相连时有一定角度，自然形成了能切断浇口的刃口，利用这一刃口在开模或推出塑件时将浇口切断，故不宜用于强韧的塑料。

图4-16(a)为潜伏式浇口开设在定模部分的形式，图4-16(b)为潜伏式浇口开设在动模部分的形式，以上两种形式应用最多。图4-16(c)为潜伏式浇口开设在推杆上部的形式；图4-16(d)为圆弧形潜伏式浇口，用于高度比较小的塑件，其浇口加工比较困难。

潜伏式浇口一般为圆锥形截面，其尺寸设计可参考点浇口。如图4-16所示，浇口的引导锥角β应取10°～20°，对硬质脆性塑料β取大值，反之取小值。浇口的方向角α愈大，愈容易拔出浇口凝料，一般α取45°～60°，对硬质脆性塑料宜取小值。推杆上的浇口宽度为0.8～2 mm，具体数值应根据塑件的尺寸确定。

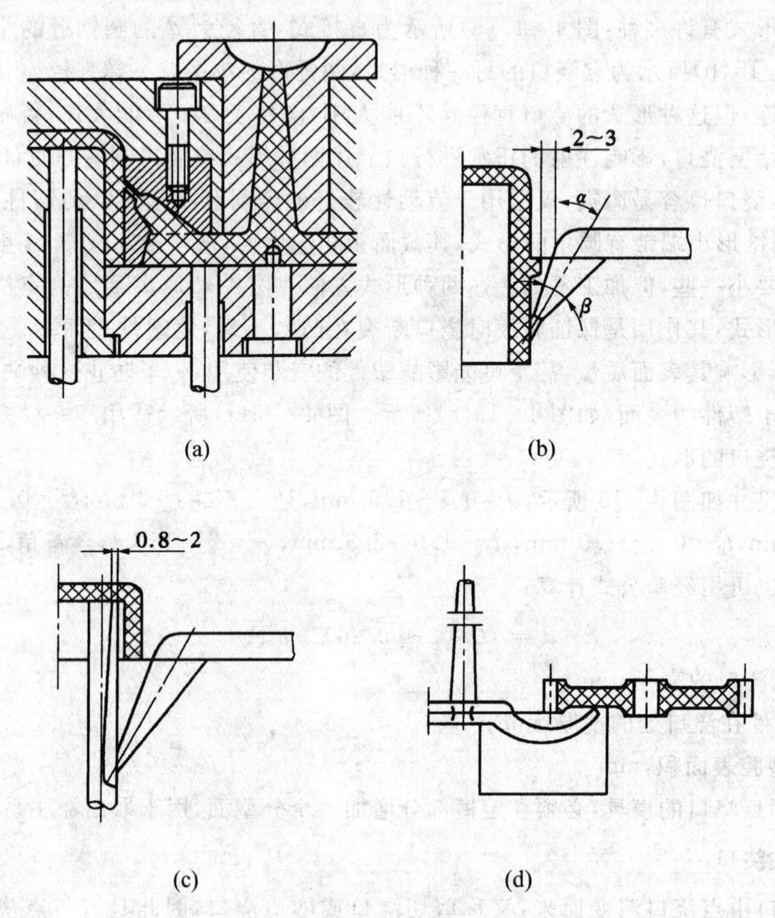

图 4-16 潜伏式浇口

(6) 护耳浇口

护耳浇口又称分接式浇口。如图 4-17 所示，护耳浇口由矩形浇口和护耳组成，护耳的截面和水平面积均比较大，在护耳前部的矩形浇口能使熔体因摩擦发热而使温度升高，熔体在冲击护耳壁后，能调整流动方向，平稳地注入型腔，因而塑件成型后残余应力小；另外浇口处产生的应力集中在护耳处，而护耳一般要被切除掉。因护耳切除比较困难，故在不影响塑件使用的情况下也可保留。护耳浇口适用于成型如聚氯乙烯、聚碳酸酯等热稳定性差、粘度高的塑料，特别适用于有透明要求的塑件。

护耳浇口一般为矩形截面，其尺寸可以参考侧浇口设计。护耳长度 H 可取为分流道长度的 1.5 倍，护耳宽度 b_0 约为分流道宽度，护耳的厚度 t_0 可取塑件壁厚的 0.9 倍，护耳中心距塑件侧壁的距离 L 应小于 150 mm。当塑件较宽时可使用多个护耳，如图 4-17(b)所示，此时护耳间距 L_0 可取 300 mm 左右。

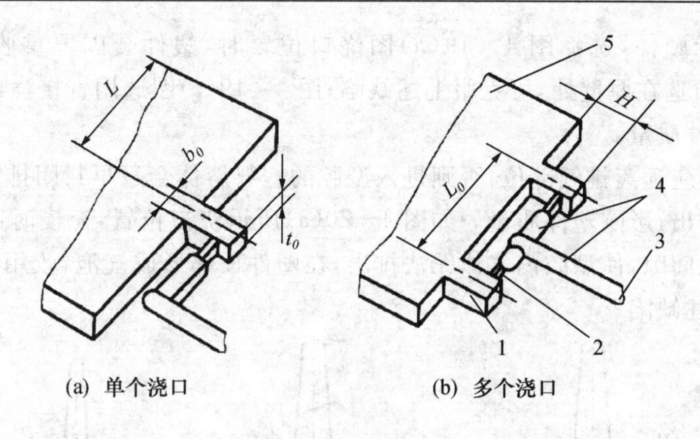

(a) 单个浇口　(b) 多个浇口

1—护耳；2—浇口；3—主流道；4—分流道；5—塑件

图 4-17　护耳浇口

4. 浇口位置的选择

如前所述，浇口的形式很多，但无论采用哪种形式的浇口，浇口的位置对塑件的成型影响都很大，另外浇口的位置还会影响到模具的结构。选择浇口位置时，需要根据塑件的结构、塑料原料、塑料熔体在模内的流动状态和成型工艺条件等综合考虑。

①浇口的尺寸及位置选择应避免熔体破裂而产生喷射和蠕动（蛇形流）。浇口截面尺寸较小，若正对宽度和厚度较大的型腔，塑料熔体流经浇口时，由于受较高的切应力作用，将会产生喷射和蠕动等熔体破裂现象，在塑件上形成波纹状痕迹；或在高速下喷出高度取向的细丝或断裂物，它们很快冷却变硬，与后来的塑料不能很好的熔合，而造成塑件的缺陷或表面疵瘢。喷射还会使型腔内的空气难以排出，形成焦痕和空气泡。

克服上述问题的方法是加大浇口截面尺寸，改非冲击型浇口为冲击型浇口，即浇口开设位置正对型腔壁或粗大型芯。这样，当高速料流进入型腔时，直接冲击在型腔壁或型芯上，从而降低流速、改变流向，可均匀地填充型腔，使熔体破裂现象消失。非冲击型浇口与冲击型浇口如图 4-18 所示。

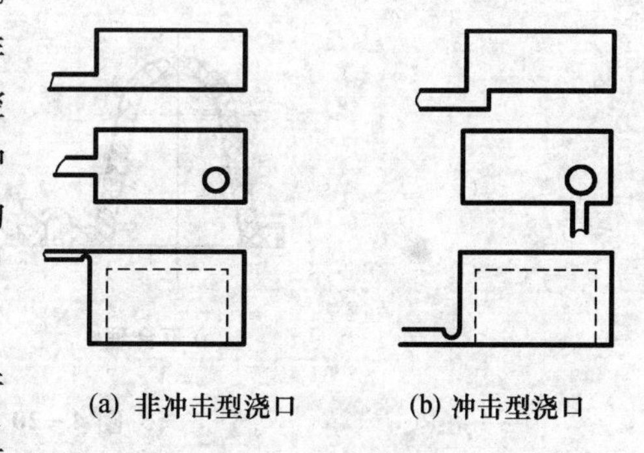

(a) 非冲击型浇口　(b) 冲击型浇口

图 4-18　非冲击型浇口与冲击型浇口

②浇口位置应有利于流动、排气和补料。当塑件壁厚相差较大时，在避免喷射的前提下，为减少流动阻力，保证压力有效传递到塑件厚壁部位以减少缩孔，应把浇口开设在塑件截面最厚处。这样还有利于补料。如塑件上有加强肋，则可利用加强肋作为流动通道以改善熔体流动条件。

图 4－19 所示塑件，选择图 4－19(a)图浇口位置时，塑件会因严重收缩而出现凹痕；图 4－19(b)图浇口选在厚壁处，可克服上述缺陷；图 4－19(c)图选用直接浇口，可大幅度改善填充条件，提高塑件质量。

通常浇口位置应远离排气部位，否则进入型腔的塑料熔体会过早封闭排气通道，致使型腔内气体不能顺利排出，影响塑件质量。如图 4－20(a)所示浇口位置，充模时，熔体立即封闭模具分型面处的排气间隙，使型腔内气体无法排出，在塑件顶部形成气泡，改用图 4－20(b)所示位置，可以克服上述缺陷。

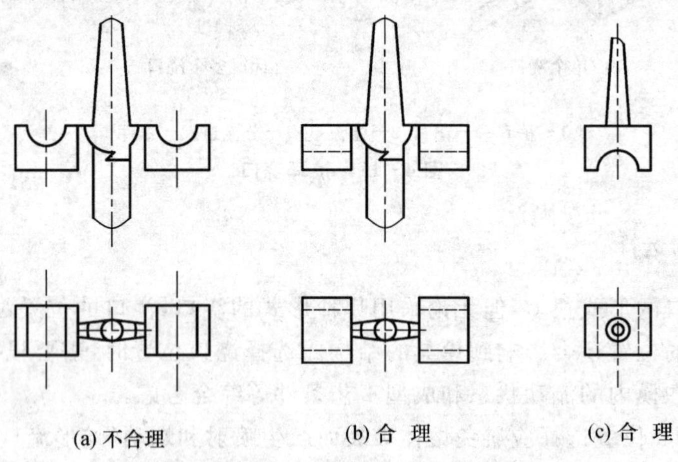

图 4－19 浇口位置对收缩的影响

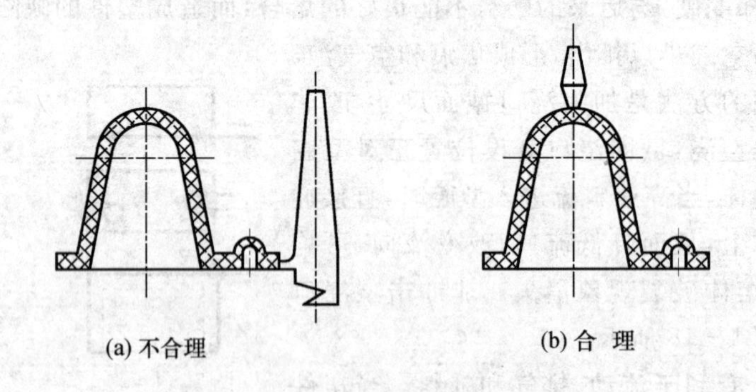

图 4－20 浇口位置对填充的影响

③浇口位置应使流程最短，料流变向最少，并防止型芯变形。

④浇口位置及数量应有利于减少熔接痕和增加熔接强度。熔接痕是塑料熔体在型腔中汇合时产生的接缝，其强度直接影响塑件的使用性能，在流程不太长且无特殊需要时，最好不设多个浇口，否则将增加熔接痕的数量；但对底面积较大而且较浅的壳体塑件，为兼顾内应力和

翘曲变形可采取多个点浇口。

对不可避免要产生熔接痕的塑件，要注意熔接痕的位置是否合理。如图 4－21 所示带圆孔的平板塑件，图 4－21(a)熔接痕在边上较为合理；图 4－21(b)熔接痕与小孔连成一线，使塑件强度大大削弱。

对大型框架塑件，可使用过渡浇口以增强熔接强度。图 4－22(a)由于流程过长，使熔接处料温过低而熔接不牢，形成明显的熔接痕。而图 4－22(b)增加了过渡浇口，虽然熔接痕数量有所增加，但缩短了流程，增加了熔接强度，且易于充满型腔。

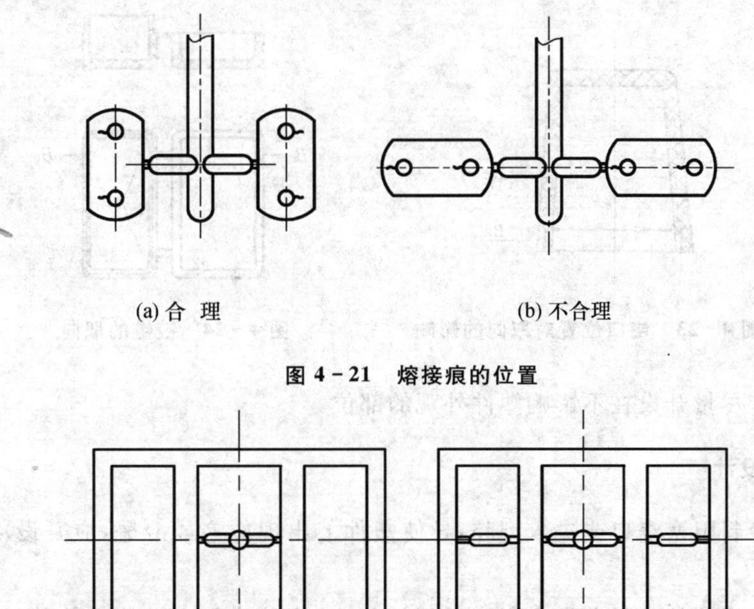

(a) 合　理　　(b) 不合理

图 4－21　熔接痕的位置

(a) 不合理　　(b) 合　理

图 4－22　过渡浇口

⑤浇口位置应考虑取向对塑件性能的影响。塑料熔体在充满模具型腔时，会在其流动方向上发生聚合物分子和填料的取向。由于垂直于料流方向和平行于料流方向的强度和应力开裂倾向是有差别的，往往垂直于流向的方向强度较低，容易产生应力开裂，所以在选择浇口位置时应充分注意这一点。

例如图 4－23 所示塑件，由于其底部圆周带有一金属圆环嵌件，而塑料与金属圆环嵌件的线收缩系数不同，使得嵌件周围的塑料层有很大的周向应力。如果采用直接浇口或点浇口开设在 A 处，取向方向与周向应力方向垂直，此塑件使用不久嵌件与塑件就会因开裂而分离。

若采用侧浇口开设在 B 处，由于聚合物分子沿塑件圆周方向取向，应力开裂的机会就会大为减少。

在某些情况下，也可利用分子高度取向改善塑件的一些性能。如图 4－24 所示为聚丙烯铰链，为使其几千万次弯折不断，要求在铰链处取向。将浇口开设在 A 处，塑料熔体经过很薄的铰链充满型腔，即可在铰链处取向。脱模后由工人立即弯曲几次，可进一步提高铰链的抗折弯能力。

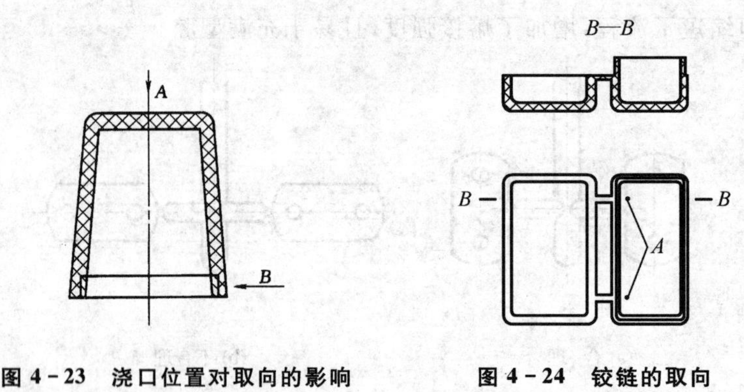

图 4－23　浇口位置对取向的影响　　图 4－24　铰链的取向

⑥浇口位置应尽量开设在不影响塑件外观的部位。

5. 冷料穴的设计

为防止前锋冷料阻塞浇口或进入型腔，导使塑件上出现冷疤或冷斑，应开设冷料穴，用以储存前锋冷料。

直浇口式浇注系统的冷料穴常为主流道延长部分，这种冷料穴结构较简单。横浇口式浇注系统的冷料穴，常设在主流道正对面的动模上，其直径稍大于主流道大端直径，以利于冷料流入，如图 4－25 所示，其底部常设计成曲折的钩形或球形、锥形、圆环形，使冷料穴兼有在开模时，与拉料杆一起将主流道凝料从定模中拉出的作用。在分流道较长时，也可在分流道末端设冷料穴，一般为其延伸部分。

(1)带拉料杆的冷料穴

Z 字头冷料穴是一种较常用的带拉料杆的冷料穴，如图 4－25(a)所示。塑件成型后，穴内冷料与拉料杆的钩头搭接在一起，拉料杆固定在推杆固定板上。开模时，拉料杆通过钩头拉住穴内冷料，使主流道凝料脱出，然后随推出机构运动，将浇注系统凝料与塑件一起推出。取塑件时需朝钩头的侧向移动，方可取出塑件和凝料。适用于推杆或推管推出机构。

图 4－25(b)、(c)是仅适于推件板推出机构的拉料杆。图 4－25(b)为球形头拉料杆，图 4－25(c)为菌形头拉料杆。拉料杆固定在动模板上，利用头部凹下去的部分将主流道凝料

从浇口套中拉出来，然后在推件板推出塑件时，将浇注系统凝料从拉料杆的头部强制推出。

图 4－25(d)是既适于推杆推出机构又适于推件板推出机构的拉料杆。靠塑料的收缩包紧力使主流道凝料包紧在中间拉料杆(带有分流锥的型芯)上，将主流道凝料拉出。

(2)无拉料杆的冷料穴

图 4－26 所示为无拉料杆的冷料穴。图 4－26(a)的特点是在主流道末端开设一锥形凹坑，在凹坑锥壁上垂直钻一深度不大的盲孔，开模时靠小盲孔内塑料的固定作用将主流道凝料拉出，脱模时推杆顶在塑件或分流道凝料上，穴内冷料先沿小盲孔轴线移动，然后全部脱出。为使冷料穴中凝料能沿斜向移动，分流道必须设计成 S 形或类似带有挠性的形状。

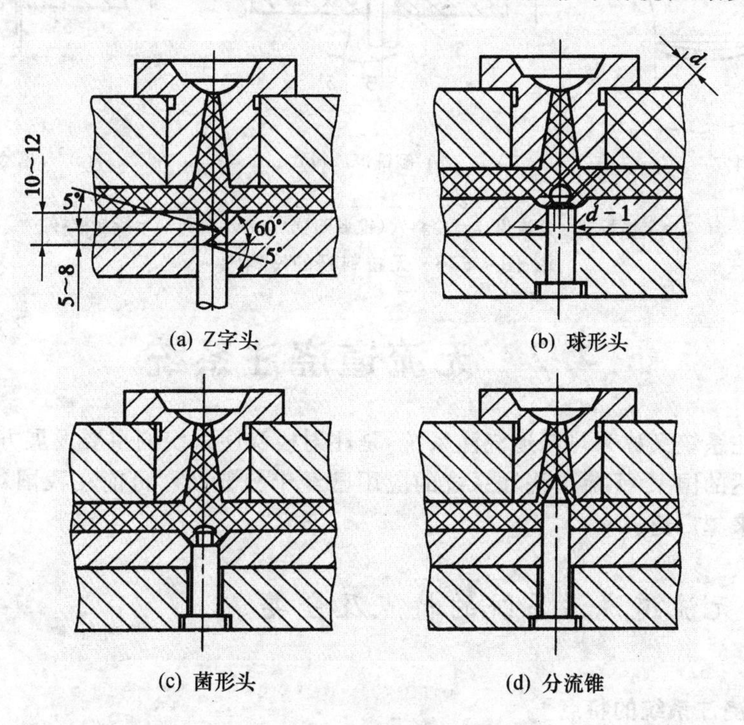

(a) Z字头　(b) 球形头　(c) 菌形头　(d) 分流锥

图 4－25　带拉料杆的冷料穴

图 4－26(b)为倒锥形冷料穴，图 4－26(c)为环槽冷料穴。它们的凝料推杆固定在推杆固定板上。开模时靠倒锥或环形凹槽起拉料作用，然后由推杆强制推出。这种冷料穴适用于弹性好的塑料品种，因凝料不需侧向移动，较易实现自动化操作。

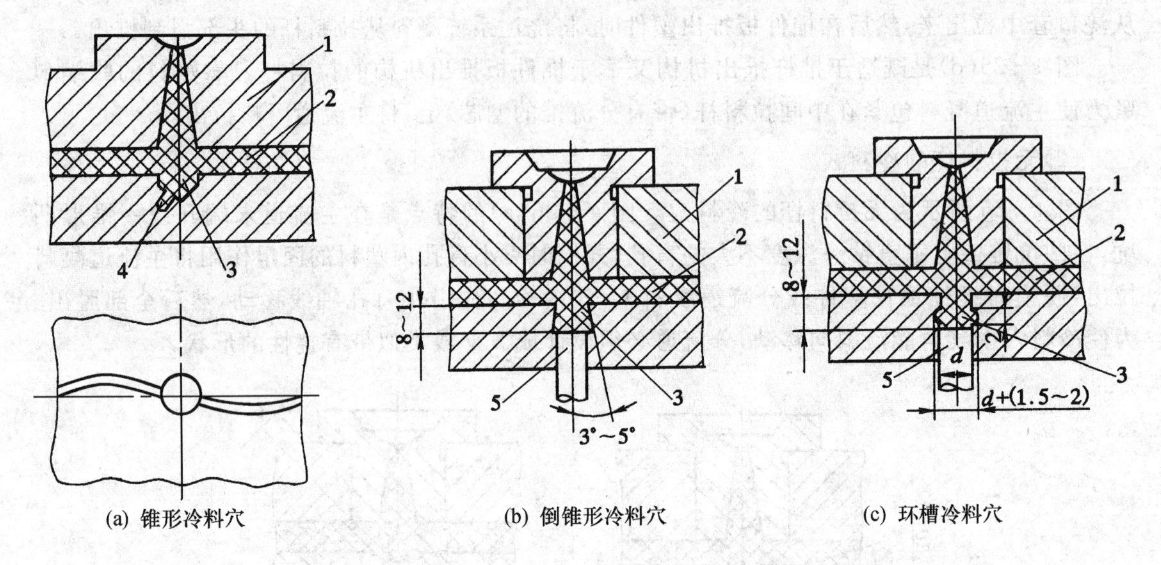

(a) 锥形冷料穴 (b) 倒锥形冷料穴 (c) 环槽冷料穴

1—定模板；2—分流道；3—冷料穴(锥形凹坑)；4—小盲孔；5—凝料推杆

图 4-26 无拉料杆的冷料穴

4.2 无流道浇注系统

无流道浇注系统又称为热流道浇注系统，是注射模浇注系统的重要发展方向。美国、日本等模具工业发达的国家，无流道浇注系统的应用已经十分普及。目前在我国对无流道浇注系统的应用也越来越广泛。

4.2.1 无流道浇注系统的特点及分类

1. 无流道浇注系统的特点

无流道浇注系统具有以下优点：在整个塑件的生产过程中，浇注系统内的塑料始终处于熔融状态，压力损失小，可以对多点浇口、多型腔模具及大型塑件实现低压注射；因无浇注系统凝料，省去了去除凝料、修整塑件及回收废料等工序；有利于实现自动化生产。但采用无流道浇注系统也存在一些问题，如模具结构较复杂、加工难度大、制造成本高等。

另外，采用无流道浇注系统注射模成型的塑料须具有以下特点：

①塑料的熔融温度范围宽，粘度变化小，热稳定性好。即在较低的温度下有较好的流动性；在较高的温度下，不流涎、不分解。

②熔体粘度对压力敏感。不施加注射压力时熔体不流动，施加较低的注射压力熔体就会

流动。

③热变形温度较高。塑件在比较高的温度下即可定型，缩短了成型周期。

④比热容小，导热性能好。塑料既能快速冷凝，又能快速熔融，熔体的热量能快速传给模具而冷却定型，提高生产效率。

目前在无流道浇注系统注射模中应用最多的塑料有：聚乙烯、聚丙烯、聚苯乙烯、聚丙烯腈、聚氯乙烯、ABS、聚甲醛等。

2. 无流道浇注系统的分类

无流道浇注系统可分为绝热流道浇注系统、半绝热流道浇注系统和加热流道浇注系统。

绝热流道注射模的流道截面相当粗大，利用塑料比金属导热性差的特性，让靠近流道内壁的塑料冷凝成一个完全或半熔化的固化层，起到绝热作用，而流道中心部位的塑料在连续注射时保持熔融状态，熔融的塑料通过流道的中心部分顺利填充型腔。由于不对流道进行辅助加热，其中的熔体容易凝固，要求注射成型周期应比较短。

加热流道浇注系统在流道内或流道附近设置有加热器，利用加热的方法使浇注系统内塑料始终保持熔融状态，以保证注射成型正常进行。由于能有效地维持流道温度恒定，使流道中的压力能良好传递，可适当降低注射温度和压力，减少了塑件内的残余应力。与绝热流道相比，它的适用性更广。同时，加热流道注射模不像绝热流道注射模在使用前、后必须清理流道凝料。加热流道注射模在生产前只要把浇注系统加热到规定的温度，分流道中的凝料就会熔融。但是，由于加热流道注射模同时具有加热、测温、绝热和冷却等装置，模具结构更复杂，模具厚度增加，并且制造成本高。加热流道注射模对加热温度控制要求高。

4.2.2　无流道浇注系统的结构

1. 绝热流道

(1)井坑式喷嘴

井坑式喷嘴又称绝热主流道，是一种结构最简单的适用于单型腔的绝热流道，结构如图 4－27(a)所示。在注射机喷嘴与模具进料口之间装有一个主流道杯，杯外采用空气间隙绝热，杯内有截面较大的储料井，其容积约取塑件体积的 1/3～1/2。在注射过程中，与储料井壁接触的熔体很快冷却，形成一个绝热层，使位于中心部位的熔体保持良好的流动状态。在注射压力的作用下，熔体通过点浇口填充型腔。采用井坑式喷嘴注射成型时，一般注射成型周期不大于 20s。主流道杯的主要尺寸如图 4－27(b)所示，其具体尺寸可查表 4－2。

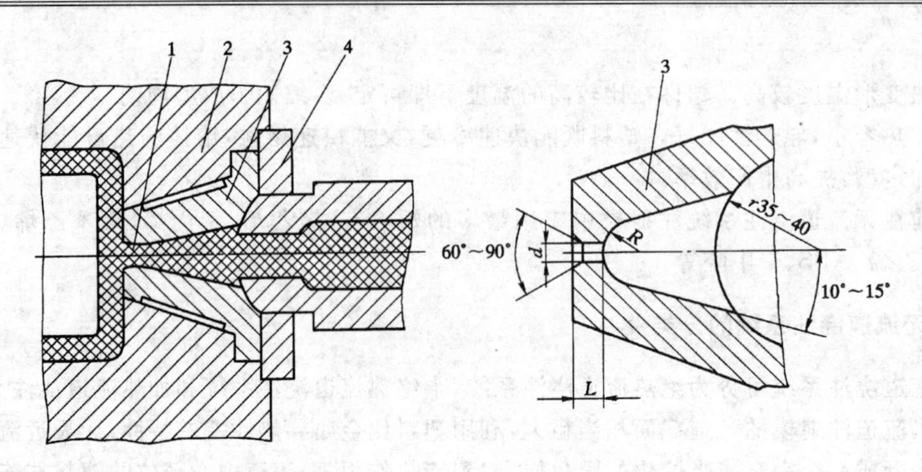

(a) 坑式喷嘴结构　　　　(b) 主流道杯的主要尺寸

1—点浇口；2—定模板；3—主流道杯；4—定位圈

图 4-27　井坑式喷嘴

表 4-2　主流杯的推荐尺寸

塑件质量/g	成型周期/s	d/mm	R/mm	L/mm
3～6	6～7.5	0.8～1.0	3.5	0.5
6～15	9～10	1.0～1.2	4.0	0.6
15～40	12～15	1.2～1.6	4.5	0.7
40～150	20～30	1.5～2.5	5.5	0.8

注射机的喷嘴工作时伸进主流道杯中，其长度由杯口的凹球坑半经 r 决定，二者应很好贴合。储料井直径不能太大，要防止熔体反压力使喷嘴后退产生漏料。

为避免主流道杯中的熔体过早冷却凝固，可采用改进型井坑式喷嘴结构。图 4-28(a)所示是一种浮动式主流道杯，弹簧 4 使主流道杯 3 压在注射机喷嘴 5 上，可随之后退，保证储料井中的熔体得到喷嘴的供热，也使主流杯 5 与定模板 1 间产生空气间隙，防止主流杯 5 中的热量外流。图 4-28(b)所示是一种注射机喷嘴伸入主流道杯的形式，增加了对主流道杯传导热量。注射机喷嘴伸入主流道部分也可以做成倒锥的形式，如图 4-28(c)所示。这样在注射结束后，可以使主流道杯中的凝料随注射机喷嘴一起拉出模外，便于清理流道。

(2)多型腔绝热流道

多型腔绝热流道亦称为绝热分流道，可分为直接浇口式和点浇口式两种类型，结构如图 4-29所示。其分流道为圆截面，直径常取 16～32 mm，成型周期愈长，直径愈大，最大甚至可达 70 mm 左右。因塑料导热性差，故成型时紧贴流道内壁的塑料层凝结，形成绝热保温层，中心部分塑料保持熔融状态。但在停车后，流道内的塑料全部凝固，在下次开车前必须清除，因此分流道中心线常设置在流道板与定模板的结合面上，以便打开模具取出流道凝料。在分流道板与凹模板之间设置空气间隙，减小二者的接触面积，以防止分流道板的热量传给凹模板，影响塑件的冷却定型。为减少流动阻力，流道内转角处均应采用较大圆弧过渡。

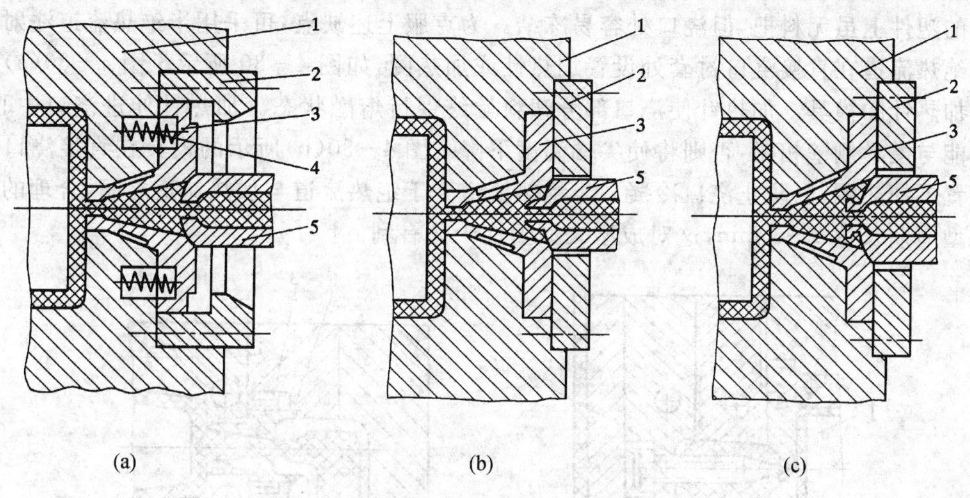

1—定模板；2—定位圈；3—主流道杯；4—弹簧；5—注射机喷嘴

图 4-28　改进的井坑式喷嘴

图 4-29(a)所示为直接浇口式绝热流道，这种形式的绝热流道成型的塑件脱模后会留有一小段料把，必须用后加工的方法去除。直接浇口衬套与模板之间设有空气间隙隔热。图 4-29(b)所示为点浇口式绝热流道。点浇口成型的塑件不带料把，但浇口容易冻结，仅适用于成型周期短的塑件。

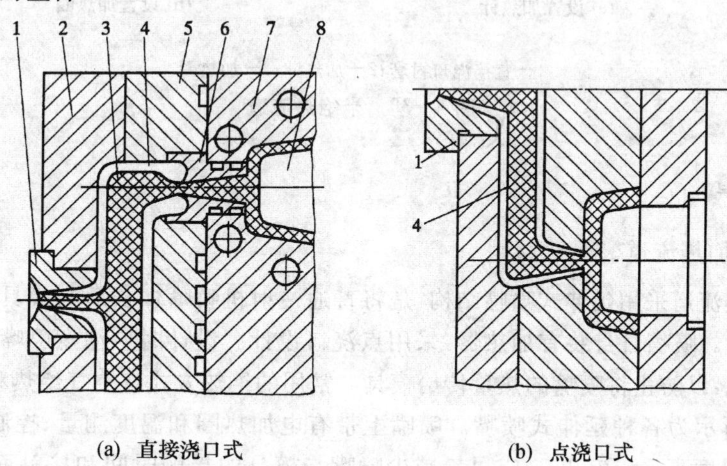

1—浇口套；2—定模板；3—分流道；4—绝热层；5—分流道板；

6—直接浇口衬套；7—凹模板；8—型芯

图 4-29　多型腔绝热流道

2. 半绝热流道

直接浇口式绝热流道注射模成型的塑件上往往带有一小段料把，点浇口式绝热流道注射模成型的塑件上虽无料把，但浇口处容易冻结。为克服上述缺点，可采用半绝热流道注射模。

半绝热流道在直接浇口衬套处设置加热针或加热圈，如图 4－30 所示。图 4－30(a)所示为设置加热针的模具。加热针使浇口部分塑料始终保持熔融状态。加热针伸进浇口中心，应注意不能与模具侧壁相碰，否则将使尖端温度下降。图 4－30(b)所示的模具在直接浇口衬套四周设置了加热圈，以防止浇口冷凝。半绝热流道介于绝热流道与加热流道之间，合理的设计可使成型周期长达 2～3 min，这对成型大型塑件十分有利。

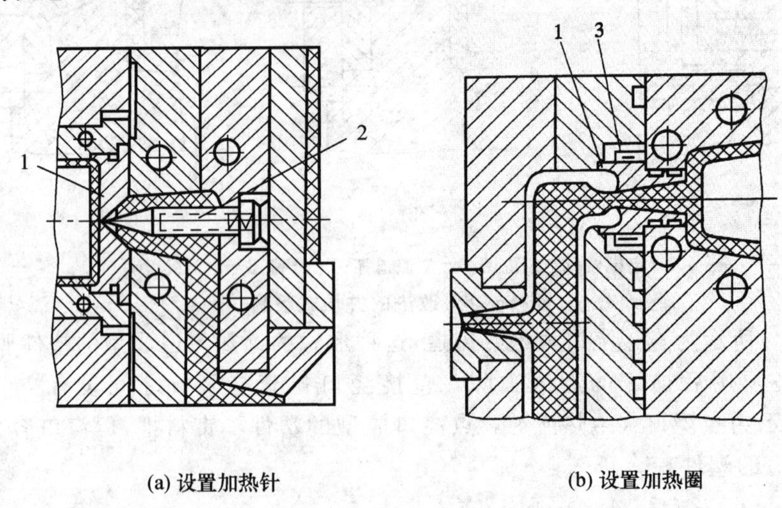

(a) 设置加热针　　(b) 设置加热圈

1－直接浇口衬套；2－加热针；3－加热圈

图 4－30　半绝热流道

3. 加热流道

(1)单型腔加热流道

单型腔加热流道采用延伸式喷嘴结构，是将普通注射机喷嘴加长后与模具上浇口部位直接接触的一种喷嘴。喷嘴自身装有加热器，采用点浇口设计。设计时应注意喷嘴与模具间要采取有效的绝热措施，以防止将喷嘴的热量传给模具。常用的绝热方式有空气绝热和塑料绝热两种。

图 4－31 所示为各种延伸式喷嘴。喷嘴上带有电加热圈和温度测量、控制装置，一般喷嘴温度要比料筒温度高 5～20 ℃。应尽量减少喷嘴与模具的接触时间和接触面积，通常注射保压后喷嘴应与模具分离。

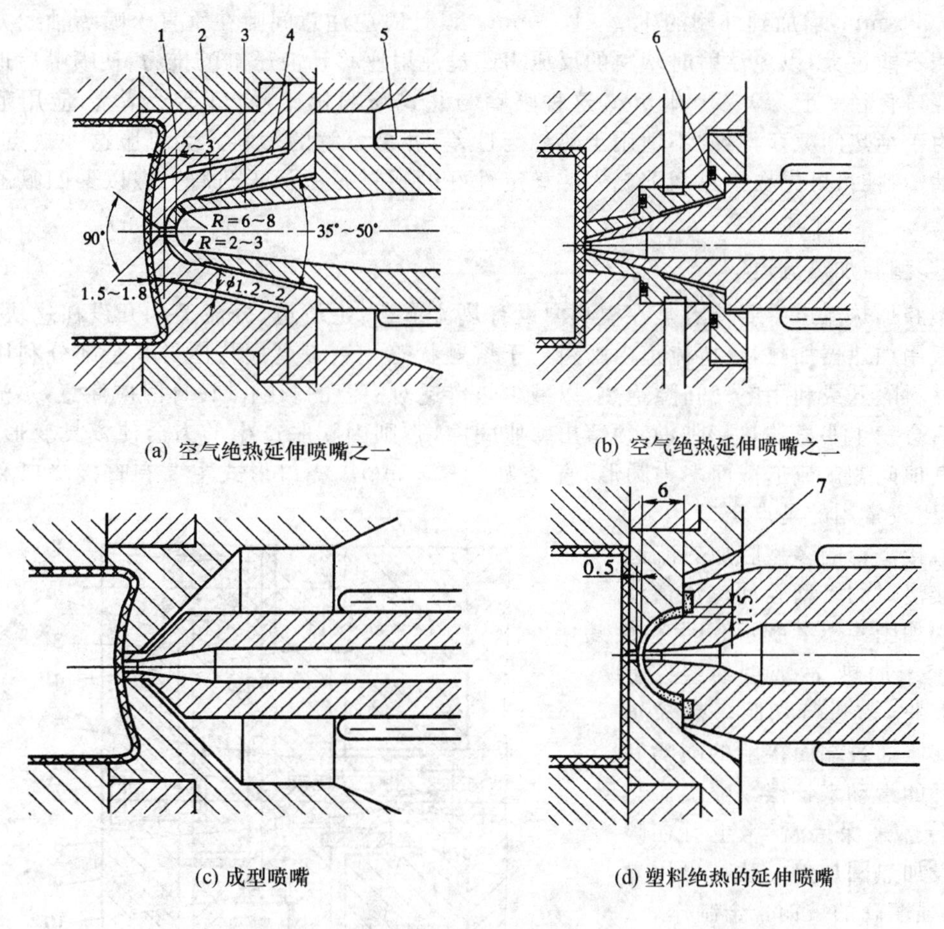

(a) 空气绝热延伸喷嘴之一　　(b) 空气绝热延伸喷嘴之二

(c) 成型喷嘴　　(d) 塑料绝热的延伸喷嘴

1—衬套；2—浇口套；3—延伸喷嘴；4—空气间隙；5—电加热圈；
6—密封圈；7—聚四氟乙烯密封垫

图 4－31　延伸式喷嘴

图 4－31(a)、(b)所示为空气绝热的延伸喷嘴，喷嘴伸入模具浇口套内。为加强绝热效果，在喷嘴与浇口套之间增设空气间隙绝热，还可以在浇口套外侧引入冷却水加强绝热效果，如图 4－31(a)、(b)所示。由于模具与喷嘴尖端接触处的型腔壁很薄，为防止被喷嘴顶坏或变形，采用凸肩定位并承受大部分压力。这种喷嘴不易凝固堵塞，但靠近喷嘴头部的型腔温度较高，因此成型某些塑件(如聚苯乙烯透明塑料)时，浇口附近容易出现变形，表面质量和透明度也较低。图 4－31(c)所示是一种成型喷嘴，其喷嘴的前端是型腔的一部分，此部分应尽可能小，以加快塑件冷却，防止在塑件留下较大的痕迹。另外喷嘴要准确定位，以控制塑件成型部分的厚度尺寸。同时喷嘴前端与模具孔的配合必须考虑热膨胀，以防止出现飞边。图 4－31(d)所示为塑料绝热的延伸喷嘴，它以球形的喷嘴头配以碗形的塑料绝热层，绝热层的厚度从中心

的0.4～0.5 mm,增加到外侧的1.2～1.5 mm。设计时应注意间隙在垂直于喷嘴轴线方向的投影面积不能过大,以免注射时塑料的反压力超过注射座移动液压缸的推力,使喷嘴后退造成漏料。浇口直径一般为0.75～1 mm。这种喷嘴与井式喷嘴相比,浇口不易堵塞,应用范围较广。但由于绝热间隙存料,故不适用于热稳定性差、容易分解的塑料。为克服这一缺点,在成型热敏性塑料时,可先在绝热间隙充入热稳定性好的塑料。在承压凸肩上嵌以聚四氟乙烯密封垫。

(2)多型腔加热流道

多型腔加热流道主要特点是在模具内设有热流道板,主流道、分流道均开设在这块板内。热流道板用加热器加热,保持流道内塑料处于熔融状态。热流道板与模具其余部分利用石棉等绝热材料隔开或利用空气间隙绝热,以减少热传递对模温的影响。设计时应注意,热流道板加热之后会发生明显的热膨胀,必须留出膨胀间隙,否则因膨胀产生的力会使模具变形,发生破坏或其他问题。流道截面多为圆形,直径为5～12 mm。浇口形式主要有直接浇口和点浇口两种,比较常用的是点浇口。

1)直接浇口的多型腔加热流道

直接浇口的多型腔加热流道注射模结构如图4-32所示。因直接浇口衬套未加热,故成型的塑件上残留有料把,需进行切除。热流道板的热膨胀通过端面接触的喷嘴和滑动压环的滑动来补偿。喷嘴靠热流道板传热来保持温度,也可在喷嘴外侧设加热圈加热。喷嘴可用导热性好、强度高的铍铜合金制作。

2)点浇口的多型腔加热流道

点浇口的多型腔加热流道注射模成型的塑件不带料把。其结构形式很多,常用的有:带塑料绝热层的导热喷嘴、空气绝热的加热喷嘴、带加热探针的喷嘴和阀式热流道喷嘴等。

① 带塑料绝热层的导热喷嘴:其典型结构如图4-33所示,流道部分用电热棒或电热圈加热,喷嘴用铍铜合金(也可用性能类似的其他铜合金)制作,以利于热量的传递,使喷嘴中的塑料保持熔融状态。喷嘴前端有塑料隔热层,浇口衬套11与定模板12间有空气间隙绝热。热流道板和型腔部分在工作时,由于温度不同而产生不同的横向热膨胀,但因为喷嘴和型腔之间有绝热间

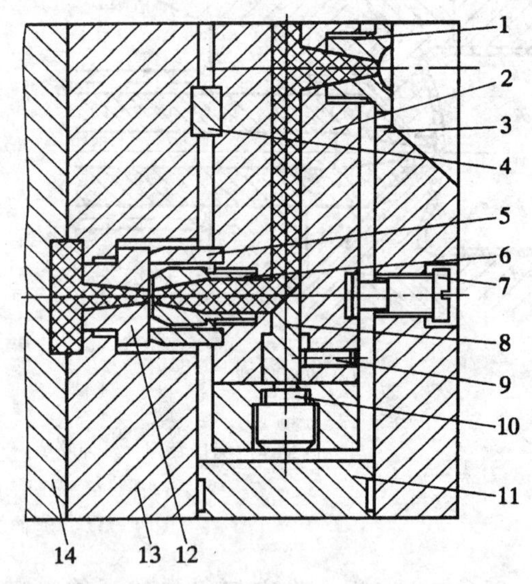

1—浇口套;2—热流道板;3—定模座板;4—垫块;5—滑动压环;6—喷嘴;7—支承螺钉;8—堵头;9—止转销;10—压紧螺钉;11—支承块;12—直接浇口衬套;13—定模板;14—动模板

图4-32 直接浇口的多型腔加热流道注射模

隙，两者即使有少量的相对位移也不致发生干涉。但会使喷嘴中心与浇口中心产生偏心距，如图 4 - 34(a)所示。设计时可将尺寸精度要求较高的成型部位(凹模、凸模或型芯)做成浮动结构，如图 4 - 34(b)所示。

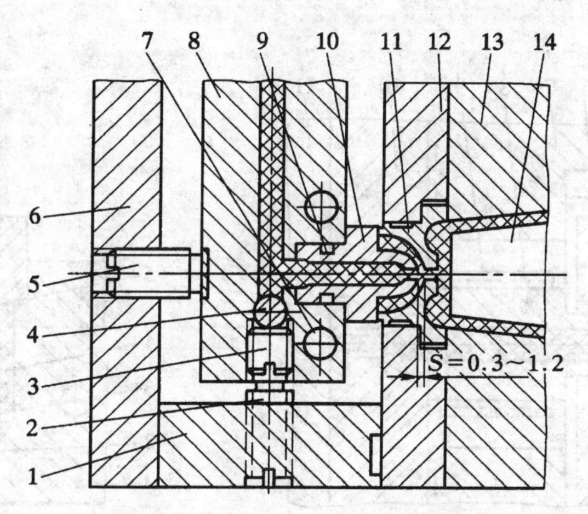

1—支承块；2—调整螺钉；3—压紧螺钉；4—密封钢球；5—支承螺钉；6—定模座板；
7—加热器孔；8—热流道板；9—弹簧圈；10—喷嘴；11—浇口衬套；
12—定模板；13—定模型腔板；14—型芯

图 4 - 33　带塑料绝热层的导热喷嘴

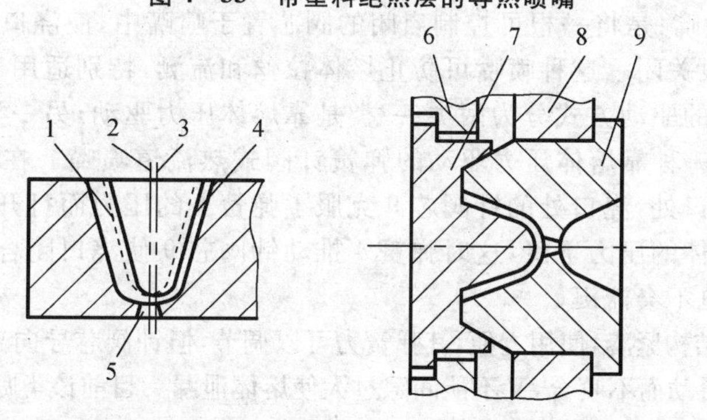

1—工作时喷嘴位置；2—浇口中心线；3—常温时喷嘴中心线；4—常温时喷嘴位置；
5—浇口；6—动模板；7—浮动型芯；8—定模座板；9—凹模

图 4 - 34　热膨胀补偿结构

② 空气绝热的加热式喷嘴：当喷嘴长度较长时就需对喷嘴加热，加热功率为 20～30 W。由于可以将每个喷嘴温度分别控制在最佳值，适宜于生产精密的工程塑件，如图 4 - 35 所示。缺点是模具与喷嘴接触区温度较高，但对热变形温度较高的工程塑料是可以使用的。

③ 带加热探针的喷嘴：在探针的芯棒(分流梭)内装有小型棒状加热器，如图 4 - 36 所示，可保证流道和浇口处的塑料不冻结。分流梭的尖端呈针形，延伸到浇口中心，距型腔约0.5 mm处

可达到稳定的连续操作。这种喷嘴有大小不同的尺寸系列，根据注射量选用，同时结合塑料流动性好坏选择浇口尺寸，浇口直径一般取 0.8～2.4 mm，与普通流道浇口相比约大 0.2 mm。对于易受热分解的聚甲醛等工程塑料可采用淬火铍铜合金制造的分流梭，它使温度分布更均匀。

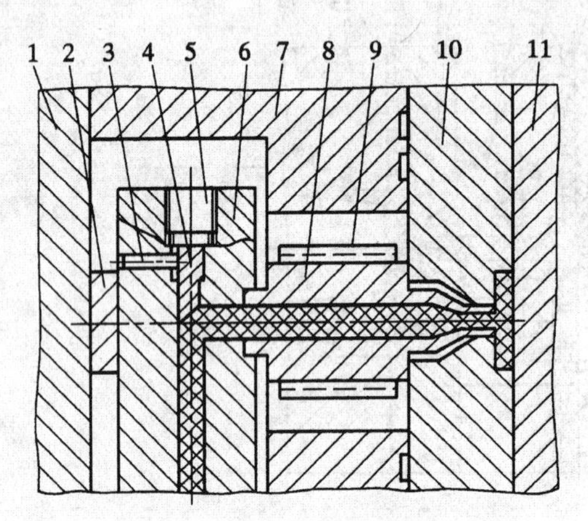

1—定模座板；2—垫块；3—止转销；4—堵头；5—压紧螺钉；6—热流道板；7—支承板；8—喷嘴；9—加热圈；10—定模板；11—动模板

图 4-35 空气绝热的加热式喷嘴

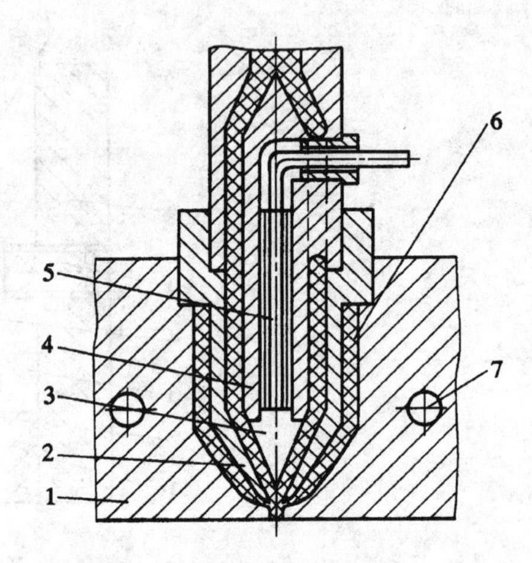

1—定模板；2—喷嘴；3—锥形尖；4—分流梭；5—加热棒；6—绝缘层；7—冷却水孔

图 4-36 带加热针的喷嘴

④ 阀式热流道喷嘴：是将一根可控制启闭的阀芯置于喷嘴中，使浇口成为阀门，在注射保压时打开，在冷却阶段关闭。这种喷嘴可防止熔体拉丝和流涎，特别适用于低粘度塑料。阀式热流道喷嘴按阀启闭的驱动方式分为两类：一类是靠熔体压力驱动；另一类是靠油缸液压力驱动。图 4-37 所示是一种靠熔体压力驱动的弹簧针阀式热流道喷嘴。在注射和保压阶段，注射压力传递至喷嘴浇口处，浇口处的针阀芯 9 克服了弹簧 4 的压力而打开浇口，塑料熔体进入型腔。保压结束后熔体的压力下降，这时弹簧 4 推动针阀芯 9 使浇口闭合，型腔内的塑料不能倒流，喷嘴内的熔体也不会流涎。

弹簧针阀式喷嘴结构紧凑，使用方便，其弹簧力可以调节，但针阀芯导向部分的间隙非常重要，要使其既能在高温下滑动而不咬合，又不能间隙过大使熔体泄漏。目前该类喷嘴已有系列化产品。

3)热流道板

热流道板是多型腔加热流道注射模的核心部分。热流道板上设有分流道和喷嘴，上接主流道，下接型腔浇口，本身带有加热器。

① 热流道板结构按加热方式可分为内加热式和外加热式。

常用的热流道板为一平板，其外形轮廓有一字形、H 形、十字形等，如图 4-38 所示。内加热式加热器安装在分流道之内，如图 4-39 所示；外加热式加热器安装在分流道之外，如图 4-32、图 4-33 所示。

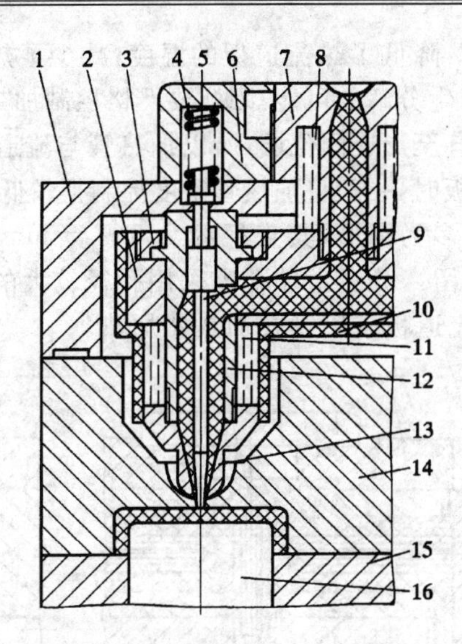

1—定模座板；2—热流道板；3—压环；4—弹簧；5—活塞杆；6—定位圈；7—浇口套；
8—加热圈；9—针阀芯；10—隔热层；11—加热圈；12—喷嘴体；
13—喷嘴头；14—定模板；15—推件板；16—型芯

图 4-37　弹簧针阀式喷嘴

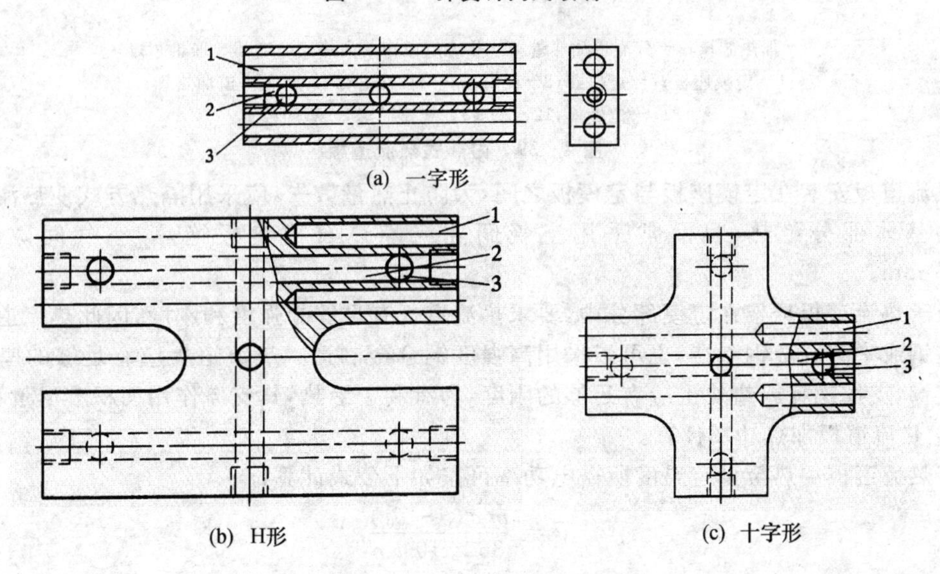

1—加热器孔；2—分流道；3—喷嘴的安装孔

图 4-38　热流道板的结构

内热式热流道板的加热管设置于流道中心，流道中塑料熔体包围着加热管，这样熔体本身起到了绝热作用，提高了加热效率，降低了热流道板的温度，减少了热流道板的膨胀。但其加热管四周温度高，熔体流速快时有产生分解的可能，因此要严格控制加热管的温度。另外沿流道径向越向外，熔体温度和流速越低，甚至形成固化层，所以加热管与流道壁之间的距离应为3～5 mm，不能过大。采用内热式热流道板时，一般将加热管温度控制得较低，采用高压注射成型。

热流道板上的分流道截面多为圆形，其直径约为 5～15 mm，分流道内壁应光滑，转角处应圆滑过渡以防止塑料熔体滞留。分流道端孔需采用孔径较大的细牙管螺纹管塞和密封垫圈堵住，以免塑料熔体泄漏。热流道板采用管式加热器加热。

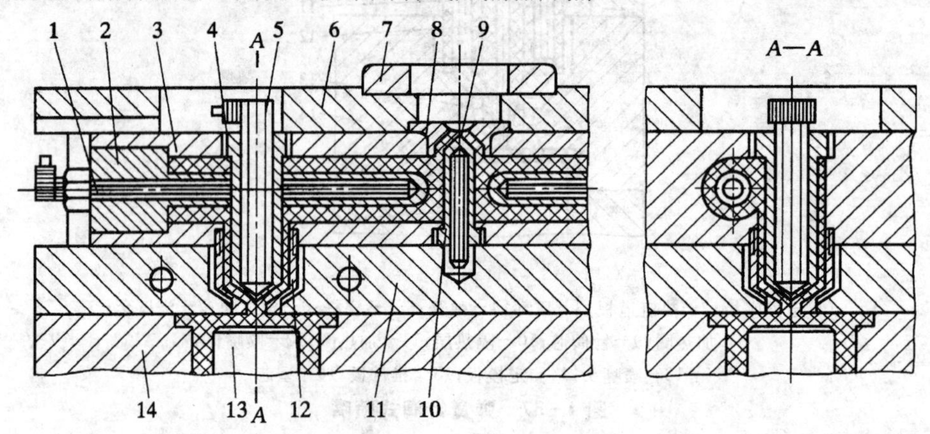

1—加热芯棒；2—分流道加热管；3—热流道板；4—内热式喷嘴；5—加热芯棒；
6—定模座板；7—定位圈；8—浇口套；9—加热芯棒；10—主流道加热管；
11—定模板；12—喷嘴；13—型芯；14—型腔板

图 4-39　内热式热流道板

热流道板安装在定模座板与定模板之间，为防止热量散失，应采用隔热方式使热流道板与模具的基体部分绝热，目前常采用空气间隙或隔热石棉垫板绝热，空气间隙通常取为3～8 mm。

由于热流道板悬架在定模部分中，要求热流道板有足够的强度和刚度，因此热流道板应选用中碳钢或中碳合金钢制造，也可以采用高强度铜合金制造。热流道板应有足够的厚度和可靠的支撑，支撑螺钉或垫块也应有足够的刚度，为有利于绝热，其支撑作用面积应尽量小。

② 热流道板加热功率计算。

将热流道板加热至设定温度所需电功率可按如下公式计算：

$$P=\frac{m\,c\,(\theta-\theta_0)}{36\times10^5 t\,\eta} \tag{4-8}$$

式中：P——加热器功率，kW；

m——热流道板质量，kg；

c——热流道板材料的比热，钢材约为 485 J/(kg·℃)；

θ——热流道板的设定温度，℃；

θ_0——室温，℃；

η——加热器加热效率，常取 0.5～0.7；

t——热流道板升至设定温度所需时间，h。

(3)热管式热流道

热管是一种超级导热元件，它是综合液体蒸发与冷凝原理和毛细管现象设计的，通常直径为 2～8 mm，长 40～200 mm，其导热能力是同样直径铜棒的几百倍至上千倍，其工作原理如图 4－40 所示。它是铜管制成的密封件，在真空状态下加入传热介质，热端蒸发段的传热介质在较高温度下沸腾、蒸发，经绝热段向冷的凝聚段流动，放出热量后又凝结成液态。管中细金属丝结构的芯套，起着毛细管的抽吸作用，将传热介质送回蒸发段重新循环，这一过程会一直持续到热管两端温度平衡。常用热管的有效工作温度范围－10～250 ℃。

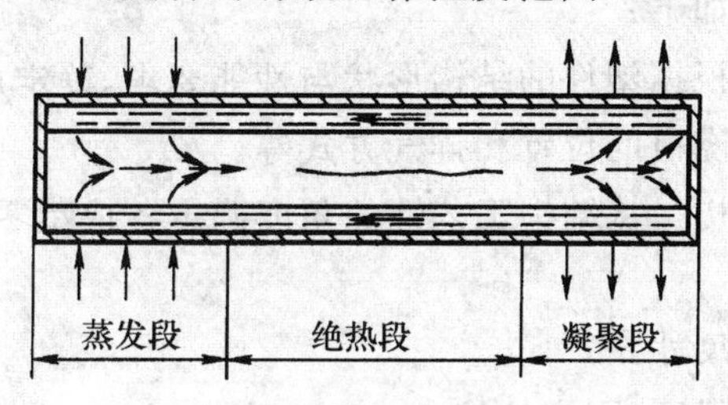

图 4－40　热管的工作原理

热管用于热流道模具的喷嘴和流道板加热，可将电加热圈或电热棒加热处的热量迅速导向冷端使温度均化。若喷嘴的一端由于结构原因无法加热，利用热管可以使喷嘴的轴向温差控制在 2 ℃之内。

思考与练习

4.1　普通浇注系统由哪几部分组成？各部分的作用是什么？

4.2　简述浇注系统的设计原则。

4.3　简述主流道及浇口套的设计要点。

4.4　常见的分流道截面形状有哪几种？各有什么特点？

4.5　常用的浇口形式有哪几种？各有什么特点？

4.6　简述浇口位置选择原则。

4.7　试比较 Z 字头冷料穴和倒锥冷料穴的特点和适用场合。

4.8　无流道浇注系统有哪些特点？哪些塑料适用于无流道浇注系统注射模成型？

4.9　热流道板采用哪些方式绝热？

4.10　3 种改进型井式喷嘴与传统井式喷嘴比较分别有哪些优点？

第5章　注射模成型零部件设计

模具的成型零部件是指模具中直接与塑料熔体接触的、构成模具型腔的零部件，主要包括凹模、凸模、型芯、型环和镶件等。因为成型零部件承受塑料熔体的冲刷、塑件脱模摩擦等作用，所以不仅要求有正确的几何形状、较高的尺寸精度和较低的表面粗糙度外，还要求有合理的结构，较高的强度、刚度以及较好的耐磨性。

成型零部件的设计步骤如下：

①确定型腔总体结构。根据塑件的结构形状与性能要求、确定成型时塑件的位置、分型面的位置、一次成型几个塑件、浇口的位置和排气方式等。

②确定成型零部件的结构。从结构工艺性的角度确定各成型零件之间的组合方式和各组成零件的具体结构。

③计算成型零件的工作尺寸。

④进行关键成型零件的强度、刚度校核。

5.1　型腔总体设计

型腔总体设计包括型腔数目的确定及分布、分型面的选择、浇口位置和排气方式的选择等。

5.1.1　型腔数目的确定及分布

1. 型腔数目的确定

在多型腔模具的设计中，一般可按以下4种方法确定型腔数目：

(1)按注射机的最大注射量确定型腔数目

根据式(3-1)可得

$$n \leqslant \frac{(0.8 \sim 0.85)V_{\max} - V_j}{V_s} \tag{5-1}$$

式中：n ——一模的型腔数；

V_{max}——注射机额定注射量，cm^3；

V_s——单个塑件的体积，cm^3；

V_j——浇注系统凝料的体积，cm^3。

(2)按注射机的额定锁模力确定型腔数目

根据式(3-2)可得

$$n \leqslant \frac{F_p/p - A_j}{A} \tag{5-2}$$

式中：F_p——注射机额定锁模力，N；

p——型腔压力，可参考表 3-4 和表 3-5 取值，MPa；

A——单个塑件在模具分型面上的投影面积，mm^2；

A_j——浇注系统在模具分型面上的投影面积，mm^2。

(3)按塑件的精度要求确定型腔数目

生产实践经验表明，模具每增加一个型腔，塑件的尺寸精度将降低 4%。成型高精度塑件时，模具型腔不宜过多，通常不超过 4 腔，因为多型腔难以使各型腔的成型条件完全一致。

(4)按经济性确定型腔数目

$$n = \sqrt{\frac{NYt}{60C}} \tag{5-3}$$

式中：N——需要生产塑件的总数；

Y——每小时注射成型加工费，元/h；

t——成型周期，min；

C——每一型腔的模具费用，元。

生产实践中常用的型腔数目的确定方法：一种是先确定注射机的型号，再根据注射机的技术参数和塑件的技术经济要求，计算出型腔的数目；另一种是先根据生产效率的要求和塑件的精度要求确定型腔的数目，然后再选择注射机或对现有的注射机进行校核。

2. 型腔的分布

(1)塑件在模具中的位置

塑件在模具中的位置可以有 3 种，即：塑件在动模部分、在定模部分及同时在动模和定模中，如图 5-1 所示。图 5-1(a)为塑件全部在定模中的结构；图 5-1(b)为塑件全部在动模中的结构；图 5-1(c)、(d)为塑件同时在定模和动模中的结构。

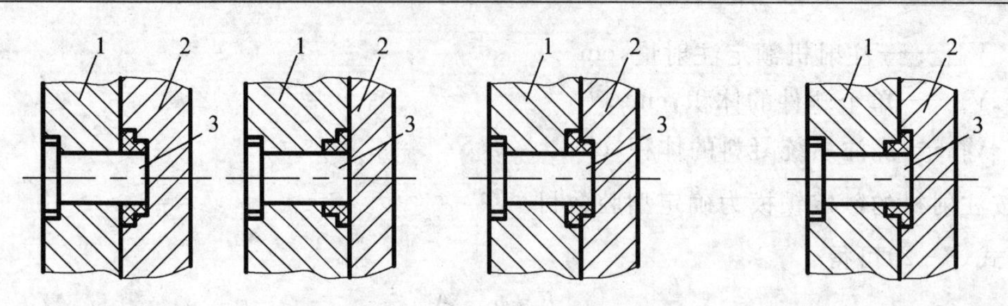

1—动模板；2—定模板；3—型芯

图 5-1 塑件在单型腔模具中的位置

(2)多型腔模具型腔的排布

对于多型腔模具，由于型腔的排布与浇注系统、模具结构、塑件质量密切相关，所以在模具设计时应综合考虑。型腔的排布应使成型塑件时每个型腔内的压力、温度和充模时间相同，即做到平衡进料，这样才能保证各个型腔成型的塑件内在质量均一稳定。多型腔排布方式分平衡式排布和非平衡式排布两种。

1)平衡式排布

平衡式多型腔排布如图 5-2 所示。其特点是从主流道到各型腔浇口的分流道长度、截面形状、尺寸及分布对称性对应相同。因此，只要模具加工制造时保证将分流道的截面尺寸和长度误差控制在 1%以内，就能实现平衡进料。平衡式排布的缺点是分流道的总长度大，且加工较困难。

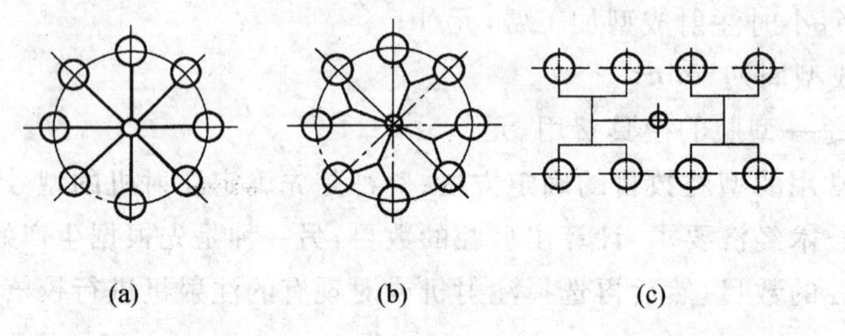

图 5-2 平衡式多型腔排布

2)非平衡式排布

非平衡式多型腔排布如图 5-3 所示。其特点是从主流道到各型腔浇口的分流道长度不相同，因而不利于平衡进料，但这种方式可以明显缩短分流道的长度。为了达到平衡进料的目的，各浇口的截面尺寸通常不相同，并且要经过多次试模、修模才能达到理想的效果。

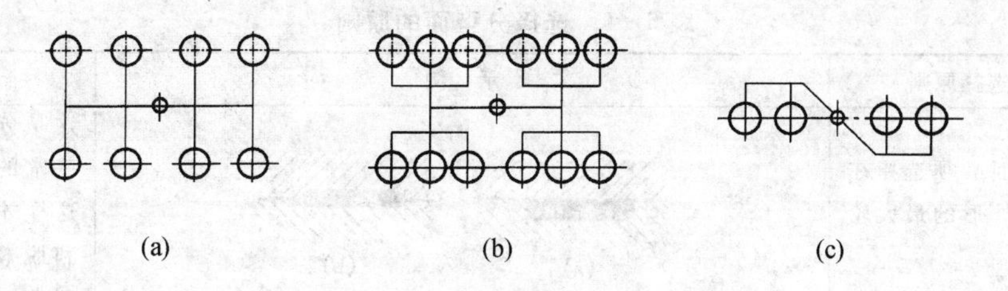

图 5-3　非平衡式多型腔排布

5.1.2　分型面的选择

分型面是指模具上用于取出塑件和(或)浇注系统凝料的可分离的接触表面。分型面选择是否合理,会直接影响塑件质量、模具结构的复杂程度和生产操作的难易程度等。

1. 分型面的形式

注射模可以有一个或一个以上的分型面。按分型面的形状分,有平面、斜面、阶梯面和曲面等,如图 5-4 所示。图 5-4(a)为平面分型面;图 5-4(b)为斜面分型面;图 5-4(c)为阶梯分型面;图 5-4(d)为曲面分型面,曲面分型面具有合模对中的性能。

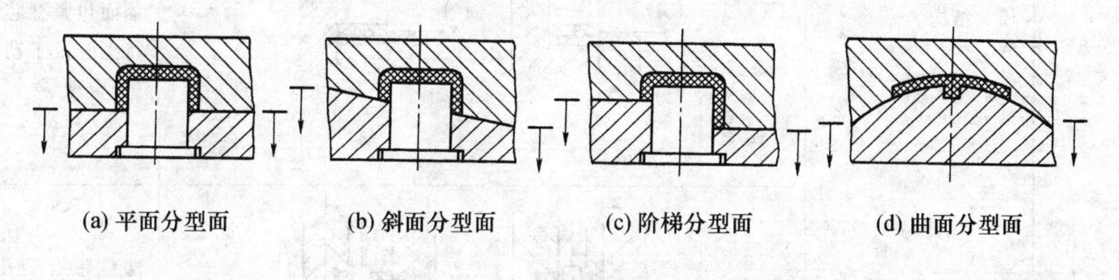

图 5-4　分型面的形式

2. 分型面的选择原则

分型面的选择决定了模具的结构形式,它与模具的整体结构、浇注系统的设计、塑件的脱模和模具的制造工艺等有关,是模具设计的重要环节。在选取分型面时,应遵循以下原则,见表 5-1。

在选择分型面时,表 5-1 中所列各原则可能会出现互相矛盾的情况,应统筹考虑、权衡利弊,以取得最佳设计效果。

表 5-1 选择分型面的原则

序 号	选择原则	示 例	说 明
1	分型面必须选择在塑件外形的最大轮廓处	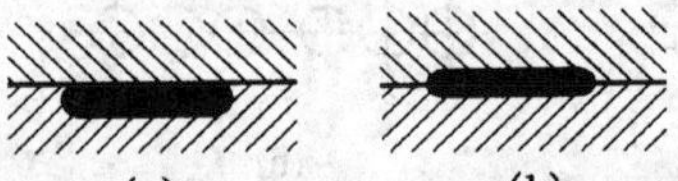 (a) (b)	这是分型面选择最基本的原则。只有这样才能使塑件顺利脱模，故图（b）正确
2	分型面的选择应便于塑件脱模和简化模具结构	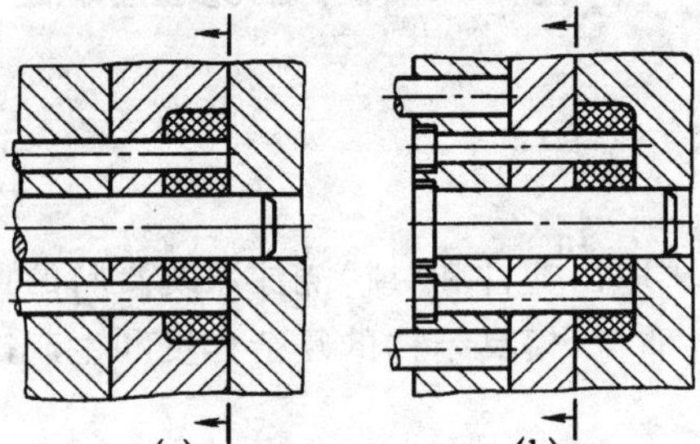 (a) (b)	塑件外形较简单，内部有较多或较复杂的孔时，成型收缩将使塑件包紧在型芯上，型腔设于动模不如设于定模脱模方便，故图(b)合理
		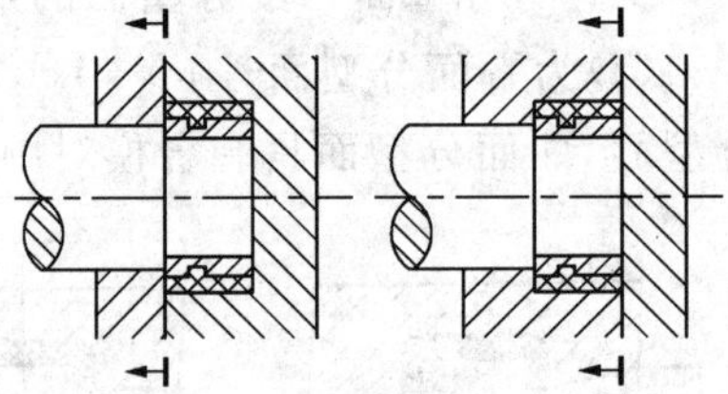 (a) (b)	当塑件带有金属嵌件时，嵌件不会因收缩而包紧型芯，故应将型腔设于动模，图(b)合理
		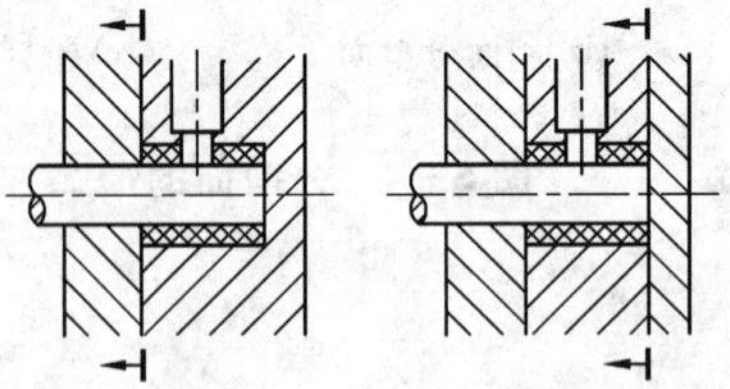 (a) (b)	塑件带有侧孔或侧凹时，应尽可能将侧型芯置于动模部分，故图(b)合理
3	分型面选择应有利于保证塑件的精度要求	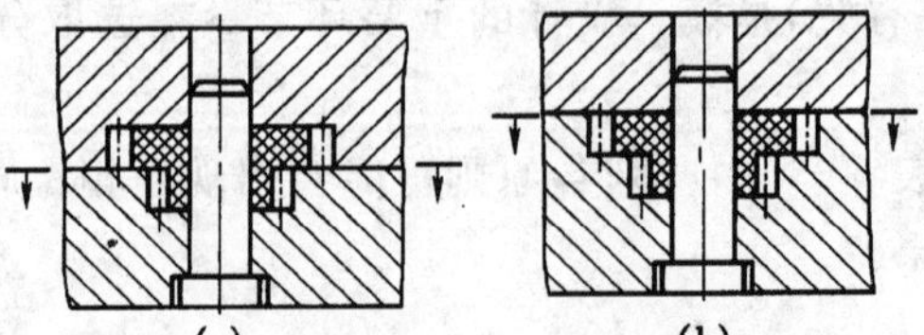 (a) (b)	图(a)中的双联齿轮分别在动、定模内成型，模具的合模误差会影响其同轴精度，故图(b)合理

续表 5-1

序　号	选择原则	示　例	说　明
4	分型面选择应有利于满足塑件外观的要求	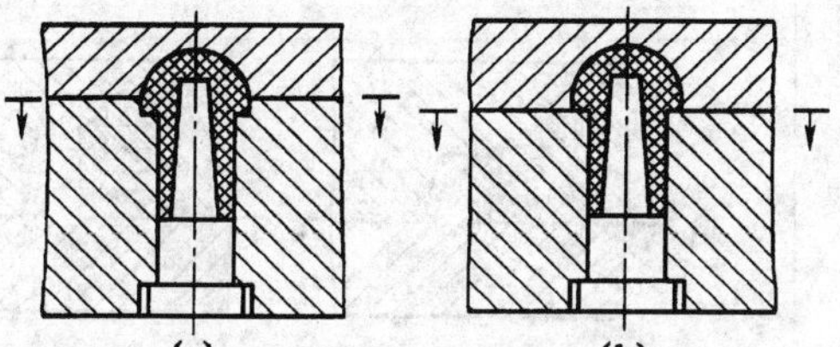 (a)　(b)	分型面处不可避免地会在塑件上留下溢料痕迹或拼接缝，因此分型面最好不要设在塑件光亮平滑的外表面或带圆弧的转角处，故图(b)合理
		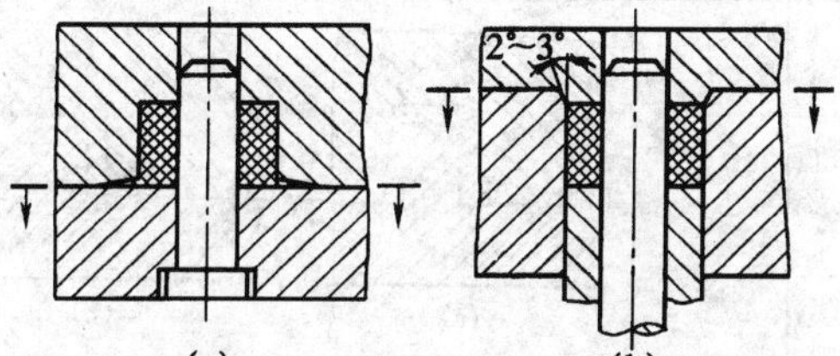 2°～3° (a)　(b)	图(a)会产生横向溢料飞边，去除较困难，且痕迹较明显。图(b)由于有 2°～3°的锥面配合，不易产生飞边，故较合理
5	分型面选择应便于模具的加工制造	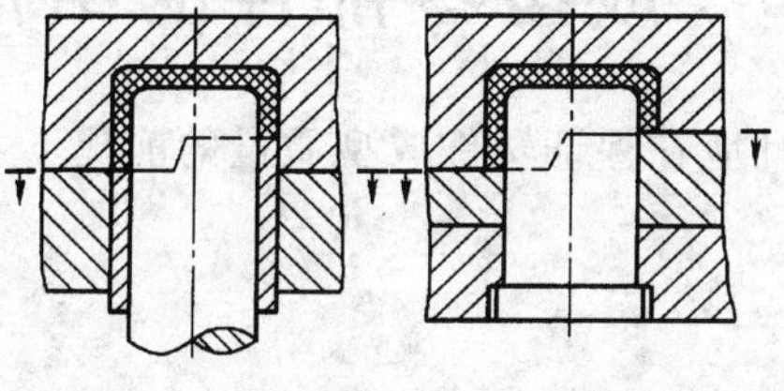 (a)　(b)	图(b)合理，图(a)中的推管生产较困难，使用稳定性较差
		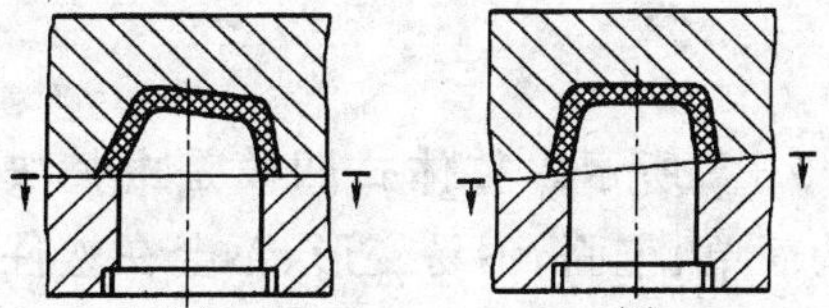 (a)　(b)	图(b)合理，图(a)中的型芯、型腔制造困难

续表 5-1

序号	选择原则	示例	说明
6	分型面选择应考虑注射机的技术规格	1°~2° (a) (b)	若塑件尺寸较小则图(a)合理，可以在保证不溢料的情况下，开模距离较小。若塑件尺寸较大，其在分型面上的投影面积接近注射机最大成型面积时，图(b)较合理，可以确保锁模力足够
7	分型面选择应有利于排气	(a) (b)	图(b)合理，熔体料流末端在分型面上，有利于排气

5.2 成型零部件的结构设计

成型零部件的结构设计应在保证塑件成型质量的前提下，便于加工制造、装配和维修。

5.2.1 凹 模

凹模又称型腔，是成型塑件外表面的主要零件。按结构不同可分为：整体式凹模和组合式凹模。

1. 整体式凹模

整体式凹模结构如图 5-5 所示。整体式凹模是由整块金属加工而成的，其特点是结构简单、牢固、不易变形、不会在塑件表面留下拼缝痕迹。但是由于较复杂的整体式凹模加工困难，热处理不便，所以常用于形状简单的中、小型模具上。

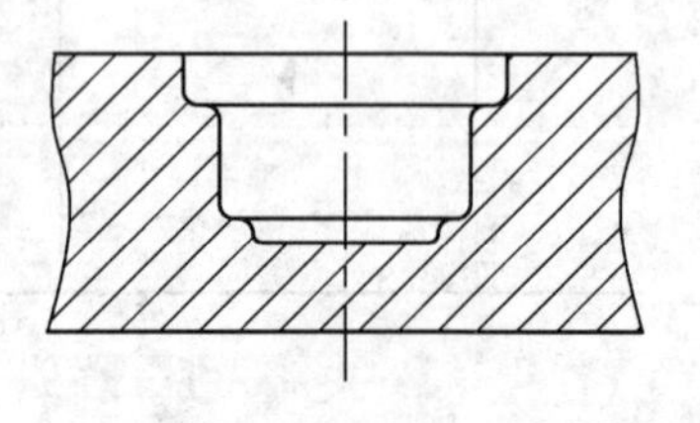

图 5-5 整体式凹模

2. 组合式凹模

组合式凹模是由两个以上的零部件组合而成的。按组合方式不同，组合式凹模又可分为整体镶入式、局部镶嵌式、底部镶拼式和四壁拼合式等形式。

采用组合式凹模，可简化复杂凹模的加工工艺，减少热处理变形，拼合处有间隙有利于排气，便于模具的维修，节省贵重的模具钢。为了保证组合后凹模尺寸的精度和装配的牢固，减少塑件上的拼缝痕迹，要求镶块的尺寸、形位公差等级较高，组合结构合理，镶块的机械加工工艺性要好。因此，选择较好的镶拼结构是非常重要的。

(1)整体镶入式凹模

整体镶入式凹模结构如图 5－6 所示。主要用于成型小型塑件、一模多腔的模具。各单个凹模采用机械加工、冷挤压、电加工等加工方法制造，然后压入模板中。这种结构加工效率高，拆装方便，可以较好的保证各个凹模的形状尺寸一致。

图 5－6(a)、(b)、(c)称为通孔台肩式，即型腔带有台肩，从下面镶入模板，再用垫板与螺钉紧固。如果凹模镶件是回转体，而型腔是非回转体，则需要用销钉或键止转定位。图 5－6(b)采用销钉定位，结构简单，装拆方便；图 5－6(c)采用键定位，接触面积大，止转可靠；图 5－6(d)是通孔无台肩式，凹模镶入模板内，用螺钉与垫板固定；图 5－6(e)是盲孔式，凹模镶入固定板后直接用螺钉固定，在固定板下部设计有装拆凹模镶件用的工艺通孔，这种结构可省去垫板。

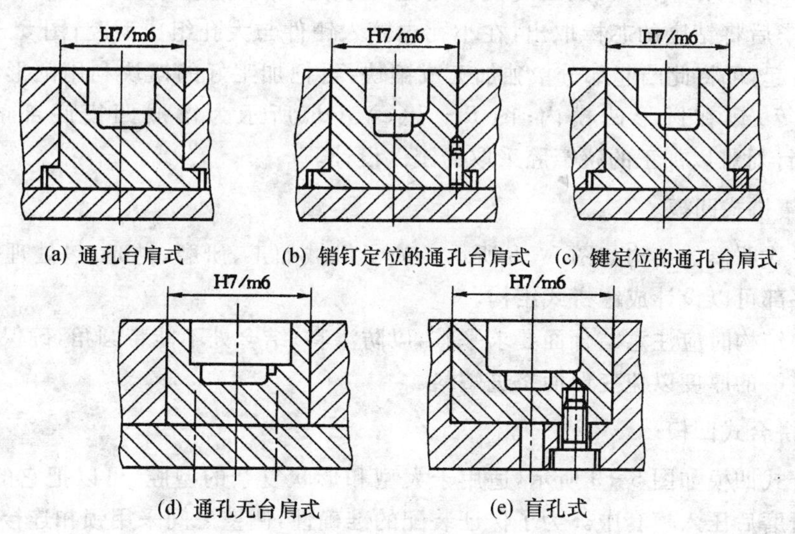

图 5－6　整体镶入式凹模

(2)局部镶嵌式凹模

局部镶嵌式凹模结构如图 5-7 所示。为了加工方便或由于凹模的某一部分容易损坏,需要经常更换,应采用这种局部镶嵌的结构。

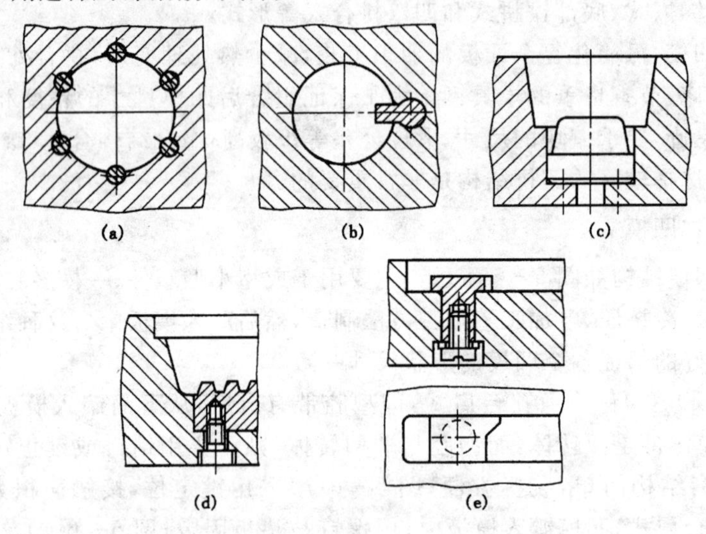

图 5-7 局部镶嵌式凹模

图 5-7(a)所示异型凹模,加工时先钻周围的小孔,再在这些小孔内镶入芯棒,然后加工大孔,加工完毕后将钻废的芯棒取出,在小孔内镶入镶件与大孔组成型腔;图 5-7(b)所示凹模内有局部凸起,可将此凸起部分单独加工成镶块,再把加工好的镶块利用圆形槽(也可用 T 型槽、燕尾槽等)镶在圆形凹模内;图 5-7(c)、(d)所示为镶嵌凹模底部的局部结构;图 5-7(e)是针对难以加工的狭窄腔采取的镶件设计。

(3)底部镶拼式凹模

底部镶拼式凹模的结构如图 5-8 所示。为了机械加工、研磨、抛光、热处理方便,对形状复杂的凹模底部可以设计成镶拼式结构。

选用这种结构时应注意结合面要求平整,以防溢料;结合处不能带圆角,确保不影响脱模;底板还应有足够的厚度以免变形而挤进塑料。

(4)四壁拼合式凹模

四壁拼合式凹模如图 5-9 所示,适用于大型和形状复杂的型腔,可以把它的四壁和底板分别加工经研磨后压入模套中。为了保证装配的准确性,侧壁之间采用锁扣连接,连接处外壁留有 0.3～0.4 mm 的间隙,以使内侧接缝紧密,减少塑料的挤入。侧拼块四角的圆角半径应大于模套圆角半径。

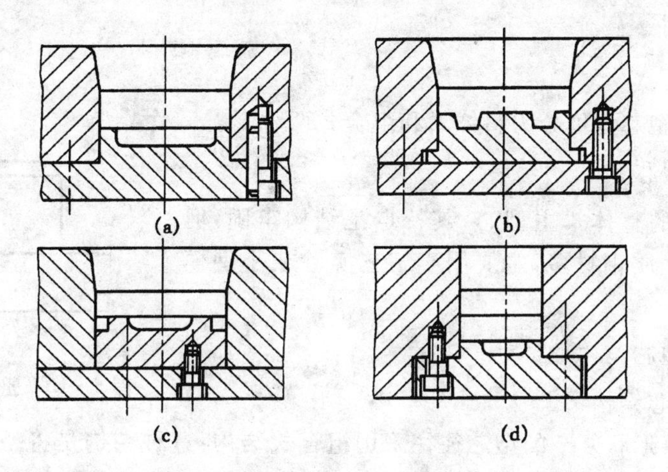

图 5-8　底部镶拼式凹模

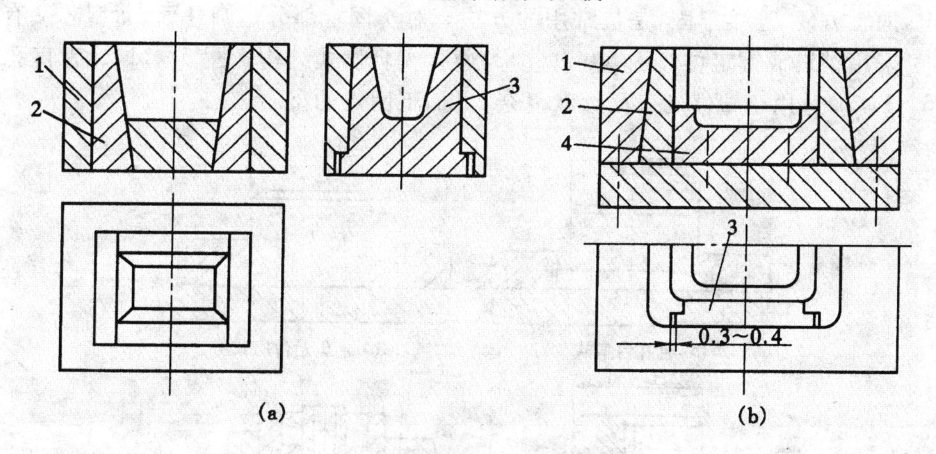

1—模套；2、3—侧拼块；4—底部拼块

图 5-9　四壁拼合式凹模

采用组合式凹模易在塑件上留下拼缝痕迹，因此设计组合式凹模时应合理组合，使拼块数量尽量少，以减少塑件上的拼缝痕迹，同时还应合理选择拼缝的部位、拼接结构和配合性质，使拼缝紧密。此外，还应尽可能使拼缝方向与塑件的脱模方向一致，以免影响塑件脱模。

5.2.2　凸　模

成型塑件内表面的零件称凸模或型芯。一般地，对于简单的容器，如壳、罩、盖之类的塑件，成型其主要内表面的零件称主型芯，而将成型其他小孔的型芯称为小型芯或成型杆。

1. 主型芯的结构设计

按结构不同主型芯也可分为整体式和组合式两种。

(1)整体式主型芯

图 5－10 所示的整体式主型芯，其特点是结构牢固，但不便加工，消耗的优质钢材多，主要用于工艺实验或小型模具上的简单型芯。

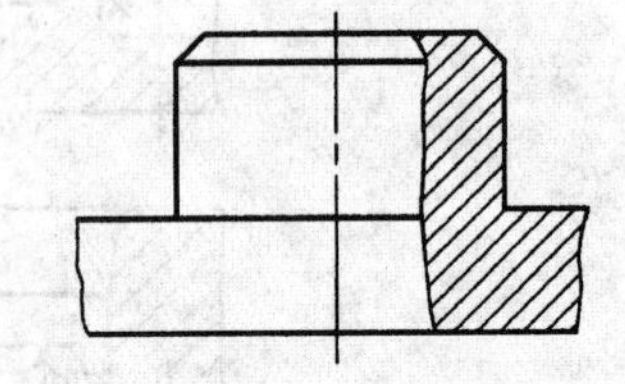

图 5－10 整体式主型芯结构

(2)组合式主型芯

1)组合式主型芯结构

为了便于加工，形状复杂的型芯往往采用组合式结构，这种结构是将型芯单独加工后，再镶入模板中，如图 5－11 所示。图 5－11(a)为通孔台肩式，型芯用台肩和模板连接，再用垫板、螺钉固定，加工方便、连接牢固，是最常用的方法。对于固定部分是圆柱面，而型芯又有方向性的情况，可采用销钉或键定位。图 5－11(b)为通孔无台肩式结构。图 5－11(c)为盲孔式的结构。图 5－11(d)适用于塑件内表面形状复杂、机加工困难的型芯。

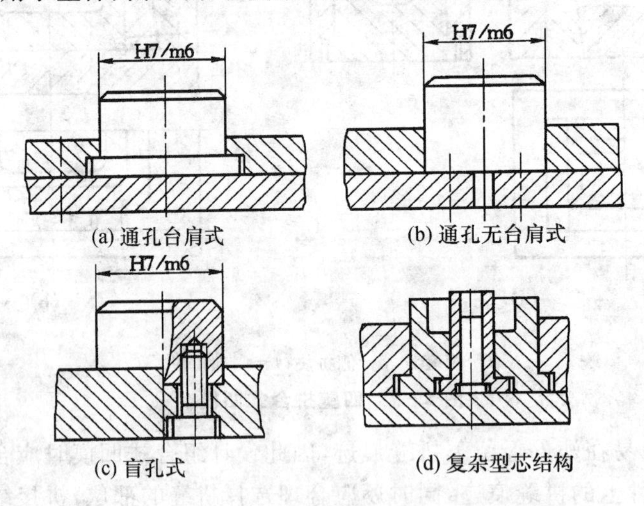

(a) 通孔台肩式　(b) 通孔无台肩式　(c) 盲孔式　(d) 复杂型芯结构

图 5－11 组合式主型芯结构

2)组合式主型芯的设计要点

组合式型芯的优缺点和组合式型腔的优缺点基本相同。在设计型芯结构时，应注意结构合理，保证型芯和镶块的强度，防止热处理时变形且应避免尖角。还应注意塑料的溢料飞边不能影响塑件脱模，如图 5－12(a)所示结构的溢料飞边的方向与塑件脱模方向相垂直，不仅飞边去除较困难，而且影响塑件的脱模；而采用图 5－12(b)的结构，其溢料飞边的方向与脱模方向一致，便于脱模，并且飞边去除较容易。

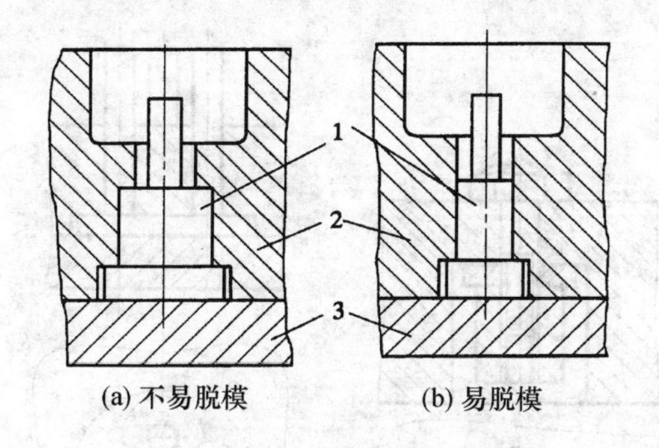

(a) 不易脱模　(b) 易脱模

1—型芯；2—凹模板；3—垫板

图 5-12　镶拼型芯组合结构

2. 小型芯的结构设计

小型芯用来成型塑件上的小孔或槽。小型芯单独制造后，再嵌入模板中，一般采用图 5-13 所示的几种固定方法。图 5-13(a)使用台肩固定的形式，下面有垫板压紧；图 5-13(b)、(c)适用于固定板较厚、小型芯较细弱的场合，这两种结构可以减小型芯与固定板的配合长度，图 5-13(b)还可以增加型芯刚度；图 5-13(d)适用于固定板厚、无垫板的场合，在型芯的下端用紧定螺钉顶紧；图 5-13(e)是型芯镶入后，在另一端采用铆接固定的结构。

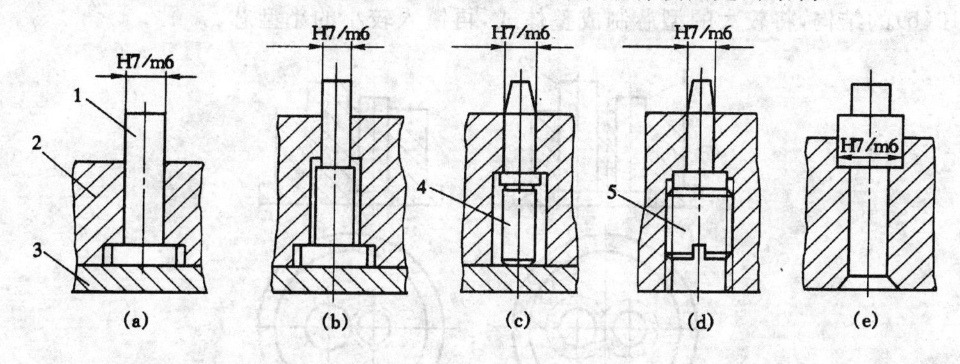

1—小型芯；2—型芯固定板；3—垫板；4—圆柱垫；5—紧定螺钉

图 5-13　圆形小型芯的固定方式

对于异形小型芯，为了制造方便，常将小型芯设计成两段。型芯的连接固定段制成圆形台肩和模板连接，如图 5-14 所示。其中图 5-14(a)为采用垫板固定的结构，图 5-14(b)为采用螺母固定的结构。

相互靠近的小型芯的固定方式如图 5-15 所示。多个相互靠近的小型芯，如果采用台肩固定，台肩会发生重叠干涉。这时可将台肩相碰的一面磨去，将型芯固定板的台阶孔加工成大圆台阶孔或腰形台阶孔，然后再将型芯镶入。

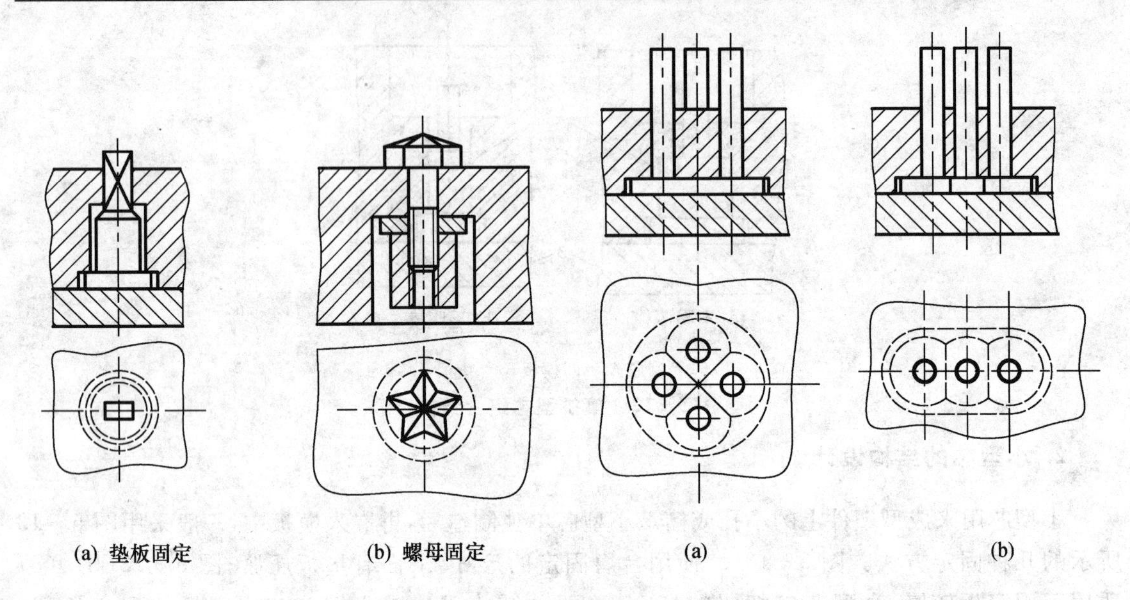

图 5－14　异形小型芯的固定方式　　　　图 5－15　多个互相靠近的小型芯的固定方式

如图 5－16(a)所示，若两个小型芯相靠太近，则热处理时薄壁部位易开裂，此时应采用图 5－16(b)的结构，将较大的型芯制成整体式，再镶入较小的小型芯。

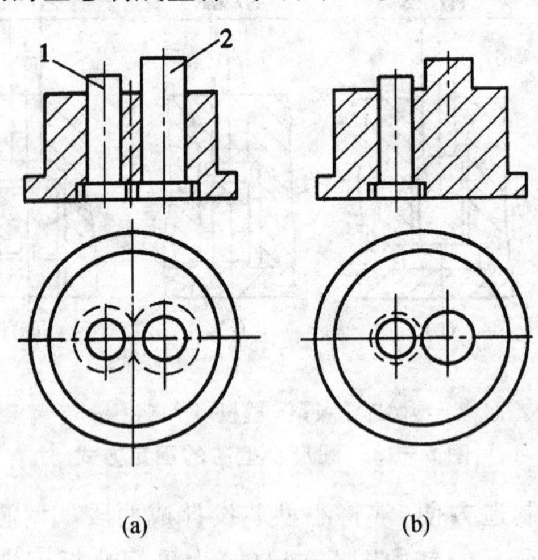

1—小型芯；2—大型芯

图 5－16　相近小型芯的镶拼组合结构

5.2.3　螺纹型芯与螺纹型环

螺纹型芯和螺纹型环是分别用来成型塑件内螺纹和外螺纹的活动镶件。另外，螺纹型芯和螺纹型环也可以用来固定带螺纹的嵌件。成型后，螺纹型芯和螺纹型环的脱模方法有模内机动脱模、模外或模内手动脱模和强制脱模 3 种。这里仅介绍模外手动脱卸螺纹型芯和螺纹型环的结构及其固定方法。

1. 螺纹型芯

(1)螺纹型芯的结构要求

螺纹型芯按用途分为直接成型塑件上螺纹孔的螺纹型芯和固定螺母嵌件的螺纹型芯两种。这两种螺纹型芯的结构类似，但用来成型塑件上螺纹孔的螺纹型芯在设计时必须考虑塑料收缩率，其表面粗糙度值 $R_a < 0.4\ \mu m$，一般应有 $0.5°$ 的脱模斜度；螺纹始端和末端应按塑料螺纹结构要求设计，以防止从塑件上拧下时，拉毛塑料螺纹。固定螺母的螺纹型芯在设计时不考虑收缩率，按普通螺纹制造即可。

螺纹型芯安装在模具上，成型时要可靠定位，不能因合模振动或料流冲击而移动，开模时应能与塑件一道取出且便于装卸。螺纹型芯与模板内安装孔的配合公差一般为 H8/f8。

(2)螺纹型芯在模具上安装的形式

图 5－17 所示为螺纹型芯在模具中的安装形式，其中图 5－17(a)、(b)、(c)是成型内螺纹的螺纹型芯，图 5－17(d)、(e)、(f)是安装螺纹嵌件的螺纹型芯。图 5－17(a)是利用锥面定位和支承的形式；图 5－17(b)是利用大圆柱面定位和台阶支承的形式；图 5－17(c)是用圆柱面定位和垫板支承的形式；图 5－17(d)的结构难以控制嵌件旋入型芯的位置，且在成型压力作用下塑料熔体易挤入嵌件与模具之间和固定孔内并使嵌件上浮，影响嵌件轴向位置和型芯的脱卸；图 5－17(e)是将嵌件下端以锥面镶入模板中，以增加嵌件的稳定性，并防止塑料挤入嵌件的螺孔中；图 5－17(f)是将小直径螺纹嵌件直接插入固定在模具的光杆型芯上，因螺纹牙沟槽很细小，塑料仅能挤入一小段，一般不会妨碍使用，这样可省去模外脱卸螺纹的操作。螺纹型芯的非成型端应制成方形或将相对应着的两边磨成两个平面，以便在模外用工具将其旋下。

上述安装形式主要用于立式注射机下模和卧式注射机的定模，对于立式注射机的上模或卧式注射机的动模，由于合模时冲击振动较大，螺纹型芯插入时应有弹性连接装置，如图5－18 所示，以免造成型芯脱落或移动，导致塑件报废或模具损伤。

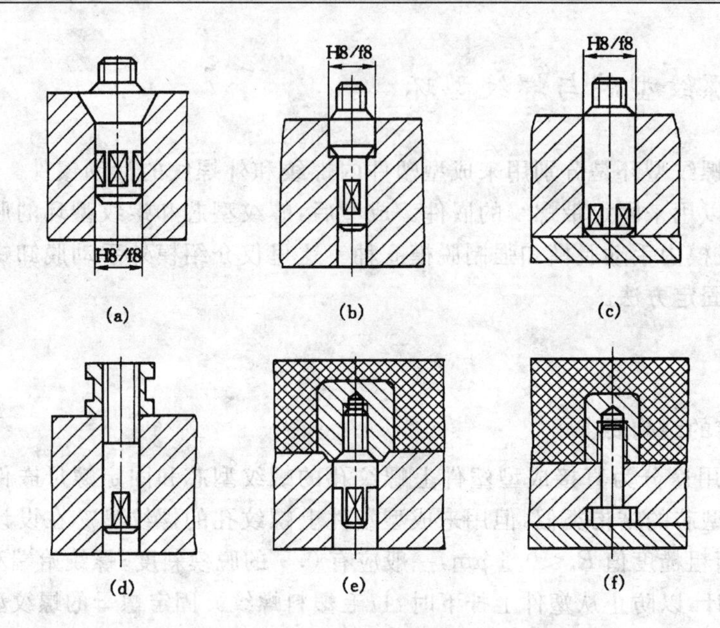

图 5-17 螺纹型芯在模具上的安装形式

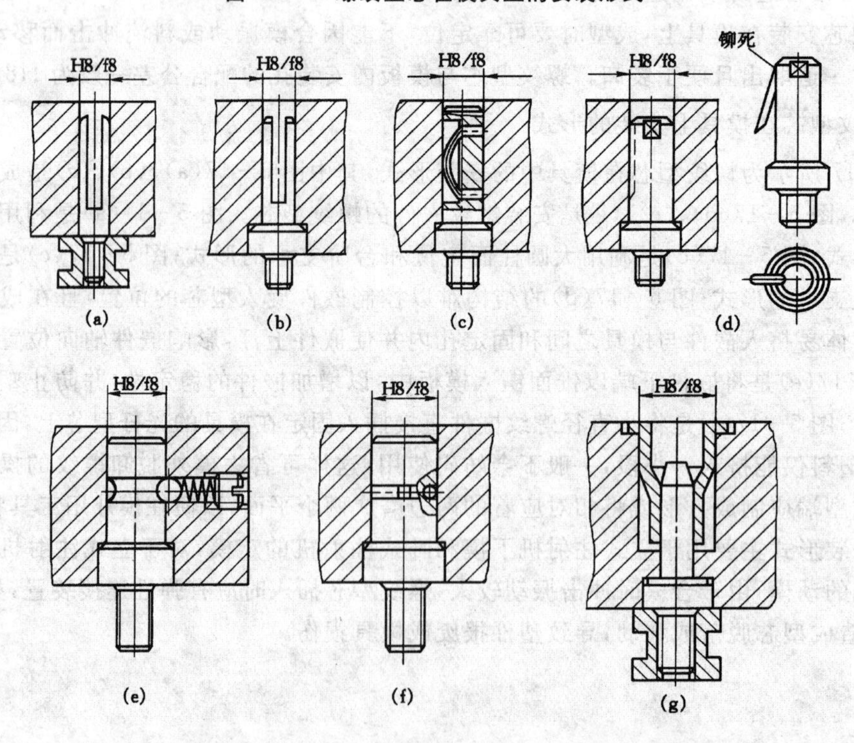

图 5-18 带弹性连接的螺纹型芯的安装形式

2. 螺纹型环

螺纹型环常见的结构如图5－19所示。图5－19(a)是整体式的螺纹型环，型环与模板的配合用H8/f8，配合段长3～5 mm，为了安装方便，配合段以外设计3°～5°的斜度，型环下端可铣削成方形，以便用扳手从塑件上拧下；图5－19(b)是组合式型环，型环由两半瓣拼合而成，两半瓣中间用导向销定位。应注意导向销孔应设计成通孔，导向销与一侧瓣合模采用H7/r6的过盈配合，与另一侧瓣合模采用H9/d9的间隙配合。成型后，可用尖劈状卸模器楔入型环两边的楔形槽撬口内，使螺纹型环分开，这种方法快而省力，但该方法会在成型的塑料外螺纹上留下难以修整的拼缝痕迹，因此这种结构只适用于精度要求不高的粗牙螺纹的成型。

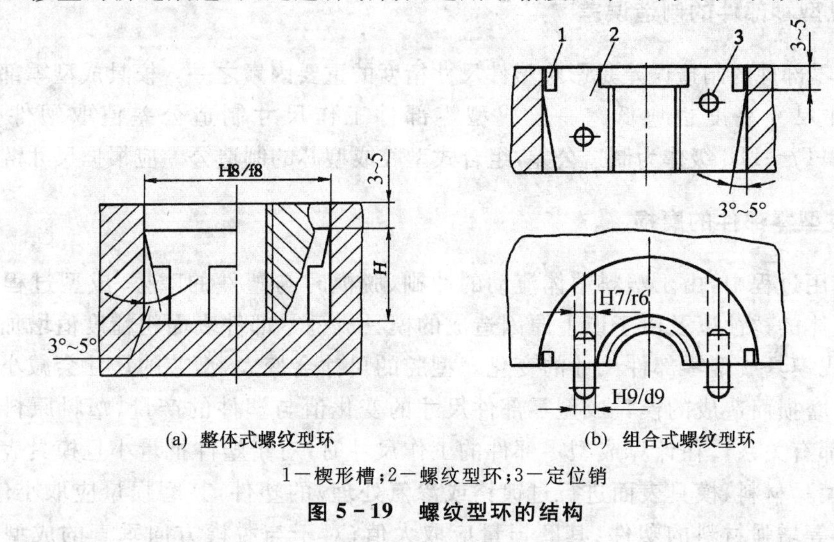

(a) 整体式螺纹型环　　(b) 组合式螺纹型环

1—楔形槽；2—螺纹型环；3—定位销

图5－19 螺纹型环的结构

5.3 成型零部件的工作尺寸计算

成型零部件工作尺寸指直接用来构成塑件型面的尺寸，例如型腔和型芯的径向尺寸、深度和高度尺寸、孔间距离尺寸、孔或凸台至某成型表面的距离尺寸、螺纹成型零件的径向尺寸和螺距尺寸等。

5.3.1 影响塑件尺寸精度的因素

1. 塑料收缩率的波动

塑件成型后的收缩变化与塑料的品种、塑件的形状、尺寸、壁厚、成型工艺条件、模具的结构等因素有关，所以确定准确的收缩率是很困难的。工艺条件、塑料批号发生变化都会造成塑

料收缩率的波动，其收缩率波动误差为

$$\delta_s = (S_{max} - S_{min})L_s \tag{5-4}$$

式中：δ_s——塑料收缩率波动误差，mm；

S_{max}——塑料的最大收缩率；

S_{min}——塑料的最小收缩率；

L_s——塑件的基本尺寸，mm。

实际收缩率与计算收缩率会有差异，按照一般的要求，由于收缩率波动所引起的误差应小于塑件公差的 1/3。

2. 模具成型零部件的制造误差

模具成型零部件的制造误差是影响塑件尺寸精度的重要因素之一。模具成型零部件的制造精度愈低，塑件尺寸精度也愈低。一般成型零部件工作尺寸制造公差值取塑件公差值的 1/3～1/4或取 IT7～IT8 级作为制造公差，组合式型腔或型芯的制造公差应根据尺寸链来确定。

3. 模具成型零部件的磨损

模具在使用过程中，由于塑料熔体流动的冲刷、脱模时与塑件的摩擦、成型过程中可能产生的腐蚀性气体的锈蚀以及由于以上原因造成的模具成型零部件表面粗糙度值增加而重新抛光等，均会造成模具成型零部件尺寸的变化。型腔的尺寸会变大，型芯的尺寸会减小。

这种由于磨损而造成的模具成型零部件尺寸的变化值与塑件的产量、塑料原料及模具材料、热处理等都有关系。在计算成型零部件的工作尺寸时，对于塑件批量小且模具表面耐磨性好（如高硬度模具材料、模具表面进行过镀铬或渗氮处理）的塑件，其磨损量应取小值；对于添加了玻璃纤维等增强材料的塑件，其磨损量应取大值；对于与脱模方向垂直的成型零件的表面，磨损量应取小值，甚至可以不考虑磨损量，而与脱模方向平行的成型零件的表面，应考虑磨损；对于中、小型塑件，模具的成型零部件最大磨损量可取塑件公差的 1/6，而大型塑件，模具的成型零件最大磨损量应取小于塑件公差的 1/6。

4. 模具安装配合的误差

模具的成型零部件由于配合间隙的变化，会引起塑件的尺寸变化。例如若型芯按间隙配合安装在模具内，塑件孔的位置误差会受到配合间隙值的影响；若采用过盈配合，则不存在此误差。又例如当凹模与凸模分别安装在动模和定模时，由于合模导向机构中导柱和导套的配合间隙，将引起塑件的壁厚误差。

综上所述，塑件在成型过程中产生的尺寸误差应该是上述各种误差的总和。为了保证塑件精度，必须使成型误差小于塑件的公差，即

$$\delta = \delta_s + \delta_z + \delta_c + \delta_j \leqslant \Delta \tag{5-5}$$

式中：δ ——塑件的成型误差；

δ_s——塑料收缩率波动而引起的塑件尺寸误差；

δ_z——模具成型零部件的制造误差；

δ_c——模具成型零部件的磨损量；

δ_j——模具安装配合间隙的变化而引起塑件的尺寸误差；

Δ——塑件的公差。

值得注意的是，虽然影响塑件尺寸精度的因素很多，但在一般情况下，塑料收缩率的波动、成型零部件的制造公差和成型零部件的磨损是影响塑件尺寸和精度的主要原因。对于大型塑件，其塑料收缩率对塑件的尺寸公差影响最大，所以应稳定成型工艺条件，并选择收缩率波动较小的塑料来减小塑件的成型误差；对于中、小型塑件，成型零件的制造公差及磨损对塑件的尺寸公差影响最大，应提高模具精度等级和减小磨损来减小塑件的成型误差。

5.3.2　成型零部件工作尺寸计算

常用的成型零部件工作尺寸计算方法有平均值法和公差带法两种。平均值法计算方法较简单，但计算精度较低。对于一般塑件常采用平均值法计算，而对于精度要求较高的塑件则采用公差带法计算。

1. 平均值法

平均值法是按塑料收缩率、成型零件制造公差和磨损量均为平均值时，塑件获得平均尺寸来计算的。应注意使用平均值法计算时，塑件尺寸和模具成型零部件工作尺寸的标注应遵循“入体”原则，即对包容面（型腔和塑件内表面）尺寸采用单向正偏差标注，基本尺寸最小；对被包容面（型芯和塑件外表面）尺寸采用单向负偏差标注，基本尺寸最大；对中心距等位置尺寸采用双向对称偏差标注，如图 5－20 所示。如塑件原有标注与上述不符时，应按此规定换算。

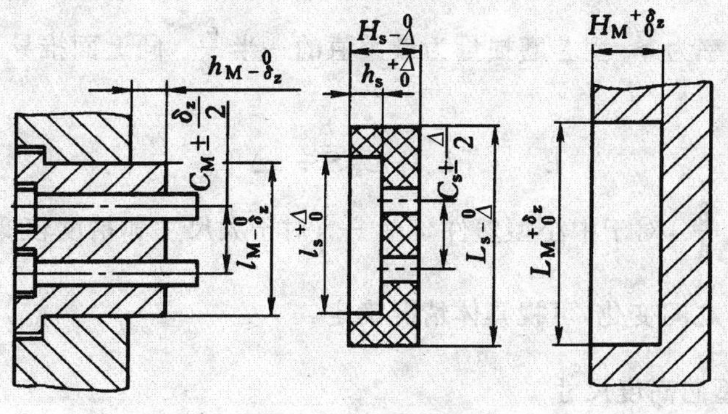

图 5－20　塑件与模具成型零件工作尺寸

(1)型腔与型芯的径向尺寸

1)型腔的径向尺寸

塑件外表面径向尺寸的平均值为 $L_s-\dfrac{\Delta}{2}$，型腔径向平均尺寸为 $L_M+\dfrac{\delta_z}{2}$，如图 5-20 所示。设塑料平均收缩率为 $\overline{S}$，型腔磨损量为最大值的一半 $\dfrac{\delta_c}{2}$，则有

$$\left(L_M+\frac{\delta_z}{2}\right)+\frac{\delta_c}{2}-\left(L_s-\frac{\Delta}{2}\right)\overline{S}=L_s-\frac{\Delta}{2}$$

整理并略去二阶微小量 $\dfrac{\Delta}{2}\overline{S}$，可得型腔基本尺寸

$$L_M=L_s(1+\overline{S})-\frac{1}{2}(\Delta+\delta_z+\delta_c)$$

其中，成型零件制造公差 δ_z 一般取 $\left(\dfrac{1}{3}\sim\dfrac{1}{6}\right)\Delta$；磨损量 δ_c 一般小于 $\dfrac{1}{6}\Delta$，故上式可写为：

$$L_M=L_s+L_s\overline{S}-x\Delta$$

标注制造公差后得

$$L_M=[L_s+L_s\overline{S}-x\Delta]^{+\delta_z}_{0} \tag{5-6}$$

式中：x ——修正系数。对于中小型塑件，取 $\delta_z=\dfrac{\Delta}{3}$，$\delta_c=\dfrac{\Delta}{6}$，则 $x=\dfrac{3}{4}$；对于大尺寸和精度较低的塑件，$\delta_z<\dfrac{\Delta}{3}$，$\delta_c<\dfrac{\Delta}{6}$，则 x 将减小。一般 x 值在 $\dfrac{1}{2}\sim\dfrac{3}{4}$ 之间变化，可视具体情况确定。

2)型芯的径向尺寸

塑件内表面径向尺寸的平均值为 $L_s+\dfrac{\Delta}{2}$，型芯径向平均尺寸为 $L_M-\dfrac{\delta_z}{2}$，如图 5-20 所示。设塑料平均收缩率为 $\overline{S}$，型芯磨损量为最大值的一半 $\dfrac{\delta_c}{2}$，同上面推导型腔径向尺寸类似，可得

$$L_M=[L_s+L_s\overline{S}+x\Delta]^{0}_{-\delta_z} \tag{5-7}$$

式中，系数 x 取 $\dfrac{1}{2}\sim\dfrac{3}{4}$，对于中小型塑件 $x=\dfrac{3}{4}$；对于大尺寸和精度较低的塑件，x 将减小，一般 x 值在 $\dfrac{1}{2}\sim\dfrac{3}{4}$ 之间变化，可视具体情况确定。

(2)型腔深度与型芯高度尺寸

型腔底面与型芯端面均与塑件脱模方向垂直，磨损很小，因此计算时不考虑磨损量 δ_c。

1)型腔深度尺寸

型腔深度平均尺寸为 $H_M+\frac{\delta_z}{2}$,塑件对应尺寸的平均值为 $H_s-\frac{\Delta}{2}$,如图5-20所示。设塑料收缩率为 $\overline{S}$,$\delta_c=0$,则有:

$$\left(H_M+\frac{\delta_z}{2}\right)-\left(H_s-\frac{\Delta}{2}\right)\overline{S}=H_s-\frac{\Delta}{2}$$

整理并略去二阶微小量 $\frac{\Delta}{2}\overline{S}$,得

$$H_M=H_s(1+\overline{S})-\frac{1}{2}(\Delta+\delta_z)$$

标注制造公差后得

$$H_M=[H_s+H_s\overline{S}-x'\Delta]^{+\delta_z}_{0} \tag{5-8}$$

式中:x'——修正系数,对于中小型塑件,取 $\delta_z=\frac{\Delta}{3}$,则 $x'=\frac{2}{3}$;对于大尺寸和精度较低的塑件,$\delta_z<\frac{\Delta}{3}$,则 x' 将减小。一般 x' 值在 $\frac{1}{2}\sim\frac{2}{3}$ 之间变化,可视具体情况确定。

2)型芯高度尺寸

型芯高度平均尺寸为 $h_M-\frac{\delta_z}{2}$,塑件对应尺寸的平均值为 $h_s+\frac{\Delta}{2}$,如图5-20所示。设塑料收缩率为 $\overline{S}$,$\delta_c=0$,同上面推导型腔深度尺寸类似,可得

$$h_M=[h_s+h_s\overline{S}+x'\Delta]^{0}_{-\delta_z} \tag{5-9}$$

式中,系数 x' 取 $\frac{1}{2}\sim\frac{2}{3}$,对于中小型塑件,$x'=\frac{2}{3}$;对于大尺寸和精度较低的塑件,$x'$ 将减小,一般 x' 值在 $\frac{1}{2}\sim\frac{2}{3}$ 之间变化,可视具体情况确定。

(3)中心距尺寸

影响模具中心距误差的因素有制造误差 δ_z,对于活动型芯还有配合间隙 δ_j,由于塑件的中心距和模具上的中心距均以双向公差表示,如图5-20所示,塑件上中心距为 $C_s\pm\frac{1}{2}\Delta$,模具成型零件的中心距为 $C_M\pm\frac{1}{2}\delta_z$,其平均值即为其基本尺寸,同时由于型芯与成型孔的磨损可认为是沿圆周均匀磨损,不会影响中心距,因此计算时仅考虑塑料收缩,而不考虑磨损量,于是得:

$$C_M=C_s+C_s\overline{S}$$

标注制造公差后得:

$$C_M=[C_s+C_s\overline{S}]\pm\frac{\delta_z}{2} \tag{5-10}$$

模具中心距制造公差 δ_z 应根据塑件孔中心距尺寸及精度要求、加工方法和加工设备等确定,可参考表 5-2 选取或按照塑件公差的 1/4 选取。

表 5-2 孔间距的制造公差 mm

孔间距	制造公差
< 80	±0.01
80～220	±0.02
220～350	±0.03

对带有嵌件或孔的塑件,在成型时由于嵌件和型芯等影响了自由收缩,故其收缩率较小,故以上各式中,收缩值项的塑件尺寸应扣除嵌件部分尺寸。$\overline{S}$ 可根据实测数据或选用类似塑件的实测数据。如果把握不大,在模具设计和制造时,应留有修模余量。此时应注意,由于成型零件结构不同,有些尺寸修大容易,有些尺寸修小容易。例如,型腔底部形状比较复杂时,如要将其修深,相当于再重复加工一次,费工费时。但型腔分型面形状简单,常为一平面,要将型腔修浅只需将分型面处磨削去一定厚度即可,因此设计时应将型腔深度取得偏深一些,即留有修模余量。

(4)螺纹型环和螺纹型芯工作尺寸的计算

塑件螺纹连接的种类很多,其配合性质也各不相同,这里仅就普通三角形螺纹型芯和型环主要参数的计算加以讨论,包括螺纹的大径、中径、小径、螺距和牙形角。由于影响塑件螺纹成型的因素很复杂,如塑件螺纹成型时收缩的不均匀性等,目前尚无成熟的计算方法,一般多采用平均值法近似计算。

1)螺纹型芯与螺纹型环径向尺寸

螺纹型芯与螺纹型环的径向尺寸计算方法与普通型芯和型腔径向尺寸的计算方法基本相似。但塑件螺纹成型时,由于收缩的不均匀性和收缩率的波动等因素的影响,使螺距和牙形角都有较大的误差,从而影响其旋入性能,因此在计算螺纹径向尺寸时,采用增加螺纹中径配合间隙的方法来补偿,即增加塑件螺纹孔的中径和减小塑件外螺纹的中径的方法来改善旋入性能。故将式(5-6)、(5-7)中的修正系数 x 适当增大,则得表 5-3 中螺纹型芯与螺纹型环径向尺寸相应的计算公式。

表 5-3 螺纹型芯与螺纹型环径向尺寸计算公式

	螺纹型芯	螺纹型环
大 径	$d_{M大}=[(1+\overline{S})D_{s大}+\Delta_{中}]_{-\delta_{大}}^{0}$	$D_{M大}=[(1+\overline{S})d_{s大}-\Delta_{中}]_{0}^{+\delta_{大}}$
中 径	$d_{M中}=[(1+\overline{S})D_{s中}+\Delta_{中}]_{-\delta_{中}}^{0}$	$D_{M中}=[(1+\overline{S})d_{s中}-\Delta_{中}]_{0}^{+\delta_{中}}$
小 径	$d_{M小}=[(1+\overline{S})D_{s小}+\Delta_{中}]_{-\delta_{小}}^{0}$	$D_{M小}=[(1+\overline{S})d_{s小}-\Delta_{中}]_{0}^{+\delta_{小}}$

注:式中 $d_{M大}$、$d_{M中}$、$d_{M小}$——分别为螺纹型芯的大径、中径、小径,mm;

$D_{s大}$、$D_{s中}$、$D_{s小}$——分别为塑件内螺纹的大径、中径、小径的基本尺寸,mm;

$D_{M大}$、$D_{M中}$、$D_{M小}$——分别为螺纹型环的大径、中径、小径，mm；

$d_{s大}$、$d_{s中}$、$d_{s小}$——分别为塑件外螺纹的大径、中径、小径的基本尺寸，mm；

$\Delta_{中}$——塑件螺纹中径公差，可参照金属螺纹公差标准中精度最低者选用，其值可查 GB/T 197—2003；

$\delta_{大}$、$\delta_{中}$、$\delta_{小}$——分别为螺纹型芯或型环大径、中径、小径的制造公差，可取塑件螺纹公差的 1/5～1/4，或查表5－4。

表 5－4 普通螺纹型芯和型环直径的制造公差　mm

螺纹类型	螺纹直径	制造公差		
		$\delta_{大}$	$\delta_{中}$	$\delta_{小}$
粗　牙	3～12	0.03	0.02	0.03
	14～33	0.04	0.03	0.04
	36～45	0.05	0.04	0.05
	48～68	0.06	0.05	0.06
细　牙	4～22	0.03	0.02	0.03
	24～52	0.04	0.03	0.04
	56～68	0.05	0.04	0.05

2)螺纹型芯与螺纹型环螺距尺寸

螺纹型芯与型环的螺距尺寸计算公式与前述中心距计算公式相同

$$P_M = [(1+\overline{S})P_s] \pm \frac{\delta_z}{2} \tag{5-11}$$

式中：P_M——螺纹型芯或型环的螺距，mm；

P_s——塑件螺纹螺距基本尺寸，mm；

δ_z——螺纹型芯与型环螺距制造公差，可查表 5－5。

按照上式计算出的螺距常为不规则的小数，加工这样特殊的螺距很困难，应尽量避免。如果在使用时，采用收缩率相同或相近的塑件外螺纹与塑件内螺纹相配合，设计螺纹型芯、螺纹型环时，螺距不必考虑收缩率；如果在使用时，塑料螺纹与金属螺纹配合的牙数小于 7～8 个牙，螺纹型芯、螺纹型环在螺距设计时，也不必考虑收缩率；当配合牙数过多时，由于螺距的收缩累计误差很大，必须按上式计算螺距，并采用在车床上配置特殊齿数的变速挂轮等方法来加工带有不规则小数的特殊螺距的螺纹型芯或型环。

表 5－5　螺纹型芯或型环螺距制造公差　mm

螺纹直径	螺纹配合长度	δ_z
3～10	～12	0.01～0.03
12～22	>12～20	0.02～0.04
24～68	>20	0.03～0.05

2. 公差带法

公差带法是使成型后的塑件尺寸均在规定的公差带范围内。具体求法是:先以在最大塑料收缩率时,满足塑件最小尺寸要求,计算出成型零件的工作尺寸;然后校核塑件可能出现的最大尺寸是否在其规定的公差带范围内。或者反之,按最小塑料收缩率时满足塑件最大尺寸要求,计算成型零件工作尺寸,然后校核塑件可能出现的最小尺寸是否在其公差带范围内。

有利于试模和修模,有利于延长模具使用寿命是确定首先满足塑件最小尺寸,然后验算是否满足最大尺寸,还是先满足塑件最大尺寸再验算是否满足最小尺寸的原则。例如对于型腔径向尺寸,修大容易,而修小则是困难的,因此应先按满足塑件最小尺寸来计算;而型芯径向尺寸则修小容易,因此应先按满足塑件最大尺寸来计算工作尺寸。对于型腔深度和型芯高度计算,也要先分析是修浅(小)容易还是修深(大)容易,依此来确定先满足塑件最大尺寸还是最小尺寸。

(1)型腔与型芯径向尺寸

1)型腔径向尺寸

如图 5－21 所示,塑件径向尺寸为 $L_{s}{}_{-\Delta}^{0}$,型腔径向尺寸为 $L_{M}{}_{0}^{+\delta}$,为了便于修模,先按型腔径向尺寸为最小、塑件收缩率为最大时,恰好满足塑件的最小尺寸,来计算型腔的径向尺寸,则有

$$L_{M}-S_{max}(L_{s}-\Delta)=L_{s}-\Delta$$

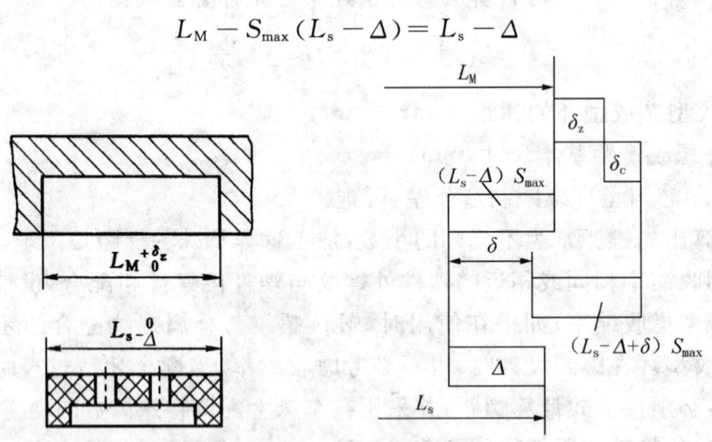

图 5－21 型腔与塑件径向尺寸关系

整理并略去二阶微小量 ΔS_{max},得

$$L_{M}=(1+S_{max})L_{s}-\Delta \tag{5-12}$$

接着校核塑件可能出现的最大尺寸是否在规定的公差范围内。塑件最大尺寸出现在型腔尺寸最大($L_{M}+\delta_{z}$),且塑件收缩率为最小时,并考虑型腔的磨损达到最大值,则有

$$L_M + \delta_z + \delta_c - S_{min}(L_s - \Delta + \delta) \leqslant L_s$$

略去二阶微小量 δS_{min}、ΔS_{min}，得验算公式

$$L_M + \delta_z + \delta_c - S_{min} L_s \leqslant L_s \tag{5-13}$$

或将式(5-12)代入式(5-13)，可得另一验算公式

$$(S_{max} - S_{min}) L_s + \delta_c + \delta_z \leqslant \Delta \tag{5-14}$$

若验算合格，型腔径向尺寸可表示为

$$L_M = [(1 + S_{max}) L_s - \Delta]^{+\delta_z}_{0} \tag{5-15}$$

若验算不合格，则应提高模具制造精度以减小 δ_z，或降低许用磨损量 δ_c，必要时改用收缩率波动较小的塑料。

2)型芯径向尺寸

塑件尺寸为 $l_s{}^{+\Delta}_{0}$，型芯径向尺寸为 $l_{M}{}^{0}_{-\delta_z}$，如图 5-22 所示。与型腔径向尺寸的计算相反，修模时型芯径向尺寸修小方便，且磨损也使型芯变小，因此计算型芯径向尺寸应按最小收缩率时满足塑件最大尺寸，则有

$$l_M - S_{min}(l_s + \Delta) = l_s + \Delta$$

略去二阶微小量 ΔS_{min} 并标注制造偏差，得

$$l_M = [l_s + l_s S_{min} + \Delta]^{0}_{-\delta_z} \tag{5-16}$$

验算当型芯按最小尺寸制造，且磨损到许用磨损余量，而塑件按最大收缩率收缩时，生产出的塑件尺寸是否合格，则按下式验算

$$l_M - \delta_z - \delta_c - S_{max} l_s \geqslant l_s \tag{5-17}$$

若满足此式则合格。

此外也可按下面公式验算

$$(S_{max} - S_{min}) l_s + \delta_z + \delta_c \leqslant \Delta \tag{5-18}$$

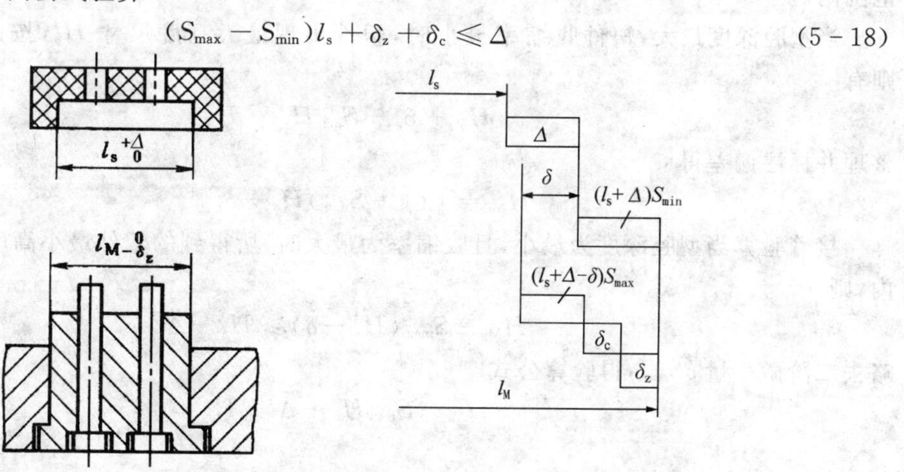

图 5-22　型腔与塑件径向尺寸关系

为了便于塑件脱模，型芯和型腔沿脱模方向应设有斜度。从便于加工测量的角度出发，通常型腔径向尺寸以大端为基准斜向小端方向，而型芯径向尺寸则以小端为基准斜向大端。

脱模斜度的大小按塑件精度和脱模难易程度而定，一般在保证塑件精度和使用要求的情况下宜尽量取大值，对于有配合要求的孔和轴，当配合精度要求不高时，应保证在配合面的2/3高度范围内径向尺寸满足塑件公差要求。当塑件精度要求很高，其结构不允许有较大的脱模斜度时，则应使成型零件在配合段内的径向尺寸均满足塑件配合公差的要求。为此，可利用公差带法计算型腔与型芯大小端尺寸。型腔小端径向尺寸按式 5-15 计算，大端尺寸可按下式求得

$$L_M = [(1 - S_{min})L_s - (\delta_c + \delta_z)]^{+\delta_z}_{0} \tag{5-19}$$

型芯大端尺寸按式(5-17)计算，其小端尺寸可按下式计算

$$l_M = [(1 + S_{max})l_s + \delta_c + \delta_z]^{0}_{-\delta_z} \tag{5-20}$$

(2)型腔深度与型芯高度

采用公差带法计算型腔深度与型芯高度时，首先碰到的问题是先按满足塑件最大极限尺寸进行初算，然后验算塑件尺寸是否全落在公差带范围内；还是反之，先按满足塑件最小极限尺寸进行初算，再验算是否全部合格。对此，主要从便于修模的角度来考虑，即修模是使型腔深度或型芯高度增大方便还是缩小方便，这就与成型零件的结构有关。

1)型腔深度

对于型腔，其底部一般有圆角或凸凹，或刻有花纹、文字等，修模型腔底部不方便，若修磨余量放在分型面处，如图 5-23 所示，则修模较方便，这样修模将使型腔变浅，因此设计计算型腔深度尺寸时，首先按满足塑件高度最大尺寸进行初算，再验算塑件高度最小尺寸是否在公差范围内。

当型腔深度最大，塑件收缩率最小时，塑件出现最大高度尺寸 H_s，按此初算型腔尺寸，则有

$$H_M + \delta_z - S_{min}H_s = H_s$$

整理并标注偏差得

$$H_M = [(1 + S_{min})H_s - \delta_z]^{+\delta_z}_{0} \tag{5-21}$$

接着验算当型腔深度为最小，且收缩率为最大时，所得到的塑件最小高度是否在公差范围内，则

$$H_M - S_{max}(H_s - \delta) \geqslant H_s - \Delta$$

略去二阶微小量 δS_{max}，得验算公式

$$H_M - S_{max}H_s + \Delta \geqslant H_s \tag{5-22}$$

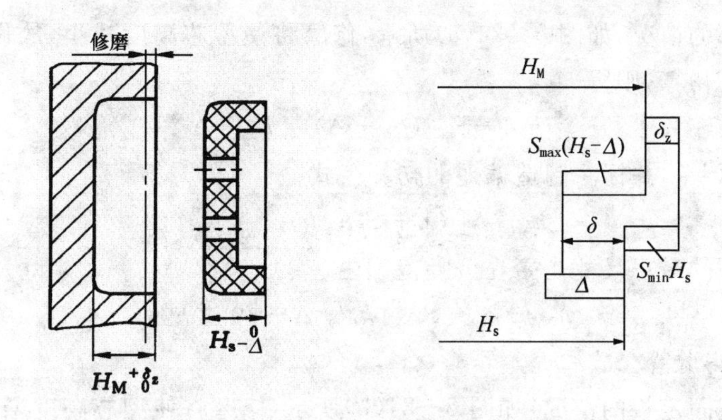

图 5-23　型腔深度与塑件高度尺寸关系

2)型芯高度

型芯有组合式和整体式两类，对于整体式型芯，修磨型芯根部较困难，如图 5-24(a)所示，故以修磨型芯端部为宜。而对于常见的采用轴肩连接的组合式型芯，如图 5-24(b)所示，则一般修磨型芯固定板较为方便。有时型芯端部形状较简单，也可能修磨端部较为方便。下面分别讨论这两种情况下的型芯高度计算公式。

$$h_M - \delta_z - h_s S_{max} \geqslant h_s \tag{5-24}$$

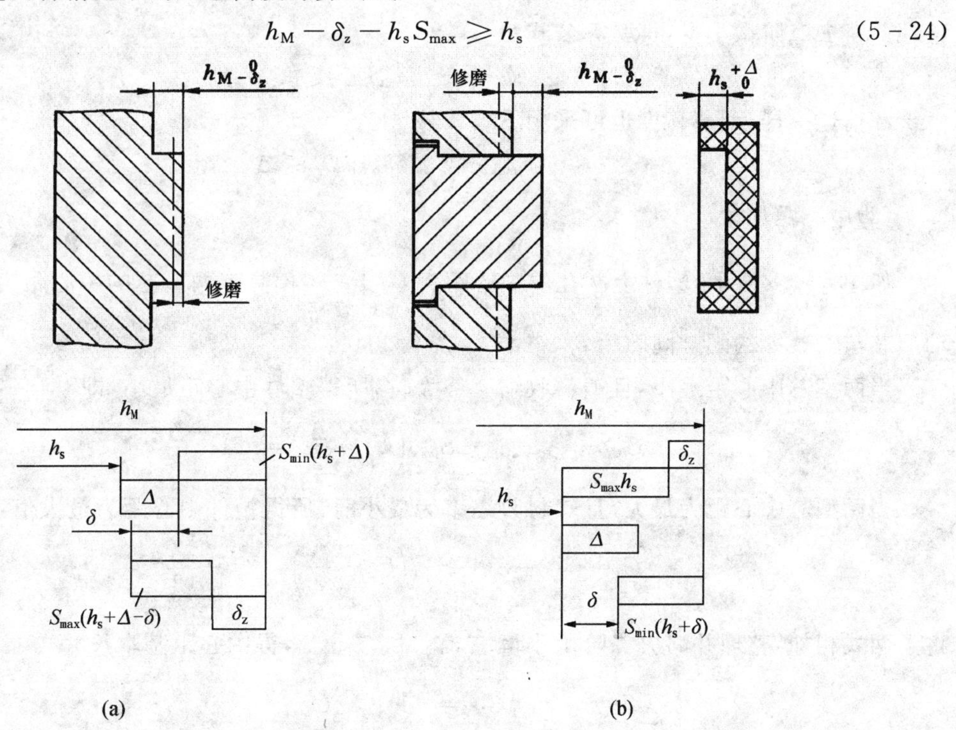

图 5-24　型芯腔高度与塑件孔深尺寸关系

对于修磨端部的情况，如图 5-24(a)所示，修磨将使型芯高度减小，故设计时宜按满足塑件孔最大深度进行初算，则得

$$h_M - S_{min}(h_s + \Delta) = h_s + \Delta$$

忽略二阶微小量 ΔS_{min}，并标注制造偏差的初算公式

$$h_M = [(1 + S_{max})h_s + \Delta]_{-\delta_z}^{0} \tag{5-23}$$

验算塑件可能出现的最小尺寸是否在公差范围内

$$h_M - \delta_z - S_{max}(h_s + \Delta - \delta) \geqslant h_s$$

略去二阶微小量，得验算公式

对于修磨型芯固定板的情况，如图 5-24(b)所示，修磨将使型芯高度增大，故初算时应满足塑件孔最小尺寸计算，则

$$h_M - \delta_z - h_s S_{max} = h_s$$

得初算公式

$$h_M = [(1 + S_{max})h_s + \delta_z]_{-\delta_z}^{0} \tag{5-25}$$

验算塑件可能出现的最大尺寸是否在公差范围内，则

$$h_M - S_{min}(h_s + \delta) \leqslant h_s + \Delta$$

整理并略去二阶微小量，得验算公式

$$h_M - \Delta - h_s S_{min} \leqslant h_s \tag{5-26}$$

和前述一样，型芯高度也可采用下式校核

$$(S_{max} - S_{min})h_s + \delta_z \leqslant \Delta \tag{5-27}$$

(3)中心距尺寸

如图 5-25 所示，塑件上两孔的中心距为 $C_s \pm \frac{\Delta}{2}$，模具上两型芯的中心距为 $C_M \pm \frac{\delta_z}{2}$，活动型芯与安装孔的配合间隙为 δ_j。

当两型芯中心距最小，且塑料收缩率最大时，所得塑件中心距最小，即

$$C_M - \frac{\delta_z}{2} - \delta_j - S_{max}\left(C_s - \frac{\Delta}{2}\right) = C_s - \frac{\Delta}{2} \tag{5-28}$$

当两型芯中心距为最大，且塑料收缩率为最小时，所得塑件中心距为最大值，即

$$C_M + \frac{\delta_z}{2} + \delta_j - S_{min}\left(C_s + \frac{\Delta}{2}\right) = C_s + \frac{\Delta}{2} \tag{5-29}$$

将上两式相加，整理并略去二阶微小量 $\frac{\Delta}{2}S_{min}$ 和 $\frac{\Delta}{2}S_{max}$，得中心距基本尺寸

$$C_M = (1 + \overline{S})C_s \tag{5-30}$$

此式和按平均值计算中心距尺寸的公式相同。

接着验算塑件可能出现的最大中心距和最小中心距是否在公差范围内。由图 5-25 可得塑件实际可能出现的最大中心距公差在公差范围内的条件是

$$C_M+\frac{\delta_z}{2}+\delta_j-S_{min}\left(C_s-\frac{\delta}{2}\right)\leqslant C_s+\frac{\Delta}{2}$$

式中，δ 为根据初算确定的模具中心距基本尺寸及预定的加工偏差和间隙计算所得塑件中心距实际误差分布范围。

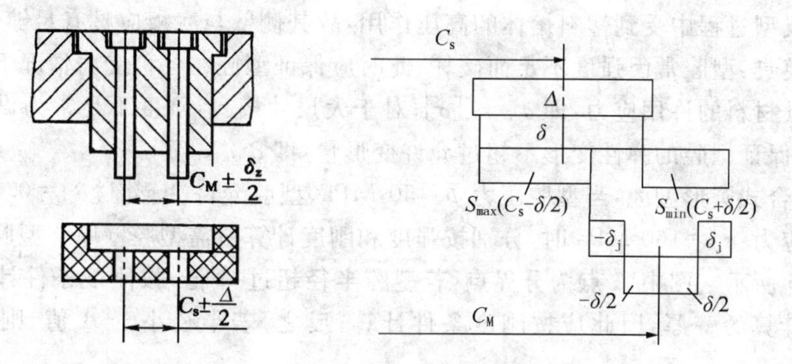

图 5-25　模具与塑件中心距尺寸关系

此式整理并略去二阶微小量 δS_{min}，得

$$C_M-S_{min}C_s+\frac{\delta_z}{2}+\delta_j-\frac{\Delta}{2}\leqslant C_s \tag{5-31}$$

同理，由图 5-25 可得塑件可能出现的最小中心距公差在公差带范围内的条件是

$$C_M-S_{max}C_s-\frac{\delta_z}{2}-\delta_j+\frac{\Delta}{2}\geqslant C_s \tag{5-32}$$

当型芯为过盈配合时，$\delta_j=0$ 。

由于中心距尺寸偏差为对称分布，因此只需验算塑件最大或最小中心距中的任一个不超出规定的公差范围则可，即以上两式只需校核其中任一式。当验算合格后，模具中心距尺寸可表示为

$$C_M=\left[(1+\overline{S})C_s\right]_{-\frac{\delta_z}{2}}^{+\frac{\delta_z}{2}} \tag{5-33}$$

由于塑件螺纹成型时收缩的不均匀性等，影响塑件螺纹成型的因素很复杂，目前尚无成熟的计算方法，一般多采用平均值法。

5.4 成型零部件的强度与刚度计算

5.4.1 成型零部件刚度和强度计算时考虑的因素

型腔在成型过程中受到塑料熔体的高压作用，故其侧壁与底板应具有足够的强度和刚度。对于小尺寸模具，型腔常因强度不足而破坏，此时应保证型腔在各种受力情况下的最大应力值不得超过模具材料的许用应力，即 $\sigma_{max}\leqslant[\sigma]$；对于大尺寸模具，刚度不足常为设计失效的主要原因，此时应保证型腔的弹性变形不超过允许变形量，即 $\delta_{max}\leqslant[\delta]$。

例如，组合式圆形型腔，当型腔压力 $p=50$ MPa、型腔允许变形量 $[\delta]=0.05$ mm、型腔材料的许用拉应力 $[\sigma]=160$ MPa 时，分别按强度和刚度计算所需型腔壁厚与型腔半径的关系曲线如图 5-26 所示。图中 A 点为分界点，若型腔半径超过 A 值，按刚度条件计算的壁厚大于按强度条件计算的壁厚，因此应按刚度条件计算；反之，若半径小于 A 值，则应按强度条件计算。

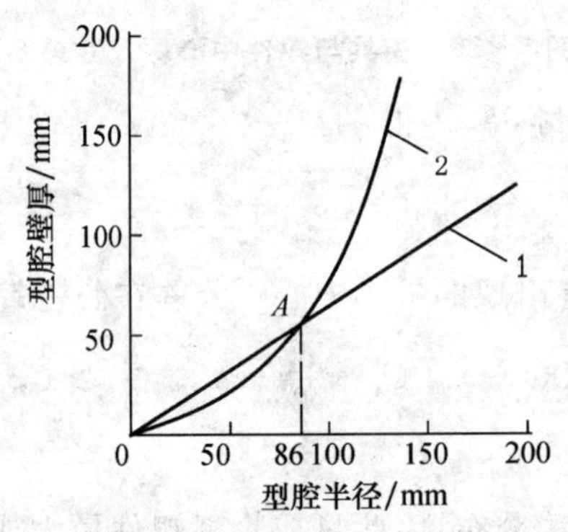

1—强度曲线；2—刚度曲线

图 5-26 型腔壁厚与型腔半径的关系

分界点的值取决于型腔形状、成型压力、模具材料许用应力和型腔允许的弹性变形量。在分界点不明的情况下，应分别按强度条件和刚度条件计算壁厚后，取较大值。

刚度计算的条件可以从以下几个方面来考虑。

1. 要防止溢料

当高压熔体注入型腔时，型腔的某些配合面产生间隙，间隙过大则会产生溢料，如图5-27所示。在不产生溢料的前提下，将允许的最大间隙值 $[\delta]$ 作为型腔的刚度条件。各种常用塑料的最小溢料间隙值见表5－6。

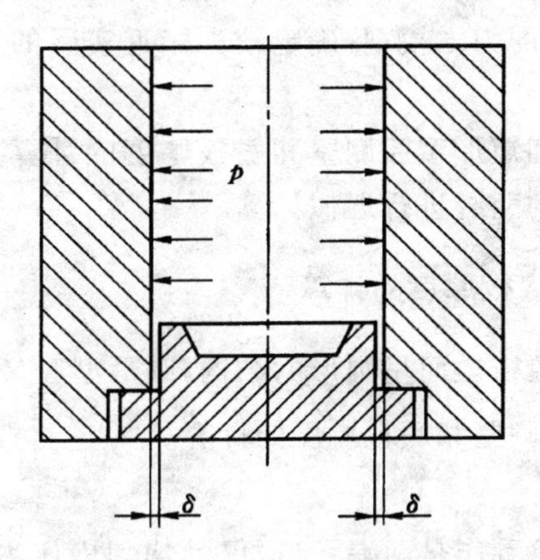

图5－27　型腔弹性变形与溢料的产生

表5－6　常用塑料最小溢料间隙　mm

粘度特性	塑料品种举例	最小溢料间隙
低粘度塑料	尼龙(PA)、聚乙烯(PE)、聚丙烯(PP)、聚甲醛(POM)	0.025～0.04
中粘度塑料	聚苯乙烯(PS)、ABS、聚甲基丙烯酸甲酯(PA)	0.05
高粘度塑料	聚碳酸酯(PC)、聚枫(PSF)、聚苯醛(PPO)	0.06～0.08

2. 保证塑件尺寸精度

当塑件的某些工作尺寸要求精度较高时，成型零件的弹性变形将影响塑件精度，因此应使型腔压力为最大时，型腔壁的最大弹性变形量小于塑件公差的1/5。

3. 保证塑件顺利脱模

如果型腔壁的刚度不足，在熔体高压作用下会产生过大的弹性变形，当变形量超过塑件的收缩量时，型腔的弹性恢复将使塑件被紧紧包住而难以脱模，强制推出易使塑件划伤或破裂，因此型腔壁的允许弹性变形量应小于塑件壁厚的收缩值。因为塑料的收缩率一般较大，因此当满足前两项刚度条件时，本项条件一般可同时满足。

当塑件某一尺寸同时有几项要求时，应以其中最苛刻的条件作为刚度设计的依据。

5.4.2　型腔侧壁和底板厚度的计算

由于型腔的形状和结构多种多样，而且成型过程中模具受力状况复杂，一些参数难以确定，对型腔侧壁和底板厚度做精确计算几乎不可能。因此，只能从实用角度出发，对具体情况做具体分析，建立接近实际的力学模型，确定较为接近实际的计算参数，采用工程上常用的近似计算法计算。

下面介绍常见的圆形和矩形型腔侧壁和底板厚度的计算方法。对于形状复杂的型腔，可简化成这些简单几何形状的型腔进行近似计算。

1. 圆形型腔的侧壁和底板厚度的计算

圆形型腔是指模具型腔横截面呈圆形的结构，圆形型腔又可分为组合式和整体式两类。

(1)组合式圆形型腔的侧壁和底板厚度的计算

1)侧壁厚度 s

组合式圆形型腔侧壁可看作是两端开口、仅受均匀内压力的厚壁圆筒，如图 5－28 所示。当型腔受到熔体的高压作用时，其内径增大，在侧壁与底板之间产生纵向间隙，间隙过大便会导致溢料。

图 5－28 组合式圆形型腔结构及受力状况

按刚度条件计算，侧壁和型腔底配合处间隙值 δ 应满足

$$\delta=\frac{rp}{E}\left(\frac{R^2+r^2}{R^2-r^2}+\mu\right)\leqslant[\delta]$$

式中：p——型腔内压力，MPa；

E——型腔材料弹性模量，MPa；

μ——型腔材料泊松比，碳钢取 0.25；

R——型腔外壁半径，mm；

r——型腔内径半径，mm；

$[\delta]$——型腔允许的最大变形量，mm。

则按刚度条件计算，型腔侧壁厚为

$$s = R - r \geqslant r\left(\sqrt{\frac{1-\mu+\frac{E[\delta]}{rp}}{\frac{E[\delta]}{rp}-\mu-1}}-1\right) \tag{5-34}$$

按强度条件计算，型腔侧壁厚为：

$$s \geqslant R - r = r\left(\sqrt{\frac{[\sigma]}{[\sigma]-2p}}-1\right) \tag{5-35}$$

式中：$[\sigma]$——型腔材料的许用应力，MPa。

2）底板厚度 h

此处讨论的底板厚度计算（包括矩形型腔的底板厚度计算）均指底板平面不与模板紧贴而用模脚支承的情况，对于底板与模板紧贴的情况，其厚度仅需由经验确定即可。假定模脚的内半径等于型腔内半径，这样底板可视作周边简支的圆板，最大变形发生在板的中心。

按刚度条件计算，型腔底板厚为：

$$h = \sqrt[3]{0.74\frac{p r^4}{E[\delta]}} \tag{5-36}$$

按强度条件计算，型腔底板厚为：

$$h \geqslant \sqrt{\frac{1.22 p r^2}{[\sigma]}} \tag{5-37}$$

（2）整体式圆形型腔的侧壁和底板厚度的计算

1）侧壁厚度 s

整体式圆形型腔因受底部约束，在熔体压力下侧壁沿高度方向远离底部，约束减小，如图 5－29 所示。超过一定高度极限 h_0 后，便不再受约束，视为自由膨胀，此时与组合式型腔计算相同。

约束膨胀与自由膨胀的分界线 AB 的高度为：

$$h_0 = \sqrt[4]{\frac{2}{3}r(R-r)^3} \tag{5-38}$$

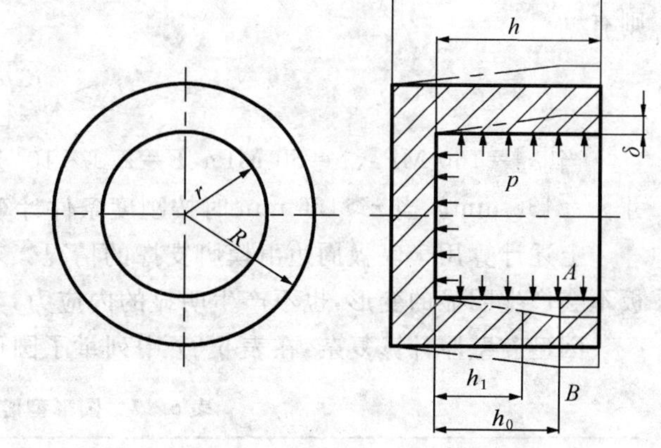

图 5－29　整体式圆形型腔结构及受力状况

AB 线以上部分为自由膨胀，按式(5-34)、(5-35)计算；AB 线以下部分按下式计算：

$$\delta_1 = \delta \frac{h_1^4}{h_0^4} \tag{5-39}$$

将整体式圆形型腔视为厚壁圆筒，其壁厚可按下式近似计算：

$$s = \frac{p\,r\,h}{[\sigma]H} \tag{5-40}$$

2)底板厚度 h

①按刚度条件计算

固定在中空圆形支脚上的整体式圆形型腔的底板可视为一周边固定的圆板，最大变形发生在圆板中心。其数值为：

$$\delta_{\max} = 0.175\,\frac{p\,r^4}{E\,h^3} \leqslant [\delta]$$

则有

$$h \leqslant 0.56\sqrt[3]{\frac{p\,r^4}{E[\delta]}} \tag{5-41}$$

②按强度条件计算

在塑料熔体的压力下，最大应力产生在底板周边处，其数值为：

$$\sigma_{\max} = \frac{3p\,r^2}{4h^2} \leqslant [\sigma]$$

则有

$$h \geqslant \sqrt{\frac{3p\,r^2}{4[\sigma]}} \tag{5-42}$$

当$[\sigma]=160$ MPa、$p=50$ MPa、$E=2.1\times10^5$ MPa、$[\delta]=0.05$ mm，底板内半径的分界尺寸 $r=136$ mm。当 $r>136$ mm 时按刚度条件计算底板厚度，反之按强度条件计算底板厚度。

上述计算用于底板周边由模脚支撑的情况。若底板直接与注射机的定模安装板紧贴，底板不会产生明显的变形，也不产生明显的内应力，其厚度凭经验确定即可。

因型腔壁厚计算复杂，在表 5-7 中列举了圆形型腔壁厚的经验数据，供设计时参考。

表 5-7 圆形型腔壁厚推荐值 mm

圆形型腔内壁直径 $2r$	整体式型腔侧壁厚 $s=R-r$	组合式型腔	
		凹模壁厚	模套壁厚
40	20	8	18
>40～50	25	9	22
>50～60	30	10	25
>60～70	35	11	28

续表 5-7

圆形型腔内壁直径 $2r$	整体式型腔侧壁厚 $s=R-r$	组合式型腔	
		凹模壁厚	模套壁厚
>70～80	40	12	32
>80～90	45	13	35
>90～100	50	14	40
>100～120	55	15	45
>120～140	60	16	48
>140～160	65	17	52
>160～180	70	19	55
>180～200	75	21	58

2. 矩形型腔的侧壁和底板厚度的计算

(1)组合式矩形型腔的侧壁和底板厚度的计算

矩形型腔的组合方式很多，最常见的是将侧壁做成整体模框，再和底板组合，如图 5-30 所示。

1)侧壁厚度 s

①按刚度条件计算

图 5-30 所示的结构，侧壁每一边都可视为均布载荷简支梁，最大变形在侧壁中间，其数值为

$$\delta_{\max}=\frac{pH_1l^4}{32EHs^3}\leqslant[\delta]$$

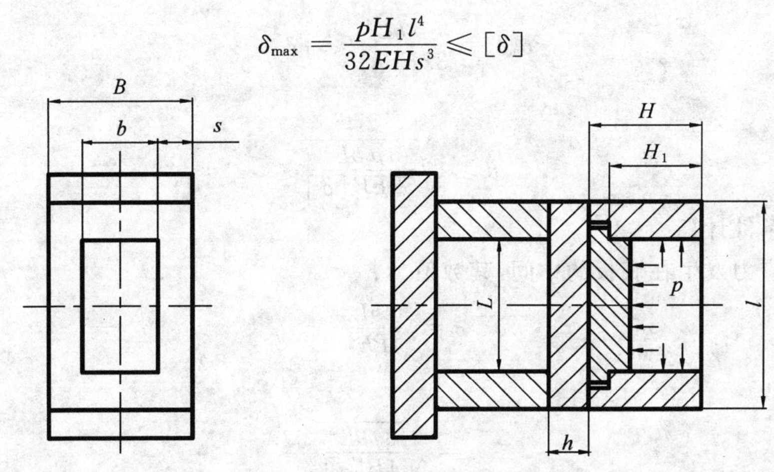

图 5-30　组合式矩形型腔结构及受力状况

则有

$$s \geqslant \sqrt[3]{\frac{pH_1 l^4}{32EH[\delta]}} \tag{5-43}$$

②按强度条件计算

在高压塑料熔体压力作用下，每一边侧壁都受到弯曲应力和拉应力的作用。最大弯曲应力发生在两端，其数值为

$$\sigma_w = \frac{pH_1 l^2}{2Hs^2}$$

拉应力为

$$\sigma_b = \frac{pH_1 b}{2Hs}$$

总应力为

$$\sigma_w + \sigma_b = \frac{pH_1 l^2}{2Hs^2} + \frac{pH_1 b}{2Hs} \leqslant [\sigma] \tag{5-44}$$

由此便可求得所需的侧壁厚度 s。

2)底板厚度 h

底板厚度计算按照支撑方法不同有很大差异，这里仅讨论最常见的底板支撑在平行垫块上的情况，如图 5-29 所示。

①按刚度条件计算

为简化计算，假定型腔长边和垫板间距相等，底板可认为是受均匀载荷的简支梁，最大变形出现在底板中间，其数值为：

$$\delta_{max} = \frac{5p\,bL^4}{32EBh^3} \leqslant [\delta]$$

则有

$$h \geqslant \sqrt[3]{\frac{5p\,bL^4}{32EB[\delta]}} \tag{5-45}$$

②按强度条件计算

最大弯曲应力发生在底板的中间，其数值为：

$$\sigma = \frac{3pbL^2}{4Bh^2}$$

则有

$$h = \sqrt{\frac{3pbL^2}{4B[\sigma]}} \tag{5-46}$$

当$[\sigma]$=160 MPa、p=50 MPa、$E=2.1\times10^5$ MPa、$[\delta]$ =0.05 mm、$b/B=1/2$ 时，强度与

刚度计算的分界尺寸 $L=108$ mm。当 $L>108$ mm 时按刚度条件计算底板厚度，反之按强度条件计算。

当垫块（支脚）跨度较大时，所需的底板厚度很大，既浪费材料又增加了模具重量。如果在底板下面增加一块支撑板（或支撑柱），如图 5－31 所示，则底板厚度可大大减薄。

为简化计算，表 5－8 列出了增加支撑后在相同的受力条件下，按刚度计算底板厚度和按强度计算底板厚度与不加支撑厚度之比。设计时可以先按公式 5－46 和 5－47 算出不加支撑的底板厚度，再按表中所列比例计算增加支撑后的底板厚度。

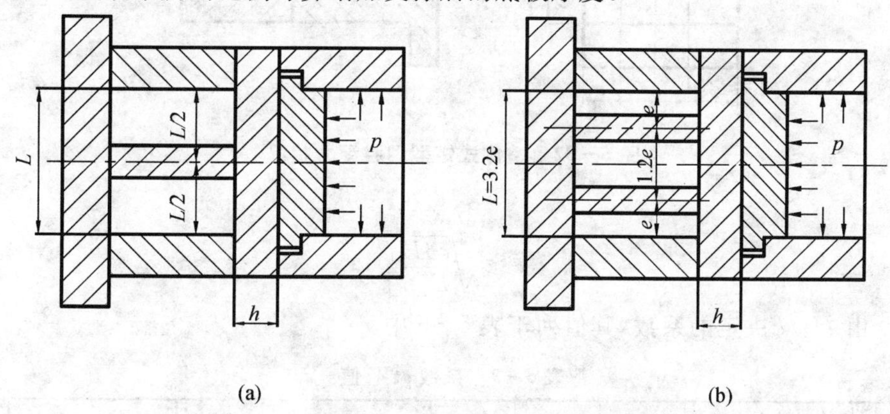

图 5－31　组合式矩形型腔底板设支撑的结构

表 5－8　组合式矩形型腔增加支撑前后底板厚度之比

支撑情况 / 计算方法	为加支撑时底板厚度	增加一块支撑时底板厚度	增加两块支撑（跨度比为 1：1.2：1）时的底板厚度
按刚度计算	1	1/2.7	1/4.3
按强度计算	1	1/3.4	1/6.8

（2）整体式矩形型腔的侧壁和底板厚度的计算

整体式矩形型腔的受力状况如图 5－32 所示，其刚性比组合式型腔大。整体结构不会出现底板溢料问题，因此在设计计算时，控制变形量主要是为了保证塑件尺寸精度和顺利脱模。

1）侧壁厚度 s

①按刚度条件计算

整体式矩形型腔的侧壁可看做是三边固定、一边自由的矩形板。在塑料熔体的压力作用下，矩形板的最大变形量发生在自由边的中点处，其数值为：

$$\delta_{\max}=\frac{cpH_1^4}{Es^3}\leqslant[\delta]$$

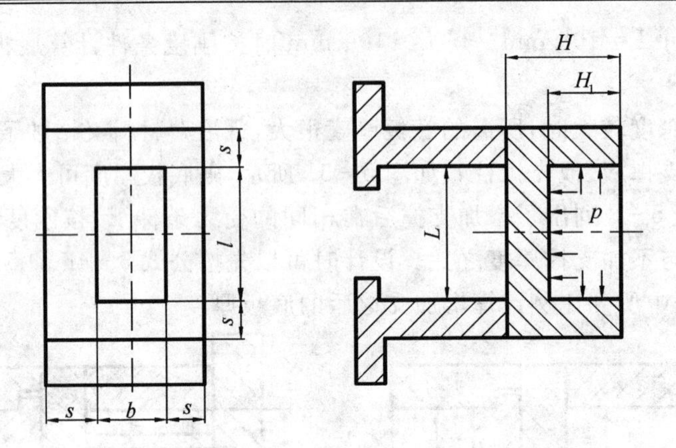

图 5-32　整体式矩型型腔受力状况

则有

$$s \geqslant \sqrt[3]{\frac{cpH_1^4}{E[\delta]}} \tag{5-47}$$

式中：c——由 H_1/l 决定的系数，其值列于表 5-9 中。

表 5-9　系数 c、W 值

H_1/l	0.3	0.4	0.5	0.6	0.7	0.8	0.9	1.0	1.2	1.5	2.0
c	0.903	0.570	0.330	0.188	0.117	0.073	0.045	0.031	0.015	0.006	0.002
W	0.108	0.130	0.148	0.163	0.176	0.187	0.197	0.205	0.210	0.235	0.254

②按强度条件计算

整体式矩形型腔侧壁的最大弯曲应力值为：

$$\sigma_{\max} = \frac{M_{\max}}{W}$$

考虑到短边承受的成型压力的影响，侧壁的最大应力为

当 $H_1/l \geqslant 0.41$ 时，　$$\sigma_{\max} = \frac{pl^2(1+W\alpha)}{2s^2}$$

当 $H_1/l < 0.41$ 时，　$$\sigma_{\max} = \frac{3pH_1^2(1+W\alpha)}{s^2}$$

则有

当 $H_1/l \geqslant 0.41$ 时，　$$s \geqslant \sqrt{\frac{pl^2(1+W\alpha)}{2[\sigma]}} \tag{5-48}$$

当 $H_1/l < 0.41$ 时，　$$s \geqslant \sqrt{\frac{3pH_1^2(1+W\alpha)}{[\sigma]}} \tag{5-49}$$

式中：α——矩形型腔边长之比，$\alpha = b/l$。

2)底板厚度 h

①按刚度条件计算

如果整体上矩形型腔直接支撑在模脚上,如图 5－31 所示,则底板可以看成是周边固定的受均匀载荷的矩形板。在塑料熔体压力的作用下,最大变形将发生在底板的中心处,其数值为:

$$\delta_{\max}=\frac{c'pb^4}{Eh^3}\leqslant[\delta]$$

则有

$$h\geqslant\sqrt[3]{\frac{c'pb^4}{E[\delta]}} \tag{5-50}$$

式中:c'——由型腔边长之比 l/b 确定的系数,其值列于表 5－10 中。

表 5－10　系数 c'的值

l/b	1.0	1.1	1.2	1.3	1.4	1.5	1.6	1.7	1.8	1.9	2.0
c'	0.013 8	0.016 4	0.018 8	0.020 9	0.022 6	0.024 0	0.025 1	0.026 0	0.026 7	0.027 2	0.027 7

②按强度条件计算

底板的最大应力集中在板的中心和长边中点处,而以长边中点处的应力最大,其应力数值为

$$\sigma_{\max}=c''p\left(\frac{b}{h}\right)^2\leqslant[\sigma]$$

则有

$$h\geqslant\sqrt{\frac{c''pb^2}{[\sigma]}} \tag{5-51}$$

式中:c''——由模脚(垫块)之间距离和型腔边长之比决定的系数,其值列于表 5－11 中。

表 5－11　系数 c''的值

L/b	1.0	1.1	1.2	1.3	1.4	1.5
c''	0.310 2	0.332 4	0.367 2	0.440 8	0.428 4	0.451 8

因型腔壁厚计算复杂,在表 5－12 中列举了矩形型腔壁厚的经验数据,供设计时参考。

表 5－12　矩形型腔壁厚推荐值　mm

矩形腔内壁短边 b	整体式型腔侧壁厚 s	组合式型腔	
		凹模壁厚	模套壁厚
40	25	9	22
＞40～50	25～30	9～10	22～25

续表 5-12

矩形腔内壁短边 b	整体式型腔侧壁厚 s	组合式型腔	
		凹模壁厚	模套壁厚
>50～60	30～35	10～11	25～28
>60～70	35～42	11～12	28～35
>70～80	42～48	12～13	35～40
>80～90	48～55	13～14	40～45
>90～100	55～60	14～15	45～50
>100～120	60～72	15～17	50～60
>120～140	72～85	17～19	60～70
>140～160	85～95	19～21	70～80

思考与练习

5.1 多型腔模具型腔的排布形式有哪两种？每种形式的特点是什么？

5.2 分型面有哪些基本形式？选择分型面的基本原则是什么？

5.3 常用小型芯的固定方法有哪几种形式？分别在什么场合使用？

第6章　注射模推出机构的设计

6.1　推出机构的结构组成与分类

在注射成型的每个周期中，将塑件及浇注系统凝料从模具中脱出的机构称为推出机构，也叫顶出机构或脱模机构。推出机构的动作通常是由安装在注射机上的机械顶杆或液压缸的活塞杆来完成的。

6.1.1　推出机构的结构组成及各零件的作用

推出机构一般由推出、复位和导向等零部件组成。以图6-1所示注射模的推杆推出机构为例，推出部件由推杆1和拉料杆6组成，它们安装在推杆固定板2上，由推板5固定，两板用螺钉连接，注射机上的推出力作用在推板上。推杆1用于推出塑件，拉料杆6的作用是开模时将浇注系统凝料从主流道中拔出，推出塑件时与推杆一起将塑件及浇注系统凝料推出。为了使推出过程平稳，推出零件不至于弯曲或卡死，常设有推出系统的导向机构，即图6-1中的推板导柱4和推板导套3。为了使推出机构在推出塑件后回到原来位置，设计了复位装置，即图6-1中的复位杆8。合模时，当复位杆的端部接触到定模板后，复位动作开始。支承钉7使推板与动模座板之间形成间隙，以保证平面度和清除废料及杂物。另外，还可通过调节支承钉的厚度来调整推杆的位置及推出的距离。

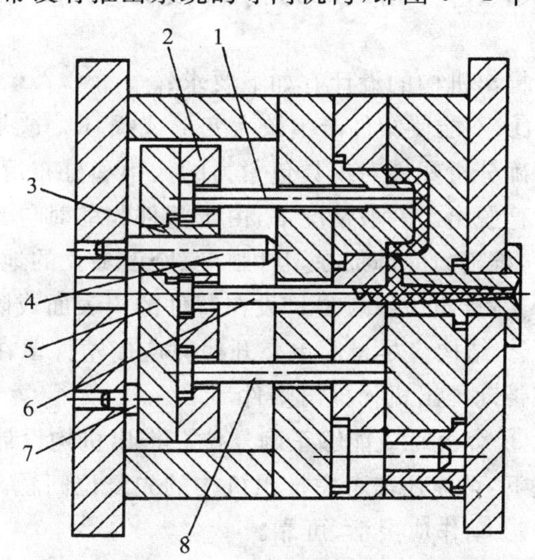

1—推杆；2—推杆固定板；3—推板导套；4—推板导柱；5—推板；6—拉料杆；7—支承钉；8—复位杆

图6-1　推出机构的组成

6.1.2　推出机构的分类

1. 按照动力来源不同分类

按照动力来源不同可以分为：手动推出机构、机动推出机构和液压（气动）推出机构3种。

(1)手动推出机构

手动推出机构指当模具打开后,用人工操纵推出机构使塑件脱出,可分为模内手动推出和模外手动推出两种。这类结构多用于形状复杂不能设置其他类型推出机构的模具或塑件结构简单、生产批量小的情况。

(2)机动推出机构

机动推出机构是指依靠注射机的开模动作驱动模具上的推出机构,实现塑件自动脱模。这类模具结构较复杂,多用于生产批量大的情况。

(3)液压(气动)推出机构

液压(气动)推出机构一般是指在注射机或模具上设有专用液压或气动装置,并利用这些装置将塑件通过模具上的推出机构推出模外或吹出模外。其中,液压推出机构适用于要求推出行程长或推出力较大的场合。

2. 按照结构特征分类

按照推出机构的结构特征可分为:一次推出机构、定模推出机构、二次推出机构、浇注系统凝料的推出机构、带螺纹塑件的推出机构等。

6.1.3 推出机构的设计要求

推出机构的设计有如下要求:

① 不能使塑件产生较大变形或损坏。这是对推出机构最基本的要求。设计推出机构时要正确分析塑件对模具包紧力的大小和分布情况,以便选择合适的推出方式和推出位置,使塑件平稳脱出。一般情况下,由于塑件收缩时包紧型芯,因此推出力作用点应尽可能靠近型芯。同时,推出力应施加在塑件强度、刚度最大的地方,如筋部、凸台等处。对于外观质量要求较高的塑件,推出位置应尽量设在塑件的内表面或隐蔽处,使塑件外表面不留推出痕迹。

② 结构应尽量简单。开模时应使塑件留在动模一侧,以便利用注射机的顶杆或液压缸的活塞带动推出机构推出塑件。

③ 合模时应能够正确复位。推出机构设计时应考虑合模时推出机构的复位,在某些特殊情况下,可能还需考虑推出机构的先复位问题。

④ 动作应灵活、可靠。

6.2 推出力的计算

塑件在模具内冷却定形,由于体积收缩,对型芯产生包紧力。在脱模推出塑件时必须克服这一包紧力。对于不带通孔的筒、壳类塑件，脱模推出时还需克服大气压力。

在刚开始脱模的瞬间需要克服的阻力最大，称为初始脱模力。之后，推出力的作用仅仅是为了克服推出机构运动的摩擦阻力。所以，在计算推出力时算的是初始脱模力。

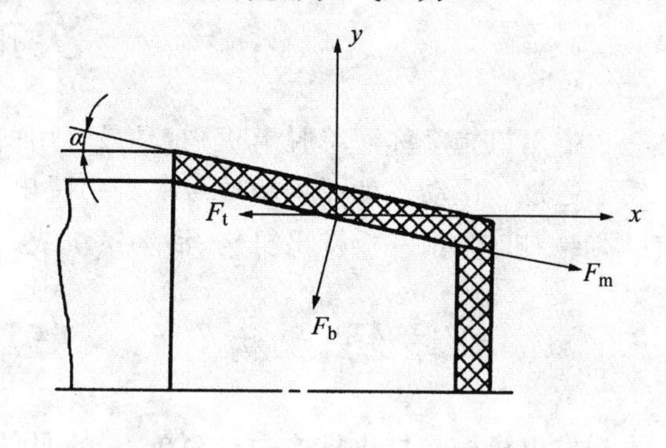

图 6-2　脱模初始型芯的受力分析

图 6-2 所示为塑件在脱模时型芯的受力情况。

由于推出力 F_t 的作用，使由塑件收缩引起的对型芯的总压力降低了 $F_t \sin\alpha$，因此，推出时的摩擦力 F_m 为

$$F_m = (F_b - F_t \sin\alpha)\mu \qquad (6-1)$$

式中：F_m——脱模时型芯受到的摩擦阻力，N；

F_b——塑件对型芯的包紧力，N；

F_t——脱模力（推出力），N；

α——脱模斜度，(°)；

μ——塑件对钢的摩擦系数，为 0.1～0.3。

列出平衡方程

$$\sum F_x = 0$$

故

$$F_m \cos\alpha - F_t - F_b \sin\alpha = 0 \qquad (6-2)$$

由式(6-1)和(6-2)，经整理后得

$$F_t = \frac{F_b(\mu\cos\alpha - \sin\alpha)}{1 + \mu\cos\alpha\sin\alpha} \qquad (6-3)$$

因实际上摩擦系数 μ 较小，$\sin\alpha$ 更小，$\cos\alpha$ 也小于 1，故忽略 $\mu\cos\alpha\sin\alpha$，上式简化为

$$F_t = F_b(\mu\cos\alpha - \sin\alpha) = Ap(\mu\cos\alpha - \sin\alpha) \qquad (6-4)$$

式中：A——塑件包络型芯的面积，mm^2；

p——塑件对型芯单位面积上的包紧力。一般情况下，模外冷却的塑件，p 取 2.4×10^7～3.9×10^7 Pa；模内冷却的塑件，p 取 0.8×10^7～1.2×10^7 Pa。

从式(6-4)可以看出，脱模力的大小与塑件包络型芯的面积、塑件对型芯单位面积上的包紧力以及塑料与型芯材料之间的摩擦系数有关。另外，还与型芯数目有关。实际上，影响脱模力的因素很多，在计算公式中不能一一反映，以上公式只能做大概的分析和估算。

6.3 一次推出机构

一次推出机构又称简单脱模机构，是最常用的推出机构。它是指开模后塑件在推出零件的作用下通过一次动作就可将塑件从模具中脱出的推出机构。一次推出机构包括推杆推出机构、推管推出机构、推件板推出机构、活动镶块或凹模推出机构和多元推出机构等。

6.3.1 推杆推出机构

推杆推出机构是推出机构中最简单、最常见的一种形式。由于设置推杆的自由度较大，而且推杆截面大部分为圆形，容易达到推杆与模板或型芯上推杆孔的配合精度，推杆推出时运动阻力小，推出动作灵活可靠，损坏后也便于更换，因此在生产中广泛应用。推杆推出机构的结构如图 6-1 所示。

但是因为推杆的推出面积一般比较小，易引起较大局部应力而顶穿塑件或使塑件变形，所以很少用于脱模斜度小和脱模阻力大的管类或箱类塑件的脱模。

1. 推杆的常见类型及其固定形式

推杆的常见类型如图 6-3 所示。图 6-3(a)为直通式推杆，尾部采用台肩固定，是最常用的形式。系列直径 6～32 mm，长度为 100～630 mm。图 6-3(b)为阶梯式推杆，当推杆设置位置受限而直径较小，或用直通式长径比过大时采用。图 6-3(c)所示为锥形推杆，又称阀式推杆，与型芯或模板以锥孔相配合，无溢料间隙，同时由于锥面下部的直杆置于过孔中，一旦推件，锥面即脱离接触，空气能很快进入塑件与型芯的贴合面之间，消除真空状态，使塑件便于脱模。但这种推杆加工起来比较困难，装配时也与其他推杆不同，需从动模型芯插入，端部用螺钉固定在推杆固定板上，适合于深筒形塑件的推出。

GB/T 4169.1—2006 规定了塑料注射模用推杆的尺寸规格和公差，同时还给出了材料指南和硬度要求，并规定了推杆的标记。

2. 推杆的工作端部形状

推杆的工作端部的主要形状如图 6-4 所示，最常用的是圆形，还可以设计成特殊的端部形状，如矩形、三角形、椭圆形和半圆形等。这些特殊形状对于杆来说加工容易，但孔需要采用电火花、线切割等特殊机床加工。因此，在一般情况下与模板孔配合部分仍采用圆形截面。

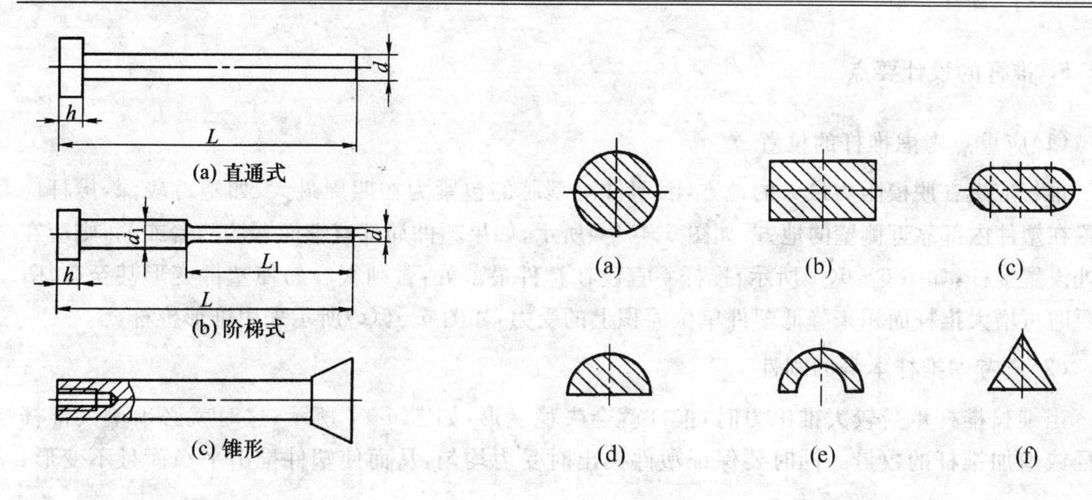

图6-3　推杆的常见类型

图6-4　推杆工作端面的形状

3. 推杆的材料和热处理

推杆的材料常用T8A、T10A等碳素工具钢或65Mn弹簧钢等，前者的热处理要求硬度为50～54HRC，后者的热处理要求硬度为46～50HRC。自制的推杆常采用前者，而市场上的推杆标准件多以后者居多。推杆工作端配合部分的粗糙度值一般取$R_a=0.8\ \mu m$。

4. 推杆的固定形式

图6-5所示为推杆在模具中的固定形式。图6-5(a)是最常用的形式，直径为d的推杆，在推杆固定板上的孔应为$(d+1)$ mm，推杆台肩部分的直径为$(d+5)$ mm，推杆固定板上的沉孔直径为$(d+6)$ mm；图6-5(b)为采用垫块或垫圈来代替图6-5(a)中固定板上沉孔的形式，这样可使加工方便；图6-5(c)是推杆底部采用紧定螺钉固定的形式，适合于推杆固定板较厚的场合；图6-5(d)用于较粗的推杆，采用螺钉固定。

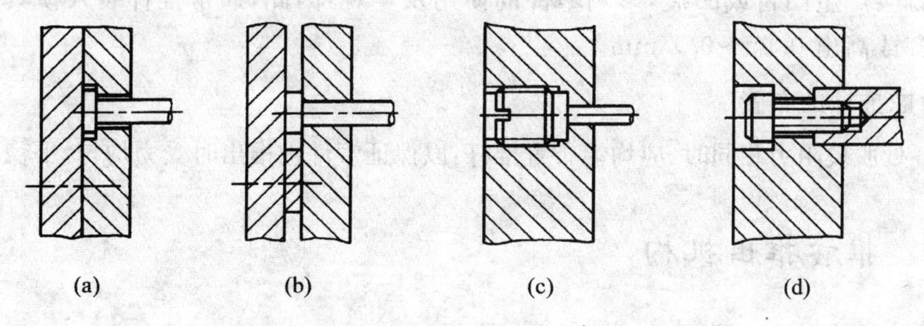

图6-5　推杆的固定形式

5. 推杆的设计要点

(1)应重点考虑推杆的位置

推杆应选在脱模阻力最大的地方,因塑件对型芯的包紧力在四周最大,如塑件较深,推杆应设置在塑件内部靠近侧壁的地方,如图 6－6(a)所示;如果塑件局部有细而深的凸台或筋,则应在该处设置推杆,如图 6－6(b)所示;推杆不宜设在塑件最薄处,否则很容易使塑件变形甚至破坏,必要时可增大推杆面积来降低塑件单位面积上的受力,如图 6－6(c)所示采用锥形推杆。

(2)应考虑推杆本身的刚性

当细长推杆承受较大推出力时,推杆就会失稳变形,如图 6－7 所示,这时就必须增大推杆直径或增加推杆的数量。同时要保证塑件推出时受力均匀,从而使塑件推出平稳而且不变形。

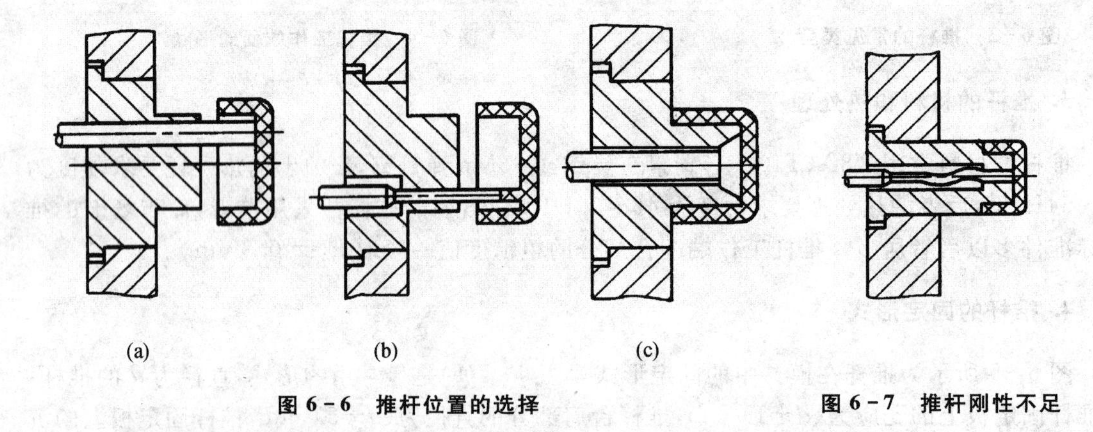

图 6－6 推杆位置的选择　　**图 6－7 推杆刚性不足**

(3)应考虑推杆的高度

因推杆的工作端面会参与成型塑件部分的内表面,如果推杆的端面低于或高于该处型面,则在塑件上就会产生凸台或凹痕,影响塑件的使用及美观,因此,通常推杆装入模具后,其端面应与型面平齐或高出 0.05～0.1 mm。

(4)应考虑推杆的布置

当塑件各处脱模阻力相同时,应均匀布置推杆,以保证塑件被推出时受力均匀、平稳、不变形。

6.3.2 推管推出机构

推管推出机构是用来推出圆筒形、环形塑件或带有孔的塑件的一种特殊结构形式,相当于空心推杆,其推出塑件的运动方式与推杆相同。由于推管是整个周边接触塑件,推出塑件的力量均匀,塑件不易变形,也不会留下明显的推出痕迹。但对于壁厚小于 1.5 mm 的过薄的塑件,因推管加工困难且易损坏,所以不宜采用。

1. 推管推出机构的结构形式

推管推出机构的结构形式如图 6-8 所示。图 6-8(a)的推管结构是最简单最常用的结构形式,模具型芯穿过推板固定于动模座板。这种结构的型芯较长,可兼作推出机构的导柱,多用于推出距离不大的场合,结构比较可靠。图 6-8(b)所示的形式是型芯用销或键固定在动模板上的结构。这种结构要求在推管的轴向开一长槽,避免与销或键相干涉,槽的位置和长短依模具的结构和推出距离而定,一般是略长于推出距离。与上一种结构相比,这种结构的型芯较短,模具结构紧凑;但型芯的紧固力小,适用于受力不大的型芯。图 6-8(c)所示的形式是型芯固定在动模支承板上,而推管在动模板内滑动,这种结构可使推管与型芯的长度大为缩短,但推出行程包含在动模板内,致使动模板的厚度增加,用于脱模距离不大的场合。

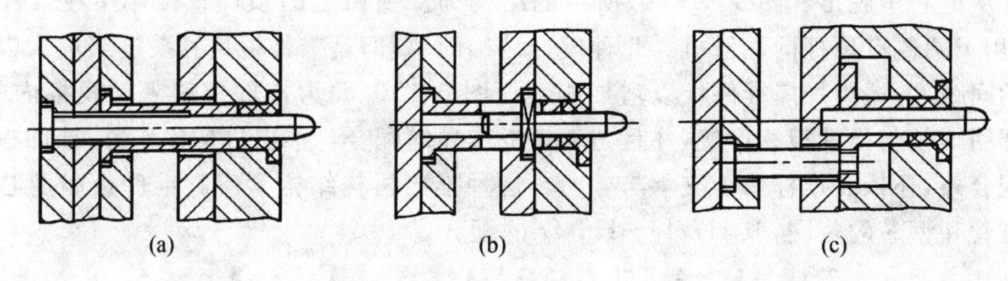

图 6-8　推管推出机构的结构

2. 推管的设计要点

推管的配合与尺寸要求如图 6-9 所示。推管的内径与型芯配合,直径较小时选用 H8/f7 的配合,直径较大时取 H7/f7 的配合;外径与模板上的孔相配合,直径较小时采用 H8/f8 的配合,直径较大时采用 H8/f7 的配合。推管与型芯的配合长度一般比推出行程大 3～5 mm,推管与模板的配合长度一般为推管外径的 1.5～2 倍,推管固定端外径与模板有单边 0.5 mm 的装配间隙,推管的材料、热处理硬度要求及配合部分的表面粗糙度要求与推杆相同。

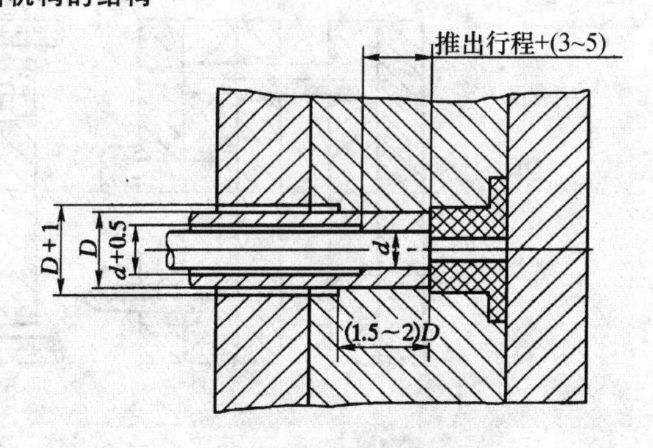

图 6-9　推管的配合与尺寸要求

6.3.3　推件板推出机构

推件板推出机构适用于大型塑件、薄壁容器及各种罩壳类塑件的脱模。与推杆、推管推出机构相比,推件板推出机构推出受力均匀、推出力大、运动平稳、塑件不易变形、塑件表面无推出痕迹、结构简单。另外，不需另设复位机构。在合模过程中，分型面一旦接触，推件板即可在合模力的作用下回到初始位置。但是对于型芯截面为非圆形的推件板推出机构来说，其配合部分加工比较困难。

1. 推件板推出机构的结构形式

(1)推杆和推件板之间采用固定连接结构

图 6-10 所示为推杆和推件板之间采用固定连接的形式，即在推杆头部设计成螺纹与推件板连接，以防止推件板在推出过程中脱落。

其中，图 6-10(a)是最常用的一种推件板推出机构的形式。开模后，动模向左移动，当推板遇到注射机上的顶杆时不再移动，推杆也就顶住推件板不动，动模继续向左移动，推件板就会将塑件从型芯中脱出。图 6-10(b)所示的结构为注射机上的顶杆直接作用在推件板上的形式，适用于两侧有顶杆的注射机。此种模具结构简单，但是推件板尺寸要适当增大以满足两侧顶杆的间距，并适当加厚推件板以增加刚性。图 6-10(c)为推件板镶入动模板内的形式，推杆端部用螺纹与推件板相连接，并且与动模板作导向配合。推出机构工作时，推件板除了与型芯作配合外，还依靠推杆作为支承与导向。这种推出机构结构紧凑。推件板和型芯的配合精度与推管和型芯的相同，取 H7/f7～H8/f7 的配合。

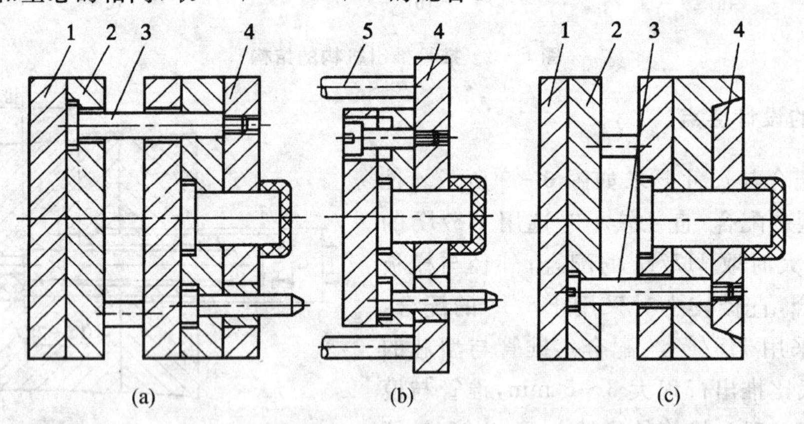

1—推板；2—推杆固定板；3—推杆；4—推件板；5—注射机顶杆

图 6-10 推杆和推件板之间采用固定连接的结构

(2)推杆和推件板之间无固定连接形式

推杆和推件板之间无固定连接的形式与前一种结构类似，只是头部没有螺纹和推件板连接，如图 6-11 所示。这种形式的推杆和推件板之间没有固定连接，为了防止在生产中推件板从导柱上脱落，必须严格控制推出行程并保证导柱有足够的长度。

2. 推件板的设计要点

(1)减小推件板和型芯摩擦的结构

为了减少推出过程中推件板和型芯的摩擦，装配关系可采用如图 6－12 所示的结构，在推件板和型芯间留有 0.20～0.25 mm 的间隙，以保证不擦伤型芯。采用 3°～5°的锥面配合，锥度可以起到辅助定位作用，防止推件板偏心而引起溢料。

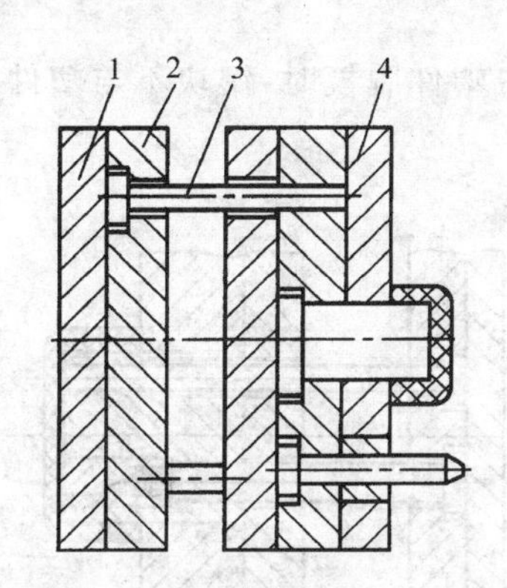

1—推板；2—推杆固定板；3—推杆；4—推件板

图 6－11　推杆和推件板之间无固定连接的结构图

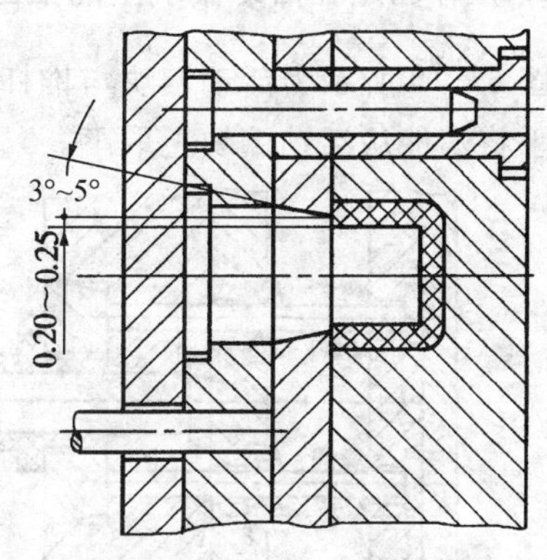

图 6－12　减小推件板和型芯摩擦的结构形式

(2)设置进气装置

如果需成型的塑件为大型深腔的容器，并且还采用软质塑料成型，当推件板推出塑件时，在型芯与塑件中间易出现真空，从而造成脱模困难，甚至使塑件变形损坏，这时应考虑附设进气装置。

常用于推件板推出机构的进气装置如图 6－13 所示。图示位置弹簧接近放松状态，当推件板运动初始，型芯与塑件之间的负压使锥面推杆压缩弹簧并随塑件上行，空气由间隙被引入塑件和型芯之间。此时塑件就能顺利地被推出，而锥面推杆在弹簧力的作用下复位。

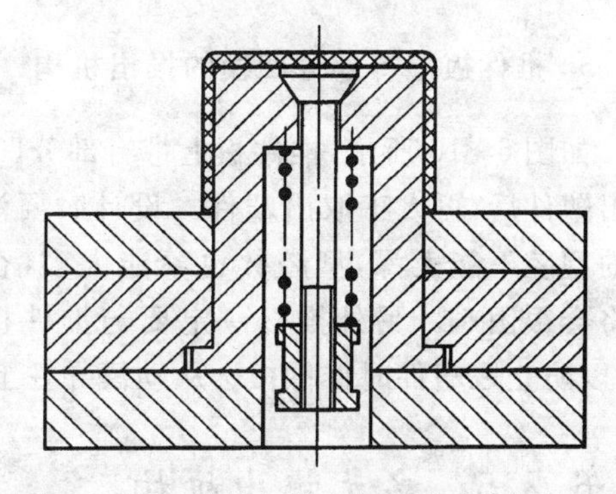

图 6－13　推件板推出机构的进气装置图

6.3.4　利用成型零件脱模的推出机构

有一些塑件由于结构形状和所用材料的关系，不能采用推杆、推管、推件板等推出机构脱模时，可以利用活动镶块或凹模带出塑件。

1. 推杆不固定在活动镶块上的推出机构

如图 6-14 所示,用推杆顶在螺纹型环上,取出塑件时连同活动镶块(即螺纹型环)一同取出,然后将塑件与螺纹型环分离,再将螺纹型环放入到模具中成型下一个塑件。但需注意的是推杆应先复位,以便放入螺纹型环,本例是采用弹簧使推杆先复位。

2. 推杆固定在活动镶块上的推出机构

图 6-15 所示为活动镶块与推杆用螺纹连接的形式,塑件脱模时,镶块不与塑件分离,需要用手将塑件从活动镶块上取下。

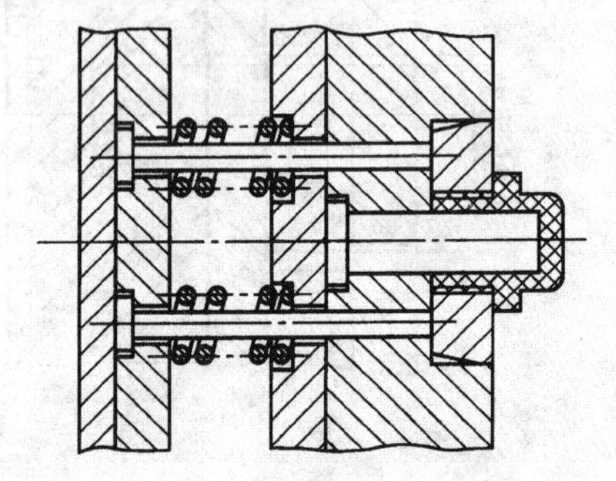

图 6-14 推杆不固定在活动嵌件的推出机构

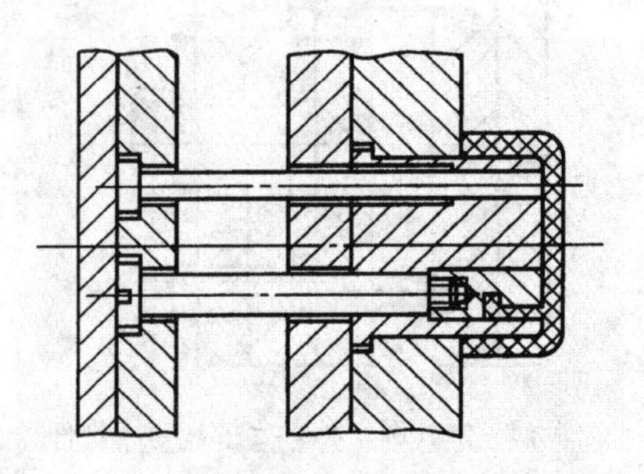

图 6-15 推杆与活动镶块固定连接的推出机构

3. 推件板上有部分凹模的推出机构

如图 6-16 所示,推件板上带有部分凹模,推件板推出塑件后,再人工取出塑件。设计时要注意推件板上的型腔不能太深,型腔数也不能太多,否则取出塑件将会很困难。另外推杆一定要与推件板用螺纹连接,以防止取塑件时推件板会从动模导柱上滑落。

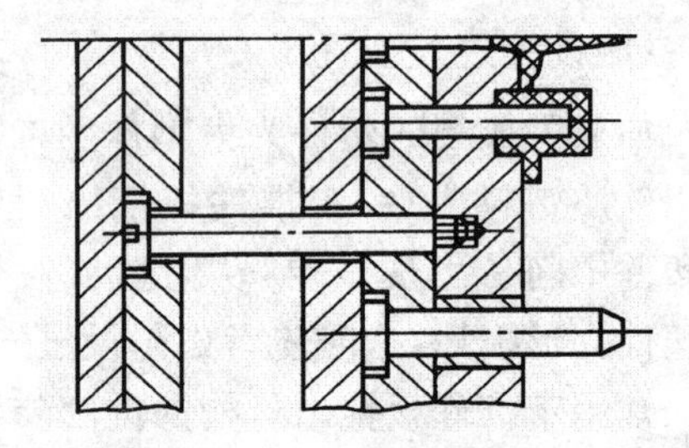

图 6-16 推件板上有凹模的推出机构

6.3.5 多元推出机构

在实际生产中往往遇到一些深腔壳体、薄壁、有局部管形、凸台或金属嵌件等复杂的塑件,如果采用单一的推出机构,不能保证塑件的质量,这时就要采用多元推出机构,如图 6-17 所示。

图 6-17(a)所示为局部有脱模斜度小并带有很深管状凸台的塑件,由于其周边的脱模阻力大,因此需采用推杆和推管并用的多元推出机构。图 6-17(b)所示为推管、推件板并用的结构,因为塑件在中间有一凸台,凸台中心有一盲孔,成型后凸台对中心型芯包紧力很大,如果只用推件板脱模,很可能产生断裂或残留的现象,因此增加推管推出机构,可保证塑件顺利脱模。

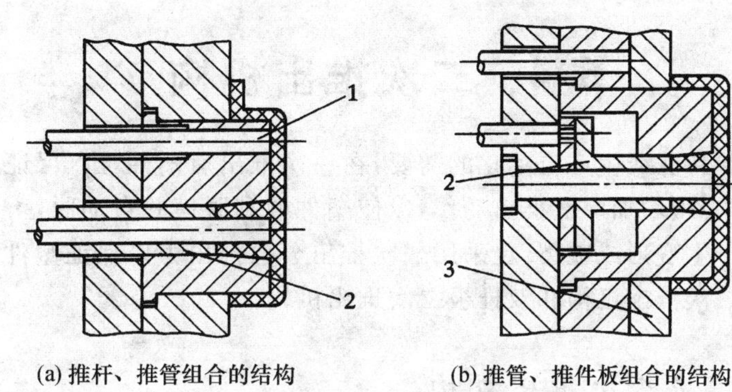

(a) 推杆、推管组合的结构　(b) 推管、推件板组合的结构

1—推杆；2—推管；3—推件板

图 6-17　多元推出机构

6.3.6　推出机构的复位设计

推出机构在开模推出塑件后，为做好下一次注射成型的准备，必须使推出机构复位，这就有可能需要设计复位装置。常见的复位装置有复位杆复位装置和弹簧复位装置。

1. 复位杆复位

使推出机构复位最简单和最常用的方法是在推杆固定板上同时安装复位杆，也叫回程杆。

复位杆端面设计在动、定模的分型面上。开模时，复位杆与推出机构一同推出；合模时，复位杆先与定模分型面接触，在动、定模逐渐闭合的过程中，推出机构被复位杆顶住，从而与动模产生相对移动直至模具闭合，推出机构就回复到原来的位置。这种结构中的合模和复位是同时完成的，如图 6-1 所示。

复位杆为圆形截面，每副模具一般设置 4 根复位杆，其位置应对称设在推杆固定板的四周，以便推出机构在合模时能平稳复位。由于复位杆工作时受轴向碰撞和压力作用，直径不宜太小，一般大于 16mm。有时推杆可兼做复位杆，如图 6-18所示，推杆端部只有部分顶在塑件上，合模时，此推杆即可起到复位杆的作用。

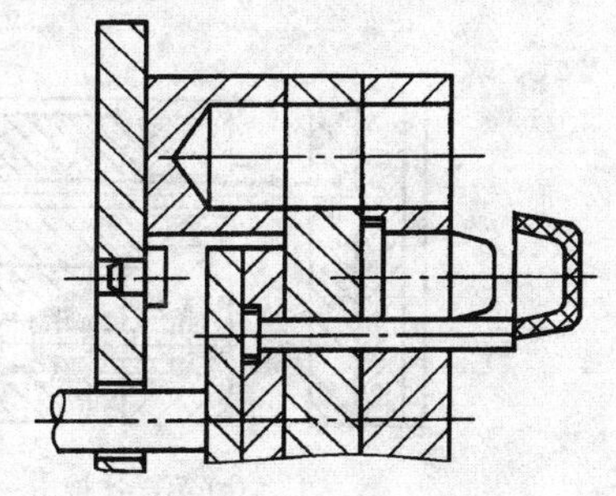

图 6-18　兼做复位杆的推杆

2. 弹簧复位

图 6-14 所示为弹簧复位，即利用压缩弹簧的弹力使推出机构复位，其复位先于合模动作完成。使用弹簧复位结构简单，但必须注意弹簧要有足够的弹力，如弹簧失效，要及时更换。若选用矩形弹簧，可提高弹簧的使用寿命。

6.4 二次推出机构

有些塑件因形状特殊或生产自动化的需要，在一次推出后塑件难以保证从型腔中脱出或不能自动坠落，这时必须增加一次推出动作，以使塑件顺利脱模并自动脱落；有时为避免使塑件受推出力过大而产生变形或破裂，也采用二次推出分散推出力以保证塑件质量。二次推出机构可分为单推板二次推出机构和双推板二次推出机构。

6.4.1 单推板二次推出机构

单推板二次推出机构是指在推出机构中设置了一组推板和推杆固定板，而另一次推出靠一些特殊零件的运动来实现。常见的形式有：

1. 弹簧式二次推出机构

弹簧式二次推出机构通常是利用压缩弹簧的弹力进行第一次推出，然后再由推板推动推杆进行第二次推出。如图 6－19 中所示，塑件的边缘有一个倒锥形的侧凹，如果直接采用推杆推出，需要较大的推出力，可能造成塑件变形、甚至损坏。采用图 6－19 所示的弹簧式二次推

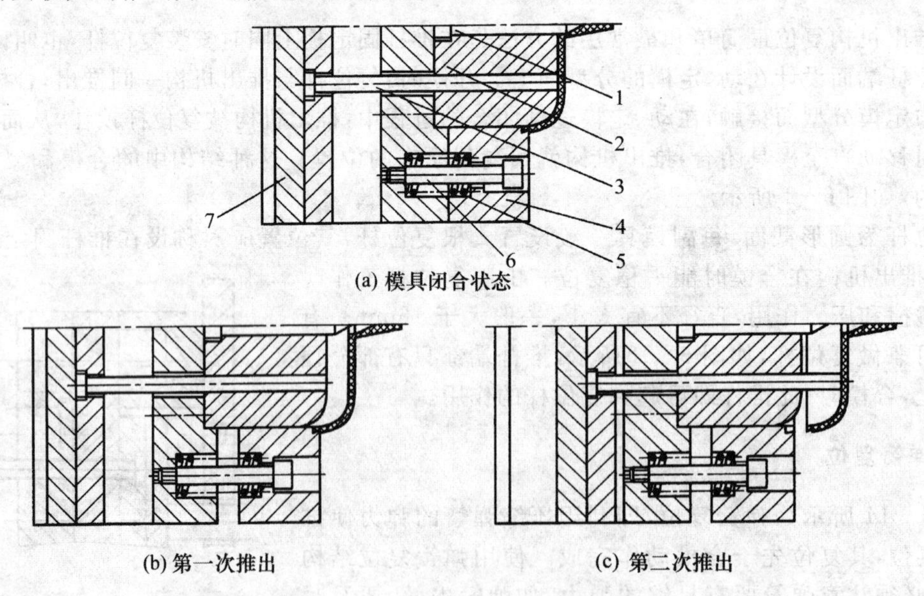

1－小型芯；2－型芯；3－推杆；4－动模板；5－弹簧；6－限位钉；7－推板

图 6－19 弹簧式二次推出机构

出机构，就能够顺利地推出塑件。图 6－19(a)所示为模具闭合状态。完成注射成型后模具打开，在压缩弹簧 5 的弹力作用下，动模板 4 被推出，使塑件脱离型芯 2，如图 6－19(b)所示，限位钉 6 限制了动模板的移动距离，从而完成第一次推出。模具完全打开后，注射机顶杆带动推板 7 推动推杆 3 进行第二次推出，将塑件从动模板 4 上推落，如图 6－19(c)所示。

2. 摆块式二次推出机构

摆块式二次推出机构是利用摆块的摆动完成二次推出动作。图 6－20 所示，塑件包紧在型芯 3 上，如果直接用推杆 2 去推塑件的边缘，则塑件可能会变形或损坏。这时可采用摆块式二次推出机构，如图 6－20(a)所示摆块 6 安装在推板 7 中，当注射机顶杆推动推出机构运动开始时，在推杆 2 和推件板 1 的共同作用下，使塑件脱离型芯 3，完成第一次推出，如图 6－20(b)所示。此时压杆 5 与支承板 8 接触，继续推出时，推杆 4 推动动模板 1 继续移动，同时，由于压杆 5 迫使摆块 6 摆动，推杆 2 做超前于动模板 1 的移动，将塑件从型腔中推出，如图 6－20(c)所示，实现塑件脱模。

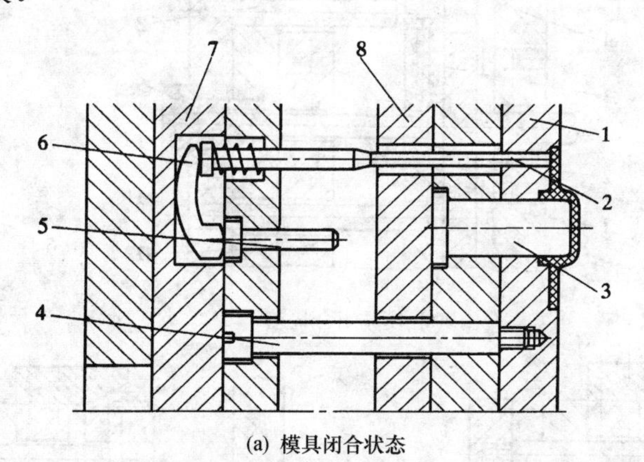

(a) 模具闭合状态

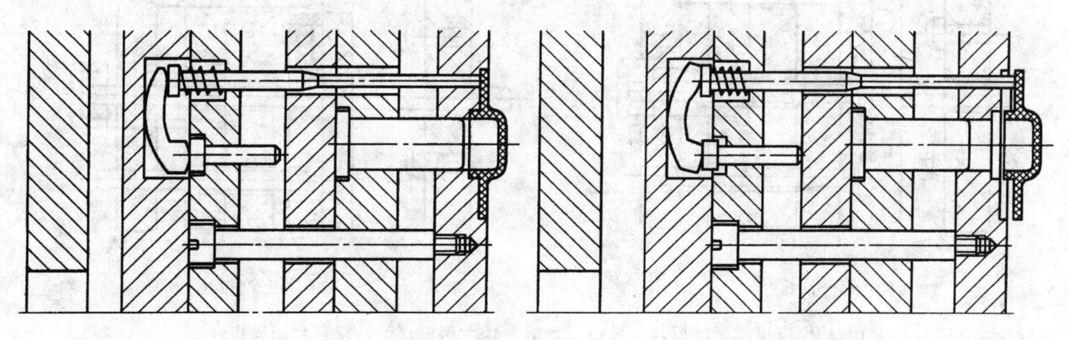
(b) 第一次推出　　(c) 第二次推出

1－动模板；2－推杆；3－型芯；4－推杆；5－压杆；6－摆块；7－推板；8－支承板

图 6－20　摆块式二次推出机构

3. 斜楔滑块式二次推出机构

斜楔滑块式二次推出机构是利用模具上的斜楔迫使滑块做水平运动，完成二次推出动作。如图 6－21(a)所示，在推板 2 上装有滑块 4，弹簧 3 将滑块压在外极限位置，由销钉 5 限位，斜楔 6 固定安装在支承板 12 上。开模后，注射机顶杆推动推板 2 移动，在推杆 8 的作用下推动凹模板 7 移动将塑件由型芯 9 上推出，完成第一次推出，使塑件与型芯分离。但此时塑件仍留在凹模板 7 内，如图 6－21(b)所示。推出机构继续运动，斜楔 6 与滑块 4 接触，压缩弹簧使滑块 4 内移，当滑块 4 上的孔与推杆 8 对正时，推杆 8 后端落入滑块的孔内，推杆 8 停止推出，凹模板 7 也停止移动。推板 2 再继续推出时中心推杆 10 将塑件从凹模板 7 中推出，完成第二次推出，如图 6－21(c)所示。

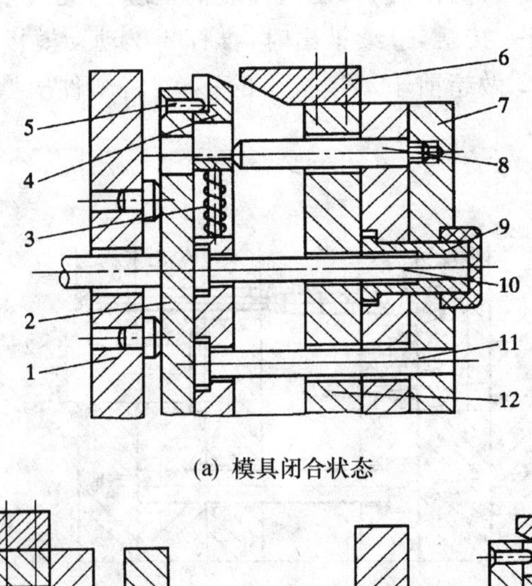

(a) 模具闭合状态

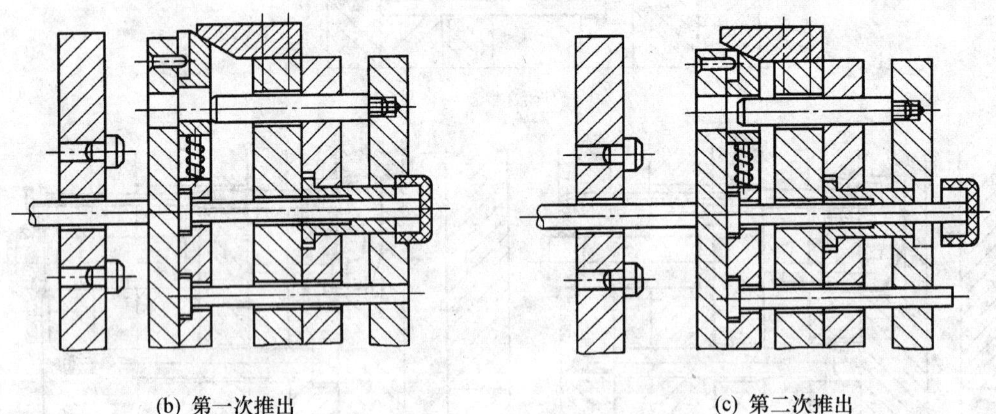

(b) 第一次推出　　(c) 第二次推出

1－动模座板；2－推板；3－弹簧；4－滑块；5－销钉；6－斜楔；7－凹模板；
8－推杆；9－型芯；10－中心推杆；11－复位杆；12－支承板

图 6－21　斜楔滑块式二次推出机构

4. 钢球式二次推出机构

图 6－22 所示为钢球式二次推出机构，是采用复位杆与钢球配合完成二次推出的过程。如图 6－22(a)所示，模具闭合时，钢球 7 将复位杆 1 和活动衬套 5 连接成为一个构件。推出机构开始动作时，由复位杆 1 通过钢球 7 带动活动衬套 5 推动动模板 8 与推杆 2 一起将塑件推出，使塑件脱出型芯 9，完成第一次推出动作，如图 6－22(b)所示。当钢球 7 移动一定距离进入衬套 4 的凹槽后，复位杆 1 与活动衬套 5 的连接关系解除，动模板 8 停止移动，而推杆 2 继续推出塑件，完成第二次推出，将塑件从模具中完全脱出，如图 6－22(c)所示。

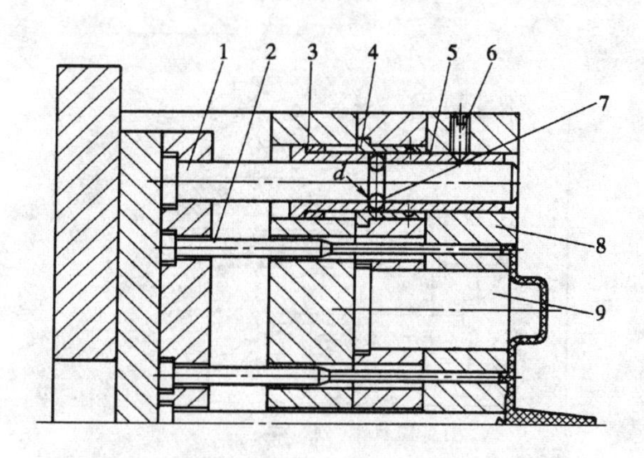

(a) 模具闭合状态

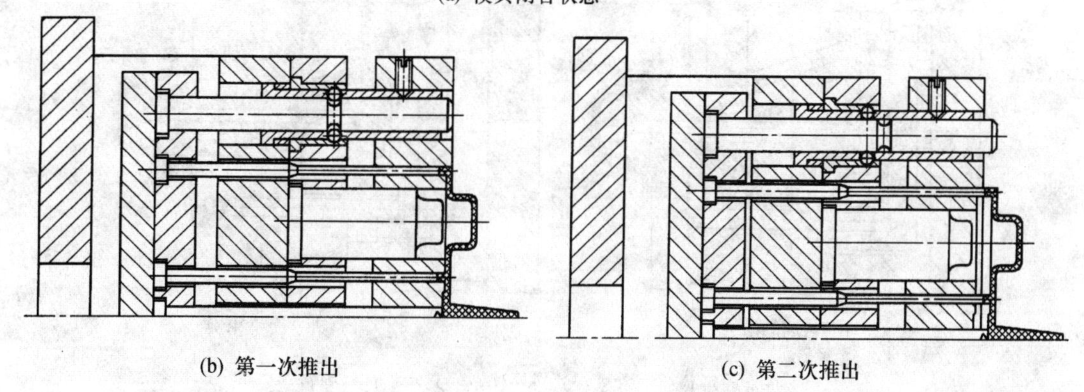

(b) 第一次推出　　(c) 第二次推出

1－复位杆；2－推杆；3－橡胶垫；4－衬套；5－活动衬套；
6－止动螺钉；7－钢球；8－动模板；9－型芯

图 6－22　钢球式二次推出机构

5. 滑块式二次推出机构

滑块式二次推出机构是利用斜导柱驱动滑块移动完成二次推出过程的。如图 6－23(a)所示，在推杆固定板上装有滑块 2，斜导柱 3 固动在支承板 4 内，型芯 7 上设置了带有弹簧自动复位的中心推杆 6。推出机构开始运动时，推杆 9 推动凹模板 8，使塑件与型芯脱离，完成第一次推出，如图 6－23(b)所示。与此同时，由于斜导柱 3 的作用使滑块 2 在推杆固定板 1 上运动，当滑块 2 的斜面与中心推杆 6 的尾端接触后，压迫中心推杆向前，完成第二次推出，将塑件从凹模板 8 上脱出，如图 6－23(c)所示。

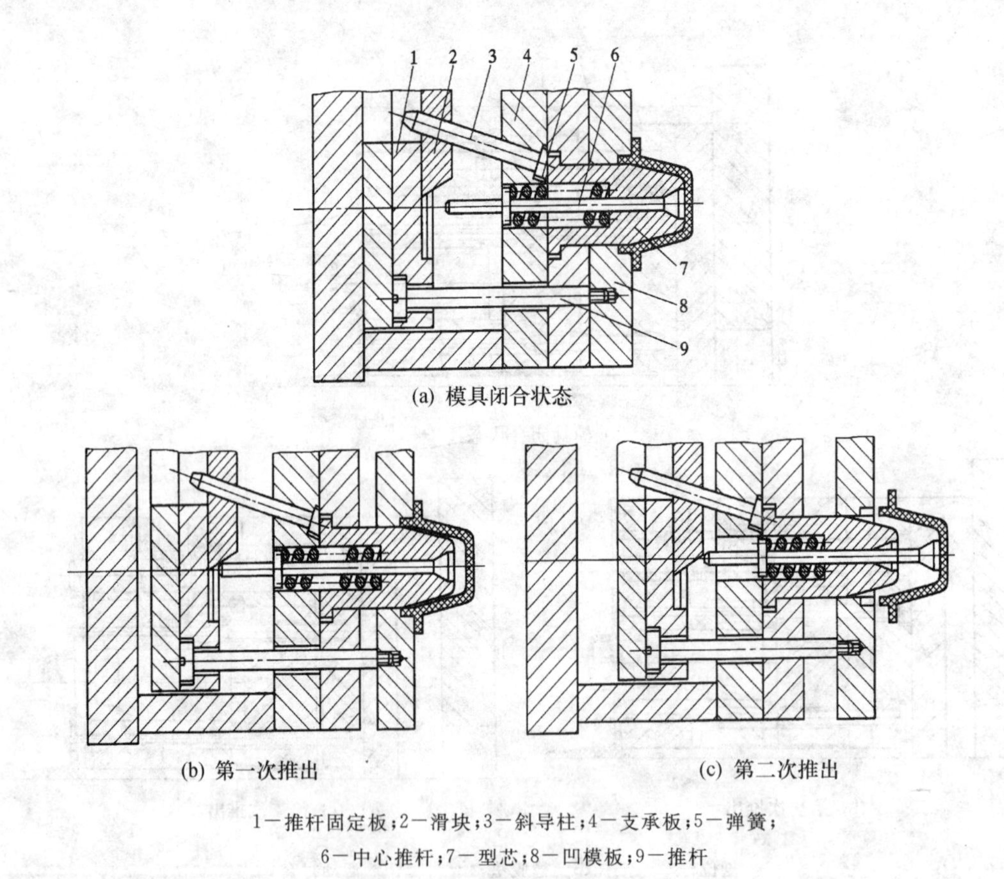

1－推杆固定板；2－滑块；3－斜导柱；4－支承板；5－弹簧；
6－中心推杆；7－型芯；8－凹模板；9－推杆

图 6－23 滑块式二次推出机构

6. 液(气)压缸二次推出机构

采用液(气)压缸进行二次推出适合于推出力比较大的大中型塑件。图 6－24(a)所示为采用液压缸的二次推出机构。推出时，先由液压缸5推动凹模板4，使塑件脱出型芯2，完成第一次推出，如图6-24(b)所示。再由注射机中心顶杆推动推杆1将塑件从凹模板4上推出，完成第二次推出过程，如图6-24(c)所示。

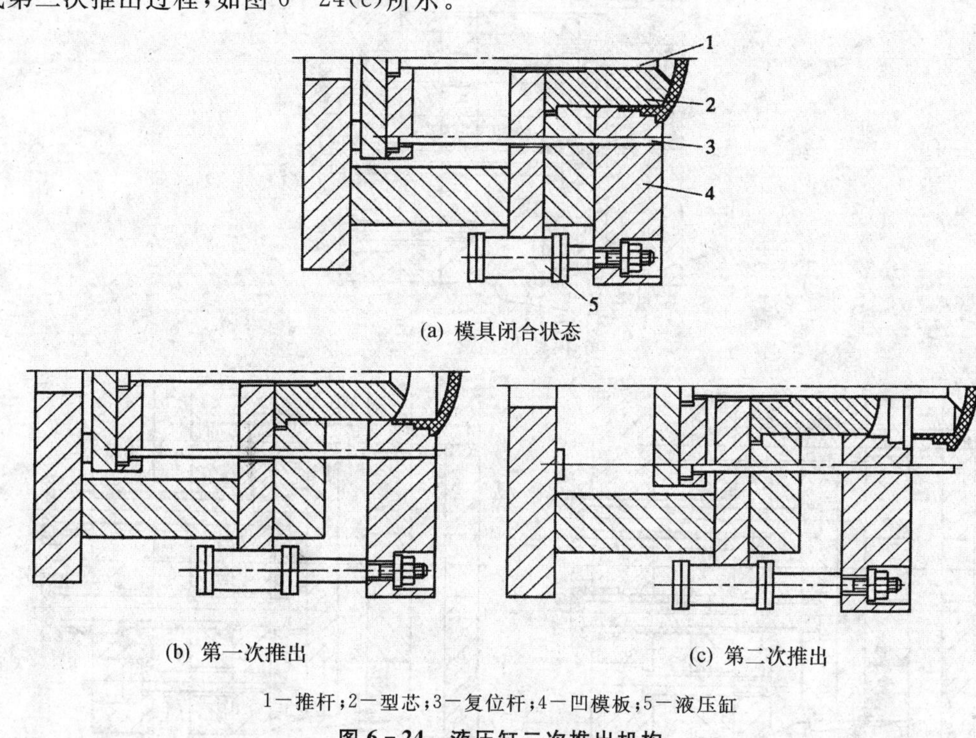

(a) 模具闭合状态

(b) 第一次推出　　(c) 第二次推出

1—推杆；2—型芯；3—复位杆；4—凹模板；5—液压缸

图6-24　液压缸二次推出机构

6.4.2　双推板二次推出机构

双推板二次推出机构是在注射模具中设置两组推板，分别带动一组推出零件实现塑件的二次推出。

1. 摆钩式二次推出机构

这里介绍两种摆钩式二次推出的模具结构。

图6-25所示是摆钩式二次推出机构的模具结构之一。在推出机构尚未动作之前，摆钩5将推板6、推板7和推杆固定板8连接在一起，如图6-25(a)所示。推出时，注射机中心推顶杆推动推板7，由于摆钩5的作用，推板6也同时被带动，从而使推杆9推动凹模板3与推杆2同时移动，使塑件脱离型芯1，完成第一次推出，如图6-25(b)所示。接着摆钩5被打开，此时推板6停止移动，而推板7继续移动，推动推杆2将塑件顶出凹模板3，完成第二次推出过程，

如图 6－25(c)所示。

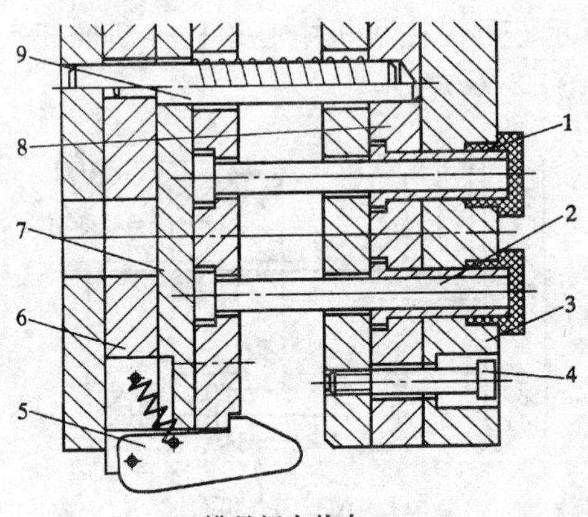

(a) 模具闭合状态

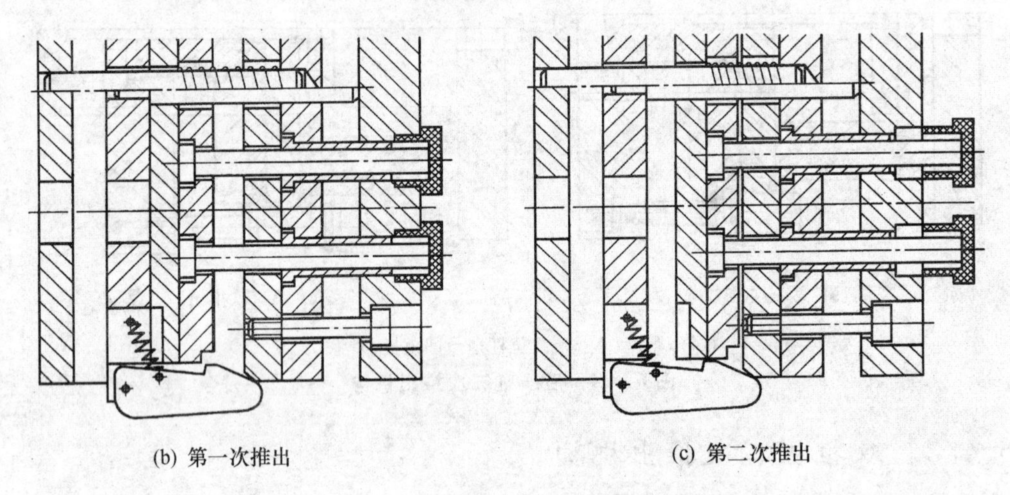

(b) 第一次推出

(c) 第二次推出

1－型芯；2－推杆；3－凹模板；4－限位螺钉；5－摆钩；6－推板；
7－推板；8－推杆固定板；9－推杆

图 6－25　摆钩式二次推出机构之一

图 6－26 所示为摆钩式二次推出机构的另一种模具结构。摆钩 8 使推板 6 和推杆固定板 7 锁在一起，如图 6－26(a)所示。推出时，由于摆钩 8 的锁紧作用，使推板 6 和推杆固定板 7 同时动作，凹模板 1 在推杆 2 的推动下，与推杆 4 同时推动塑件脱离型芯 3，完成第一次推出，如图 6－26(b)所示。继续推出时，摆钩在支承板 9 斜面的作用下脱开，推板 6、推杆 2 及凹模板 1 停止运动，而推杆 4 则继续推动塑件，使其从凹模板 1 中脱出，完成第二次推出过程，如图 6－26(c)所示。

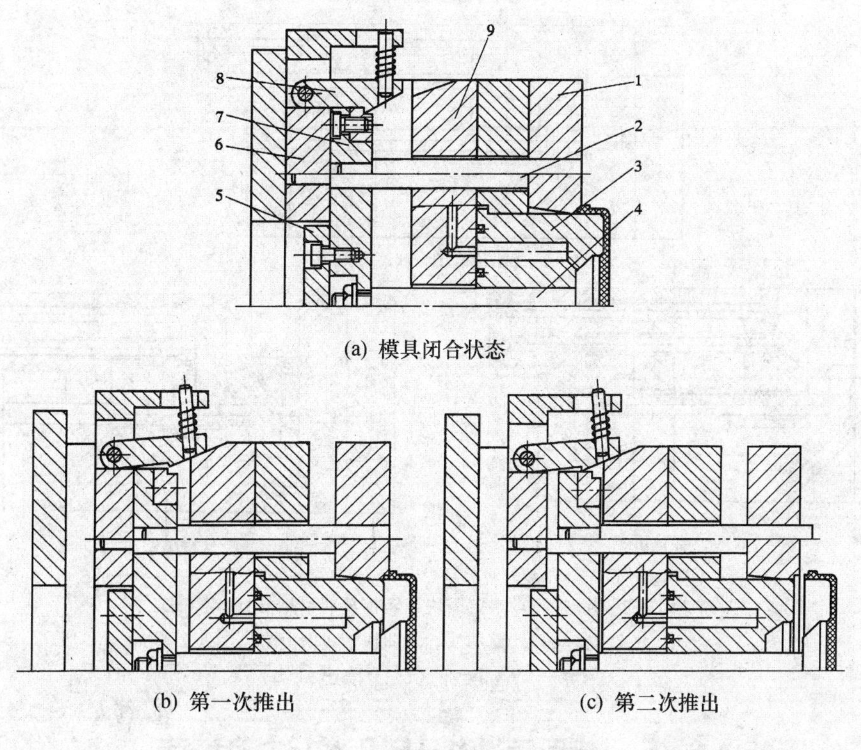

(a) 模具闭合状态

(b) 第一次推出　　(c) 第二次推出

1—凹模板；2—推杆；3—型芯；4—推杆；5—推板；6—推板；
7—推杆固定板；8—摆钩；9—支承板

图 6-26　摆钩式二次推出机构之二

2. 摆杆式二次推出机构

摆杆式二次推出机构如图 6-27 所示，摆杆 6 用转轴固定在与支承板固定在一起的支块 7 上。图 6-27(a)所示为推出机构尚未动作时的状态。推出时，注射机顶杆推动凹模板 1，由于定距块 3 的作用，使推杆 5 和推杆 2 一起动作将塑件从型芯 10 上推出，直到摆杆 6 与凹模板 1 相接触为止，完成第一次推出，如图 6-27(b)所示。继续推出时，推杆 2 继续推动凹模板 9，而摆杆 6 在凹模板 1 的作用下转动，推动推板 4 快速运动，带动推杆 5 将塑件从凹模板 9 中脱出，完成第二次推出，如图 6-27(c)所示。

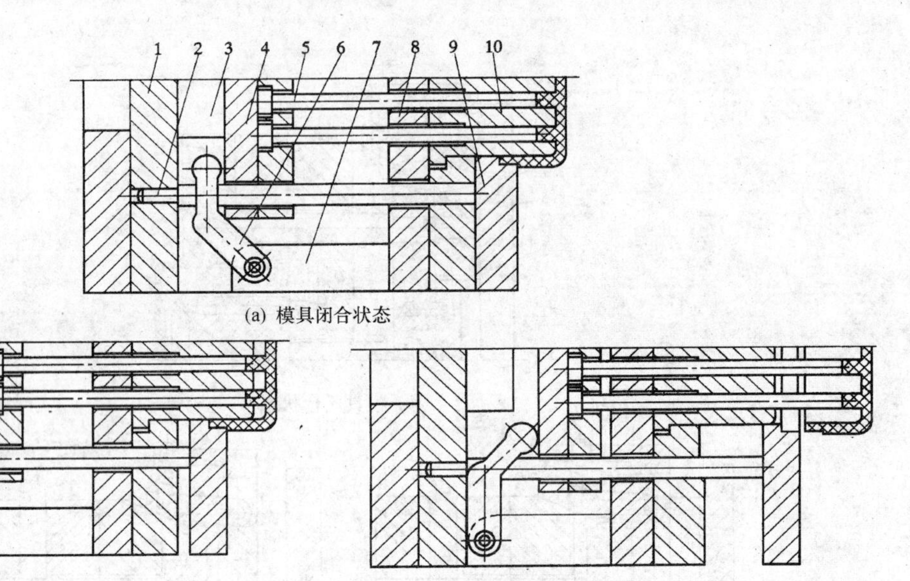

(a) 模具闭合状态

(b) 第一次推出　　　　(c) 第二次推出

1—凹模板；2—推杆；3—定距块；4—推板；5—推杆；6—摆杆；
7—支块；8—支承板；9—凹模板；10—型芯

图 6－27　摆杆式二次推出机构

6.5　顺序推出机构注射模

在实际生产中，有些塑件因其结构形状特殊，开模后既有可能留在动模一侧，也有可能留在定模一侧，此时就需要采用定、动模双向顺序推出机构。即在定模部分增加一个分型面，在开模时确保该分型面首先定距打开，让塑件先从定模部分脱出留在动模的部分，然后模具分型，由动模部分的推出机构推出塑件。

6.5.1　顺序推出机构常见类型

1. 弹簧式顺序推出机构

弹簧式顺序推出机构是采用在定模一侧设置弹簧的方法保证定、动模双向顺序推出，如图 6－28所示。开模时，由于弹簧 7 的作用，定模推件板 5 将塑件由型芯 3 上脱出，并使塑件停留在动模一侧。模具继续打开，限位板 9 拉住圆柱销 8 后，定模推件板 5 停止运动，使凹模板 4 与定模推件板 5 分型，最后推杆 1 将塑件从凹模板 4 中推出。

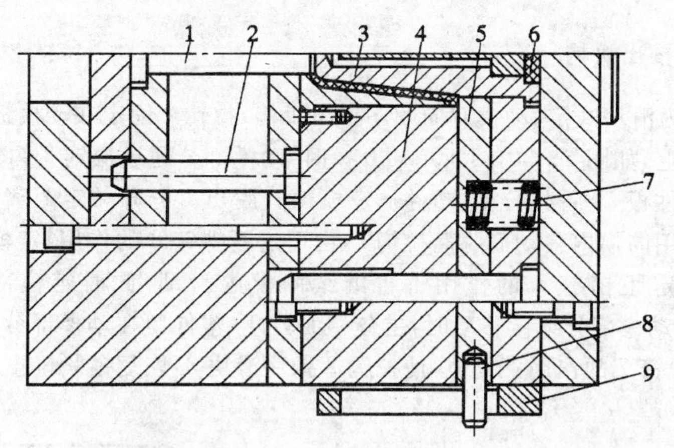

1—推杆；2—导柱；3—型芯；4—凹模板；5—定模推件板；
6—密封垫；7—弹簧；8—圆柱销；9—限位板

图 6－28　弹簧式顺序推出机构

2. 摆钩式顺序推出机构

图 6－29(a)所示为利用摆钩控制定、动模双向顺序推出的机构。开模时，斜楔 2 作用于拉钩 5，迫使推件板 3 与定模板 1 首先分型，塑件由定模型芯 10 上脱出，使塑件留在动模一侧。模具继续打开，当斜楔 2 脱离拉钩 5 后，拉钩 5 由于弹簧 4 的作用脱离开推件板 3，镶块 7 与推件板 3 分型，然后注射机推出装置推动推杆 9 将塑件与镶块 7 一同推出，在模外分开镶块 7，取出塑件，如图 6－29(b)所示。

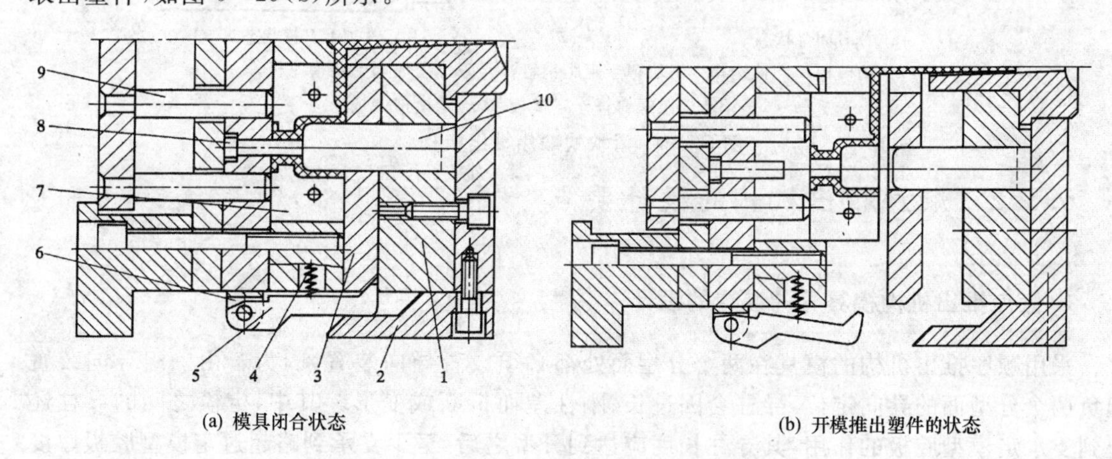

(a) 模具闭合状态　　(b) 开模推出塑件的状态

1—定模板；2—斜楔；3—定模推件板；4—弹簧；5—拉钩；6—支座；
7—镶块；8—型芯；9—推杆；10—定模型芯

图 6－29　摆钩式顺序推出机构

3. 滑块式顺序推出机构

图 6－30 所示为滑块式定、动模双向顺序推出机构，拉钩 2 固定在动模板 1 上，限位压块 5 固定在定模座板 6 上，如图 6－30(a)所示。开模时，动模部分通过拉钩 2 钩住滑块 3，因此，定模座板 6 与定模推件板 10 首先分型，塑件从定模部分脱出。分开一定距离后，滑块 3 受到限位压块 5 斜面的作用向模内移动而脱离拉钩 2，由于定距螺钉 8 的作用，定模板 9 不再继续移动，滑块 3 也由于定距销钉 4 的作用不再继续向模内滑动，此时定模部分分型结束，如图 6－30(b)所示。动模部分继续移动时，主分型面打开，塑件留在动模部分由推出机构推出。闭模时，滑块 3 在弹簧 7 的作用下复位，使拉钩 2 钩住滑块 3，恢复锁紧位置。

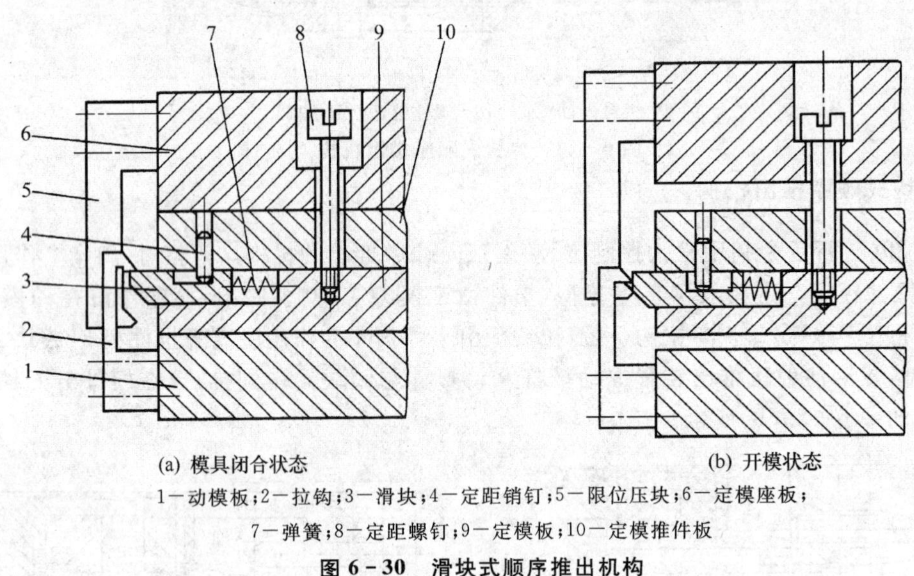

(a) 模具闭合状态　　(b) 开模状态

1－动模板；2－拉钩；3－滑块；4－定距销钉；5－限位压块；6－定模座板；

7－弹簧；8－定距螺钉；9－定模板；10－定模推件板

图 6－30　滑块式顺序推出机构

6.5.2　顺序推出机构的设计要点

1. 顺序推出机构模具导向装置的设计

采用顺序推出机构的模具在两个分型面处都必须设置导向装置，因为若由一组导向装置担负两个分型面的导向定位，导柱会因过长、刚性差而折断或变形。其中，定模之间的导柱还起到支承定模型腔板的作用，其导柱长度应达到分型之后，至少支承到略超过定模型腔板厚度一半的位置。

2. 利用弹簧分型时弹簧的设计

要求弹簧有足够的开模力和分型距离。弹簧的分布应使开模动作平稳，常采用 2 盘或 4

盘弹簧，圆形弹簧钢丝直径一般取2 mm以上。

3. 定距装置的限位距离

定距装置的限位距离应与计算的分型距离相等或略长一点，通常采用限位螺钉或限位板限位。前者一般布置在模具内部，后者布置在模具侧壁。

6.6　带螺纹塑件的脱模

带有螺纹的塑件的脱模方式有：强制脱螺纹、手动脱螺纹、机动脱螺纹和其他动力源脱螺纹4种方式。

1. 强制脱螺纹

强制脱螺纹即用推件板推出机构直接将带螺纹的塑件推出模外。如图6-31所示，带有内螺纹的塑件成型后包紧在螺纹型芯1上，推杆3在注射机推出装置的作用下推动推件板2，强制将塑件从螺纹型芯1上脱出。采用强制螺纹的方法受到一定条件的限制：首先，塑件使用的应是柔韧性好的塑料；其次，螺纹应是半圆形粗牙螺纹，螺纹高度 h 小于螺纹外径 d 的25%；另外，塑件必须有足够的厚度吸收弹性变形能。

2. 手动脱螺纹

手动脱螺纹又分模内手动脱螺纹和模外手动脱螺纹两种。采用手动脱螺纹的方式，模具结构较简单，但生产效率低，工人劳动强度大。

图6-32所示为最简单的模内手动脱螺纹机构。塑件成型后，先用专用工具将螺纹侧型芯旋出，然后在开模推出塑件。设计时应注意螺纹侧型芯上的两段螺纹螺距和旋向均应相同。

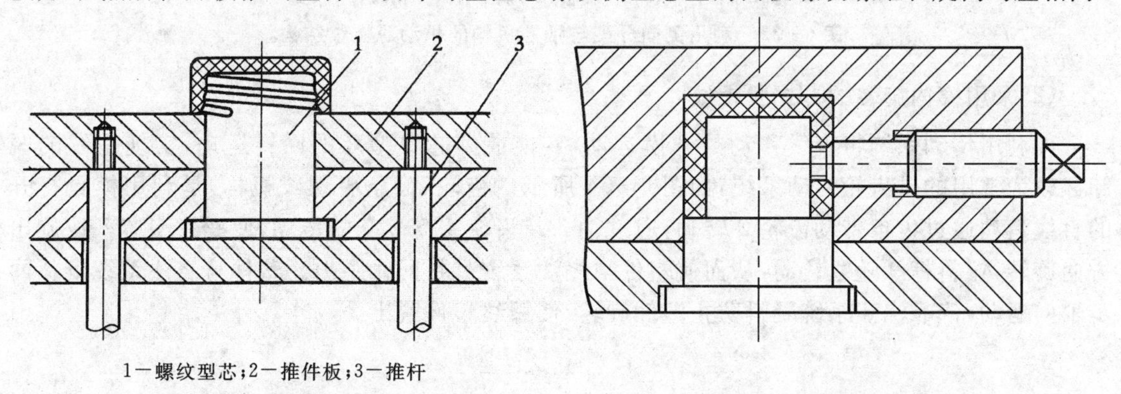

1—螺纹型芯；2—推件板；3—推杆

图6-31　强制脱螺纹

图6-32　模内手动脱螺纹

模外手动脱螺纹时，螺纹型芯或型环被设计成活动镶件。成型后随塑件一起被推出模外，由工人手动旋出。其设计要求详见 5.2.3(螺纹型芯与螺纹型环)。

3. 机动脱螺纹

(1)利用侧向分型与抽芯机构实现脱螺纹

利用这种方式脱螺纹，螺纹型芯或螺纹型环应设计成拼合式，如图 6－33(a)所示。但型芯或型环采用拼合结构，会在塑件上留下明显的拼缝痕迹，为使拼缝不影响螺纹的旋合，常将塑件设计成图 6－33(b)所示结构。因此，这种方式只有在对螺纹精度和外观要求不高时才采用。

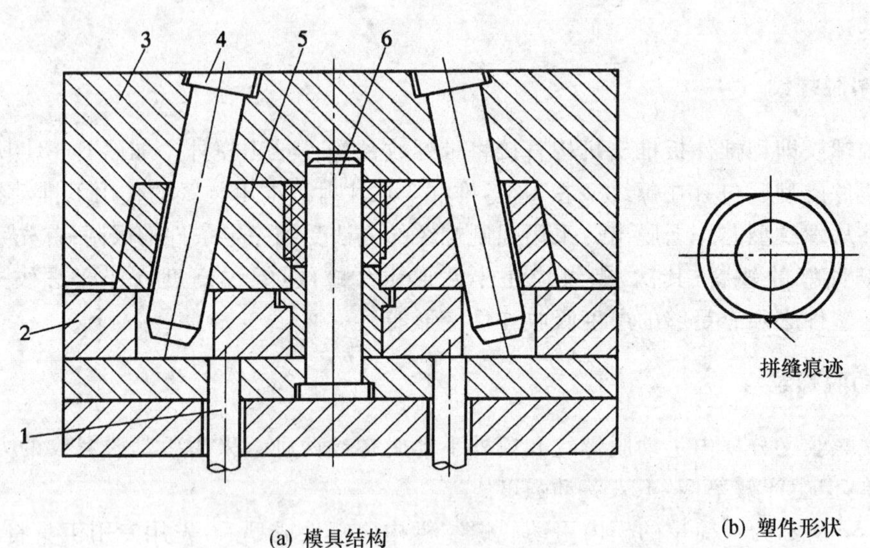

(a) 模具结构 (b) 塑件形状

1—推杆；2—推件板；3—定模板；4—斜导柱；5—滑块；6—型芯

图 6－33 利用侧向分型与抽芯机构的机动脱螺纹结构

(2)采用模内旋转的方式脱螺纹

即利用传动系统将直线移动的开模运动，变换成型芯或型环的回转运动，实现螺纹的脱卸。较为常用的是齿轮传动系统，如图 6－34 所示的齿轮、齿条脱螺纹机构，是利用模具打开的直线运动通过齿条带动齿轮 2 转动，通过轴 3 及齿轮 4、5、6、7 的传动，使螺纹型芯 8 按旋出方向旋转，拉料杆 9 随之转动，从而使塑件与浇注系统凝料同时脱出。塑件与浇注系统凝料同步轴向运动，依靠浇注系统凝料防止塑件旋转，使螺纹塑件脱出。

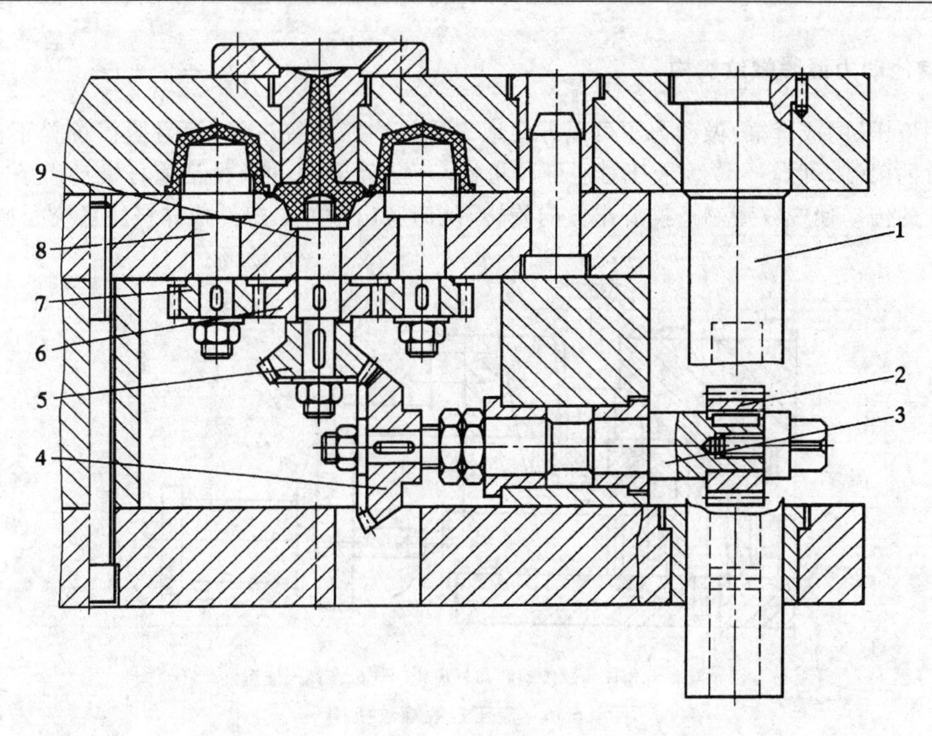

1—齿条;2—齿轮;3—轴;4、5、6、7—齿轮;8—螺纹型芯;9—拉料杆

图 6-34　利用齿轮传动的机动脱螺纹结构

许多带内螺纹的塑件要采用模内旋转的方式脱出。使用这种方式脱螺纹时应注意，塑件与螺纹型芯之间要有周向的相对转动和轴向的相对移动，因此，螺纹塑件必须有止转的结构，常见的止转结构如图 6-35 所示。

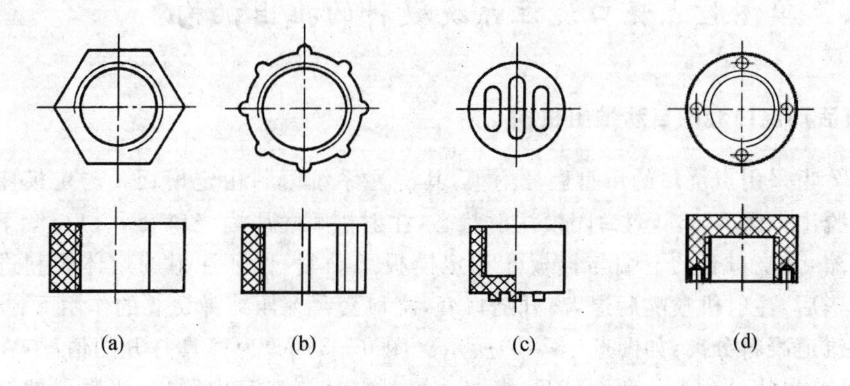

图 6-35　螺纹塑件的止转结构

4. 其他动力源脱螺纹机构

采用液压缸(或气缸)做动力源可以方便地完成模内脱螺纹工作,而且脱模位置不受模具打开位置的限制。图6-36为液压缸脱螺纹机构,开模后,液压缸5的活塞杆推动齿条4,通过齿轮1、3的传动使螺纹型芯2按旋出方向旋转,从而脱出塑件。塑件依靠浇注系统凝料止转。

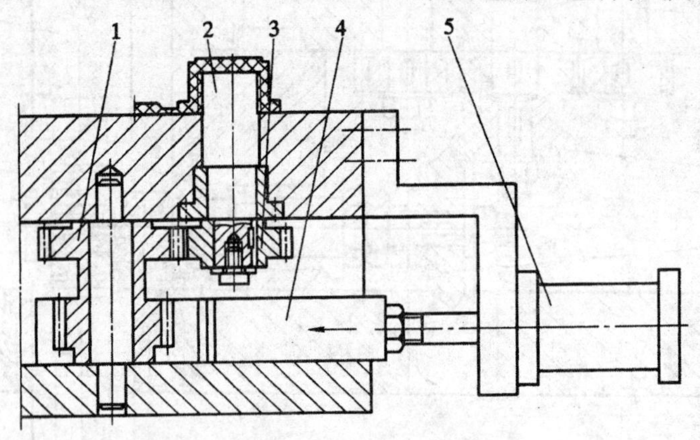

1—双联齿轮;2—螺纹型芯;3—齿轮;4—齿条;5—液压缸

图6-36 液压缸脱螺纹机构

6.7 浇注系统凝料的推出机构

6.7.1 单型腔点浇口浇注系统凝料的推出机构

1. 带有活动浇口套的自动推出机构

图6-37为采用点浇口的单型腔注射模,其浇注系统凝料由定模板1与定模座板5之间的挡板自动脱出。图6-37(a)为闭模注射状态,注射机喷嘴压紧浇口套7,浇口套下面的压缩弹簧6被压缩,使浇口套的下端与挡板3和定模板1贴紧,保证注射的熔体顺利进入模具型腔。注射完毕后,注射机喷嘴后退,离开浇口套,浇口套7在压缩弹簧6的作用下弹起,这使得浇口套与主流道凝料分离,如图6-37(b)所示。图6-37(c)为模具打开的情况,在开模力的作用下,模具首先从$A-A$分型面打开,浇注系统凝料从浇口套中脱出,当限位螺钉4起作用时,挡板3停止运动。此时挡板3与凹模板1开始分型,将点浇口拉断,浇注系统凝料在重力作用下自动脱落。

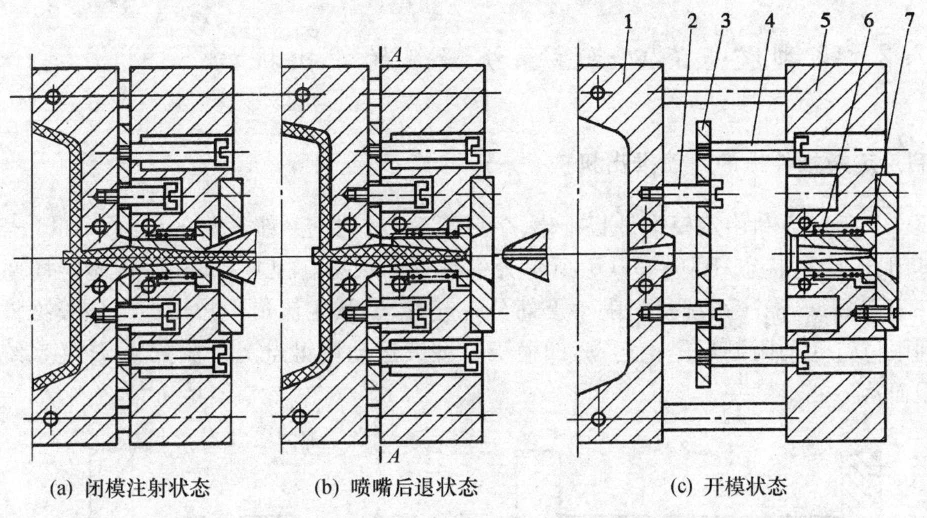

(a) 闭模注射状态　(b) 喷嘴后退状态　(c) 开模状态

1—凹模板；2—限位螺钉；3—挡板；4—限位螺钉；5—定模座板；6—压缩弹簧；7—浇口套

图 6-37　带活动浇口套的推出机构

2. 带有凹槽浇口套的挡板自动推出机构

图 6-38 所示为带有凹槽浇口套的单型腔点浇口浇注系统凝料的自动推出机构，带有凹槽的浇口套 7 采用 H7/m6 的过渡配合固定在定模板 2 上，浇口套与挡板 4 以锥面定位。图 6-38(a)为模具闭合时的情况，弹簧 3 被压缩。图 6-38(b)所示为模具打开时，在弹簧 3 的作用下模具分型，由于浇口套内开有凹槽，将浇注系统凝料从定模座板中脱出。模具继续打开，限位螺钉 6 起作用时，挡板 4 停止运动，浇口被拉断，浇注系统凝料靠自重落下。

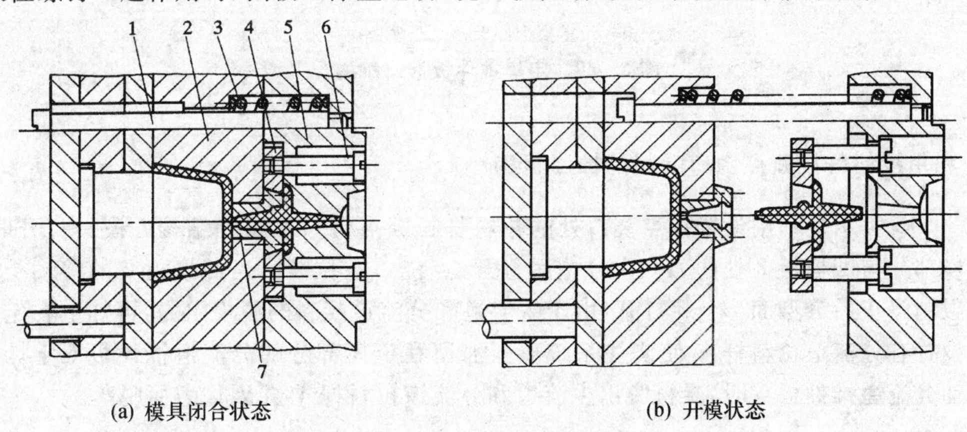

(a) 模具闭合状态　(b) 开模状态

1—定距拉杆；2—定模板；3—弹簧；4—挡板；5—定模座板；6—限位螺钉；7—浇口套

图 6-38　带凹槽浇口套的推出机构

6.7.2 多型腔点浇口浇注系统凝料的推出机构

1. 利用定模推件板的自动推出机构

图 6－39 所示为利用定模推件板推出多型腔点浇口浇注系统凝料的结构。图 6－39(a)所示为模具闭合、注射状态；图 6－39(b)所示为模具打开状态。模具打开时，首先定模座板 1 与定模推件板 2 分型，浇注系统凝料随动模部分一起移动，从主流道中拉出。当定模推件板 2 的运动受到限位钉 4 的限制后停止运动，凹模板 3 继续运动使得点浇口被拉断，浇注系统凝料因重力作用而落下。

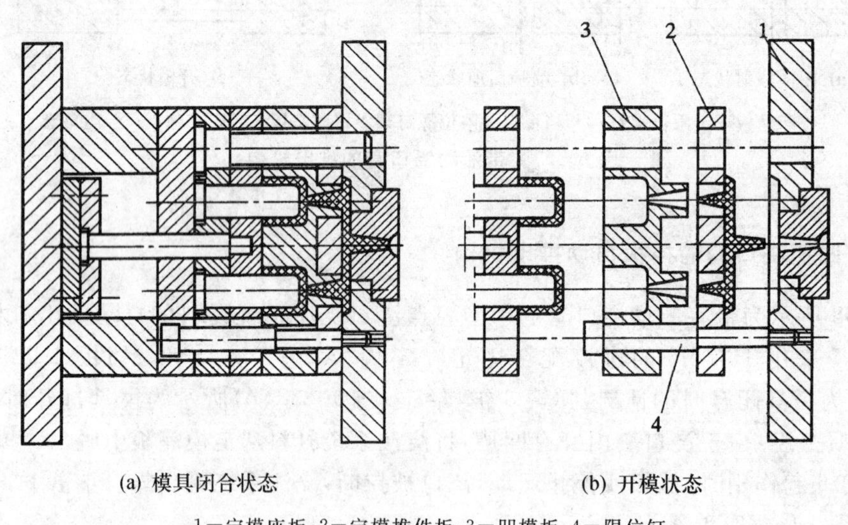

(a) 模具闭合状态　　(b) 开模状态

1－定模座板；2－定模推件板；3－凹模板；4－限位钉

图 6－39　定模推件板推出机构

2. 利用拉料杆拉断点浇口凝料的推出机构

图 6－40 所示是利用设置在点浇口处的拉料杆拉断点浇口凝料的结构。模具打开时，首先由动模部分与凹模板 2 处的 $A-A$ 分型面打开，点浇口被拉断。当凹模板 2 的移动受到拉板 7 的限制停止后分型面 $B-B$ 打开，由于主流道和分流道凝料的脱模阻力，再加上在定模座板 5 上设置有分流道拉料杆 4，使浇注系统凝料滞留在定模部分的分流道推件板 6 上。当拉杆 1 拉动分流道推件板 6 时，凝料脱出主流道和分流道拉料杆 4，并因重力而脱落。

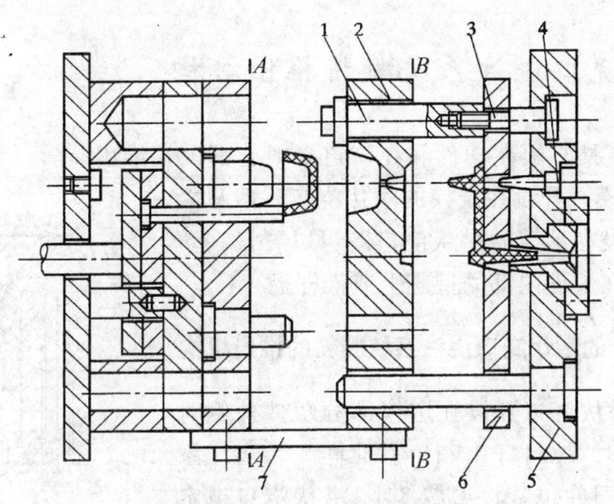

1—拉杆；2—凹模板；3—限位螺钉；4—分流道拉料杆；
5—定模座板；6—分流道推件板；7—拉板

图 6-40 拉料杆推出机构

3. 利用分流道斜孔拉断点浇口凝料的推出机构

图 6-41 所示为利用分流道末端的斜孔将点浇口拉断，并使点浇口凝料推出的结构。模具打开时，由于塑件包紧型芯，点浇口被拉断，同时由于主流道拉料杆的作用使主流道凝料从主流道 7 中脱出。模具继续打开，拉料杆 1 的球头被凹模板 2 从主流道凝料中脱出，由于斜孔中凝料的拉力，使浇注系统凝料从凹模板 2 中被拉出。浇注系统凝料靠自重坠落。图 6-41(b)所示为分流道末端斜孔的尺寸。

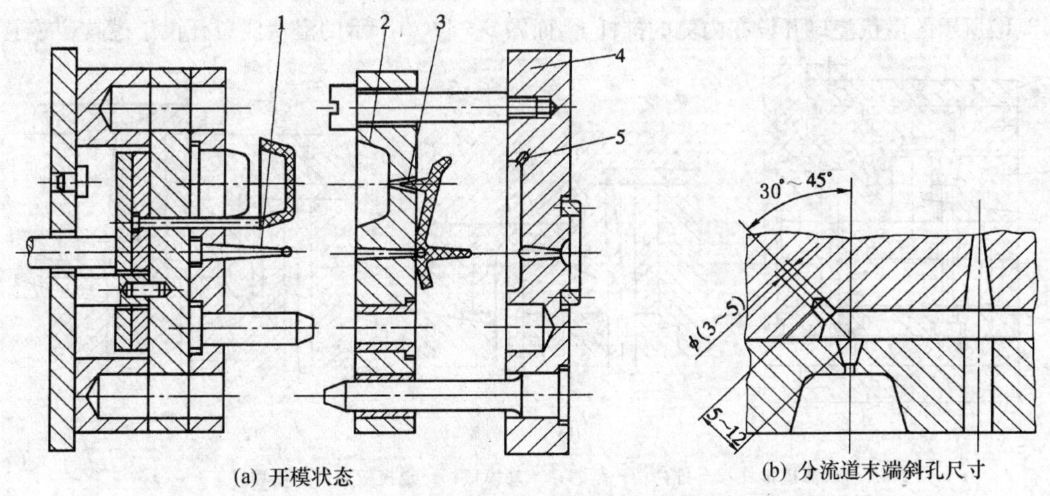

(a) 开模状态　　(b) 分流道末端斜孔尺寸

1—主流道拉料杆；2—凹模板；3—浇注系统凝料；4—定模座板；5—分流道斜孔

图 6-41 分流道末端斜孔推出机构

6.7.3 潜伏浇口浇注系统凝料推出机构

采用潜伏浇口的模具必须在塑件和在流道凝料上都设置推出装置。潜伏浇口可以开设在定模,也可以开设在动模。开设在定模的潜伏浇口一般只能开设在塑件的外侧;开设在动模的潜伏浇口既可以开设在塑件的外侧,也可以开设在塑件内部的型芯上或推杆上。

1. 开设在定模部分的潜伏浇口浇注系统凝料的推出机构

图 6-42 所示为潜伏浇口开设在定模部分塑件外侧时的模具结构,模具打开时,拉料杆 1 和流道推杆 2 将浇注系统凝料拉向动模一侧,塑件包紧在型芯 3 上,潜伏浇口被定模镶块 5 切断。推出时,推杆 4 推出塑件,流道推杆 2 将浇注系统凝料从拉料杆 1 的球头上推出。

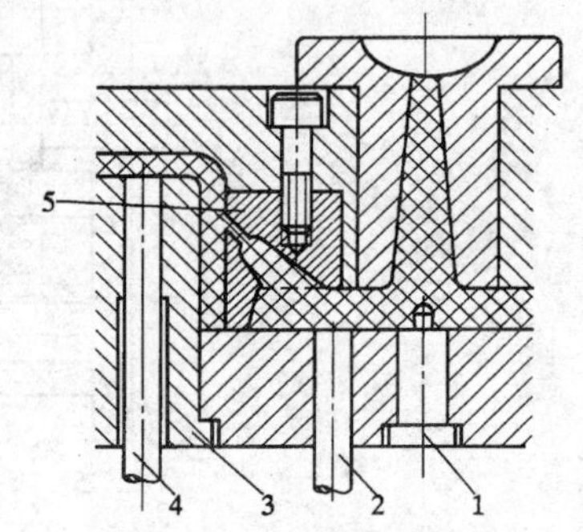

1—拉料杆;2—流道推杆;3—型芯;4—推杆;5—定模镶块

图 6-42 开设于定模的潜伏浇口

2. 开设在动模部分的潜伏浇口浇注系统凝料的推出机构

图 6-43 所示为开设在动模的潜伏浇口。其中图6-43(a)所示为潜伏浇口开设在塑件外侧的结构形式。开模时,因塑件包紧在型芯 3 上,以及浇注系统设倒锥冷料穴的拉料作用,塑件和浇注系统凝料全部留在动模一侧。推出时,潜伏浇口被动模板 4 切断,推杆 2 与流道推杆 1 分别推出塑件和浇注系统凝料。图 6-43(b)、(c)所示为潜伏浇口开设在塑件内侧的结构形式,推出时,推杆 2 将潜伏浇口切断,推杆 2 和流道推杆 1 分别将塑件和浇注系统凝料推出。不同的是图 6-43(b)所示的潜伏浇口开设在内侧的推杆上,而图 6-43(c)所示的潜伏浇口开设于模具型芯上。

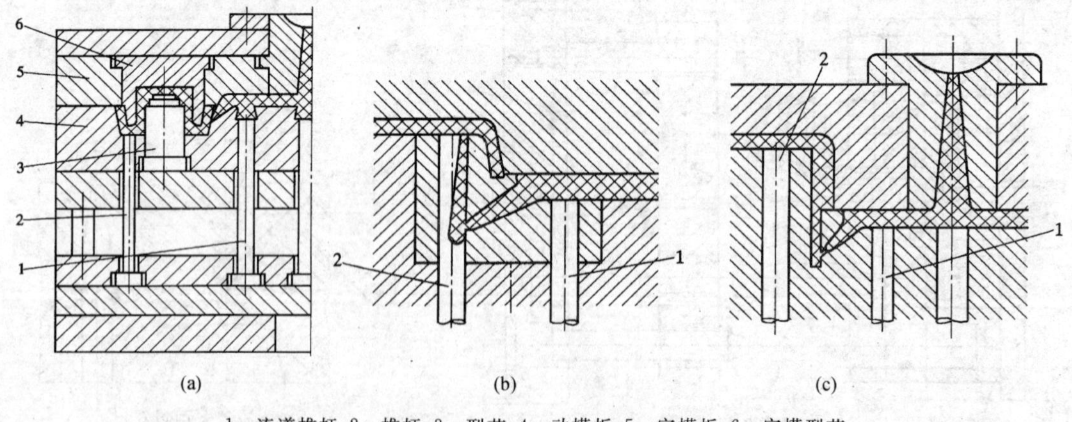

1—流道推杆;2—推杆;3—型芯;4—动模板;5—定模板;6—定模型芯

图 6-43 开设于动模的潜伏浇口

6.8　注射模顺序分型装置的设计

双分型面注射模的两个分型面分别用于取出塑件与浇注系统凝料。为了控制两个分型面的打开顺序和打开距离，就需要在模具上增加顺序分型、定距拉紧装置。

6.8.1　摆钩式顺序分型装置

摆钩式顺序分型装置是利用摆钩机构控制双分型面注射模两个分型面的打开顺序，如图 6-44 所示。图中模具有 A—A、B—B 两个分型面，A—A 分型面作为取出浇注系统凝料之用，B—B 分型面的作用是取出塑件。顺序分型机构由挡块 1、摆钩 2、转轴 3、压块 4、弹簧 5 和限位螺钉 14 组成。模具打开时，由于固定在中间板 8 上的摆钩 2 拉住支承板 11 上的挡块 1，模具只能从 A—A 分型面分型，这时点浇口被拉断，浇注系统凝料脱出。模具继续打开到一定距离后，压块 4 与摆钩 2 接触，在压块 4 的作用下摆钩 2 摆动并与挡块 1 脱开，中间板 8 在限位螺钉 14 的限制下停止移动，模具由 B—B 分型面分型。

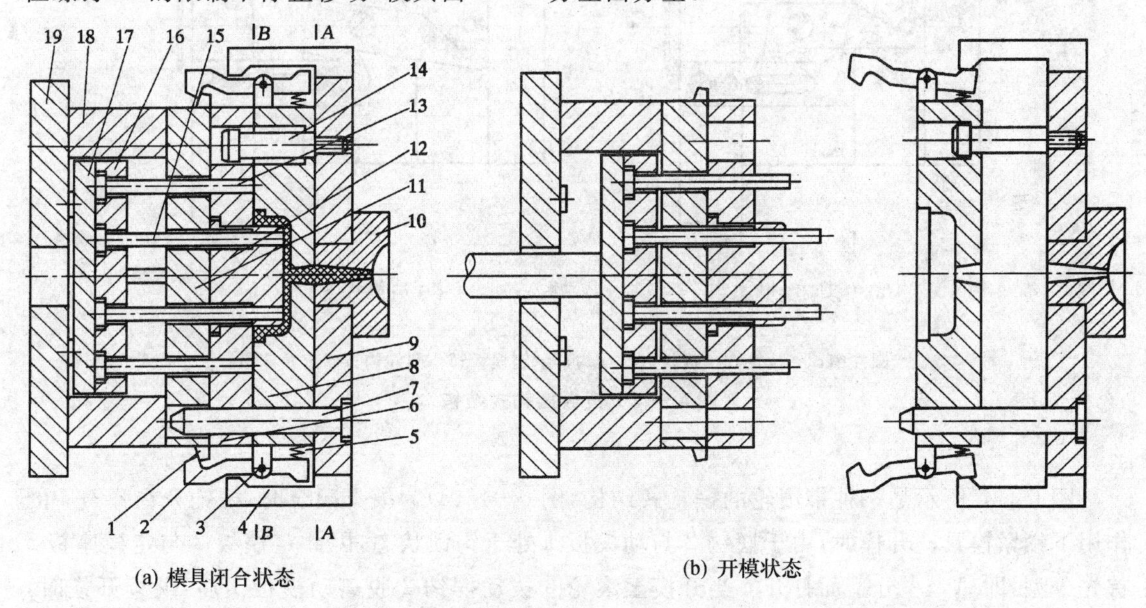

(a) 模具闭合状态　　(b) 开模状态

1—挡块；2—摆钩；3—转轴；4—压块；5—弹簧；6—型芯固定板；7—导柱；8—中间板；

9—定模座板；10—浇口套；11—支承板；12—型芯；13—复位杆；14—限位螺钉；

15—推杆；16—推杆固定板；17—推板；18—垫块；19—动模座板

图 6-44　摆钩式顺序分型装置

在模具设计时，摆钩和压块要对称布置于模具两侧；摆钩拉住档块的角度应取 1°～3°，在模具安装时，摆钩要水平放置，以保证摆钩在开模过程中的动作可靠。

图 6－45 所示为另一种摆钩式结构。模具闭合时，由于弹簧 2 的作用使摆钩 4 钩住圆柱销 6，如图 6－45(a)所示。开模时，由于拉簧 2 的作用，摆钩 4 与圆柱销 1 处于钩锁状态，因此定模座板 7 与定模板 5 首先分型，分型面 $A-A$ 打开，当分型至一定距离后，拨板 3 拨动摆钩 4 使其转动，与圆柱销 1 脱开，随后由于拨板 3 上的长孔与圆柱销 6 的定距限位作用，定模板 5 停止运动，从而使分型面 $B-B$ 打开，如图 6－45(b)所示。此种摆钩式机构，销紧可靠，适用范围广。

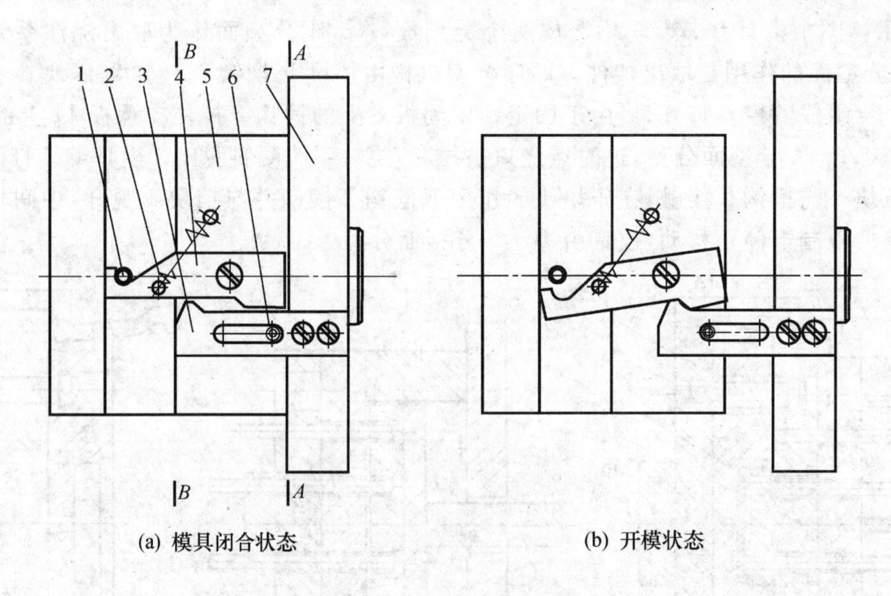

(a) 模具闭合状态　　(b) 开模状态

1—圆柱销；2—拉簧；3—拨板；4—摆钩；5—定模板；6—圆柱销；7—定模座板

图 6－45　拨板摆钩式结构

图 6－46 所示是一种带滚轮的摆钩式结构，图 6－46(a)为模具闭合时，摆钩 2 在弹簧 4 的作用下锁紧模具。开模时，由于摆钩 2 与动模板 1 处于钩锁状态，因此定模板 3 与定模座板 5 首先分型，即 $A-A$ 分型面打开。当开模至滚轮 6 拨动摆钩 2 脱离动模板 1 后，继续开模时，由于限位螺钉 7 限制了定模板 3 的继续分型，从而使模具在 $B-B$ 分型面分型，如图 6－46(b)所示。

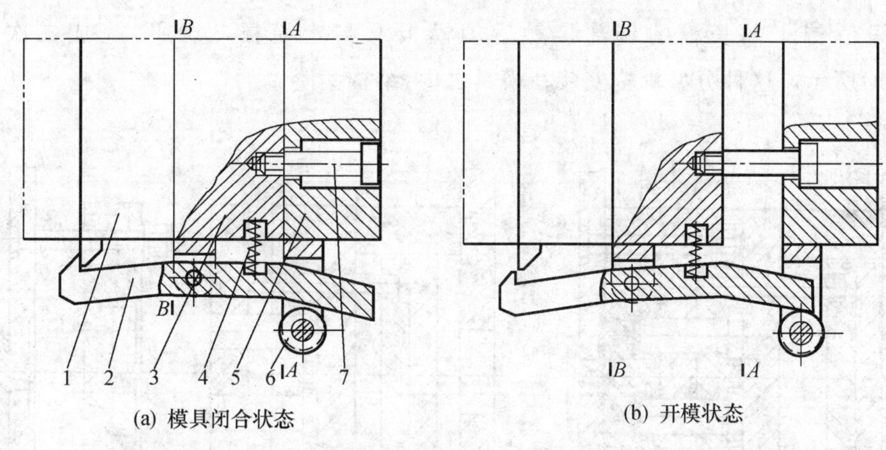

1—动模板；2—摆钩；3—定模板；4—弹簧；5—定模座板；6—滚轮；7—限位螺钉

图6-46　带滚轮的摆钩式结构

6.8.2　弹簧式顺序分型装置

弹簧式顺序分型装置是利用弹簧机构控制双分型面注射模两个分型面的打开顺序的。图6-47所示为弹簧式双分型面注射模的整体结构。模具打开时，弹簧8的弹力使A—A分型面首先打开，中间板9随动模一起左移，主流道凝料随之被拉出。当动模部分移动一定距离后，限位拉杆7端部的螺母挡住了中间板9，使中间板9停止移动。动模继续左移，B—B分型面分型。因塑件包紧在型芯11上，这时浇注系统凝料在浇口处被拉断，然后在A—A分型面之间自动脱落或人工取出。动模继续后退，当注射机的中心顶杆接触推板2时，推出机构开始工作，推件板在复位杆13的推动下将塑件从型芯11上推出，塑件在B—B分型面之间自行落下，如图6-47(b)所示。在该模具中，限位拉杆7还兼作定模导柱，此时，它与中间板9应按导向机构的要求进行配合导向。

图6-48所示为一种弹簧—滚柱式结构的顺序分型装置。合模时拉杆1插入支座2内，弹簧5推动滚柱4将拉杆1卡住。开模时，在拉杆1的空行程L距离内模具进行第一次分型。模具继续打开，拉杆1在滚柱4及弹簧5的作用下受阻，从而带动模具进行第二次分型。弹簧—滚柱式顺序分型、定距拉紧装置结构简单，适用性强，已成为标准系列化产品，直接安装于模具外侧。

图6-49所示为弹簧—限位钉式结构。该机构在导柱2上开有长槽，限位钉1的头部伸进槽中起限位作用，如图6-49(a)所示。开模时，在弹簧5作用下定模座板4与定模板3首先

分型。当限位钉 1 与长槽的端部接触后动模板 6 与定模板 3 分开，完成二次分型，如图 6－49(b)所示。这种分型机构安装在模具之内，结构紧凑。

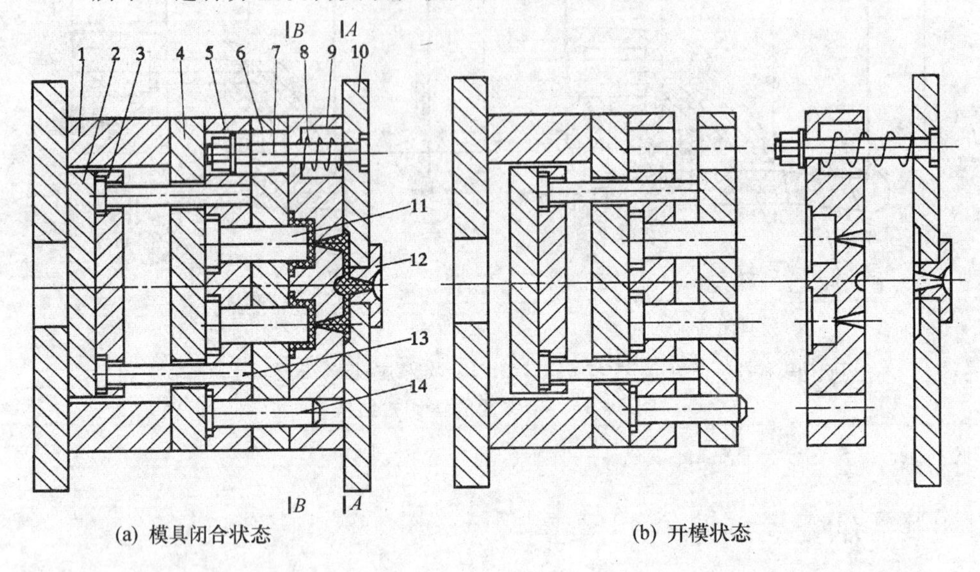

(a) 模具闭合状态 (b) 开模状态

1—垫块；2—推板；3—推杆固定板；4—支承板；5—型芯固定板；6—推件板；7—限位拉杆；8—弹簧；9—中间板；10—定模座板；11—型芯；12—浇口套；13—复位杆；14—导柱

图 6－47 弹簧式双分型面注射模

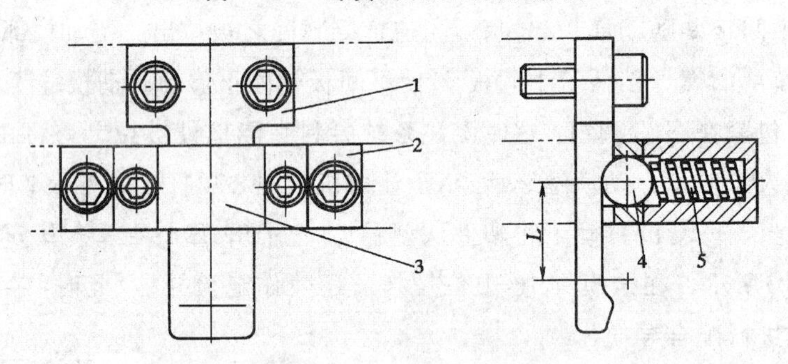

1—拉杆；2—支座；3—弹簧座；4—滚柱；5—弹簧

图 6－48 弹簧—滚柱式结构

6.8.3 滑块式顺序分型装置

滑块式顺序分型装置是利用滑块的移动控制双分型面注射模分型面的打开顺序，如图 6－50所示，模具闭合时滑块 3 在弹簧 8 的作用下伸出模外，被挂钩 2 钩住，分型面 B 被锁紧，如图 6－50(a)所示。模具打开时，首先从开模力较小的 A—A 分型面打开，当打开到一定距离后，拨杆 1 与滑块 3 接触，并压迫滑块 3 后退与挂钩 2 脱开，同时由于限位螺钉 6 的作用，使定模板 5 停止运动，模具继续打开时，分型面 $B-B$ 被打开，如图 6-50(b)所示。

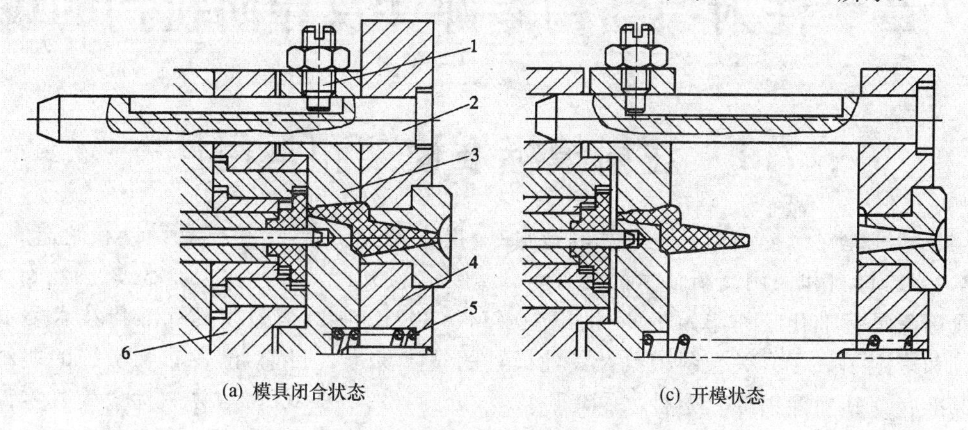

(a) 模具闭合状态　(c) 开模状态

1—限位钉；2—导柱；3—定模板；4—定模座板；5—弹簧；6—动模板

图 6-49　弹簧—限位钉式结构

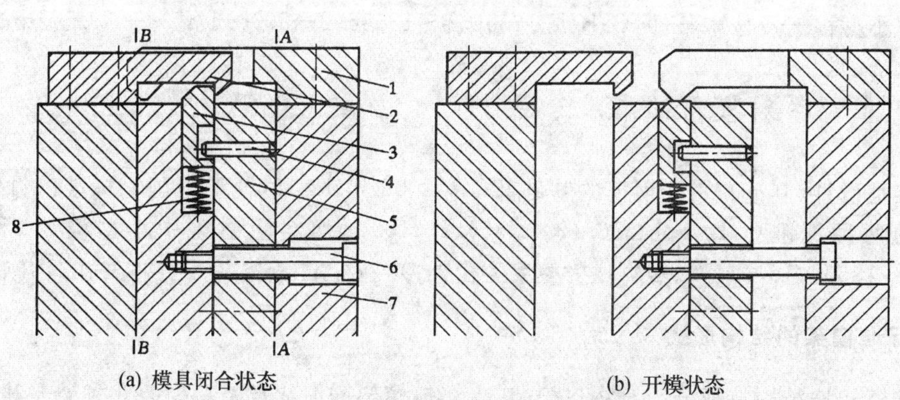

(a) 模具闭合状态　(b) 开模状态

1—拨杆；2—挂钩；3—滑块；4—限位销；5—定模板；

6—限位螺钉；7—定模座板；8—弹簧

图 6-50　滑块式分型机构双分型面注射模

思考与练习

6.1　简单推出机构主要有几种？其各自的结构特点是什么？分别适用于什么场合？

6.2　画图说明推杆固定部分及工作部分与模板的配合关系。

6.3　在什么情况下采用二次推出机构？举出两种常见的二次推出机构。

第7章 注射模结构零部件及导向机构的设计

7.1 注射模标准模架和常用件

模具标准化对于提高模具设计和制造水平，提高模具质量，缩短模具设计和制造周期，降低成本，节约材料和采用高新技术都具有十分重要的意义。

我国模具标准化工作起始于20世纪70年代，30多年来，全国模具标准化技术委员会组织制订和审定了许多有关塑料模具及其他模具的技术标准。目前，已发布和实施的塑料模具国家标准有:《塑料注射模具零件》(GB/T 4169.1～4169.23—2006)、《塑料注射模具零件技术条件》(GB/T 4170—2006)、《塑料成型模具术语》(GB/T 8846—2005)、《塑料注射模具技术条件》(GB/T 12554—2006)、《塑料注射模大型模架》(GB/T 12555.1～12555.15—2006)、《塑料注射模中小型模架及技术条件》(GB/T 12556.1～12556.2—2006)。

7.1.1 注射模标准模架

模架是设计、制造塑料注射模的基础部件。2006年12月，模架新国家标准的颁布，取代了以前的两种标准(GB/T 12556.1～12556.2—1990《塑料注射模中小型模架》和GB/T 12555.1～12555.15—1990《塑料注射模大型模架》)，新标准已于2007年4月1日开始实施。

1. 标准模架的结构形式

标准模架按结构特征分为直浇口模架、点浇口模架和简化点浇口模架3大类。其中:直浇口模架又分为直浇口基本型、直身基本型和直身无定模座板型3种类型，每种类型又有4种不同结构;点浇口模架又分为点浇口基本型、直身点浇口基本型、点浇口无推料板型和直身点浇口无推料板型4种类型，每种类型又有4种不同结构;简化点浇口模架又分为简化点浇口基本型、直身简化点浇口型、简化点浇口无推料板型和直身简化点浇口无推料板型4种类型，每种类型又有两种不同结构。总计36种主要结构。这里只介绍直浇口基本型和点浇口基本型模架的结构，如用到其他模架结构请参考有关国家标准。

(1)直浇口基本型模架

直浇口基本型模架分为A型、B型、C型和D型，如图7-1所示。图7-1(a)为直浇口A型模架，定模和动模均采用两块模板，设置推杆推出机构，有支承板，适用于立式或卧式注射机上，可以采用斜导柱侧向抽芯，单型腔成型，其分型面可在合模面上，也可采用斜滑块垂直分型脱模机构。图 7－1(b)为直浇口 B 型模架，定模和动模均采用两块模板，它们之间设置一块推件板连接推出机构，用以推出塑件，有支承板。图 7－1(c)为直浇口 C 型模架，定模采用两块模板，动模采用一块模板，无支承板，设置推杆推出机构，适用于立式与卧式注射机，单分型面注射模，分型面一般设在合模面上，可设计成多型腔注射模。图 7－1(d)为直浇口 D 型模架，定模采用两块模板，动模采用一块模板，它们之间设置一块推件板连接推出机构，用以推出塑件，无支承板。其中，B 型和 D 型均适用于立式或卧式注射机上，脱模力大，适用于薄壁壳形塑件，塑件表面不允许留有推出痕迹的注射模具。

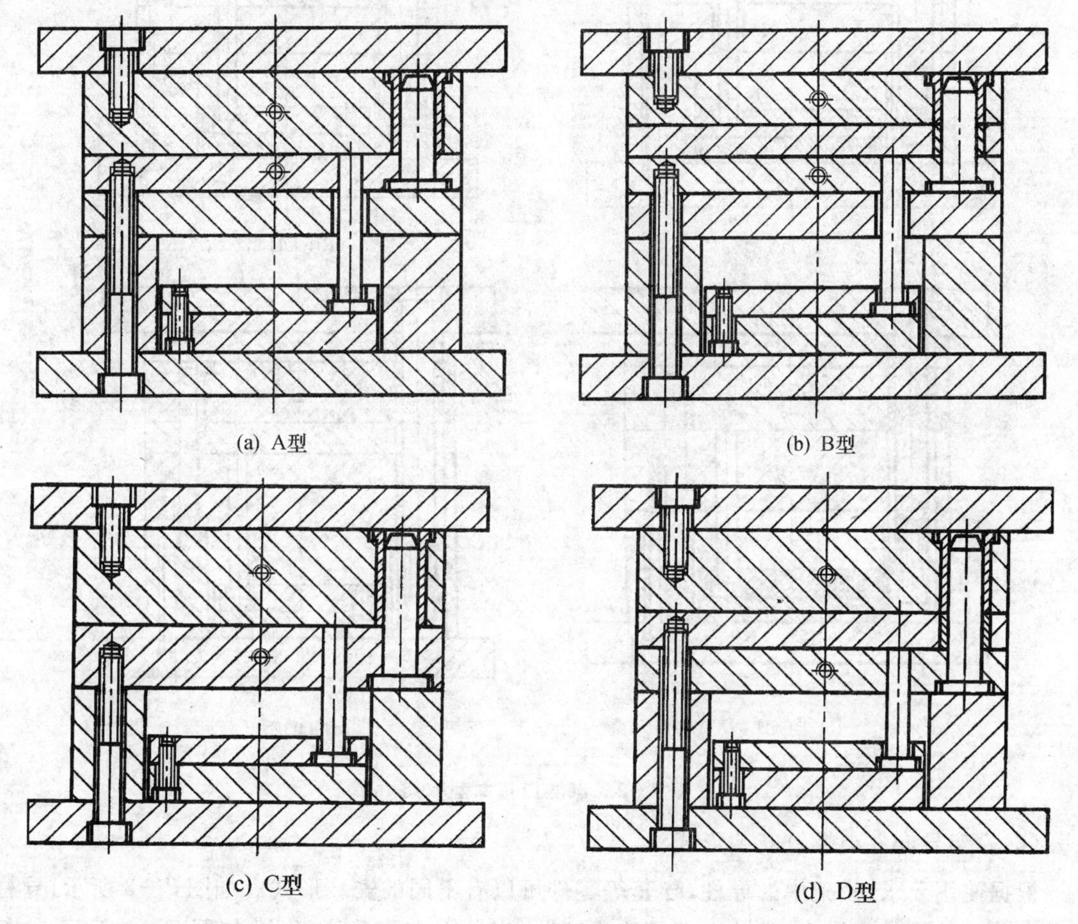

图 7－1　直浇口基本型模架

(2)点浇口基本型模架

点浇口基本型模架分为 DA 型、DB 型、DC 型和 DD 型，如图 7－2 所示。与对应的直浇口基本型模架相比，点浇口基本型模架增加了一个定模板，并去掉了定模板上的固定螺钉，使定模增加了一个分型面；加装了拉杆导柱，兼起定距拉紧和定模导向的作用。

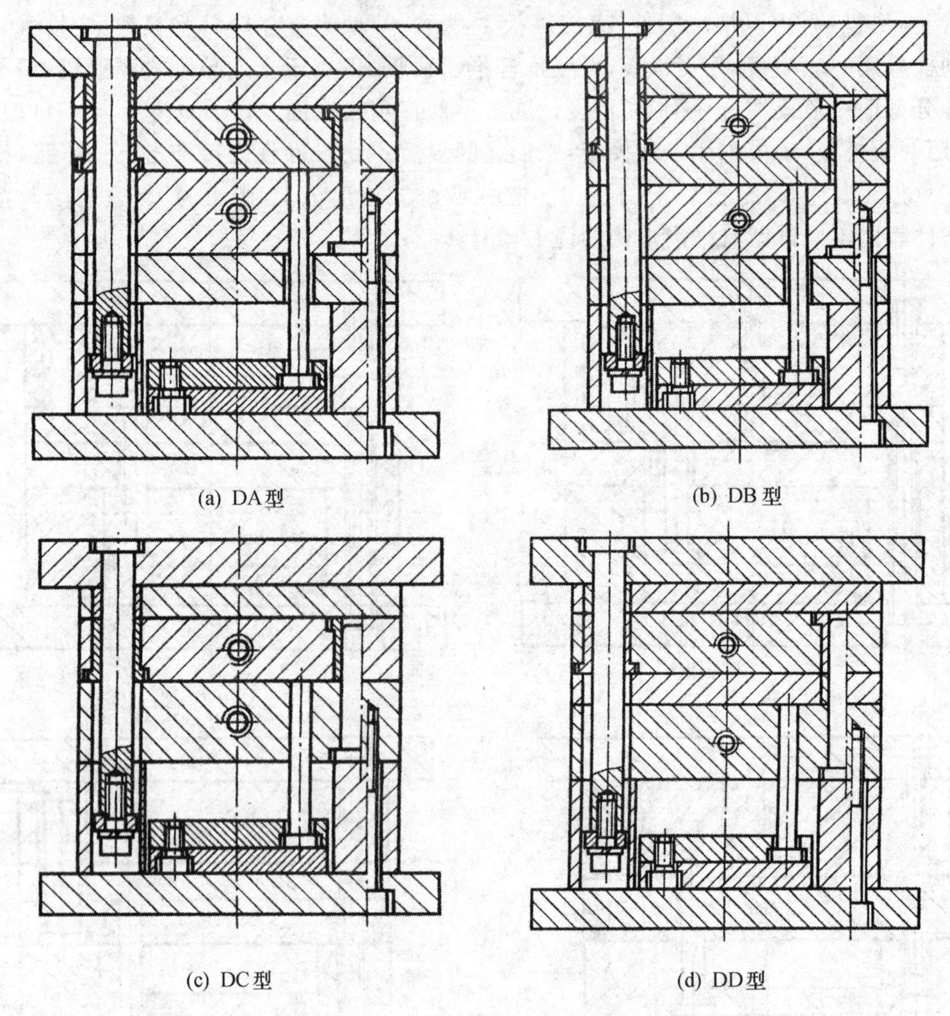

图 7-2 点浇口基本型模架

(3)模架导向件与螺钉安装形式

根据使用要求，模架中的导柱、导套等零件可以有不同的安装形式。如图 7-3 所示，导柱可以安装在动模或定模上，安装在动模称为正装，安装在定模称为反装；如图 7-4 所示，拉杆导柱可以装在导向机构的内侧或外侧；如图 7-5 所示，垫块可以增加螺钉单独固定在动模板座板上；如图 7-6 所示，推板可以加装推板导柱及限位钉。

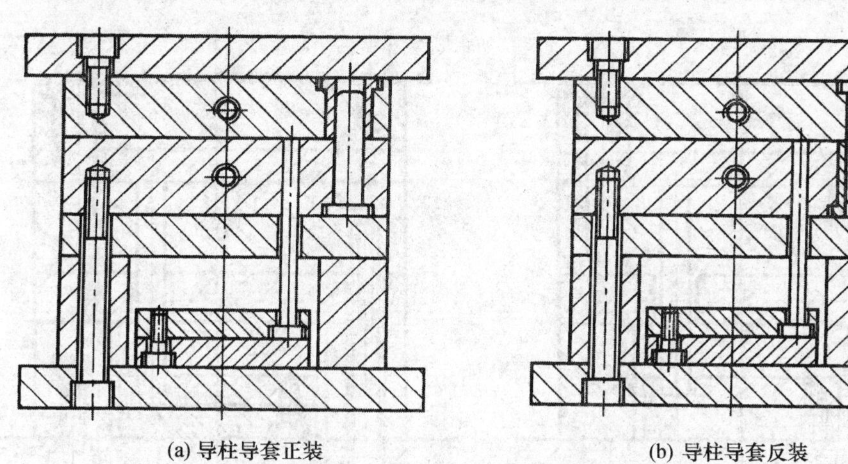

(a) 导柱导套正装　(b) 导柱导套反装

图 7-3　导向机构的正装与反装

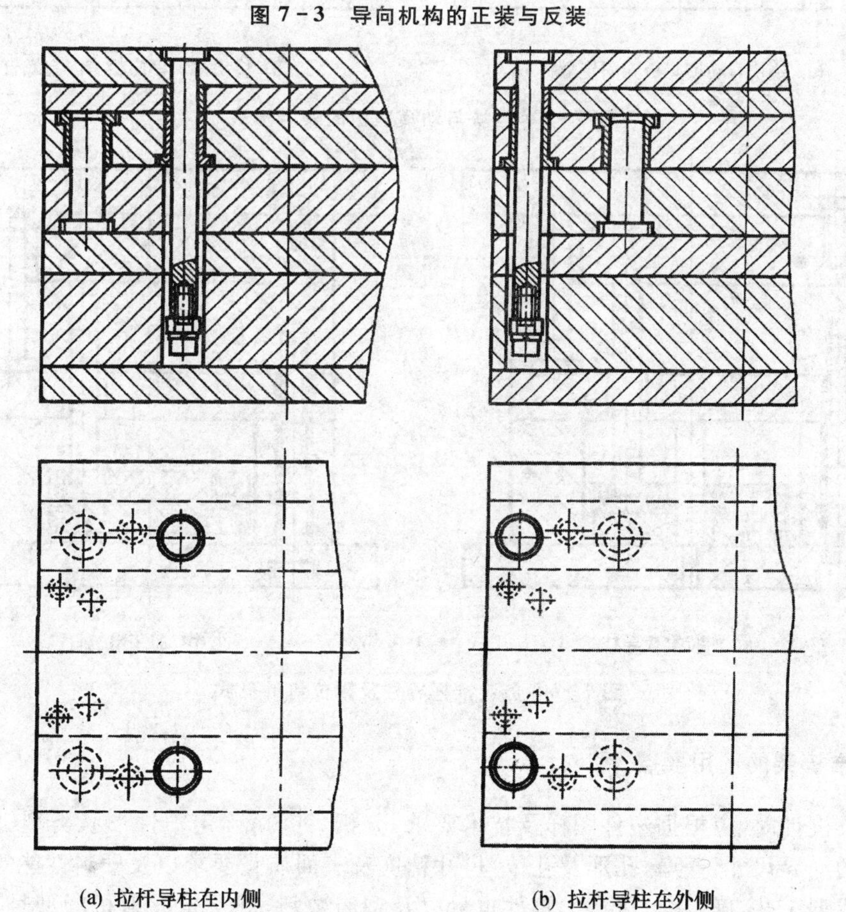

(a) 拉杆导柱在内侧　(b) 拉杆导柱在外侧

图 7-4　拉杆导柱的安装形式

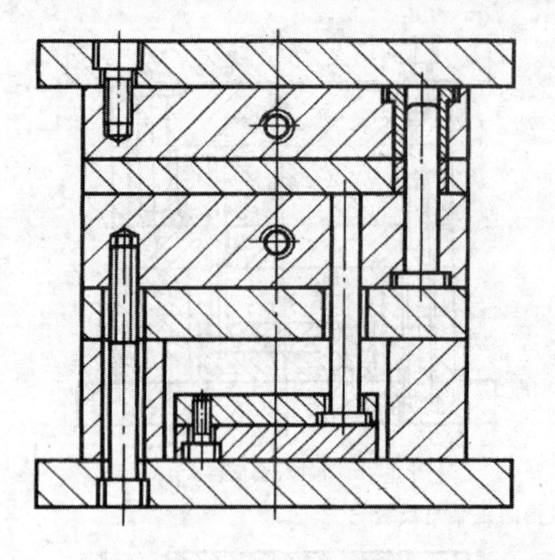

(a) 垫块与动模座板无固定螺钉

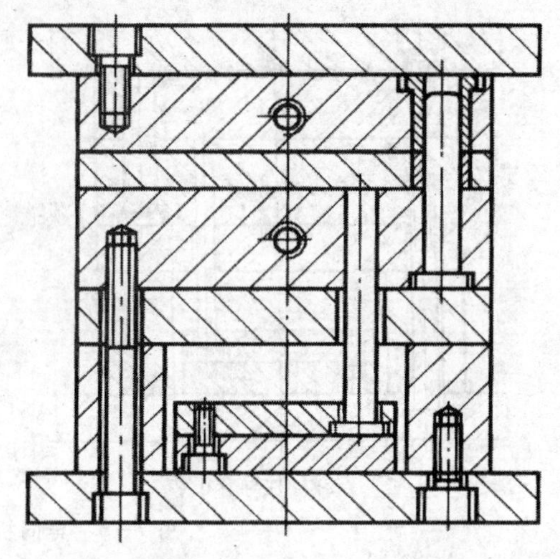

(b) 垫块与动模座板有固定螺钉

图 7－5　垫块与动模座板的安装形式

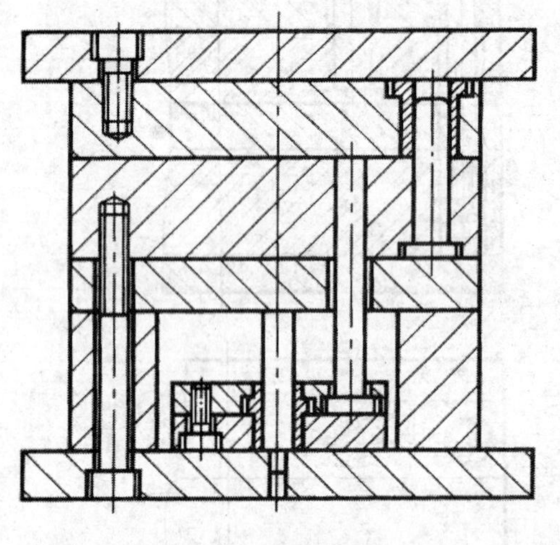

(a) 加装推板导柱

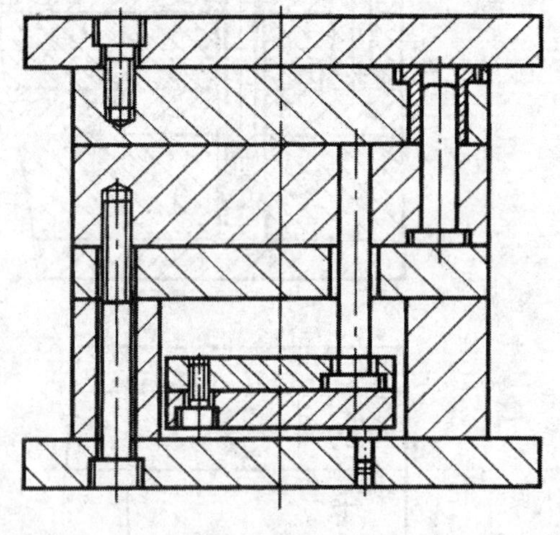

(b) 加装限位钉

图 7－6　加装推杆导柱及限位钉的形式

2. 标准模架的选用要点

在模具设计时，应根据塑件图样及技术要求，分析、计算、确定塑件形状类型、塑件在分型面上投影的周界尺寸、壁厚、孔形及孔位、尺寸精度及表面质量要求以及塑料性能等，以制定合理的塑件成型工艺，确定浇口位置、塑件重量以及型腔数目，并选定注射机的型号及规格。选定的注射机须满足塑件注射量以及成型压力等要求。为保证塑件质量，还必须正确选用标准模架，以节约设计和制造时间、保证模具质量。选用标准模架的程序及要点如下：

(1)模架厚度 H 和注射机的闭合距离 L

对于不同型号及规格的注射机，不同结构形式的锁模机构具有不同的闭合距离。模架厚度与闭合距离的关系为

$$L_{\min} \leqslant H \leqslant L_{\max} \tag{7-1}$$

(2)开模行程与定、动模分开的间距与推出塑件所需行程之间的尺寸关系

设计时须计算确定，注射机的开模行程应大于取出塑件所需的定、动模分开的间距，而模具推出塑件距离须小于注射机顶出液压缸的额定顶出行程。

(3)选用的模架在注射机上的安装

安装时需注意：模架外形尺寸不应受注射机拉杆的间距影响；定位孔径与定位环尺寸需配合良好；注射机顶出杆孔的位置和顶出行程是否合适；喷嘴孔径和球面半径是否与模具的浇口套孔径和凹球面尺寸相配合；模架安装孔的位置和孔径是否与注射机上的动模安装板及定模安装板上的相应螺孔相配。

(4)选用模架应符合塑件及其成型工艺的技术要求

为保证塑件质量和模具的使用性能及可靠性，需对模架组合零件的力学性能，特别是它们的强度和刚度进行准确的校核及计算，以确定动、定模板及支撑板的长、宽、厚度尺寸，从而正确的选定模架的规格。图 7-7 为选用直浇口基本型 A 型模架的注射模设计。

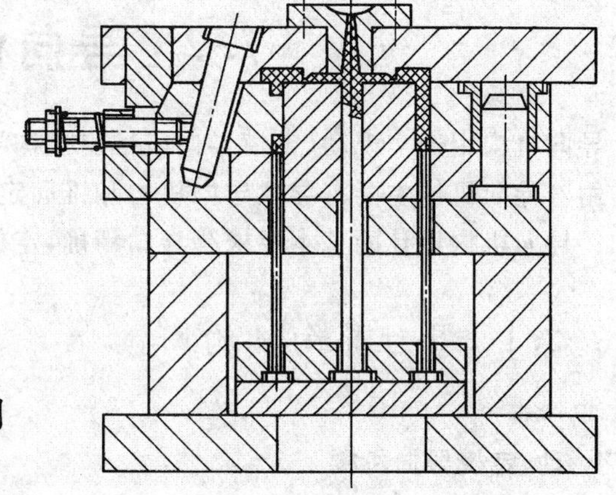

图 7-7　直浇口基本型 A 型模架的选用

7.1.2　塑料模常用件及其选用

1. 塑料模常用螺钉及选用

由于内六角螺钉紧固可靠，螺钉头部不外露，可以保证模具外形安全美观，所以塑料模中内六角螺钉应用较多。其中，M6～M12 的螺钉最为常用。

在模具设计中，选用螺钉时应注意以下几个方面：

① 螺钉的规格及数量一般根据模板厚度和其他的设计经验来确定，中、小型模具一般采用 M6、M8、M10 或 M12 等，大型模具可选 M12、M16 或更大规格，但是选用过大的螺钉也会给攻螺纹带来困难。设计时可根据凹模厚度，参考表 7-1 来确定螺钉规格。

表 7-1 凹模厚度与螺钉规格

凹模厚度 H/mm	≤13	13～19	19～25	25～32	>35
螺钉规格	M4、M5	M5、M6	M6、M8	M8、M10	M10、M12

② 螺钉要尽量靠近被固定件并均匀布置。当被固定件为圆形时，一般采用 3～4 个螺钉，当为矩形时，一般采用 4～6 个。

③ 螺钉拧入的深度不能太浅，否则固定不牢靠；也不能太深，否则拆装工作量大。一般情况下，若被连接件是钢零件，螺钉拧入深度可取螺钉公称直径；若被连接件是铸铁零件，螺钉拧入深度可取螺钉公称直径的 1.5 倍。

2. 塑料模常用销钉及选用

塑料模常用销钉主要有圆柱销和圆锥销，按照有无内螺纹又可分为普通圆柱、圆锥销和内螺纹圆柱、圆锥销。销钉主要起定位作用，并承受一定的切应力，一般成对使用。为保证定位可靠，应错开布置。对于中、小型模具，一般取 d＝6 mm、8 mm、10 mm、12 mm，若切应力较大，直径可适当取大些。圆柱销的配合深度一般取其直径的两倍。

7.2 导向机构设计

导向机构用于实现动、定模导向或推出机构导向，主要起到导向、定位和承受一定侧压力的作用。导向机构主要有导柱导向机构和锥面定位的导向机构两种形式，通常采用导柱导向机构。导向机构设计的基本要求是导向精确，定位准确，并具有足够的强度、刚度和耐磨性。

7.2.1 导柱导向机构

1. 动、定模导向机构

图 7-8 所示为动、定模的导柱导向机构。其主要零件是导柱和导套。导柱既可以设置在动模一侧，也可以设置在定模一侧，应根据模具结构来确定。标准模架的导柱一般设在动模部分，在不妨碍塑件脱模的条件下，导柱通常设置在型芯高出分型面较多的一侧。

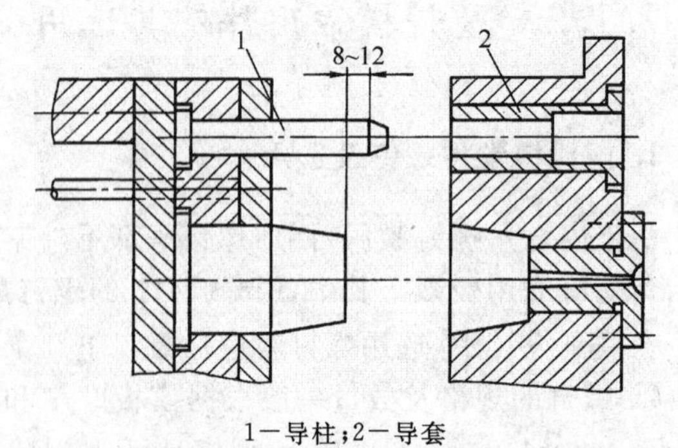

1－导柱；2－导套

图 7-8 动、定模的导柱导向机构

(1)导柱的设计

1)导柱的结构形式

导柱结构形式如图 7－9 所示。图 7－9(a)为带头导柱，除安装部分的台肩外，长度的其余部分直径相同，一般用于塑件生产批量较小的模具可以不用导套。图 7－9(b)为带肩导柱Ⅰ型、图 7－9(c)为带肩导柱Ⅱ型，两种结构除安装部分有台肩外，安装配合部分直径比外伸的工作部分直径大，一般与导套外径一致，主要用于塑件生产批量大且精度高的模具。导柱的导滑部分根据需要可加工出油槽。其中图 7－9(c)所示导柱适用于固定板太薄的场合，即在固定板下面再加垫板固定，但这种结构不常用。除上述导柱结构形式外，还有不带头、肩的直导柱，以螺钉或铆接固定，无需支承板，适用于简易模具。

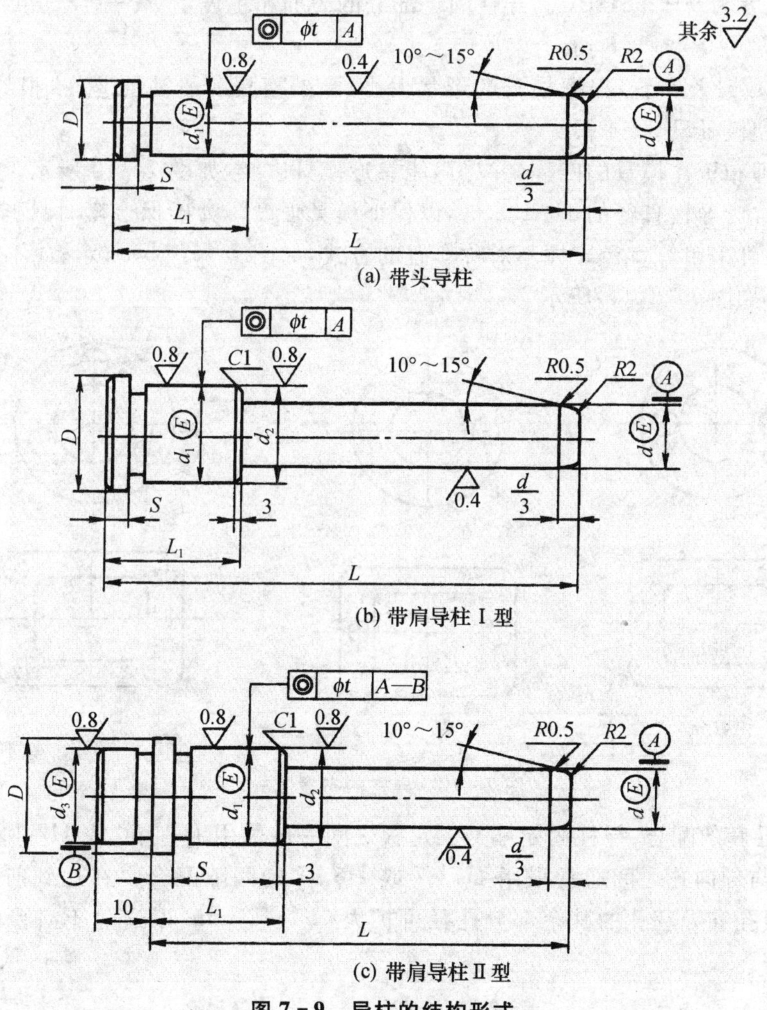

图 7－9 导柱的结构形式

2)导柱的设计要点

① 导柱的长度:导柱可以分为固定段、导向段和引导段3段。固定段与固定板的配合长度 L_1 一般取导柱直径的1.5～2倍;导向段不宜过长,一般比型芯端面的高度高出8～12 mm,以确保合模时,导柱首先进入导套,引导动模按精确位置与定模闭合,避免型芯先进入凹模内而损伤成型零件,如图7-8所示。

② 导柱引导段的形状:为使导柱能顺利的进入导套,导柱前端应设计引导段,一般采用10°～15°的导向锥,有的采用半球形。但因半球形加工比较困难,故不常使用。

③ 导柱常用材料:导柱要求既耐磨又不易折断,故材料应具有外硬内韧的性质。因此多采用20钢,经表面渗碳淬火处理,硬度达到56～60HRC;或者采用碳素工具钢T8、T10,经表面淬火处理,硬度为50～55HRC。导柱固定部分的表面粗糙度值 $R_a=0.8\ \mu m$,导向部分的表面粗糙度值为 $R_a=0.4～0.8\ \mu m$。

④ 导柱的数量及布置:根据模具的形状大小,一副模具一般需要2～4根导柱,小型模具设2根,大、中型模具设3～4根。

导柱应合理布置在模具的四周,并尽可能靠近模具边缘,如图7-10所示。导柱中心到模具边缘距离通常为导柱直径的1～1.5倍,以保证模具强度。为确保合模时只能按一个方向合模,导柱的布置可采用等直径导柱不对称布置的方式,如图7-10(b)所示;或不等直径导柱对称布置的方式,如图7-10(c)所示。

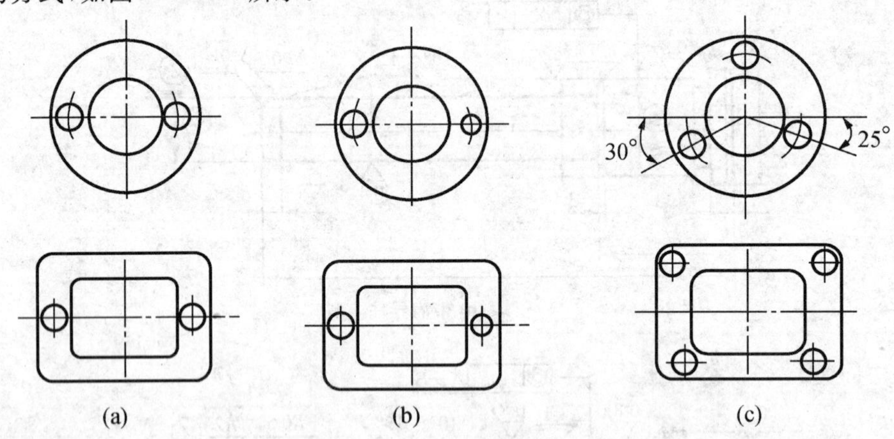

图7-10 导柱的布置方式

⑤ 导柱、导套的配合:导柱固定端与固定板之间一般采用H7/m6或H7/k6的过渡配合,导柱的导向段与导向孔之间通常采用H7/f7或H8/f7的间隙配合。在达到前述要求的配合长度之后,模板孔和导套孔的其余部分孔径可扩大0.5～1 mm,以避免不必要的精加工和过长的配合。

(2)导向孔及导套的设计

1)导向孔的结构形式

导向孔分无导套和有导套两种结构形式。无导套的导向孔是指导向孔直接开设在模板上,这种形式的孔加工简单,适用于塑件生产批量小,精度要求不高的场合。导套的典型结构如图 7-11 所示。图 7-11(a)为直导套,结构简单,加工方便,用于简单模具或导套后面没有垫板的场合;图 7-11(b)为带头导套,结构较复杂,用于精度较高的场合,这种导套的固定孔便于与导柱的固定孔同时加工,为减少摩擦,可在导向孔内壁加工油沟;图 7-11(c)为带肩导套,用于两块板固定的场合。

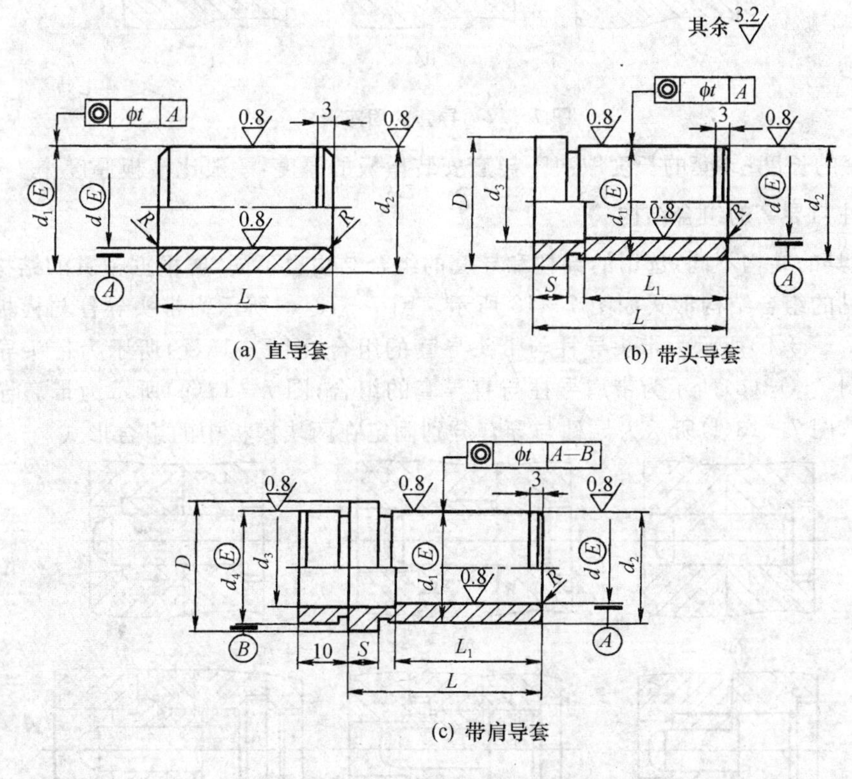

图 7-11　导套的结构形式

2)导套的设计要点

① 导向孔的形状:为使导柱顺利进入导套,导向孔的前端应倒圆角。导向孔最好做成通孔,以利于排出孔内的空气。如果模板较厚,导向孔必须做成盲孔时,可在盲孔的侧面打一个小孔排气或在导柱的侧壁磨出排气槽。

② 导套的材料:导套可用与导柱相同的材料或铜合金等耐磨材料制造,但其硬度应略低于导柱硬度,这样可以减轻磨损,以防止导柱或导套拉毛。

③ 导套的固定形式及配合：直导套用 H7/r6 过盈配合压入模板，为了增加导套镶入的牢固性，防止开模时导套被拉出来，可以用止动螺钉紧固，如图 7－12 所示。带头导套或带肩导套用 H7/m6 或 H7/k6 过渡配合镶入模板，导套固定部分的粗糙度值为 $R_a=0.8\ \mu m$，导向部分粗糙度值为 $R_a=0.4\sim0.8\ \mu m$。

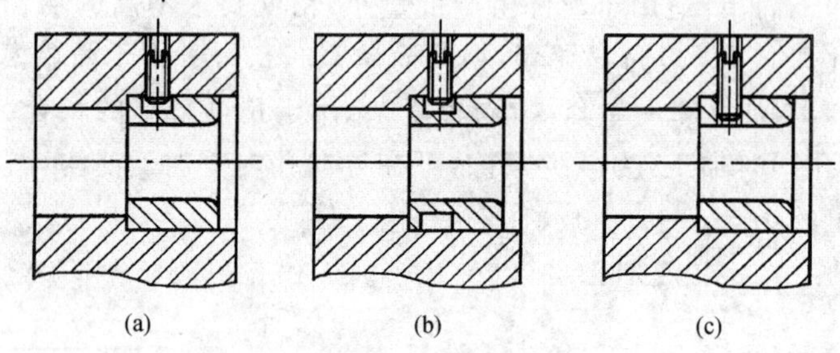

图 7－12 导套的固定形式

④ 导套的长度：导套的长度取决于导套安装模板的厚度，一般比模板厚度小 1 mm。

(3)导柱与导套的组合结构

由于模具的结构不同，选用的导柱和导套的组合结构也不同，要根据模具的结构及生产要求而定，常见的组合结构形式如图 7－13 所示。图 7－13(a)所示为带头导柱与模板上导向孔的组合；图 7－13(b)所示为带头导柱与带头导套的组合；图 7－13(c)所示为带头导柱与直导套的组合；图 7－13(d)所示为带肩导柱与直导套的组合；图 7－13(e)所示为带肩导柱与带头导套的组合；图 7－13(f)所示为导柱与导套分别固定在两块模板中的组合形式。

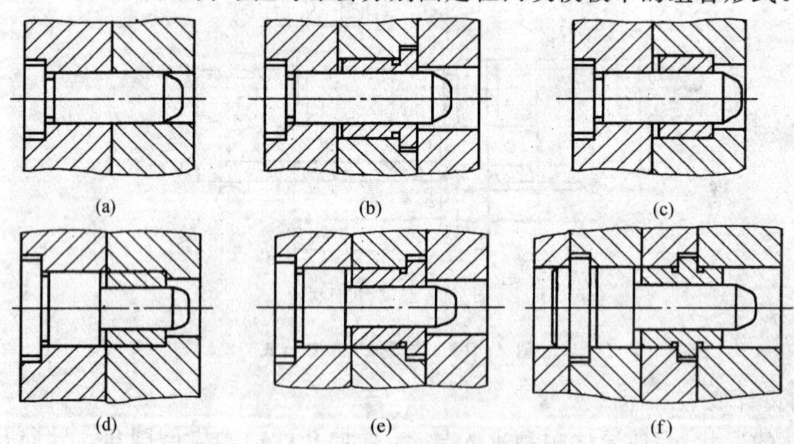

图 7－13 导柱与导套的组合形式

2. 推出导向机构

推出机构在注射机工作时，每开合模一次就要往复运动一次，除了推杆、推管和复位杆与模板的间隙配合以外，其余部分均处于浮动状态。为了保证塑件顺利脱模、各个推出部件运动灵活以及推出元件可靠复位，推杆固定板与推杆的重量不应作用在推杆上，而应由导向零件来支承，因此，需设计推出机构的导向装置。

图 7-14 所示是推出导向机构的不同结构。图 7-14(a)和图 7-14(b)的推板导柱同时还起支承作用，提高了支承板的刚性，也改善了其受力状况。当模具较大，或型腔在分型面上的投影面积较大、生产批量较大时，最好采用这两种形式。图 7-14(a)是推板导柱固定在动模座板上的形式，推板导柱也可以固定在支承板上；图 7-14(b)中推板导柱的一端固定在支承板上，另一端固定在动模座板上，适于大型注射模；图 7-14(c)推板导柱只起导向作用不起支承作用，由于没有导套，所以只适用于批量较小的小型模具。

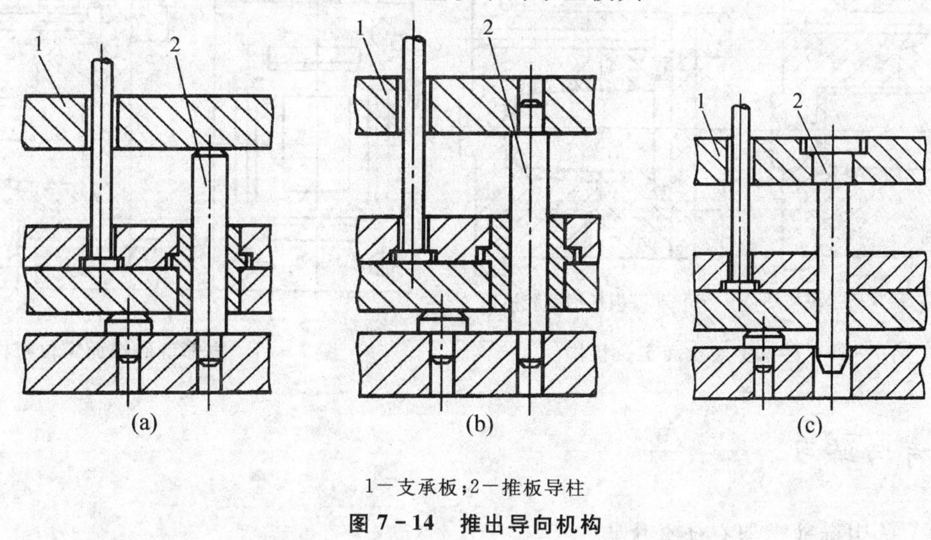

1—支承板；2—推板导柱

图 7-14　推出导向机构

对于中小型模具，推板导柱可以设置 2 根，而对于大型模具则需要安装 4 根。

7.2.2　锥面定位机构

导柱导向机构虽然加工方便，但由于导柱与导套有配合间隙(小型模具约 0.04 mm，大型模具约 0.08 mm)，因而导向精度不高。当成型大型、深腔薄壁和精度要求很高的塑件时，需增设精确定位机构。精确定位机构常用锥面定位。

当模具较小时，可以采用带锥面的导柱和导套，如图 7-15 所示。对于尺寸较大的模具，必须采用动、定模模板各自带锥面的导向定位机构与导柱导套联合使用的形式。

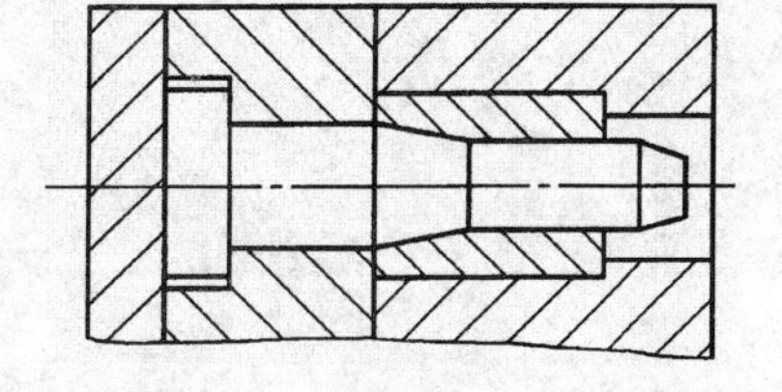

图 7-15　带锥面的导柱导套

对于圆形型腔有两种设计方案，如图 7－16 所示。图 7－16(a)是型腔模板环抱动模板的结构，成型时，在型腔内塑料的压力下，型腔侧壁向外张开会使对合锥面出现间隙；图 7－16(b)是动模板环抱型腔模板的结构，成型时，合锥面会贴得更紧，所以这种结构是理想的选择。锥面角度取小值有利于对合定位，但会增大所需的开模阻力，因此锥面的单面斜度一般可在 5°～20°范围内选取。锥面高度取值一般为 15～25 mm。

对于方形型腔的锥面对合，可以将型腔模板的锥面与型腔设计成一个整体。另外，型芯一侧的锥面可设计成独立件淬火镶拼到型芯模板上，这样的结构加工简单，也容易对塑件的壁厚进行调整，磨损后镶件又便于更换，如图 7－17 所示。

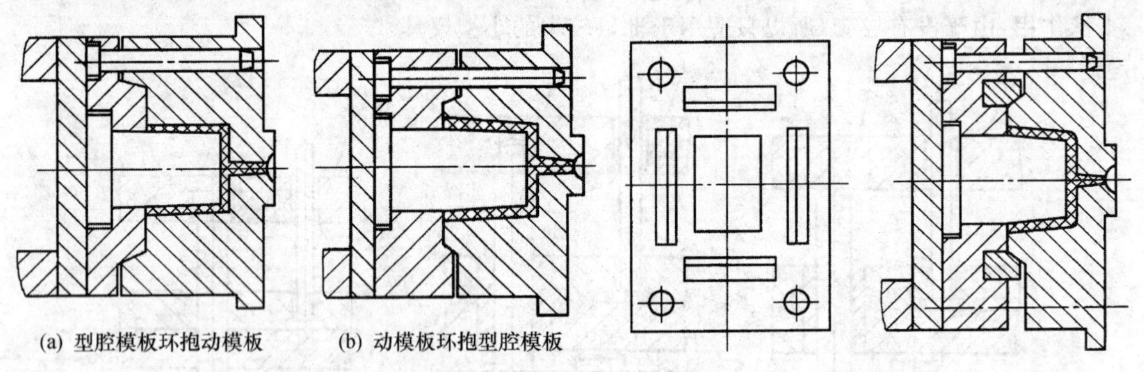

(a) 型腔模板环抱动模板　(b) 动模板环抱型腔模板

图 7－16　圆形型腔锥面定位机构

图 7－17　方形型腔锥面定位机构

思考与练习

7.1　选用标准模架有什么优点？

7.2　注射模具为什么要设置导向机构？常用导向机构有哪几种形式？各有什么特点？

第 8 章　侧向分型与抽芯机构设计

8.1　侧向分型与抽芯机构的分类

当注射成型具有与开模方向不同的内外侧孔或侧凹的塑件时，模具必须具有侧向分型与抽芯机构。在脱模时，需先侧向分型或侧向抽芯方可取出塑件。

根据动力来源的不同，侧向分型与抽芯机构一般可分为手动、机动、液压或气动等 3 大类型。

1. 手动侧向分型与抽芯机构

手动侧向分型与抽芯机构是利用人力将模具侧向分型或把侧型芯从成型塑件中抽出的机构。这一类机构操作不方便、工人劳动强度大、生产率低，但模具的结构简单、加工制造成本低，因此常用于产品的试制、小批量生产或无法采用其他侧向分型与抽芯机构的场合。

手动侧向分型与抽芯机构可分为两类，一类是模内手动分型抽芯，如图 8－1(a)所示；另一类是模外手动分型抽芯，如图 8－1(b)所示，而模外手动分型抽芯机构，实质上是带有活动镶件的模具结构。

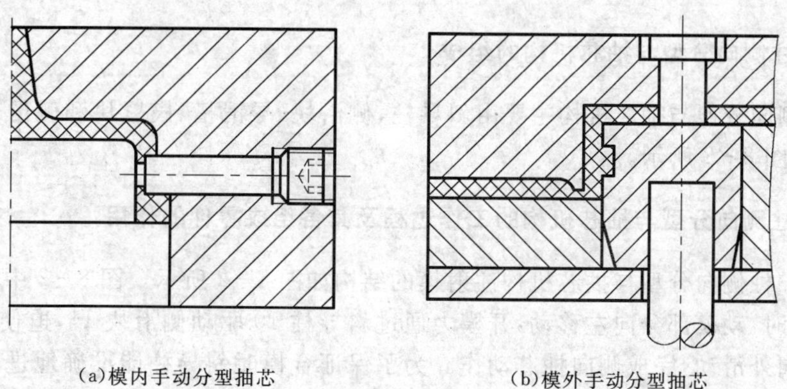

(a)模内手动分型抽芯　　(b)模外手动分型抽芯

图 8－1　手动侧向分型与抽芯机构

2. 机动侧向分型与抽芯机构

机动侧向分型与抽芯机构是利用注射机开模力作为动力，通过有关传动零件(如斜导柱、弯销等)使力作用于侧向成型零件，而将模具侧向分型或把活动型芯从塑件中抽出，合模时又靠它使侧向成型零件复位的机构。

这类机构虽然结构比较复杂，但分型与抽芯不用手工操作，生产率高，在生产中应用最为广泛。根据传动零件的不同，这类机构可分为斜导柱、弯销、斜导槽、斜滑块和齿轮齿条等不同类型的侧向分型与抽芯机构，其中斜导柱侧向分型与抽芯机构最为常用。

3. 液动或气动侧向分型与抽芯机构

液压或气动侧向分型与抽芯机构是以液压力或压缩空气作为动力进行侧向分型与抽芯，同样亦靠液压力或压缩空气使活动型芯复位的机构。

液压或气动侧向分型与抽芯机构多用于抽拔力大、抽芯距比较长的场合，例如大型管子塑件的抽芯等。这类侧向分型与抽芯机构的动作比较平稳，特别是有些注射机本身就带有抽芯液压缸，所以采用液压侧分型与抽芯更为方便，但缺点是液压或气动装置成本较高。

8.2 斜导柱侧向分型与抽芯机构

斜导柱侧向分型与抽芯机构结构紧凑、动作安全可靠、加工制造方便，是侧向分型与抽芯机构中最常用的一种。但这种机构的抽芯力和抽芯距受到模具结构的限制，故一般适用于抽芯力不大及抽芯距小于 60～80 mm 的场合。

8.2.1 斜导柱侧向分型与抽芯机构的组成及工作过程

1. 斜导柱侧向分型与抽芯机构的组成

斜导柱侧向分型与抽芯机构主要由斜导柱、侧滑块、导滑槽、楔紧块和侧滑块定距限位装置等组成，如图 8－2 所示。

2. 斜导柱侧向分型与抽芯机构的工作过程及其各组成零件的作用

带有斜导柱侧向分型与抽芯机构注射模的结构如图 8－2 所示。图 8－2 中的塑件有一侧向通孔，开模时，动模部分向左移动，开模力通过斜导柱 10 驱动侧滑块 11，迫使其沿动模板 4 的导滑槽内向外滑动，完成侧向抽芯动作。为了保证合模时斜导柱能准确地进入侧滑块的斜孔中，以便使侧滑块复位，机构上设有定距限位装置，依靠侧滑块拉杆 8 和压缩弹簧 7 使侧滑块紧靠在限位挡块 5 上定位。在注射成型时，侧滑块将受到成型压力，为防止侧滑块产生位移或使斜导柱因受力过大产生弯曲变形，设置了楔紧块 9。

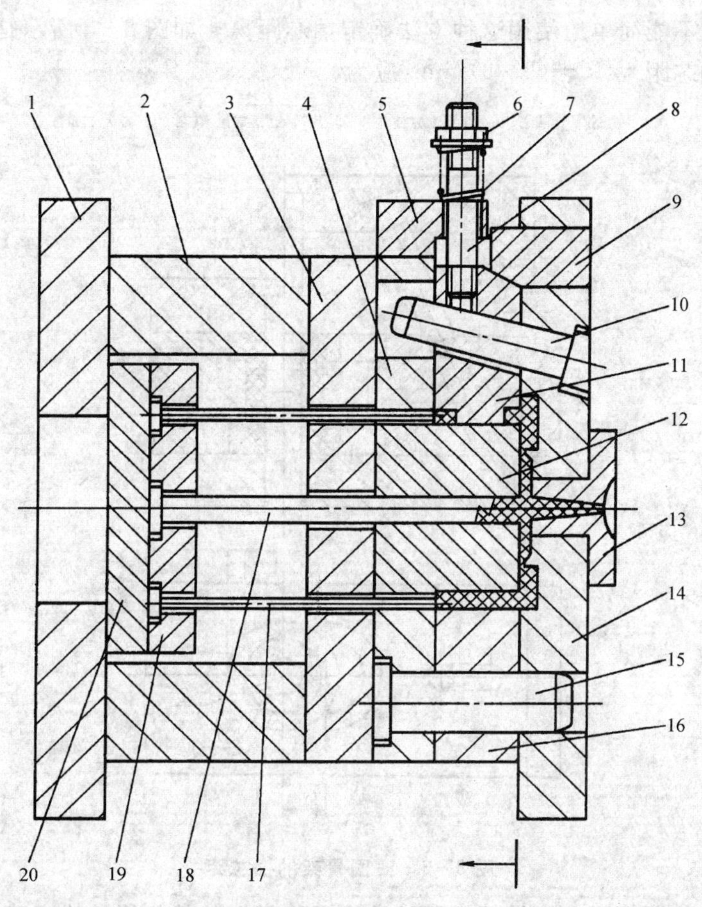

1—动模座板；2—垫块；3—支承板；4—动模板；5—限位挡块；6—螺母；7—弹簧；8—侧滑块拉杆；
9—楔紧块；10—斜导柱；11—侧型芯滑块；12—型芯；13—浇口套；14—定模座板；15—导柱；
16—定模板；17—推杆；18—拉料杆；19—推杆固定板；20—推板

图 8-2　斜导柱侧向分型与抽芯机构

8.2.2　斜导柱侧向分型与抽芯机构主要参数的确定

1. 抽芯距的计算

将侧型芯从成型位置抽到不妨碍塑件的脱模推出位置所移动的距离称为侧向抽芯距离，简称抽芯距，用 s 表示。为了可靠起见，侧向抽芯距离通常比塑件上的侧孔、侧凹的深度或侧向凸台的高度大 2～3 mm，但在某些特殊的情况下，侧型芯或侧型腔虽已与塑件分离，但仍阻碍塑件脱模时，就不能简单地使用这种方法确定抽芯距离。如图 8－3 所示是个线圈骨架的侧分型注射模，其抽芯距 $s \neq s_2 + (2 \sim 3)$ mm，应为

$$s = s_1 + (2 \sim 3)\ \text{mm} = \sqrt{R^2 - r^2} + (2 \sim 3)\ \text{mm} \tag{8-1}$$

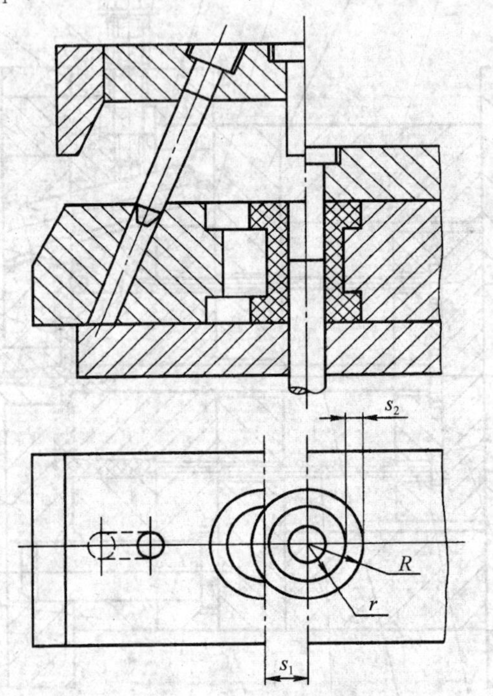

图 8－3　线圈骨架的抽芯距

这样，塑件才能顺利脱出。故抽芯距的计算需根据塑件的具体结构来确定。

2. 抽芯力的计算

由于塑件包紧在侧向型芯或粘附在侧向型腔上，所以侧向分型与抽芯时必然会遇到抽拔阻力，即侧型芯抽芯力。对于侧型芯抽芯力的计算同脱模力计算相同，往往采用如下公式进行估算：

$$F_c = c\,hp(\mu\cos\alpha - \sin\alpha) \tag{8-2}$$

式中：F_c——抽芯力，N；

c——侧型芯成型部分的截面平均周长，mm；

h——侧型芯成型部分的高度，mm；

p——塑件对侧型芯的包紧力，其值与塑件的几何形状及塑料的品种、成型工艺有关，一般情况下模内冷却的塑件：$p = (0.8 \sim 1.2) \times 10^7$ Pa，模外冷却的塑件：$p = (2.4 \sim 3.9) \times 10^7$ Pa；

μ——塑料在热状态时对钢的摩擦系数，一般取 $\mu=0.15\sim0.2$；

α——侧型芯的脱模斜度。

3. 斜导柱倾斜角 α 的确定

斜导柱轴向与开模方向的夹角称为斜导柱倾斜角 α，如图 8-4 所示，其大小对斜导柱的有效工作段长度、抽芯距和受力状况等起着决定性的影响，所以斜导柱倾斜角 α 是决定斜导柱侧向分型与抽芯机构工作效果的重要参数。

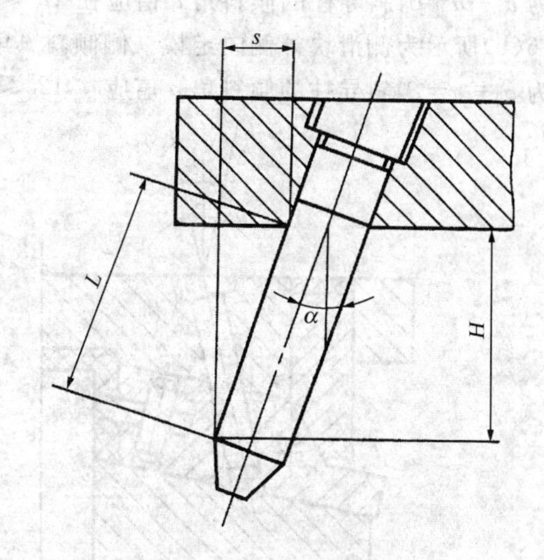

图 8-4　斜导柱倾斜角

由图 8-4 可知

$$L=\frac{s}{\sin\alpha} \tag{8-3}$$

$$H=s\cot\alpha \tag{8-4}$$

式中：L——斜导柱的工作段长度，mm；

s——抽芯距，mm；

α——斜导柱倾斜角；

H——与抽芯距 s 对应的开模距离，mm。

图 8-5 所示是斜导柱抽芯时的受力图，可得

$$F_w=\frac{F_t}{\cos\alpha} \tag{8-5}$$

$$F_k=F_t\tan\alpha \tag{8-6}$$

式中：F_w——侧抽芯时斜导柱所受的弯曲力，N；

F_t——侧抽芯时的脱模力，其大小等于抽芯力 F_c，N；

F_k——侧抽芯时所需的开模力，N。

通过以上分析可知，若 α 增大，则 L 和 H 减小，有利于减小模具尺寸，但 F_w 和 F_k 会随之增大，影响斜导柱和模具的强度、刚度；反之，若 α 减小，则斜导柱和模具受力减小，但要在获得相同抽芯距的情况下，斜导柱的长度就要增长，开模距就要变大，因此模具尺寸会增大。综合两方面考虑，在设计时通常取 $12°\leqslant\alpha\leqslant22°$，最大不超过 25°。

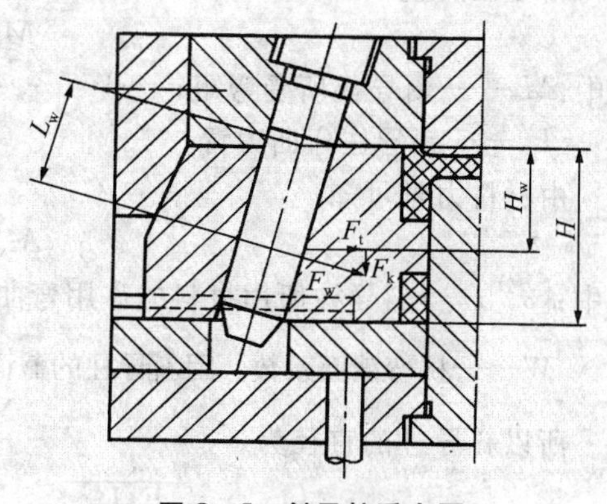

图 8-5　斜导柱受力图

当抽芯方向与模具开模方向不垂直而成一定交角 β 时，也可采用斜导柱侧向分型与抽芯机构。

图 8-6(a)所示为侧滑块外侧向动模一侧倾斜β角度的情况，影响抽芯效果的斜导柱有效倾斜角为$\alpha_1=\alpha+\beta$，斜导柱的倾斜角α值应在$12°\leqslant\alpha+\beta\leqslant22°$内选取，比不倾斜时要取得小些。图 8-6(b)所示为侧滑块外侧向定模一侧倾斜β角度的情况，影响抽芯效果的斜导柱的有效倾斜角为$\alpha_2=\alpha-\beta$，斜导柱的倾斜角α值应在$12°\leqslant\alpha-\beta\leqslant22°$内选取，比不倾斜时可取得大些。

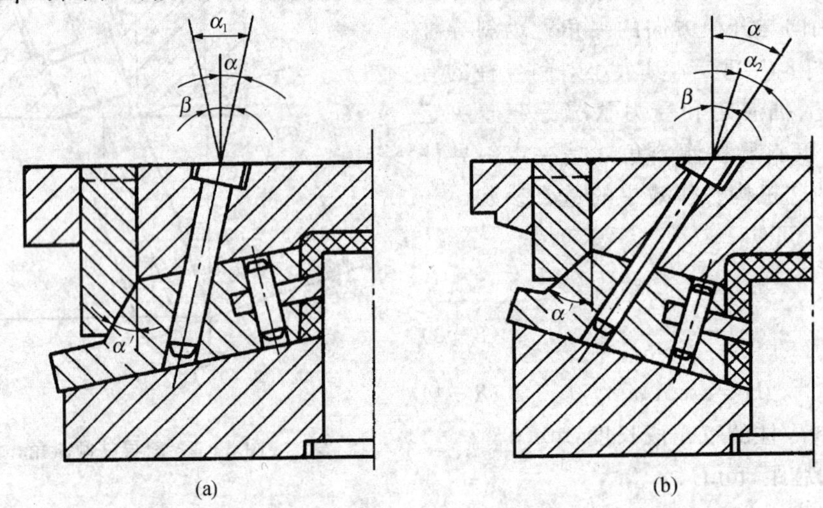

图 8-6 抽芯方向与开模方向不垂直的情况

在确定斜导柱倾斜角α时，通常抽芯距短时斜导柱倾斜角α可适当取小些，抽芯距长时α取大些；抽芯力大时α可取小些，抽芯力小时可取大些。另外还应注意，斜导柱在对称布置时，抽芯力可相互抵消，α可取大些；而斜导柱非对称布置时，抽芯力无法抵消，α应取小些。

4. 斜导柱直径的确定

斜导柱的直径主要受弯曲力的影响，根据图 8-5 所示，受的弯矩为

$$M_w = F_w L_w \tag{8-7}$$

式中：M_w——斜导柱所受弯矩；

L_w——斜导柱弯曲力臂。

由材料力学可知

$$M_w = [\sigma_w]W \tag{8-8}$$

式中：$[\sigma_w]$——斜导柱所用材料的许用弯曲应力；

W——抗弯截面系数。因斜导柱的截面一般为圆形，其抗弯截面系数为$W=\frac{\pi}{32}d^3\approx0.1d^3$。

所以斜导柱的直径为

$$d = \sqrt[3]{\frac{F_w L_w}{0.1[\sigma_w]}} = \sqrt[3]{\frac{10F_t L_w}{[\sigma_w]\cos\alpha}} = \sqrt[3]{\frac{10F_c H_w}{[\sigma_w]\cos^2\alpha}} \tag{8-9}$$

式中：H_w——侧型芯侧滑块受的脱模力作用线与斜导柱中心线的交点到斜导柱固定板的距离，它并不等于侧滑块高度的一半。

由于计算比较复杂，有时为了方便，斜导柱的直径、数量可通过经验法确定。一般由侧型芯确定侧滑块大小，再由侧滑块宽度确定斜导柱的直径和数量。表 8-1 列出了侧滑块宽度与斜导柱直径、数量的关系。

表 8-1　侧滑块宽度与斜导柱直径、数量的关系

侧滑块宽度/mm	20～30	30～50	50～100	100～150	>150
斜导柱数量/个	1	1	1	2	2
斜导柱直径/mm	6～10	10～13	13～16	13～16	>16

5. 斜导柱的长度计算

斜导柱的长度计算见图 8-7，其工作段长度与抽芯距有关。当侧滑块向动模一侧或向定模一侧倾斜 β 角度后，斜导柱的工作段长度 L 为

$$L = s\frac{\cos\beta}{\sin\alpha} \tag{8-10}$$

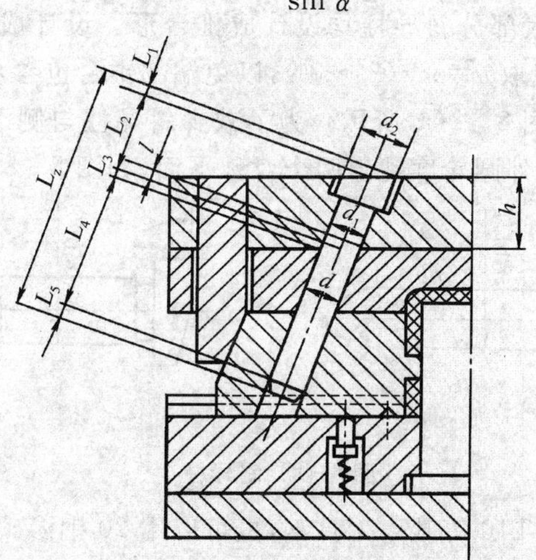

图 8-7　斜导柱长度计算

斜导柱的总长度与抽芯距、斜导柱的直径和倾斜角以及斜导柱固定板厚度等有关。斜导柱的总长为

$$\begin{aligned} L_z &= L_1 + L_2 + L_3 + L_4 + L_5 = \\ &\frac{d_2}{2}\tan\alpha + \frac{h}{\cos\alpha} + \frac{d}{2}\tan\alpha + \frac{s}{\sin\alpha} + (5 \sim 10)\ \text{mm} \end{aligned} \tag{8-11}$$

式中：L_z——斜导柱总长度，mm；

d_2——斜导柱固定部分大端直径，mm；

h——斜导柱固定板厚度，mm；

d——斜导柱工作部分直径，mm；

s——抽芯距，mm。

斜导柱安装固定部分的长度为

$$L_a = L_2 - l = \frac{h}{\cos\alpha} - \frac{d_1}{2}\tan\alpha \tag{8-12}$$

式中：L_a——斜导柱安装固定部分的长度，mm；

d_1——斜导柱固定部分的直径，mm。

8.2.3 斜导柱侧向分型与抽芯机构设计要点

1. 斜导柱的设计

斜导柱的形状如图 8-8 所示，其工作端的端部可以设计成锥台形或半球形。由于半球形端部车制时较困难，所以绝大部分斜导柱均设计成锥台形。设计成锥台形时必须注意斜角 θ 应大于斜导柱倾斜角 α，一般取 $\theta=\alpha+(2^\circ\sim3^\circ)$，以免端部锥台也参与侧抽芯，导致侧滑块停留位置不符合原设计要求，如图 8-8(a)所示。为了减少斜导柱与侧滑块上斜导孔之间的摩擦，可在斜导柱工作长度部分的外圆轮廓铣出两个对称平面，如图 8-8(b)所示。

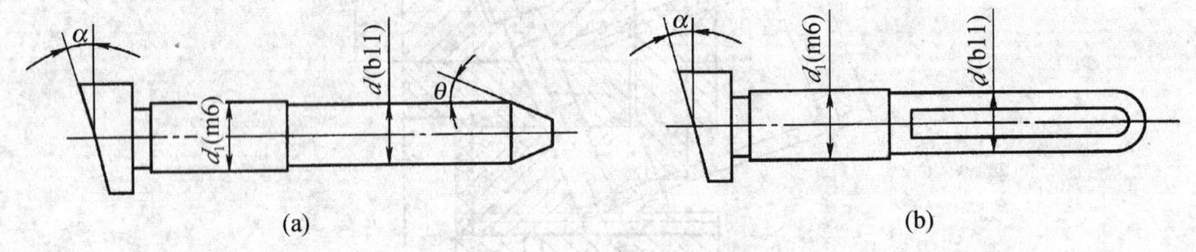

图 8-8 斜导柱

斜导柱的材料多为 T8、T10 等碳素工具钢，也可以用 20 钢渗碳处理。由于斜导柱经常与侧滑块摩擦，热处理要求硬度≥55HRC，表面粗糙度值 $R_a\leqslant0.8\ \mu$m。

斜导柱与其固定的模板之间采用过渡配合 H7/m6。由于斜导柱在工作过程中主要用来驱动侧滑块作往复运动，侧滑块运动的平稳性由导滑槽与侧滑块之间的配合精度保证，而合模时侧滑块的最终准确位置由楔紧块决定，因此，为了运动的灵活，侧滑块上斜导孔与斜导柱之间可以采用较松的间隙配合 H11/b11，或在两者之间保留 0.5～1 mm 的间隙。在某些情况下，为了使侧滑块的运动滞后于开模动作，以便分型面先打开一定的缝隙，让塑件与凸模之间先松动之后再驱动侧滑块做侧抽芯，即抽芯动作滞后于开模动作，斜导柱与侧滑块上斜导孔之间的间隙可放大至 2～3 mm。

2. 侧滑块的设计

侧滑块是斜导柱侧向分型与抽芯机构中的一个重要零部件，它上面安装有侧型芯或侧型腔，注射成型时塑件尺寸的准确性和侧滑块移动的可靠性都需要靠其运动精度来保证。侧滑块的结构形状可以根据具体塑件和模具结构灵活设计，可分为整体式和组合式两种。

在侧滑块上直接制出侧型芯或侧型腔的结构称为整体式，这种结构适用于形状简单或对开式瓣合模侧向分型的场合，如线圈骨架塑件的侧型腔滑块。而因采用组合式结构可以节省优质钢材，且便于加工和更换，故在一般的设计中组合式结构应用更广泛。

图 8－9 是几种常见的侧滑块与侧型芯连接的方式。图 8－9(a)、(b)是小型芯在非成型端尺寸放大后用 H7/m6 的配合镶入侧滑块，图 8－9(a)使用一个圆柱销，图 8－9(b)使用两个骑缝销，如侧型芯足够大，尺寸亦可不再放大；图 8－9(c)所示是采用燕尾形式连接，一般用于较大尺寸的型芯；图 8－9(d)所示适于细小型芯的连接，在细小型芯后部制出台肩，从侧滑块的后部以过渡配合镶入后用紧定螺钉固定；图 8－9(e)所示适用于薄片型芯，采用通槽嵌装和销钉定位；图 8－9(f)所示适用于多个型芯的场合，把各型芯镶入一固定板后用螺钉和销钉从正

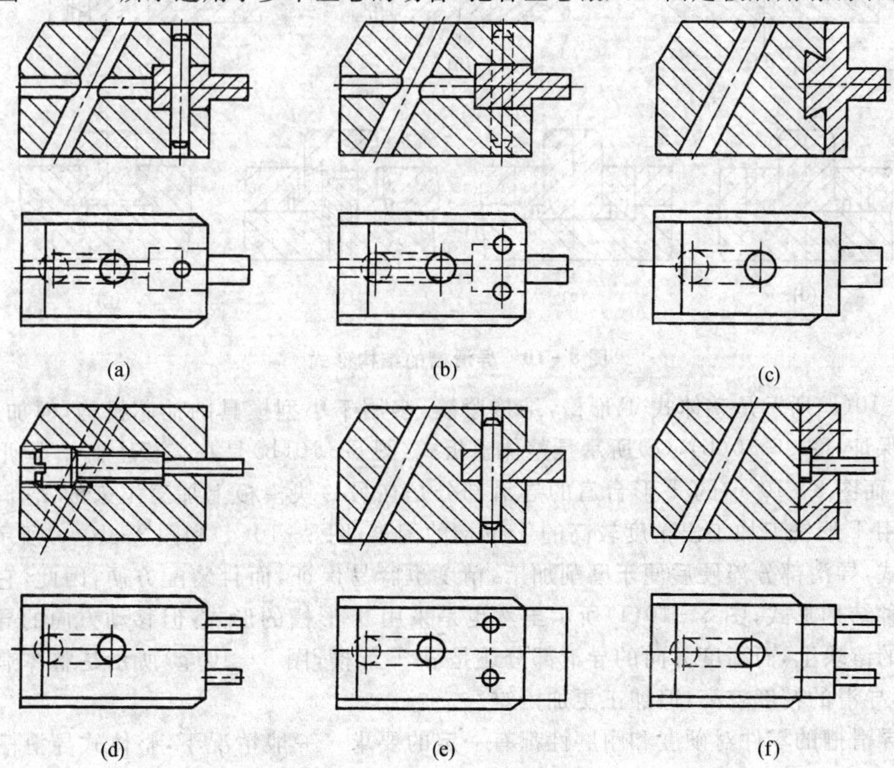

图 8－9　侧型芯与侧滑块的连接形式

面与侧滑块连接和定位,如正面影响塑件成型,螺钉和销钉可以从侧滑块的背面深入侧型芯固定板。采用组合式结构时应注意确保侧型芯牢固装配在侧滑块上,防止其在侧向抽芯时松脱,还必须注意成侧型芯与侧滑块连接部位的强度。

侧型芯或侧型腔是模具的成型零部件,材料常选用T8、T10、45钢或CrWMn钢等,热处理要求硬度大于50HRC。侧滑块也可采用45钢或T8、T10等制造,要求硬度大于40HRC。镶拼组合部分的表面粗糙度 R_a 值取0.8 μm。

3. 导滑槽的设计

侧滑块在侧向分型抽芯和复位过程中,必须沿一定的方向平稳地往复移动,这一过程是在导滑槽内完成的。根据模具上侧型芯大小、形状和要求的不同,以及各工厂的具体使用情况,导滑槽的结构形式也不同,一般采用T形槽或燕尾槽导滑,常用的结构形式如图8-10所示。

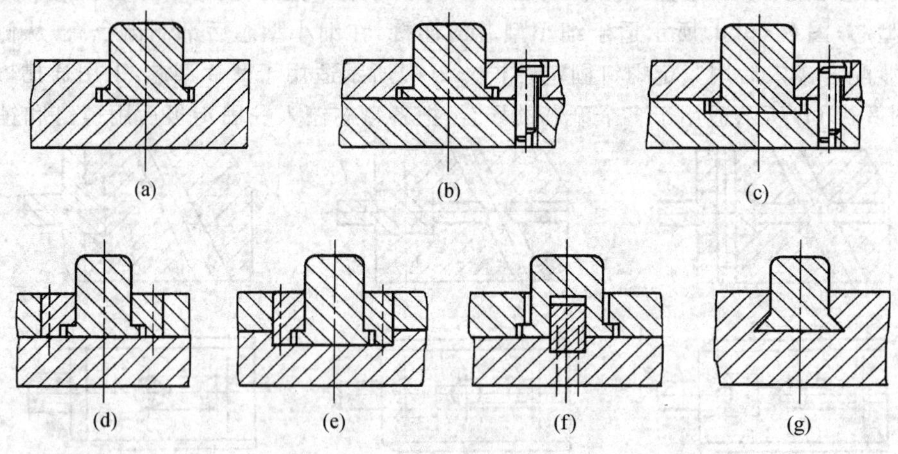

图8-10 导滑槽的结构形式

图8-10(a)所示是整体式T形槽,结构紧凑,多用于小型模具的抽芯机构,但加工困难,精度不易保证;图8-10(b)、(c)所示是整体盖板式,图8-10(b)是在盖板上制出T形台肩的导滑部分,而图8-10(c)的T形台肩的导滑部分是在另一块模板上加工出来的,它们克服了整体式要用T形铣刀加工出精度较高的T形槽的困难;图8-10(d)和图8-10(e)所示结构是局部盖板式,导滑部分淬硬后便于磨削加工,精度也容易保证,而且装配方便,因此,它们是最常用的两种结构形式;图8-10(f)所示虽然也是采用T形槽的形式,但移动方向的导滑部分设在中间的镶块上,而高度方向的导滑部分还是靠T形槽;图8-10(g)所示是整体燕尾槽导滑的形式,导滑的精度较高,但加工更加困难。

组成导滑槽的零件对硬度和耐磨性都有一定的要求。一般情况下,整体式导滑槽通常在动模板或定模板上直接加工出来,常用材料为45钢。为了便于加工和防止热处理变形,常常调质至28～32 HRC后铣削成型。盖板的材料用T8、T10或45钢,要求硬度≥50HRC。

在设计侧滑块与导滑槽时，要注意选用正确的配合精度。导滑槽与侧滑块导滑部分采用间隙配合，一般采用 H8/f8，如果在配合面上成型时与塑料熔体接触，为了防止配合部分漏料，应适当提高精度，可采用 H8/f7 或 H8/g7。其他各处均留有 0.5 左右的间隙。配合部分的表面要求较高，表面粗糙度值均应取 $R_a \leqslant 0.8\ \mu m$。

导滑槽与侧滑块还要保持一定的配合长度。侧滑块完成抽芯动作后，其滑动部分保留在导滑槽内的长度不应小于导滑配合长度的 2/3，侧滑块的滑动配合长度通常要大于侧滑块宽度的 1.5 倍，否则，侧滑块开始复位时容易偏斜，甚至损坏模具。如果模具的尺寸较小，为了保证具有一定的导滑长度，可以把导滑槽局部加长，使其伸出模外，如图 8-11 所示。

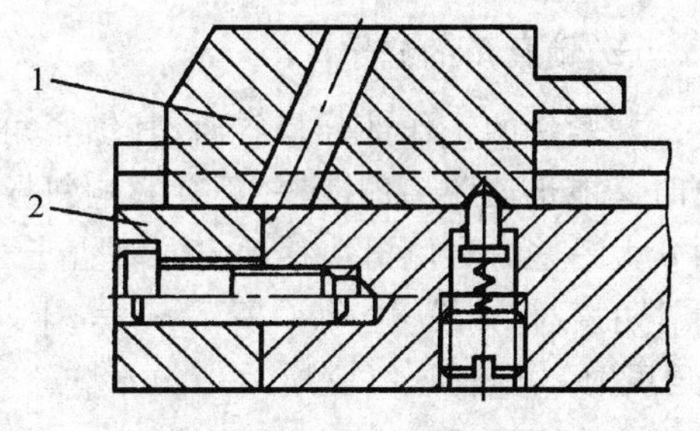

1—侧型芯滑块；2—导滑槽加长

图 8-11　导滑槽的局部加长

4. 楔紧块的设计

(1)楔紧块的结构形式

在注射成型过程中，侧向成型零件受到塑料熔体很大的作用力，这个力通过侧滑块传给斜导柱。而一般的斜导柱为一细长杆，受力后容易变形，导致侧滑块后移，因此必须设置楔紧块，以便在合模后锁住侧滑块，承受侧向压力。

楔紧块的结构形式如图 8-12 所示。图 8-12(a)所示是整体式结构，牢固可靠，但消耗的金属材料较多，加工精度要求较高，适合于侧向力较大的场合；图 8-12(b)所示是采用销钉定

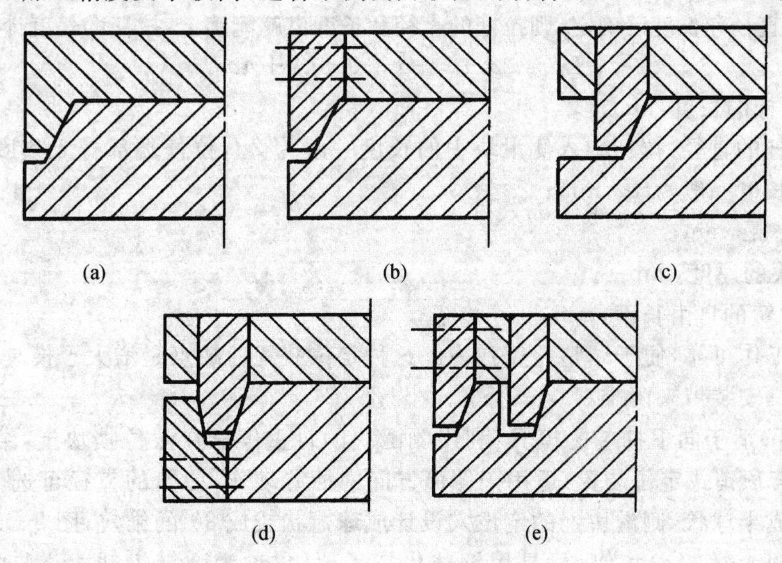

图 8-12　楔紧块的结构形式

位、螺钉固定连接的形式，结构简单、加工方便、应用较普遍，但承受的侧向力较小；图 8-12(c)所示为把楔紧块用 H7/m6 配合整体镶入模板中，承受的侧向力较大；图 8-12(d)所示在楔紧块的背面又设置了一个后挡块，对楔紧块起加强作用；图 8-12(e)所示采用了双楔紧块的形式，这种结构适于侧向力很大的场合，但安装调试较困难。

(2)锁紧角的确定

楔紧块的工作部分是斜面，其锁紧角为 α'。为了保证斜面能在合模时压紧侧滑块，而在开模时又能迅速脱离侧滑块，不会影响斜导柱对侧滑块的驱动，锁紧角 α' 一般都应比斜导柱倾斜角 α 大一些。当侧滑块移动方向垂直于合模方向时，$\alpha'=\alpha+(2°\sim3°)$；当侧滑块向动模一侧倾斜 β 角度时，如图 8-6(a)所示，$\alpha'=\alpha+(2°\sim3°)=\alpha_1-\beta+(2°\sim3°)$；当侧滑块向定模一侧倾斜 β 角度时，如图 8-6(b)所示，$\alpha'=\alpha+(2°\sim3°)=\alpha_1+\beta+(2°\sim3°)$。

5. 侧滑块定距限位装置的设计

侧滑块定距限位装置在开模过程中用来保证侧滑块停留在刚刚脱离斜导柱的位置，不再发生任何移动，以确保合模时斜导柱能准确地插进侧滑块的斜导孔内。在设计侧滑块定距限位装置时，应根据模具的结构和侧滑块所在的不同位置选用不同的结构形式。

图 8-13 是常见的几种定距限位装置的结构形式。图 8-13(a)为弹簧拉杆挡块式，依靠压缩弹簧的弹力使侧滑块停留在限位挡块处，它适用于任何方向的抽芯动作，尤其适用于向上方的抽芯。在设计弹簧时，为了使侧滑块可靠地在限位挡块上定位，压缩弹簧的弹力应是侧滑块质量的 2 倍左右，其压缩长度须大于抽芯距 s，一般取 1.3 倍的 s 较合适。拉杆是支撑弹簧的，当抽芯距、弹簧的直径和长度已确定，则拉杆的直径和长度也就能确定，拉杆的长度计算如下：

$$L_t = 2d + s + t + 0.8L_d + 4d \tag{8-13}$$

式中：L_t——拉杆的长度，mm；

d——拉杆的直径，拉杆旋入侧滑块中的长度一般为 $2d$，拉杆端部拧入垫圈及六角螺母的长度一般为 $4d$，mm；

s——抽芯距，mm；

t——挡块的厚度，mm；

L_d——弹簧的自由长度，mm；

这种机构工作可靠，便于调整弹簧弹力。这种定位装置的缺点是增大了模具的外形尺寸，有时甚至给模具安装带来困难。

图 8-13(b)适于向下抽芯的模具，利用侧滑块的自重停靠在限位挡块上，结构简单。图 8-13(c)为弹簧顶销式定位装置，适用于侧面方向的抽芯动作，弹簧的直径可选 1～1.5 mm，顶销的头部制成半球状，侧滑块上的定位穴设计成球冠状或成 90°的锥穴；图 8-13(d)的结构和使用场合与图 8-13(c)相似，只是用钢球代替了顶销，称为弹簧钢球式，钢球的直径可取 5～10 mm；图 8-13(e)是利用镶入侧滑块的挡板来定位。

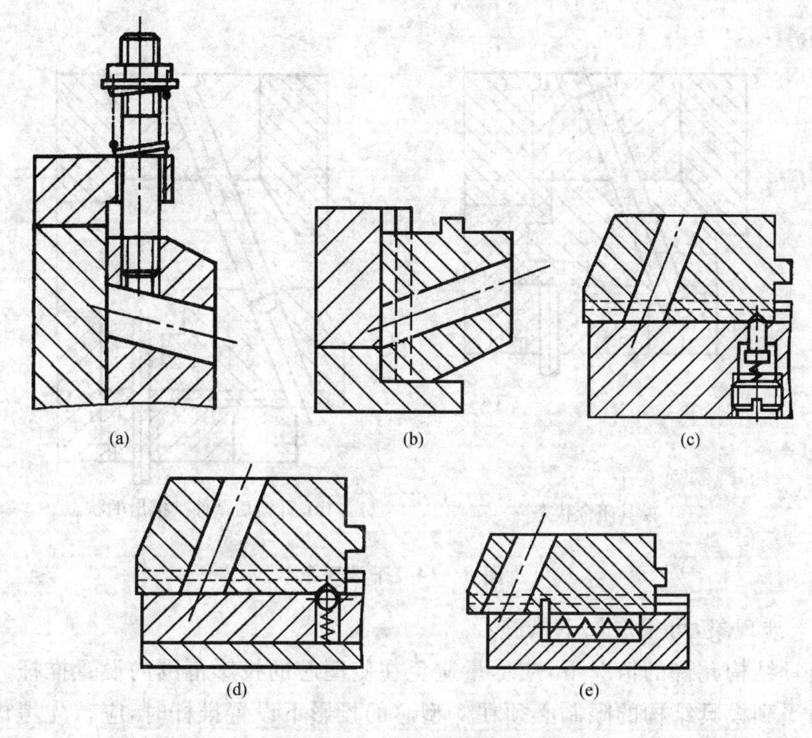

图 8-13 定位装置的形式

8.2.4 斜导柱侧向分型与抽芯机构的结构形式

斜导柱和侧滑块在模具上的不同安装位置，组成了侧向分型与抽芯机构不同的结构形式，各种不同的结构形式具有不同的特点，在设计时应根据塑件的具体情况和技术要求合理选用。

1. 斜导柱安装在定模、侧滑块安装在动模的结构形式

斜导柱安装在定模、侧滑块安装在动模的结构，利用开模运动使斜导柱与侧滑块之间产生相对运动，实现侧向分型与抽芯。这种结构是斜导柱侧向分型抽芯机构的模具中应用最广泛的形式。它既可用于结构比较简单的单分型面注射模，也可用于结构比较复杂的双分型面注射模。模具设计者在设计带有侧抽芯机构的模具时，首先应考虑使用这种形式。典型结构如图 8-2 所示。

在设计斜导柱安装在定模、滑块安装在动模的斜导柱侧向分型与抽芯机构，并同时采用推杆推出机构的模具时，必须注意侧型芯滑块与推杆在合模复位过程中不能发生“干涉”现象，即因侧滑块的复位先于推杆的复位而导致侧型芯与推杆相碰撞，造成侧型芯或推杆损坏的事故。当侧型芯与推杆在垂直于开模方向平面上的投影发生重合的情况下，可能造成干涉现象，如

图 8－14所示。

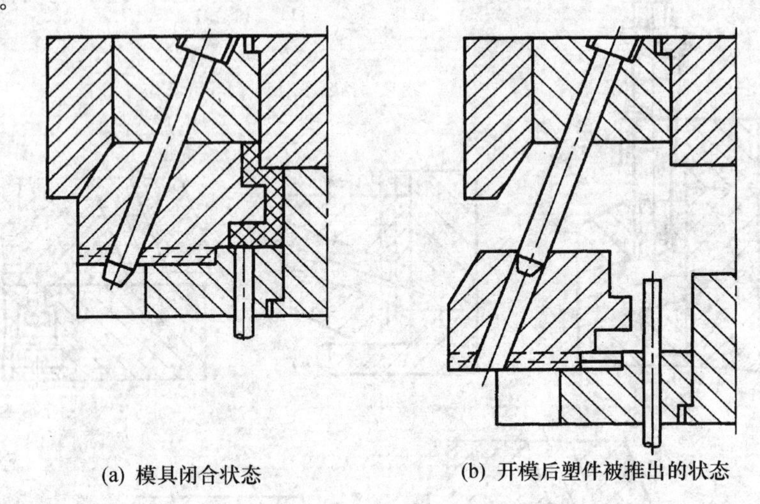

(a) 模具闭合状态　　(b) 开模后塑件被推出的状态

图 8－14　干涉现象

为避免干涉现象，可采取如下措施：

① 在模具结构允许的情况下，应尽量避免在侧型芯的投影范围内设置推杆。

② 如果受到模具结构的限制必须在侧型芯的投影下设置推杆时，应首先考虑能否使推杆在推出塑件后仍低于侧型芯的最低面。

图 8－15(a)所示为开模侧抽芯后推杆推出塑件的情况。图 8－15(b)是合模复位时，复位杆使推杆复位、斜导柱使侧型芯滑块复位而侧型芯与推杆不发生干涉的临界状态；图 8－15(c)是合模复位完毕的状态。从图 8－15 中可知，在不发生干涉的临界状态下，侧型芯已复位 s'，还需复位的长度为 $s_c = s - s'$，而推杆需复位的长度为 h_c。

由图 8－15(c)可知，不发生干涉的条件为

$$h_c \tan\alpha > s_c \tag{8-14}$$

式中：h_c——合模状态下推杆端面到侧型芯的最近距离，mm；

s_c——在垂直于开模方向的平面上，侧型芯与推杆投影重合的长度，mm。

在一般情况下，只要使 $h_c \tan\alpha - s_c > 0.5$ 即可避免干涉。如果实际的情况无法满足这个条件，则必须设计推杆先复位机构。

③ 当以上条件不能满足时，就必须设计推杆先复位机构，即先使推杆复位，然后才允许侧型芯滑块复位。下面介绍几种典型的推杆先复位机构：

(1)弹簧先复位机构

弹簧先复位机构是利用弹簧的弹力使推出机构在合模之前先复位，弹簧安装在推杆固定板和动模垫板之间，如图 8－16 所示。开模推出塑件时，弹簧被压缩，一旦开始合模，依靠弹簧

的弹力使推杆迅速复位。图 8－16(a)中弹簧安装在专门设置的簧柱上；图 8－16(b)弹簧安装在推杆上。一般情况设置 4 根弹簧，并且尽量均匀分布在推杆固定板的四周，以便让推杆固定板受到均匀的弹力而使推杆顺利复位。

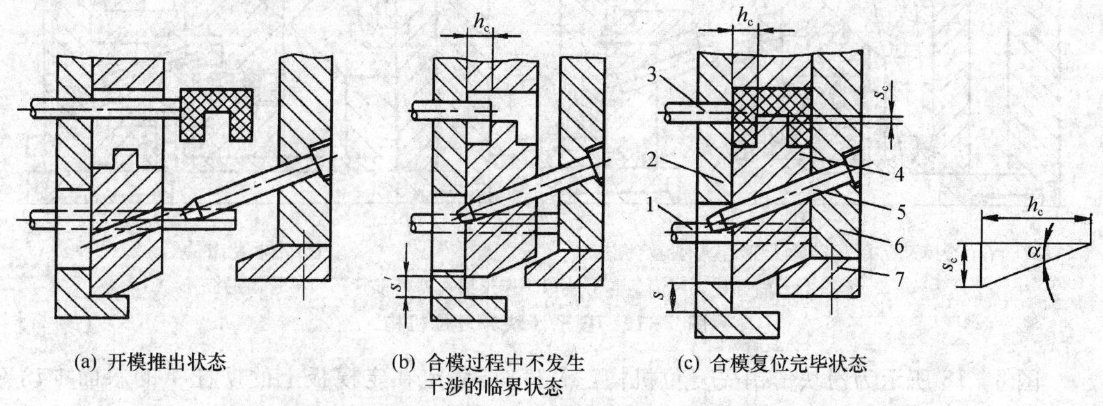

(a) 开模推出状态 (b) 合模过程中不发生干涉的临界状态 (c) 合模复位完毕状态

1—复位杆；2—动模板；3—推杆；4—侧滑块；5—斜导柱；6—定模板；7—楔紧块

图 8－15 不发生干涉的条件

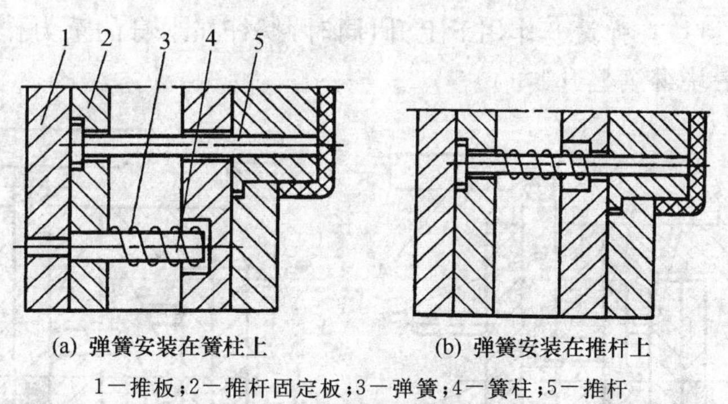

(a) 弹簧安装在簧柱上 (b) 弹簧安装在推杆上

1—推板；2—推杆固定板；3—弹簧；4—簧柱；5—推杆

图 8－16 弹簧先复位机构

弹簧先复位机构具有结构简单、安装方便等优点，但弹簧容易疲劳失效，可靠性差，一般只适于复位力不大的场合，并需要定期更换弹簧。

(2)滑块先复位机构

图 8－17 所示为楔形滑块先复位机构。合模时，固定在定模板上的楔杆 1 与楔形滑块 4 的接触先于斜导柱 2 与侧型芯滑块 3 的接触，在楔杆作用下，楔形滑块在推管固定板 6 的导滑槽内向下移动的同时迫使推管固定板向左移动，使推管先于侧型芯侧滑块的复位，从而避免两者发生干涉。

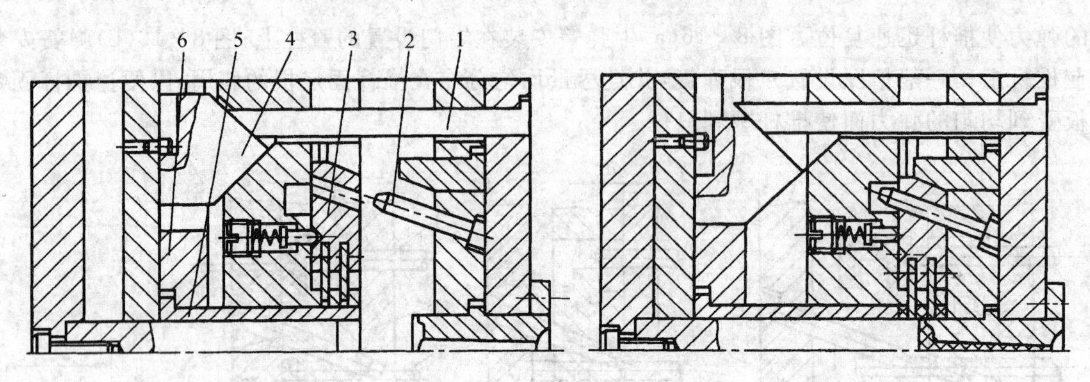

(a) 合模过程中楔杆接触楔形滑块的初始状态　(b) 合模状态

1—楔杆；2—斜导柱；3—侧型芯滑块；4—楔形滑块；5—推管；6—推管固定板

图 8-17　楔形滑块先复位机构

图 8-18 所示为滑块滑销先复位机构。合模时，固定在定模板上的楔杆 4 的斜面推动安装在支承板 3 内的滑块 5 向下滑动，滑块的下移使滑销 6 左移，推动摆杆 2 绕其固定于支承板上的转轴作顺时针方向旋转，从而带动推杆固定板 1 左移，完成推杆 7 的先复位动作。开模时，楔杆脱离滑块，滑块在弹簧 8 作用下上升，同时，摆杆在本身的重力作用下回摆，推动滑销右移，从而挡住侧滑块继续上升。

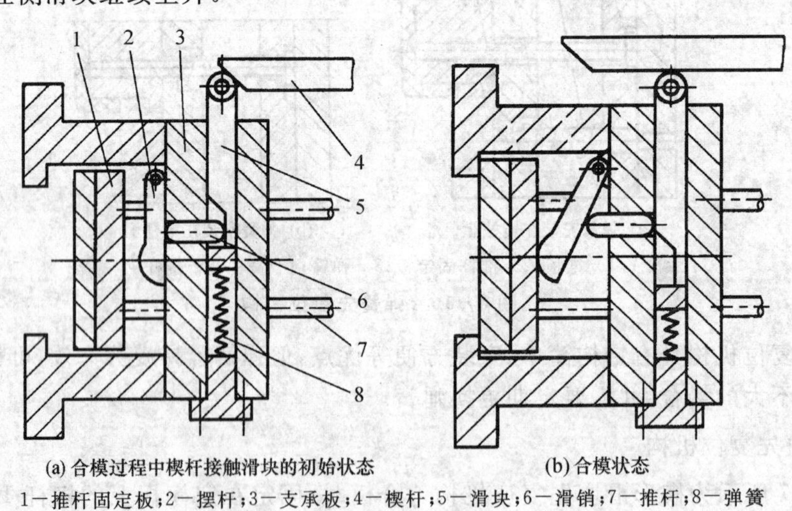

(a) 合模过程中楔杆接触滑块的初始状态　(b) 合模状态

1—推杆固定板；2—摆杆；3—支承板；4—楔杆；5—滑块；6—滑销；7—推杆；8—弹簧

图 8-18　滑块滑销先复位机构

(3) 摆杆先复位机构

摆杆先复位机构如图 8-19 所示。它与楔形滑块复位机构相似，所不同的是用摆杆代替了楔形滑块。合模时，固定在定模板的楔杆 1 推动摆杆 4 上的滚轮，迫使摆杆绕着固定于动模垫板上的转轴做逆时针方向旋转，从而推动推杆固定板 5 向左移动，使推杆 2 的复位先于侧型芯滑块的复位，避免侧型芯与推杆发生干涉。在推板 6 上与滚轮接触的部位常常镶有淬过火的垫板，以减轻磨损。

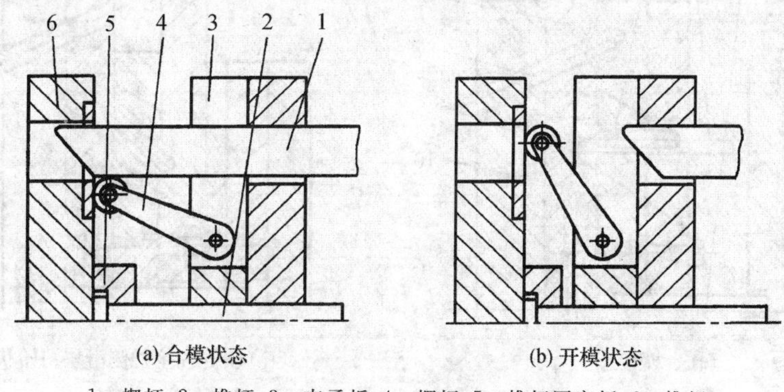

1—楔杆；2—推杆；3—支承板；4—摆杆；5—推杆固定板；6—推板

图 8-19　摆杆先复位机构

图 8-20 所示为双摆杆先复位机构，其工作原理与摆杆先复位机构相似，这里不再详述。

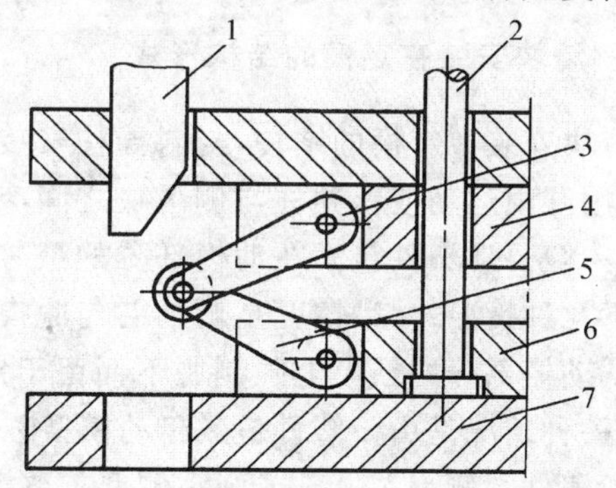

1—楔杆；2—推杆；3、5—摆杆；4—支承板；6—推杆固定板；7—推板

图 8-20　双摆杆先复位机构

(4)连杆先复位机构

连杆先复位机构如图 8-21 所示。图中连杆 4 以固定在动模板 10 上的圆柱销 5 为支点，一端用转销 6 安装在侧型芯侧滑块 7 上，另一端与推杆固定板 2 接触。合模时，斜导柱 8 一旦开始驱动侧型芯侧滑块 7 复位，则连杆 4 必须发生绕圆柱销 5 做顺时针方向的旋转，迫使推杆固定板 2 带动推杆 3 迅速复位，从而避免侧型芯与推杆发生干涉。

应注意，先复位机构一般都不容易保证推杆、推管等推出零件的精确复位，故在设计先复位机构的同时，通常还需要设置能保证复位精度的复位杆。

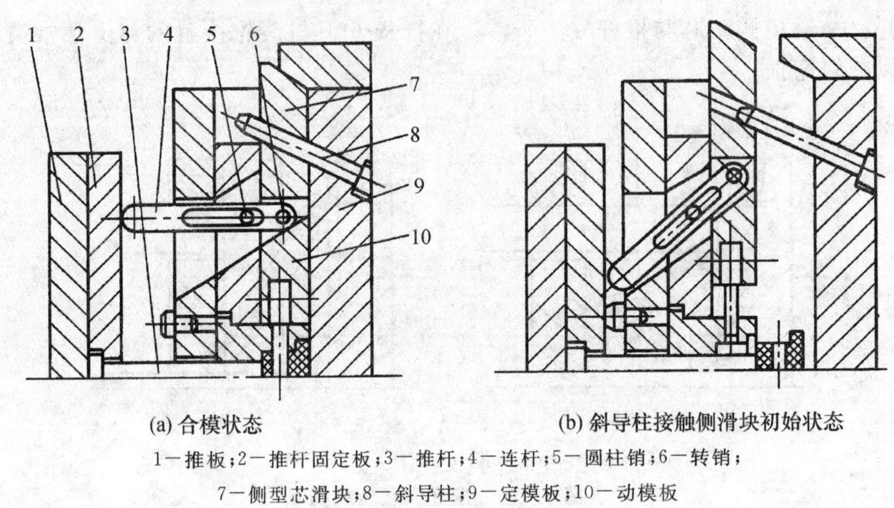

(a) 合模状态 (b) 斜导柱接触侧滑块初始状态

1—推板；2—推杆固定板；3—推杆；4—连杆；5—圆柱销；6—转销；

7—侧型芯滑块；8—斜导柱；9—定模板；10—动模板

图 8-21 连杆式先复位机构

2. 斜导柱安装在动模、侧滑块安装在定模的结构形式

斜导柱安装在动模、侧滑块安装在定模的结构，与斜导柱安装在定模、侧滑块安装在动模的结构相同之处在于都是利用开模运动使斜导柱与侧滑块之间产生相对运动，实现侧向分型与抽芯的。但由于在开模时一般要求塑件包紧在动模部分的型芯上留在动模，而侧型芯则安装在定模，这样就会产生以下几种情况：一种情况是侧抽芯与脱模同时进行，由于侧型芯在合模方向的阻碍作用，使塑件从动模部分的凸模上强制脱下而留于定模，侧抽芯结束后，塑件就无法从定模型腔中取出。另一种情况是由于塑件包紧于动模型芯的力大于侧型芯使塑件留于定模型腔的力，则可能会出现塑件被侧型芯撕破或细小侧型芯被折断的现象，导致模具损坏或无法工作。

从以上分析可知，要使斜导柱安装在动模、侧滑块安装在定模结构的模具能正常工作，应保证脱模与侧抽芯不能同时进行，要么先侧抽芯后脱模，要么先脱模后侧抽芯，两者之间要有一个时间差。

图 8-22 所示为先脱模后侧抽芯的结构，该模具的特点是不设推出机构，凹模制成可侧向滑动的瓣合式型腔，斜导柱 5 与凹模侧滑块 3 上的斜导孔之间存在着较大的间隙 C，一般取 2～4 mm。开模时，在凹模侧滑块侧向移动之前，动、定模将先分开一段距离 $h=C/\sin\alpha$，同时由于凹模侧滑块的约束，塑件与凸模 4 也将脱开一段距离，然后斜导柱才与凹模侧滑块上的斜导孔壁接触，侧向分型动作开始。

这种形式的模具结构简单，加工方便，但塑件需要人工从瓣合凹模侧滑块之间取出，操作不方便，生产率也较低，因此仅适合于小批量生产的简单模具。

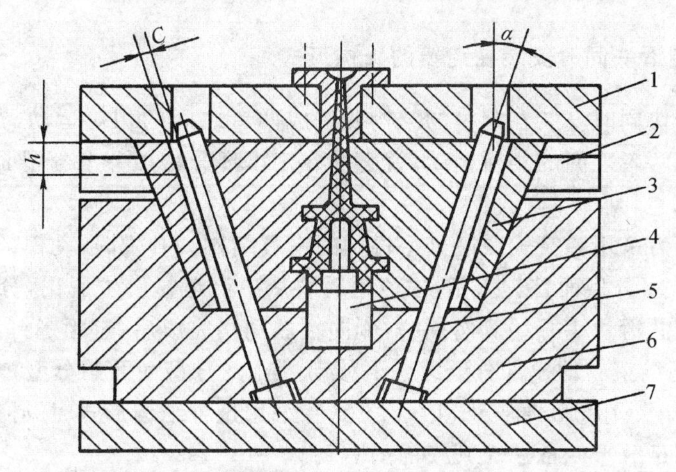

1—定模座板；2—导滑槽；3—凹模侧滑块；4—凸模；5—斜导柱；6—动模板；7—动模座板

图 8-22　斜导柱在动模、侧滑块在定模的结构之一

图 8-23 所示为先侧抽芯后脱模的结构。为了使塑件不留在定模，该设计的特点是型芯 13 与动模板 10 之间有一段可相对运动的距离，开模时，动模部分向下移动，而被塑件紧包住的型芯 13 不动，这时侧型芯滑块 14 在斜导柱 12 的作用下开始侧抽芯，侧抽芯结束后，型芯 13 的台肩与动模板 10 接触。继续开模，包在型芯上的塑件随动模一起向下移动从型腔镶件 2 中脱出，由推件板 4 将塑件从型芯上脱下。在这种结构中，弹簧 6 和顶销 5 的作用是在刚开始分型时把推件板 4 压靠在型腔镶件 2 的端面，防止塑件从型腔中脱出。

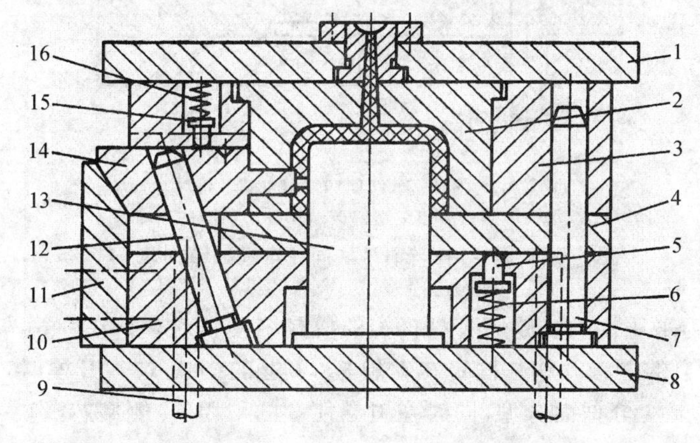

1—定模座板；2—型腔镶件；3—定模板；4—推件板；5—顶销；6—弹簧；7—导柱；

8—支承板；9—推杆；10—动模板；11—楔紧块；12—斜导柱；

13—型芯；14—侧型芯滑块；15—定位顶销；16—弹簧

图 8-23　斜导柱在动模、侧滑块在定模的结构之二

3. 斜导柱与侧滑块同时安装在定模的结构形式

斜导柱与侧滑块同时安装在定模的结构要造成两者之间的相对运动，否则就无法实现侧抽芯动作。要实现两者之间的相对运动，就必须在定模部分增加一个分型面，因此就需要采用顺序分型机构。

图 8-24 所示为采用弹簧式顺序分型机构的模具结构。开模时，动模部分向下移动，在弹簧 7 的作用下，$A-A$ 分型面首先分型，主流道凝料从主流道衬套中脱出，分型的同时，在斜导柱 2 的作用下侧型芯滑块 1 开始侧向抽芯，侧向抽芯动作完成后，定距螺钉 6 的端部与定模板接触，$A-A$ 面分型结束。动模部分继续向下移动，$B-B$ 分型面开始分型，塑件包在型芯 3 上脱离定模板，由推件板 4 将塑件从型芯上脱下。在采用这种结构形式时，必须注意弹簧 7 应该有足够的弹力以满足分型侧抽芯时开模力的需要。

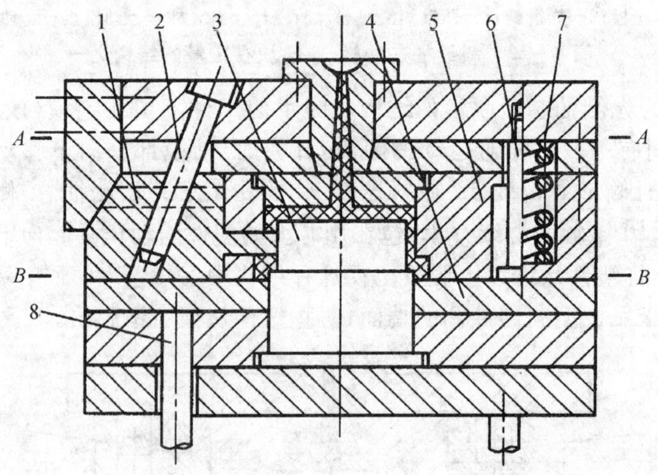

1—侧型芯滑块；2—斜导柱；3—型芯；4—推件板；

5—型腔；6—定距螺钉；7—弹簧；8—推杆

图 8-24 斜导柱与侧滑块同在定模的结构之一

图 8-25 所示为采用摆钩式顺序分型机构的模具结构，合模时，在弹簧 7 的作用下用转轴 6 固定于定模板 10 上的摆钩 8 钩住固定在动模板 11 上的挡块 12。开模时，由于摆钩 8 勾住挡块，模具首先从 $A-A$ 分型面分型，同时在斜导柱 2 的作用下，侧型芯滑块 1 开始侧向抽芯，侧向抽芯结束后，固定在定模座板上的压块 9 的斜面压迫摆钩 8 做逆时针方向摆动而脱离挡块 12，定模板 10 在定距螺钉 5 的限制下停止运动。动模部分继续向下移动，$B-B$ 分型面分型，塑件随型芯 3 保持在动模一侧，然后推件板 4 推出塑件。

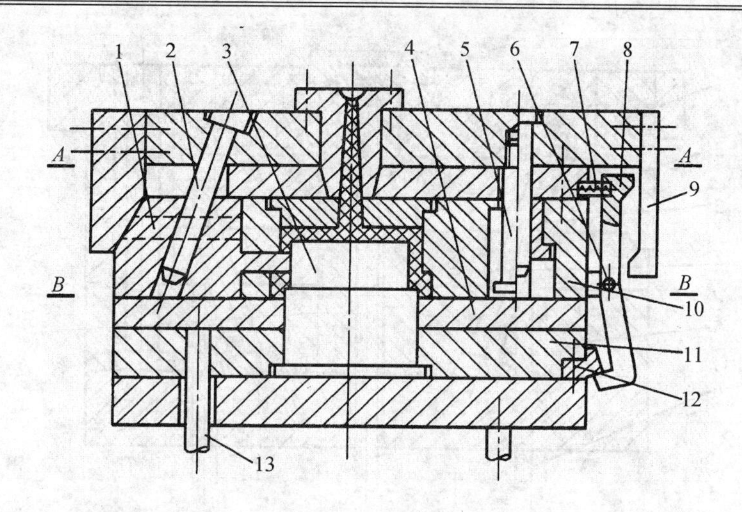

1—侧型芯滑块；2—斜导柱；3—型芯；4—推件板；5—定距螺钉；6—转轴；7—弹簧；
8—摆钩；9—压块；10—定模板；11—动模板；12—挡块；13—推杆

图 8-25　斜导柱与侧滑块同在定模的结构之二

设计时应注意，挡块 12 与摆钩 8 钩接处应有 1°～3°的斜度；一般应将摆钩和挡块成对并对称布置于模具两侧。

斜导柱与侧滑块同时安装在定模的结构中，斜导柱的长度可适当加长，第一次分型面分型后斜导柱工作端仍留在侧型芯侧滑块的斜导孔内，因此不需设置侧滑块的定位装置。

以上介绍的两种顺序分型机构，既可应用于斜导柱与侧滑块同时安装在定模形式的模具，又可用于点浇口浇注系统的三板式模具，只是要注意 *A*—*A* 分型面距离应足以满足点浇口浇注系统凝料的取出。

4. 斜导柱与侧滑块同时安装在动模的结构形式

斜导柱与侧滑块同时安装在动模时，一般可以通过推出机构来实现斜导柱与侧型芯滑块的相对运动，即在推出塑件的同时实现侧向抽芯或分型。如图 8-26 所示，侧型芯滑块 2 安装在推件板 4 的导滑槽内，合模时靠设置在定模板上的楔紧块锁紧。开模时，侧型芯滑块 2 和斜导柱 3 一起随动模部分下移与定模分开，当推出机构开始工作时，推杆 6 推动推件板 4 使塑件脱模的同时，侧型芯滑块 2 在斜导柱 3 的作用下在推件板 4 的导滑槽内向两侧滑动从而实现侧抽芯。

这种结构的模具，由于侧型芯滑块始终不脱离斜导柱，所以不需设置侧滑块定位装置。主要适合于抽芯力和抽芯距均不太大的场合。

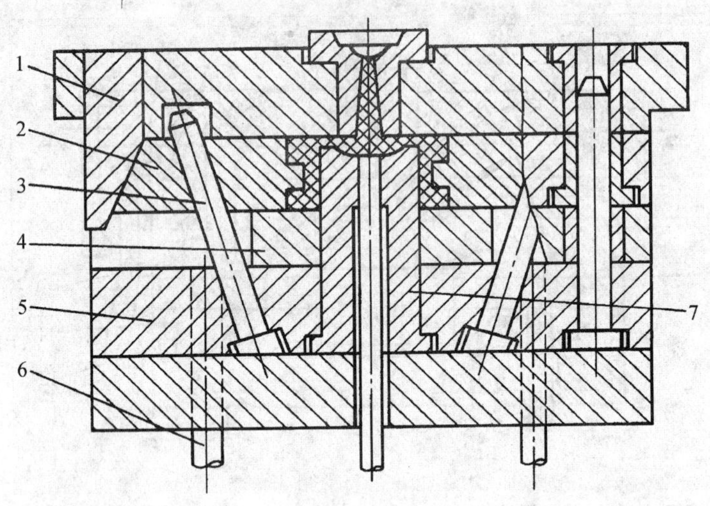

1—楔紧块；2—侧型芯滑块；3—斜导柱；4—推件板；4—型芯；5—推杆；6—动模板

图 8-26　斜导柱与侧滑块同在动模的结构

5. 斜导柱的内侧抽芯

斜导柱侧向分型与抽芯机构除了对塑件进行外侧抽芯与分型外，还可以对塑件进行内侧抽芯，图 8-27 所示就是其中一例。斜导柱 2 固定于定模板 1 上，侧型芯滑块 3 安装在动模板 6 上。开模时，塑件包紧在型芯 4 上随动模向左移动，在开模过程中，斜导柱 2 同时驱动侧型芯滑块 3 在动模板 6 的导滑槽内滑动而进行内侧抽芯，最后推杆 5 将塑件从型芯 4 上推出。

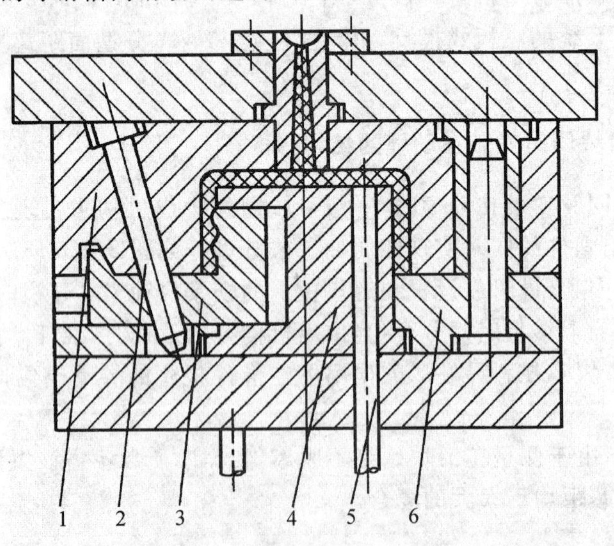

1—定模板；2—斜导柱；3—侧型芯滑块；5—动模板；6—推杆；7—型芯

图 8-27　斜导柱内侧抽芯的结构

设计这类模具时，由于受空间限制无法设置侧滑块定距限位装置，因此应将侧滑块设置在模具的上方，利用侧滑块的重力定位。

8.3　弯销侧向分型与抽芯机构

8.3.1　弯销侧向分型与抽芯机构的工作原理及特点

1. 弯销侧向分型与抽芯机构的工作原理

弯销侧向分型与抽芯机构的工作原理和斜导柱侧向分型与抽芯机构相似，所不同的是在结构上以矩形截面的弯销代替了斜导柱，因此，弯销侧向分型与抽芯机构仍然离不开侧滑块的导滑、侧滑块的锁紧和侧抽芯结束时侧滑块的定位这 3 大设计要素。

图 8－28 所示是弯销侧抽芯的典型结构，合模时，由楔紧块 3 将侧型芯滑块 5 锁紧。侧抽芯时，侧型芯滑块 5 在弯销 4 的驱动下沿动模板 6 的导滑槽侧抽芯。抽芯结束后，侧型芯滑块由弹簧拉杆挡块式定位限距装置定位。

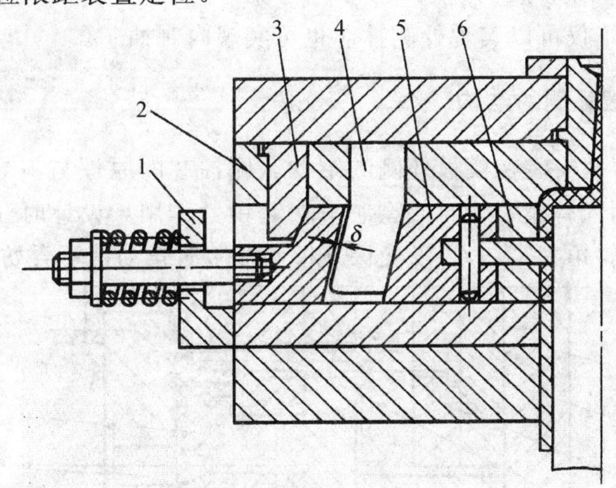

1—挡块；2—定模板；3—楔紧块；4—弯销；5—侧型芯滑块；6—动模板

图 8－28　弯销侧向分型与抽芯机构

2. 弯销侧向分型与抽芯机构的特点

① 强度高，可采用较大的倾斜角。弯销一般采用矩形截面，其抗弯截面系数比斜导柱大，因此抗弯强度较高，可以采用较大的倾斜角 α，在开模距离相同的情况下，可以获得较斜导柱大的抽芯距。必要时，弯销还可由不同斜角的几段组成，以小的斜角段获得较大的抽芯力，而

以大的斜角段获得较大的抽芯距。由于弯销的抗弯强度较高，所以，在塑料熔体对侧型芯的压力不大时，可以不设置楔紧块，这样有利于简化模具结构，但当塑料熔体对侧型芯的压力比较大时，仍应考虑设置楔紧块。

② 可以方便的实现延时抽芯。弯销侧向分型与抽芯机构可以方便的实现延时侧抽芯。如图 8-29 所示，因为距离 l 和间隙 δ 的存在，模具在开模分型之初，弯销并不驱动侧型芯滑块侧抽芯，塑件从型芯 3 上脱出，与侧型芯一起留在动模，一直到间隙消除，侧抽芯才开始。

③ 加工较困难。因弯销和斜孔均为矩形截面，故加工较困难。

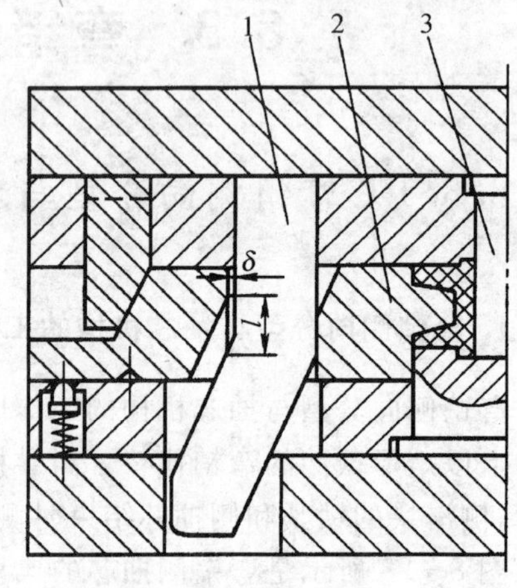

1—弯销；2—侧型芯滑块；3—型芯

图 8-29 弯销延时抽芯

8.3.2 弯销在模具上的安装方式

弯销安装在模板外侧的方式较为常见，这样可使模板尺寸较小，安装维修时也方便。也可将弯销安装在模板内侧，此时不仅可以实现外侧抽芯也可实现内侧抽芯。

1. 弯销安装在模板外侧的结构

图 8-30 所示为弯销安装在模板外侧的结构。侧抽芯的原理与斜导柱侧抽芯机构类似，所不同的是利用止动销代替楔紧块对侧型芯滑块起锁紧作用。设计时注意止动销的斜角（锥度的一半）应比弯销倾斜角大 1°～2°，以确保开模侧抽芯时止动销不会妨碍侧向抽型芯。

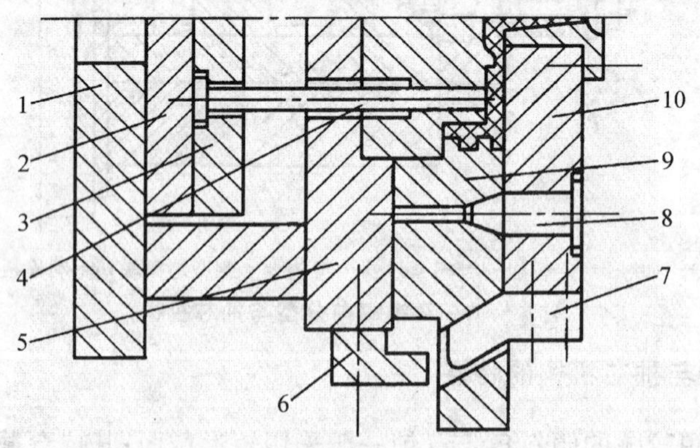

1—动模座板；2—推板；3—推杆固定板；4—推杆；5—动模板；6—挡块；
7—弯销；8—止动销；9—侧型芯滑块；10—定模座板

图 8-30 弯销在模板外侧的结构

2. 弯销安装在模板内侧的结构

(1)外侧抽芯

弯销安装在模板内侧实现外侧抽芯的结构如图 8－31 所示，弯销 4 和楔紧块 7 用过渡配合安装于定模板 8 上，并用螺钉与定模座板 9 连接。开模时，由于弯销 4 尚未与侧型芯滑块 5 上的斜方孔侧面接触，因而侧滑块保持静止。与此同时，型芯 1 与塑件分离，开模至一定距离后，弯销与侧滑块接触，驱动侧滑块在动模板 6 的导滑槽内做侧抽芯，由于此时型芯的延伸部分尚未从塑件中抽出，因而塑件不会随侧滑块产生侧向移动。当弯销脱离侧滑块完成侧抽芯动作时，型芯 1 与塑件完全脱离，塑件自由落下，模具无需设置推出机构。

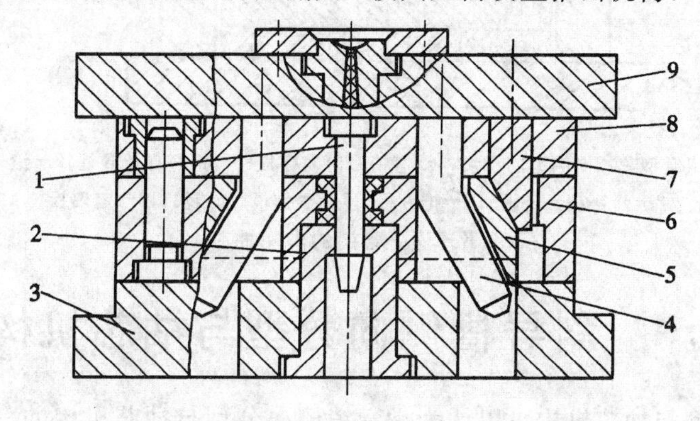

1－型芯；2－动模镶块；3－动模座板；4－弯销，5－侧型芯滑块；
6－动模板；7－楔紧块；8－定模板；9－定模座板

图 8－31　弯销在模内的结构

(2)内侧抽芯

弯销安装在模板内侧时，还可以进行内侧抽芯，如图 8－32 所示。组合型芯 1、弯销 3、导柱 6 均用螺钉固定于动模垫板。开模时，由于摆钩 11 钩住定模板 13 上的挡块 12，使 $A-A$ 分型面首先分型；接着弯销 3 驱动侧型芯滑块 2 向右移动进行内侧抽芯；内侧抽芯结束后，摆钩 11 在滚轮 7 的作用下脱钩，$B-B$ 分型面分型；最后由推件板 10 将塑件脱出组合型芯 1。这种形式的内侧抽芯，由于抽芯结束时，弯销的端部仍留在侧滑块中，所以设计时不需用侧滑块定距限位装置。另外，由于不便于设置锁紧装置，而是依靠弯销本身弯曲强度来克服注射时熔体对侧型芯的侧向压力，所以只适于侧型芯截面积比较小的场合。

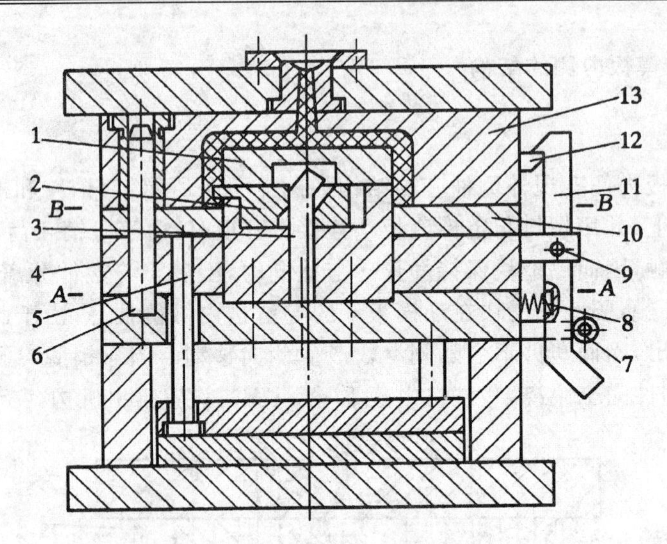

1—组合型芯;2—侧型芯滑块;3—弯销;4—动模板;5—推杆;6—导柱;7—滚轮;
8—弹簧,9—转轴;10—推件板;11—摆钩;12—挡块;13—定模板

图 8-32 弯销的内侧抽芯

8.4 斜导槽侧向分型与抽芯机构

斜导槽侧向分型与抽芯机构可以认为是弯销侧向分型与抽芯机构的一种变形,它避免了矩形截面斜孔的加工,降低了加工难度。如图 8-33 所示。斜导槽板 5 用四个螺钉和两个定位销安装在定模板 9 的外侧,滑销 8 则固定于侧型芯滑块 6 上。开模时,侧型芯滑块的侧向移动是受固定在它上面的滑销在斜导槽内的运动轨迹所限制的。当槽与开模方向没有斜度时,侧滑块无侧抽芯动作;当槽与开模方向成一角度时,侧滑块可以侧抽芯。

斜导槽侧向分型与抽芯机构抽芯动作的整个过程,实际是受斜导槽的形状所控制的,设计较为灵活。图 8-34 所示为 3 种不同的斜导槽。图 8-34(a)所示的形式,开模一开始便开始侧抽芯,但这时斜导槽倾斜角 α 应小于 25°。图 8-34(b)所示的形式,开模后,滑销先在直槽内运动,不抽芯,直至滑销进入斜槽部分,侧抽芯才开始。图 8-34(c)所示的形式,第一段槽的倾斜角 α_1 较小,第二段槽的倾斜角较大,这种形式适于抽芯距和抽芯力都较大的场合。由于起始抽芯力较大,第一段的倾斜角一般在 $12°<\alpha_1<25°$ 内选取,一旦侧型芯与塑件松动,以后的抽芯力就比较小,因此第二段的倾斜角可适当增大,但仍应 $\alpha_2<40°$。图 8-36(c)中,第一段抽芯距为 S_1,第二段抽芯距为 S_2,总的抽芯距为 S。斜导槽的宽度一般比滑销大 0.2 mm。

在设计斜导槽侧向分型与抽芯机构时也应注意侧滑块驱动时的导滑、注射时侧滑块的锁紧和侧抽芯结束时的侧滑块的定距限位问题。

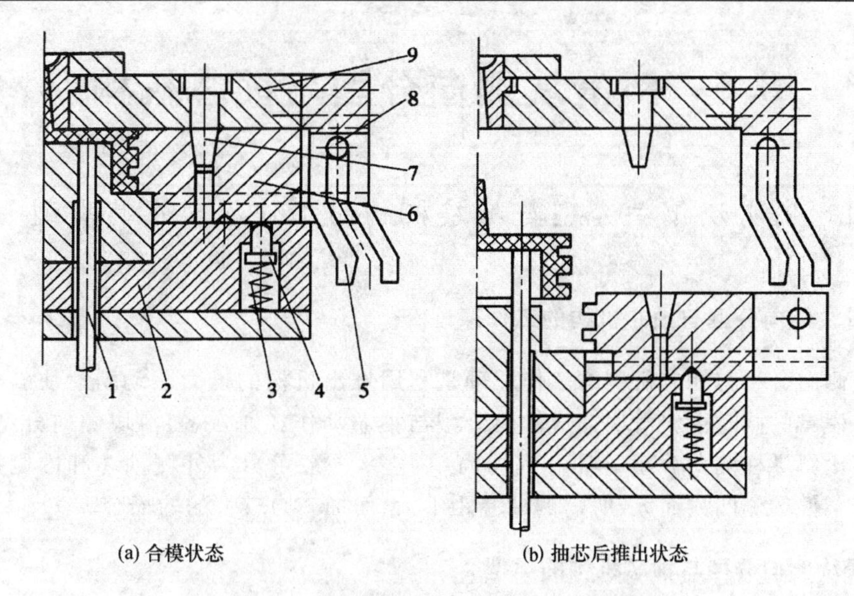

(a) 合模状态　(b) 抽芯后推出状态

1—推杆；2—动模板；3—弹簧；4—顶销；5—斜导槽板；

6—侧型芯滑块；7—止动销；8—滑销；9—定模板

图 8-33　斜导槽侧向分型与抽芯机构

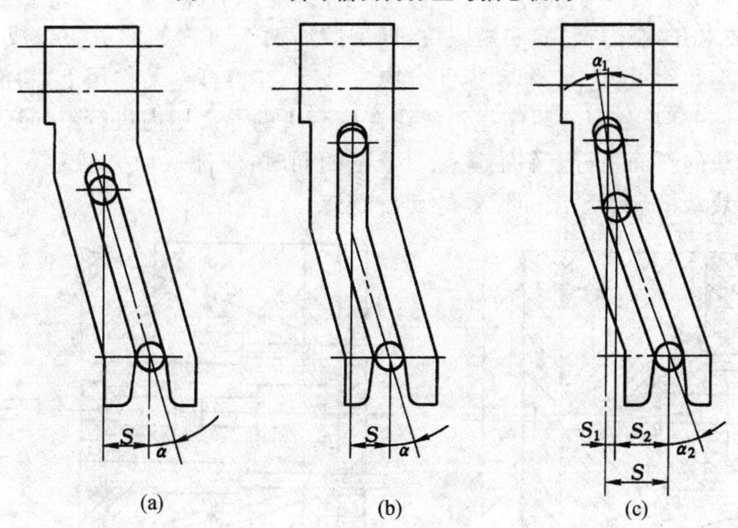

图 8-34　斜导槽的形状

斜导槽板与滑销通常用 T8、T10 等材料制造，热处理要求与斜导柱相同，一般硬度≥55HRC，表面粗糙度值 $R_a \leqslant 0.8\ \mu m$。

8.5 斜滑块侧向分型与抽芯机构

8.5.1 斜滑块侧向分型与抽芯机构的工作原理及其类型

1. 斜滑块侧向分型与抽芯机构的工作原理

斜滑块侧向分型与抽芯机构的工作原理是利用推出机构的推力驱动斜滑块斜向运动，在塑件被脱出模具的同时由斜滑块完成侧向分型与抽芯动作。通常，斜滑块侧向分型与抽芯机构的结构要比斜导柱侧向分型与抽芯机构简单得多，一般可分为外侧抽芯和内侧抽芯两种。主要适用于塑件的侧凹浅而大，所需的抽芯距不大，而抽芯力较大的的场合。

2. 斜滑块侧向分型与抽芯机构的类型

(1)斜滑块外侧分型与抽芯机构

图 8－35 为斜滑块外侧分型的模具结构。塑件为线圈骨架，外侧有深度浅但面积大的侧凹，斜滑块设计成对开式(瓣合式)凹模镶块，即型腔由两个对称的斜滑块组成。开模后，塑件包在动模型芯 5 上和斜滑块一起随动模部分向左移动，在推杆 3 的作用下，斜滑块 2 相对向右运动的同时向两侧分型，分型的动作靠斜滑块在模套 1 的导滑槽内进行斜向运动来实现，导滑槽的方向与斜滑块的斜面平行。斜滑块侧向分型的同时，塑件从动模型芯 5 上脱出。限位螺钉 6 是防止斜滑块从模套中脱出而设置的。

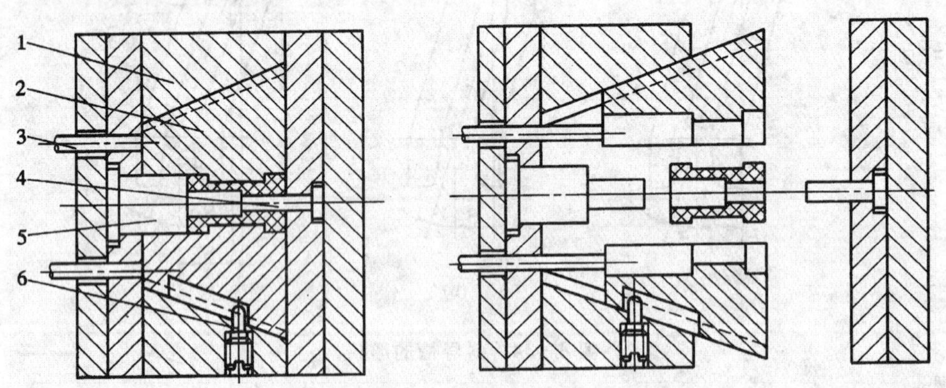

1－模套；2－斜滑块；3－推杆；4－定模型芯；5－动模型芯；6－限位螺钉

图 8－35 斜滑块外侧分型

(2)斜滑块内侧分型与抽芯机构

图 8－36 是斜滑块内侧分型与抽芯机构的模具结构。斜滑块 2 安装在模套 3 的斜孔中，开模后，推杆 4 推动斜滑块 2 向上运动，由于模套 3 上的斜孔作用，斜滑块同时还向内侧移动，从而在推杆推出塑件的同时，斜滑块完成内侧抽芯的动作。

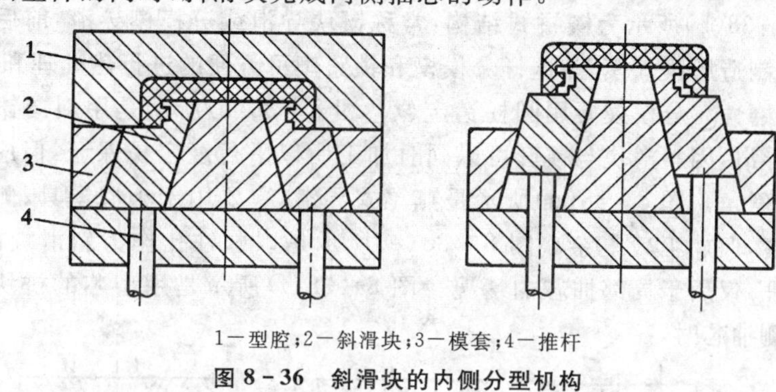

1－型腔；2－斜滑块；3－模套；4－推杆

图 8－36　斜滑块的内侧分型机构

8.5.2　斜滑块侧向分型与抽芯机构的设计要点

1. 正确选择主型芯位置

主型芯位置选择的恰当与否，直接关系到塑件能否顺利脱模。图 8－37(a)中将主型芯设置在定模一侧，开模后，塑件先从主型芯上脱出，然后斜滑块才能分型，所以塑件可能粘附于一侧斜滑块上，造成塑件不能自动脱落；图 8－37(b)中将主型芯位置设于动模，在推出塑件侧滑块打开的过程中，塑件受主型芯的限制不会粘附在斜滑块上，因此脱模比较顺利。

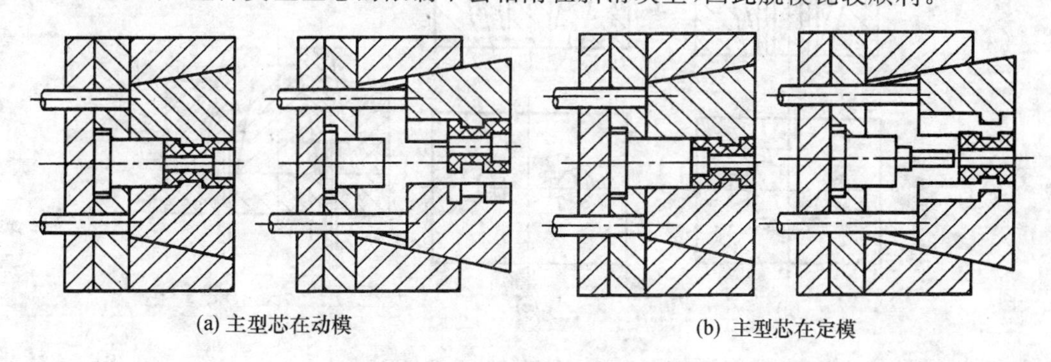

(a) 主型芯在动模　　(b) 主型芯在定模

图 8－37　主型芯位置的选择

2. 斜滑块的导滑形式

斜滑块的导滑形式如图 8－38 所示。图 8－38(a)所示为整体式的 T 型导滑槽，加工精度不易保证，又不能热处理，但结构较紧凑，故适用于小型或批量不大的模具，T 型导滑槽也可制成半圆形。图 8－38(b)所示为镶拼式结构，常称镶块导滑或分模楔导滑，前后分模楔和左右锁紧楔都是单独制造后镶入模套，这样分模楔和锁紧楔可方便的进行热处理和磨削加工，从而提高了精度和耐磨性。分模楔要用圆柱销定位。图 8－38(c)所示是用斜向镶入的导柱做导轨，也称圆柱销导滑，因斜滑块与模套可以同时加工所以平行度容易保证，但应注意导柱的斜角要小于模套的斜角。图 8－38(d)所示是燕尾式导滑，主要用于小型模具、侧滑块较多的情况，模具结构紧凑，但加工较复杂。图 8－38(e)所示是以圆柱孔作为斜滑块的导轨，制造方便，精度容易保证，仅用于局部抽芯的情况。图 8－38(f)所示是用型芯的拼块作斜滑块的导向，常常用于内侧抽芯时。

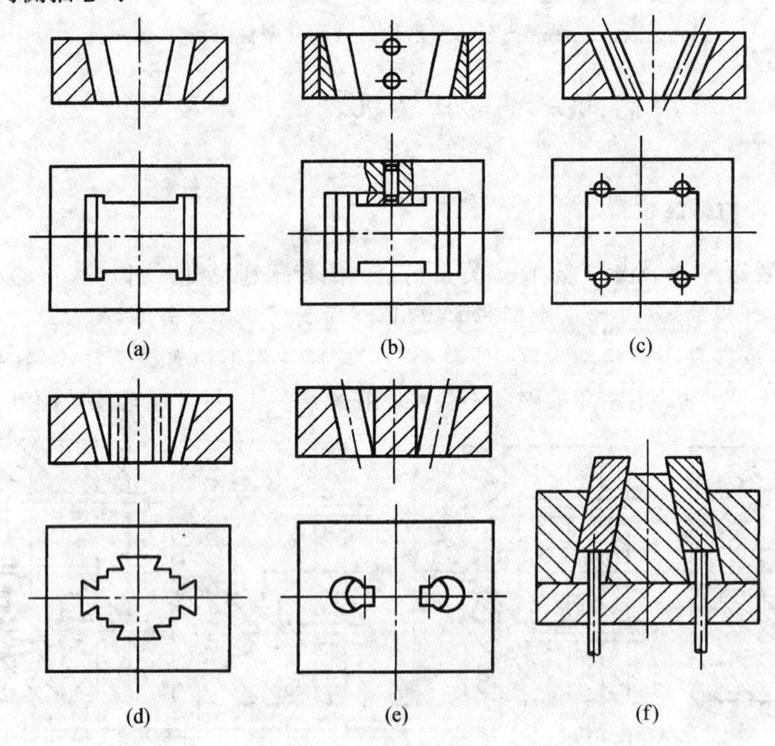

图 8－38　斜滑块的导滑形式

3. 开模时斜滑块的止动

斜滑块通常设置在动模部分，并希望塑件也留在动模部分。但有时因为塑件的特殊结构，对定模部分的包紧力大于动模部分或者不相上下，此时，如果没有止动装置，则斜滑块在开模动作刚刚开始之时便有可能与动模产生相对运动，导致塑件损坏或滞留在定模而无法取出，为了避免这种现象发生，可设置止动装置。

弹簧顶销止动是常用止动装置之一，如图 8－39 所示。开模后，弹簧顶销 6 紧压斜滑块 4 防止其与动模分离，使定模型芯 5 先从塑件中抽出。继续开模，塑件留在动模上，然后由推杆 1 推动侧滑块侧向分型，塑件脱落。

如图 8－40 所示，止动销止动是另一种止动装置，固定于定模板 4 上的导销 3 与斜滑块 2 在开模方向有一段 H8/f8 的配合段，开模后，在导销的约束下，斜滑块不能进行侧向运动，斜滑块会留在模套内，直至导销与斜滑块脱离接触。继续开模，动模的推出机构推动斜滑块侧分型并推出塑件。

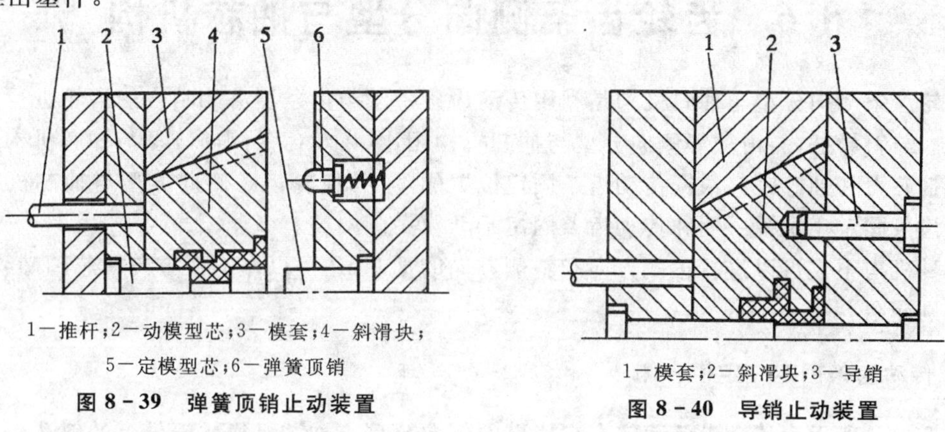

1－推杆；2－动模型芯；3－模套；4－斜滑块；5－定模型芯；6－弹簧顶销

图 8－39 弹簧顶销止动装置

1－模套；2－斜滑块；3－导销

图 8－40 导销止动装置

4. 斜滑块的倾斜角和推出行程

由于斜滑块的强度较高，斜滑块的倾斜角可比斜导柱的倾斜角大一些，一般不超过 30°。

斜滑块推出模套的行程，立式模具不大于斜滑块高度的 1/2，卧式模具不大于斜滑块高度的 1/3，否则推出塑件时容易倾斜。如果必须使用更大的推出距离，可使用加长斜滑块导向的方法。

5. 斜滑块的装配要求

为了保证斜滑块在合模时其拼合面紧密贴合，避免注射成型时产生飞边，斜滑块装配后必须使其底面离模套有 0.2～0.5 mm 的间隙，上面高出模套 0.4～0.6 mm，如图 8－41 所示。这样做还有利于增加模具使用寿命，当斜滑块与导滑槽之间有磨损之后，图8－41(a) 无需修磨就能保持贴合紧密，图 8－41(b)、(c)通过修磨斜滑块下端面，可保持斜滑块贴合紧密。

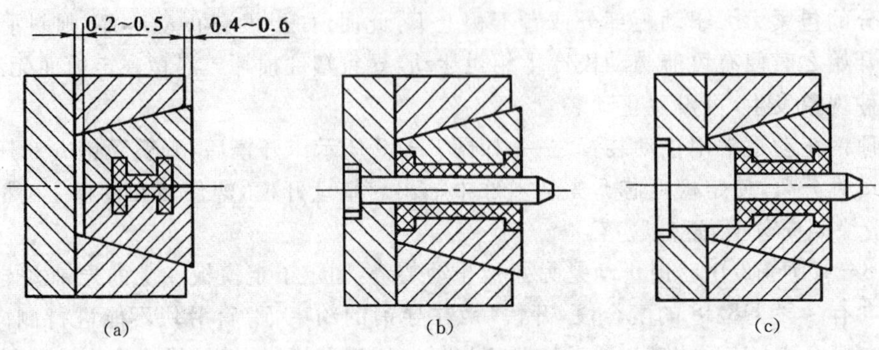

图 8-41 斜滑块的装配要求

8.6 齿轮齿条侧向分型与抽芯机构

齿轮齿条侧向分型与抽芯机构是利用传动齿条带动与齿条型芯相啮合的齿轮进行侧抽芯的机构。与斜导柱、斜滑块等侧向分型与抽芯机构相比，齿轮齿条侧向分型与抽芯机构可获得较大的抽芯力和抽芯距。根据传动齿条固定位置的不同，齿轮齿条侧向分型与抽芯机构可分为传动齿条固定于定模一侧和传动齿条固定于动模一侧两类。

这种机构不仅可以进行正侧方向和斜侧方向的抽芯，还可以作圆弧方向抽芯和螺纹抽芯，下面分别介绍。

1. 传动齿条固定在定模一侧

图 8-42 所示为传动齿条固定在定模上的侧向分型与抽芯机构。塑件上的斜孔由齿条型芯 2 成型。传动齿条 5 固定在定模板 3 上，开模时，通过齿轮 4 带动齿条型芯 2 实现抽芯动作。弹簧销 8 使齿条型芯定位。

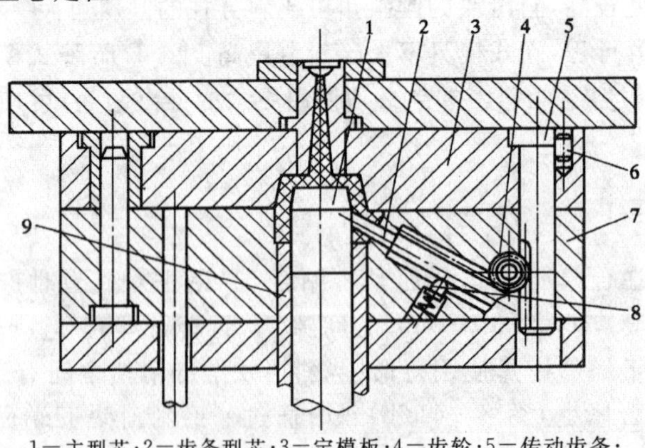

1—主型芯；2—齿条型芯；3—定模板；4—齿轮；5—传动齿条；

6—止转销；7—动模板；8—弹簧销；9—推管

图 8-42 传动齿条固定在定模一侧的结构

2. 传动齿条固定在动模一侧

传动齿条固定在动模一侧的结构如图8-43所示。传动齿条1安装在齿条固定板3上，开模时，动模部分向左移动，塑件包在齿条型芯7上从型腔中脱出后随动模部分一起向左移动。当传动齿条推板2与注射机上的顶杆接触时，传动齿条1静止不动，动模部分继续后退，造成了齿轮6作逆时针方向的转动，从而使与齿轮啮合的齿条型芯7作斜侧方向抽芯。当抽芯完毕，传动齿条固定板3与推板4接触，并且推动推板4使推杆5将塑件推出。合模时，传动齿条复位杆8使传动齿条1复位。

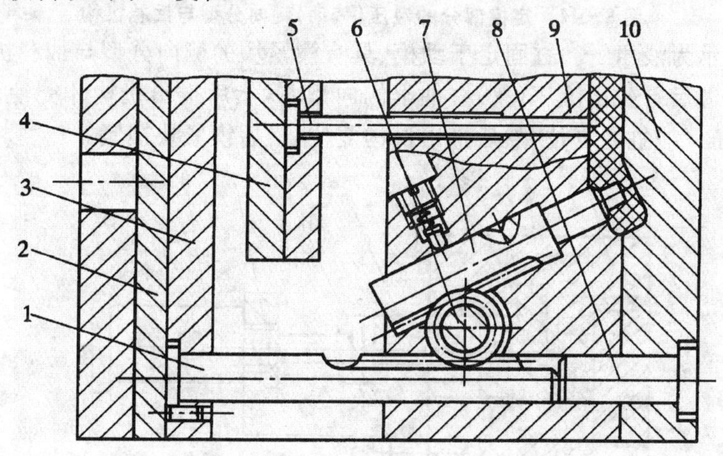

1—传动齿条；2—传动齿条推板；3—齿条固定板；4—推板；5—推杆；

6—齿轮；7—齿条型芯；8—复位杆；9—动模板；10—定模板

图8-43 传动齿条固定在动模一侧的结构

8.7 液压或气动侧向分型与抽芯机构

液压或气动侧抽芯是通过液压缸或气缸活塞及控制系统来实现的。当塑件侧向有很深的孔，例如三通管子塑件，侧抽芯力和抽芯距都很大，不适于使用斜导柱、斜滑块等侧向分型与抽芯机构时往往考虑采用液压或气动侧抽芯机构。

图8-44所示为液压(气)缸固定于定模的侧向分型与抽芯机构，在液压(气)缸在控制系统控制下先侧向抽型芯，然后再开模。而合模结束后，液压(气)缸才能驱使侧型芯复位。这种结构无楔紧块，仅适用于侧孔为通孔的塑件，因此时侧型芯上承受较小的侧压力，靠液压(气)缸就能锁紧。

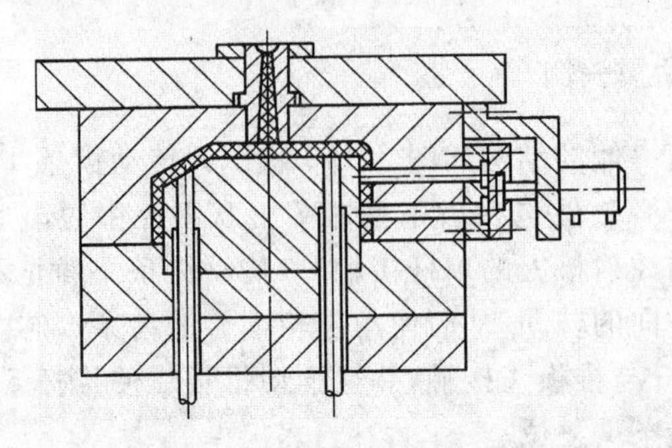

图 8-44 定模部分的液压(气动)侧向分型与抽芯机构

图 8-45 所示为液压(气)缸固定于动模、具有楔紧块的侧向分型与抽芯机构。开模后，当楔紧块脱离侧型芯后首先由液压(气)缸抽出侧向型芯，然后推出机构才能使塑件脱模。合模时，侧型芯由液压(气)缸先复位，然后推出机构复位，最后楔紧块锁紧。

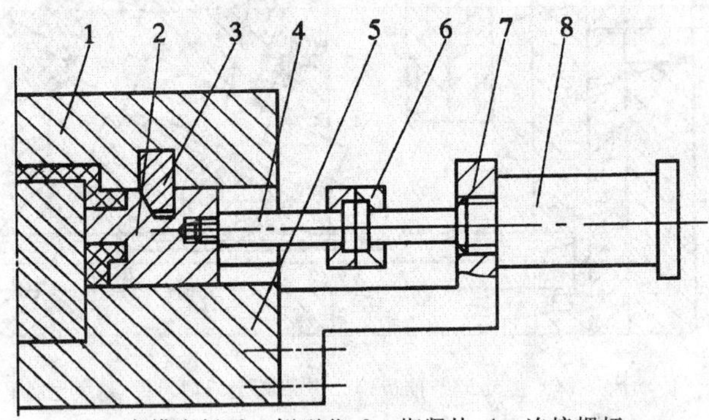

1—定模座板；2—侧型芯；3—楔紧块；4—连接螺杆；
5—动模板；6—连轴器；7—支架；8—液压缸

图 8-45 动模部分的液压(气动)侧向分型与抽芯机构

思考与练习

8.1 按照动力来源不同，侧向分型与抽芯机构分为哪几大类？各有什么特点？

8.2 典型的斜导柱侧向分型与抽芯机构由哪几部分组成？各部分起什么作用？

8.3 如何确定斜导柱倾斜角及楔紧块斜角？

8.4 什么是侧抽芯时的“干涉”现象？如何避免？

8.5 简述斜导柱侧向分型与抽芯机构的设计要点。

8.6 斜导柱侧向分型与抽芯机构的结构形式有哪几种？各种不同的结构形式具有哪些不同的特点？

8.7 弯销侧向分型与抽芯机构和斜导槽侧向分型与抽芯机构各有什么特点？分别适用于什么场合？

第9章　注射模温度调节系统

模具温度对塑件的定型、塑件成型周期、产品质量以及塑件生产效率都有重要影响。塑料进行注射成型时，有一个比较适宜的温度范围，在此温度范围内，塑料熔体的流动性好，容易充满型腔，塑件脱模后收缩和翘曲变形小，形状与尺寸稳定，力学性能以及表面质量也比较高。因此，需要对模具设置温度调节系统。

9.1　模具温度与塑料成型的关系

1. 模温过低

塑料熔体流动性差，导致塑件轮廓不清晰，表面产生明显的银丝、云纹，甚至充不满型腔或形成熔接痕。

对于热固性塑料，模温过低还会造成固化程度不足，降低塑件的物理、化学和力学性能。对于热塑性塑料注射成型，模温过低，充模速度又不高时，塑件内应力增大，易引起翘曲变形或应力开裂，尤其是粘度大的工程塑料。

但在采用允许的低模温度时，则有利于减小塑料的成型收缩率，从而提高塑件的尺寸精度，并可缩短成型周期。对于柔性塑料(如聚烯烃等)采用低模温有利于塑件尺寸稳定。

2. 模温过高

塑件成型收缩率大，如果脱模温度高而定型不好，也会使塑件形状和尺寸精度变差。对于热固性塑料，过热会导致塑件变色、发脆、强度变低。但对于结晶性材料，使用高模温有利于结晶过程进行，避免在存放和使用过程中，尺寸发生变化。对于粘度大的刚性塑料，使用高模温，可使其应力开裂大大降低。

3. 模温不均匀

模具型腔温度如果不均匀，则低温处塑料先收缩，高温处塑料后收缩，导致塑件翘曲变形和产生内应力，影响塑件的形状及尺寸精度。因此，为保证塑件质量，模温必须适当、稳定、均匀。

一般的塑料都需在200℃左右的温度由注射机的喷嘴注射到注射模具内，熔体在60℃左右的模具内固化、脱模，其热量除少数辐射、对流到大气环境以外，大部分由模具内通入的冷却水带走。大多数的模具需要设置冷却系统。

据统计，在注射成型工艺中，冷却时间占80%，成型周期主要取决于冷却定型时间，在保证塑件质量和成型工艺顺利进行的前提下，通过降低模具温度来缩短冷却时间，可以极大的提高生产效益。

此外，下述几种情况，需对模具输入适当热量。

① 某些高粘性或结晶性塑料的注射成型，需要维持较高的模温（80℃以上）常用热塑性塑料的注射成型模温见表9-1。若只靠塑料熔体在模具内释放的热量来维持其较高模温常常是不可能的，为此，需对模具加热。

② 热固性塑料（如聚甲醛、聚碳酸酯、聚苯醚等）的注射成型，模具需要较高的温度，以促使塑料在模具内完成交联反应，为此必须对模具加热。

表9-1 常用热塑性塑料注射成型模温

塑料	模温 t/℃	塑料	模温 t/℃
聚苯乙烯(PS)	30～65	聚碳酸酯(PC)	90～120
AS树脂(AS)	40～60	醋酸纤维素(CA)	90～120
ABS树脂(ABS)	40～60	软聚氯乙烯(FPVC)	45～60
烯酸树脂	40～60	硬聚氯乙烯(RPVC)	40～60
聚乙烯(PE)	50～70	有机玻璃(PA)	30～60
聚丙烯(PP)	50～90	氯化聚醚(CPE)	40～60
聚酰胺(PA)	55～65	聚苯醚(PPO)	110～150
聚甲醛(POM)	80～120	聚砜(PSF)	100～150

③ 对于大型模具，在开车前必须将模具预热到某一适宜温度。如果只靠注入塑料熔体将模具加热升温既费时又废料，在经济上极不合算，因此在间断操作或更换模具时，大型注射模都应有加热系统。

有的塑料成型，既需要设置冷却系统也需要设置加热系统。当模具的温度达到塑料成型工艺要求时，关闭加热系统；此后，如果模具温度高于塑料成型工艺要求，则打开冷却系统。模具设置的温度控制系统，应使型腔和型芯的温度保持在规定的范围之内，并保持均匀的模温，以便成型工艺得以顺利进行，并有利于塑件尺寸稳定、变形小、表面质量好、物理和力学性能良好。

9.2 冷却回路的尺寸确定与布置

模具的冷却就是将熔融状态的塑料传给模具的热量，尽可能迅速地全部带走，以便塑件冷却定型，获得最佳的塑件质量。模具的冷却介质有：水、油、空气等，常用的是水冷却方法。

根据需要，模具中组成一个或多个水回路，冷却系统是这些水回路的统称。冷却形式一般是在型腔、型芯等部位合理设置冷却通道，并通过调节冷却水流量及流速来控制模温，冷却水一般为室温冷水，必要时也采用强迫通水或低温来加强冷却效率。

设置冷却系统需要考虑模具结构形式、模具大小、镶嵌位置以及塑件熔接痕位置等因素，通常采用以下一些设计原则：

① 冷却通道距离型腔不宜太远或太近。水孔太近会导致型腔产生表面裂纹，还可能造成型腔温度不均加重，导致塑件变形。水孔距离型腔太远，又会失去冷却效果。一般取水孔壁至型腔表面距离不少于 6～10 mm，并在 30 mm 以内。

② 冷却水道应尽量多、截面尺寸应尽量大。在模具结构允许的情况下，冷却通道的孔径尽量大，冷却回路的数量尽量多，这样冷却会比较均匀，如图 9－1 所示。

③ 冷却通道应与塑件厚度相适应。塑件壁厚基本均匀时，冷却通道与型腔表面各处的距离最好相同，即冷却通道的排列与型腔的形状吻合，如图 9－2 所示。塑件局部壁厚处应增加冷却通道，加强冷却。另外，塑件内外侧的冷却也应受到同样关注，防止塑件向冷却薄弱的一侧弯曲变形。

④ 冷却通道不应通过镶块和镶块接缝处，以防止漏水。

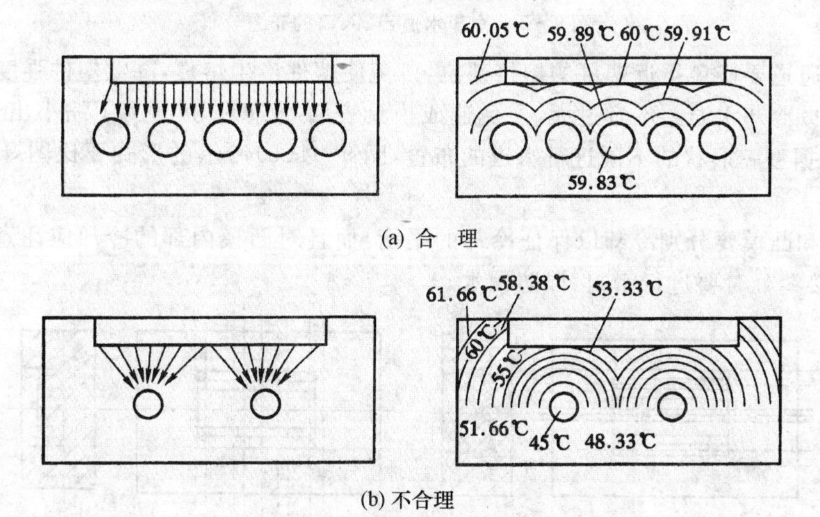

图 9－1　冷却回路数量、尺寸对散热性的影响

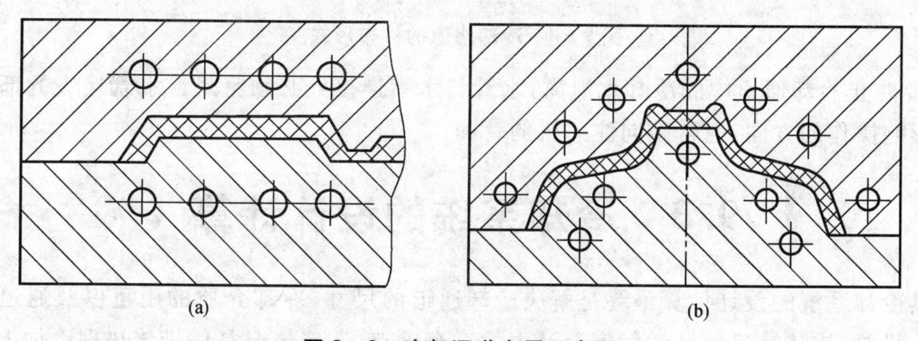

图 9－2　冷却通道布置示意图

⑤ 冷却通道内不应有存水和产生回流的部位，水流沿一定方向连续流出，避免产生死水区。冷却通道直径一般为 8～12 mm。进水管直径的选择，应使进水处的流速不超过冷却通道中的水流速度，要避免压力降低过大。

⑥ 浇口附近温度最高，距浇口愈远温度愈低，因此，浇口附近应加强冷却，通常可使冷水先流经浇口附近，然后再流向浇口远端，如图 9－3 所示。

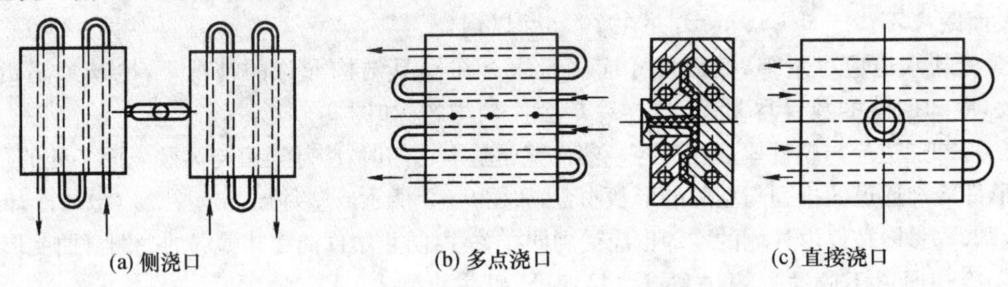
(a) 侧浇口　(b) 多点浇口　(c) 直接浇口

图 9－3　冷却水道出、入口的布置

⑦ 冷却通道要避免接近塑件的熔接部位，以免使塑件产生熔痕，降低塑件强度。

⑧ 进出口冷却水温差不宜过大，避免造成模具表面冷却不均匀，为了缩小出入口冷却水的温差，应根据型腔形状的不同进行水道的布置，图 9－4(b)所示的形式要比图 9－4(a)所示的形式好。

⑨ 凹模和凸模要分别冷却以保证冷却的平衡，而且对凸模内部的冷却应注意：水道穿过凸模与模板接缝处时要进行密封，以防漏水。

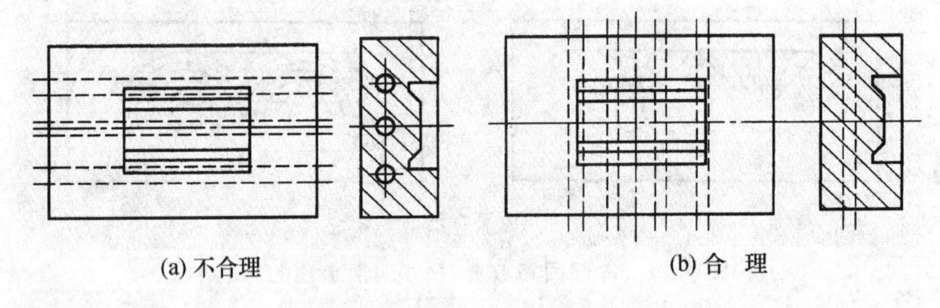
(a) 不合理　(b) 合　理

图 9－4　冷却水道的排布形式

⑩ 要防止冷却通道中的冷却水泄露，水管与水嘴连接处必须密封。水管接头的部位要设置在不影响操作的方向，通常朝向注射机的背面。

9.3　冷却系统的设计计算

模具冷却系统的设计计算最终是解决冷却通道的尺寸、冷却介质的用量以及通道的布局等问题。目前，该计算仍然是注射模设计中的一个难点，一般情况是凭借传热理论加上经验进行计算的。

1. 冷却水用量的计算

模具实际使用过程中，有多种传热方式：由冷却通道的冷却介质传热、模具表面辐射传热、模具向空气对流传热以及模具的上下两表面接触冷设备传热等。

由于一次成型所用的时间很短，通过辐射和设备传热方式散发的热量很少，一般为 5%～10%，塑料熔体的热量的 90%～95%要靠冷却水带走。粗略计算时，可认为塑料熔体带给模具的热量全部由冷却水带走。假设有塑料熔体的热量 Q 传给冷却液，使重量 W 的冷却液温度升高了 Δt，此为能量做功，表达公式为

$$Q = W\lambda\Delta t \tag{9-1}$$

式中：W ——每小时流经模具的冷却液质量，kg；

λ ——冷却液比热容，kJ/(kg·℃)，水的比热容为 4.186 kJ/(kg·℃)；

Δt ——冷却液在模具出、入口处的温差，℃。

按照下列关系式求解冷却液的重量 W

$$W = \frac{\pi}{4}d^2 vTp \tag{9-2}$$

将式(9-2)带入式(9-1)中，得到

$$Q = \frac{\pi}{4}d^2 v\,Tp\lambda\Delta t \tag{9-3}$$

式中：d ——水道孔径，m；

v ——水流速度，m/s；

T ——每小时水流持续时间，s/h，若水一直流动，则 T = 3 600 s/h；

ρ ——冷却液密度，kg/m³。

Δt ——衡量模具温度均匀性的一个标志。根据生产经验，一般精度的塑件 Δt 可取 5～6℃，高精度的塑件取 2～3℃，精度较差时可取为 10℃。

通常，冷却水孔的直径根据模具的大小来确定。水孔直径与流量、流速的对应值见表 9-2所列。当 d 的尺寸确定后，按照雷诺数计算公式(9-4)就可算出满足湍流态条件的水流速度 v。

$$Re = \frac{d\,v}{\eta} \tag{9-4}$$

式中：d——水孔直径，m，非圆形水孔为当量直径；

η——水流粘度，m²/s，其数值可查相关手册求得。

表 9-2 在水温 23℃、Re=4000 时,水孔直径与流量、流速的对应值

水孔直径/mm	水流率/($m^3 \cdot min^{-1}$)	水流速/($m \cdot s^{-1}$)	适用注射机/cm^3(以最大注射量计)
8	1.79×10^{-3}	0.66	<60
10	2.48×10^{-3}	0.52	60~250
12	2.96×10^{-3}	0.43	
18	4.44×10^{-3}	0.29	>250
20	4.94×10^{-3}	0.26	

2. 模具冷却回路数量的计算

按照式(9-1),一个成型周期中,冷却水应带走的热量 Q_i 为

$$Q_i = W_i \lambda \Delta t = lAp\lambda \Delta t \tag{9-5}$$

或

$$Q_i = vT_i Ap\lambda \Delta t \tag{9-6}$$

式中:l——冷却回路长度,m;

A——冷却水道的截面积,m^2;

T_i——一个塑件的成型周期,s。

在一次成型过程中,Q_i、T_i、Δt 应为恒定量,p、λ 可视为常量,如果确定了每条冷却回路出、入口的水温差 Δt_i,则可得到模具冷却回路的数量 N。

$$N = \frac{\Delta t}{\Delta t_i} \tag{9-7}$$

冷却水的正确用量还需要在限定周期时间内看其能否完成冷却的实践来验证。当模具和成型工艺条件既定时,冷却水的流速成为调节模温的主要手段。

3. 冷却水的压力

冷却水的流动速度主要取决于冷却水在入口时与出口时二者间的压力差 Δp。压强太小,则不能保证水的湍流速度。冷却水所必须的压力为

$$\Delta p = \frac{32\eta \rho v(l + \sum L_d)}{d^2} \tag{9-8}$$

式中:η——水的运动粘度,m^2/s;

ρ——水的密度,kg/m^3;

L_d——冷却回路因孔径变化或改变方向引起局部阻力的当量长度,m,其值由表 9-3 确定。

表 9-3　水孔方向与当量长度关系

局部阻力状态	L_d
45°转弯	15
90°转弯	30
180°转弯	60

9.4　常见冷却系统的结构

模具中冷却装置的形式大致可以分为 3 类：

(1)沟道式冷却

沟道式冷却是指直接在模具或模板上钻孔或铣槽，通入水冷却，如图 9-5 所示，这是应用得最多的一种冷却方式。

(2)管道式冷却

管道式冷却是指模具或模板上钻孔或铣槽，在孔或槽内嵌入铜管。如图 9-6 所示。

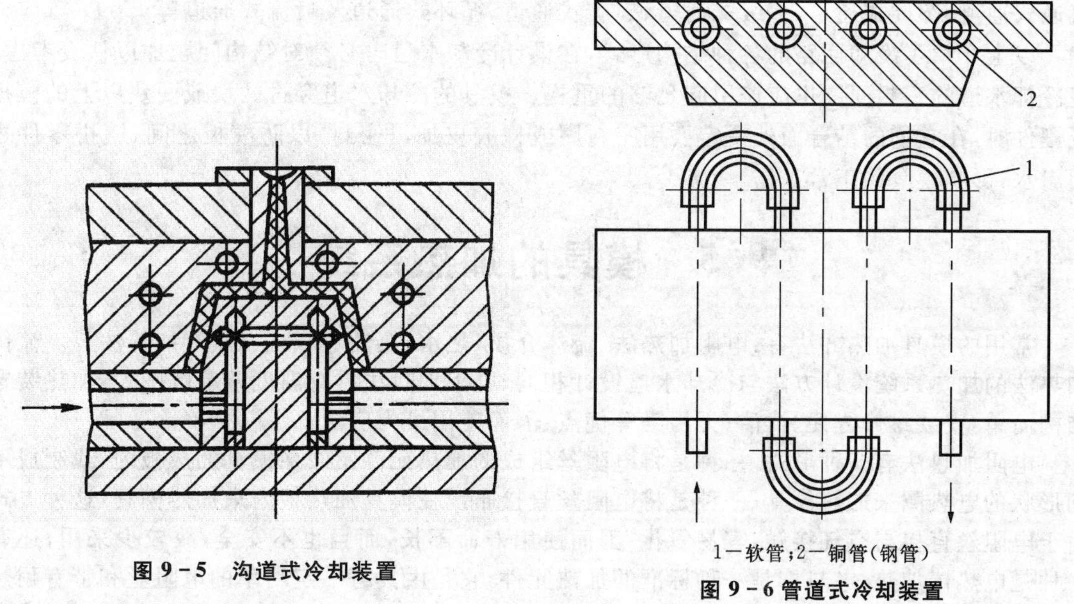

图 9-5　沟道式冷却装置

1—软管；2—铜管(钢管)

图 9-6 管道式冷却装置

(3)导热杆式冷却

导热杆式冷却是指在型芯内插入金属杆导热，一般适用细长型芯的冷却，如图 9-7 所示。

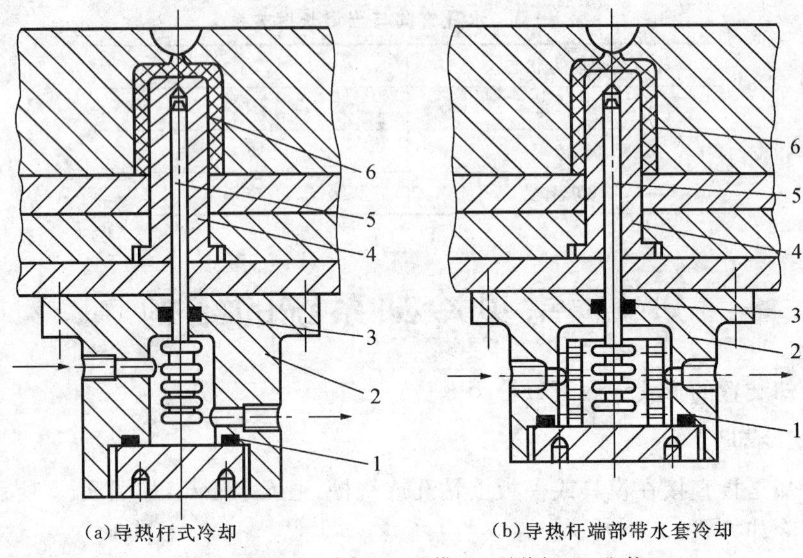

(a)导热杆式冷却　　(b)导热杆端部带水套冷却

1、3—密封环；2—支架；4—凸模；5—导热杆；6—塑件

图 9-7　导杆式冷却装置

冷却通道的布局，应根据塑件形状及其所需模具温度的要求而定。冷却通道形式可分成：直通式通道、圆周式通道、多级式通道、螺旋式通道、循环式通道及喷流式通道等。

以上介绍了冷却回路的各种结构形式，在设计冷却水道时必须对结构问题加以认真考虑，但冷却水道的密封问题也应该引起足够的重视。模具的冷却水道穿过两块或两块以上的模板或镶件时，在它们的结合面处一定要用密封圈或橡胶皮加以密封，以防模板之间、镶拼零件之间渗水，影响模具的正常工作。

9.5　模具的加热系统

常用的模具加热方法有：电阻加热法、流体介质(热水、热油)加热法、蒸汽加热法等。流体加热法的加热系统设计方法与冷却水道设计相同；电阻加热法具有温度调节范围大，加热装置结构简单，安装维修方便、清洁、无污染等优点，因而使用最为广泛。

电阻加热法有 3 种形式，一种是将电阻丝组成的加热元件镶嵌在模具加热板内，或制成不同形状的电热圈来加热模具；一种是将电阻丝直接布设在模具加热板内来加热模具，这种方式由于电阻丝直接与空气接触，容易氧化，因而使用寿命不长，而且也不安全，故较少采用；还有一种是电热棒加热，电热棒是一种标准的加热元件，它是由具有一定功率的电阻丝和带有耐热绝缘材料的金属密封组成，使用时只要将其插入模板上的加热孔内通电即可，这种方式的特点是使用和安装均很方便。

采用电阻加热时要合理布设电热元件，保证电热元件的功率。若电热元件的功率不足，就不能达到模具的温度；如电热元件功率过大，会使模具加热过快，从而出现局部过热现象，难于控制模温。要达到模具加热均匀，保证符合塑件成型温度的条件，在设计模具电阻加热装置时，必须考虑以下基本要求：

① 正确合理地布设电热元件，做到均匀加热。

② 大型模具的电热板，应安装两套温度控制仪表，分别控制调节电热板中央和边缘部位的温度。

③ 电热板的中央和边缘部位分别采用不同功率的电热元件，一般模具中央部位电热元件功率稍小，边缘部位的电热元件功率稍大。

④ 加强模具的保温措施，减少热量的传导和热辐射的损失。通常，在模具与压机的上、下压板之间以及模具四周设置石棉隔热板，厚度约为 4～6 mm。

电阻加热计算的任务是根据模具工作的实际需要计算出所需的电功率，并选用电热元件或设计电阻丝的规格。然而，计算模具的电加热装置所需的总功率是一项很复杂的工作，计算选用的参数不一定符合要求，生产中为了方便，常采用单位质量模具所需电加热功率的经验数据和模具重量来计算模具所需的电加热总功率，并有意适当增大计算结果，通过电控装置加以控制与调节。

加热模具所需电功率一般可根据模具重量按经验公式计算

$$P = qm \tag{9-9}$$

式中：P——电功率，W；

m——模具质量，kg；

q——每千克模具维持成型温度所需要的电功率，W/kg，其值查表 9-4 求得。

表 9-4　q 值

模具类型	$q/(\mathrm{W\cdot kg^{-1}})$	
	采用加热棒时	采用加热圈时
小型	35	40
中型	30	50
大型	25	60

总的电功率确定之后，即可根据电热板的尺寸确定电热棒的数量，进而计算每个电热棒的功率，设电热棒采用并联接法，则有

$$P' = P/n \tag{9-10}$$

式中：P'——每个电热棒的功率，具体数值可参考有关手册；

n——电热棒的根数。

思考与练习

9.1　注射模为什么要设置温度调节系统？设置冷却系统需要考虑哪些因素？

9.2　简述模具冷却系统的设计原则。

第 10 章　其他类型注射模

本章主要介绍热固性塑料注射模、低发泡塑料注射模、精密注射模和气体辅助注射模 4 种其他类型注射模。

10.1　热固性塑料注射模

10.1.1　热固性塑料注射成型工艺

1. 热固性塑料注射成型的优点

20 世纪 60 年代以前，热固性塑料主要采用压缩成型和压注成型的方法来加工塑件，这两种方法操作复杂、劳动强度大、成型周期长、生产效率低、模具易损坏、成型产品质量不稳定。热固性塑料注射成型相比压缩成型和压注成型具有周期短、塑件质量好、劳动强度低、模具寿命长、操作安全和劳动环境改善等优越性，因此在很多场合已经取代了压缩成型和压注成型。

热固性塑料注射成型与热塑性塑料注射成型工艺过程类似，如图 10－1 所示，但由于成型原料为热固性塑料，因此，模具均需加热到高温。热固性塑料注射成型工艺对塑料要求较高，目前最常采用的是以木粉或纤维素为填料的酚醛塑料。除此以外，还有氨基塑料、不饱和聚酯和环氧树脂等。

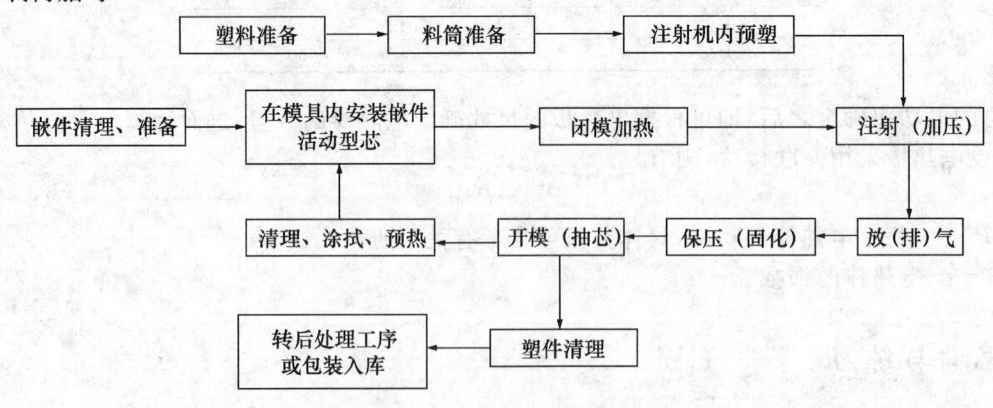

图 10－1　热固性塑料注射成型工艺过程

2. 热固性塑料注射成型工艺要点

(1)注射压力和注射速度

与热塑性塑料注射成型工艺相似,热固性塑料注射成型工艺的注射压力与注射速度也密切相关。热固性塑料在注射机料筒中应处于粘度最低的熔融状态,熔融的塑料高速流经截面很小的喷嘴和模具浇注系统时,温度从 60～90℃瞬间提高到 130℃左右,达到临界固化状态,这也是塑料流动性最佳状态的转化点。因热固性塑料中含 40%左右的填料,粘度与摩擦阻力较大,注射压力也相应增大,注射压力的一半左右要消耗在克服浇注系统的摩擦阻力上,根据不同塑料,注射压力常用范围为 100～170 MPa,根据生产经验,注射速度可取 3～4.5 m/min。

(2)保压压力和保压时间

保压压力和保压时间直接影响模腔压力以及塑件的补缩和密度的大小。目前,由于热固性塑料熔体的硬化速度较快,且模具大多采用点浇口,浇口冻结比较迅速,所以,常用的保压压力可比注射压力稍低一些,保压时间也可比热塑性塑料注射时略短些,通常取 5～20 s。热固性塑料注射成型的型腔压力为 30～70 MPa。

(3)螺杆的背压与转速

注射成型热固性塑料时,螺杆的背压不能太大,否则塑料在螺杆中会受到长距离压缩作用,导致熔体过早硬化和注射发生困难,所以背压一般都比注射热塑性塑料时取得小,为 3.4～5.2 MPa,并且在螺杆启动时其值可以接近于零。注射热固性塑料时,与背压相关的螺杆转速也不宜取得过大,否则塑料容易在料筒内受热不均匀,从而产生塑化不良的结果,一般螺杆的转速可取 30～70 r/min。

(4)成型周期

在热固性塑料注射成型周期中,最重要的是注射时间和硬化定型时间,此外还有保压时间和开模取件时间等。国产的热固性注射塑料的注射时间为 2～10 s,保压时间需 5～20 s,硬化定型时间在 15～100 s 内选择,成型周期共需 45～120 s。确定热固性塑料的硬化定型时间,不仅要考虑塑件的结构形状、复杂程度和壁厚大小,而且还要注意塑料的品质,特别是根据塑件最大壁厚确定硬化时间时,更应注意这个问题。一般国产注射塑料充模后的硬化时间可根据塑件最大壁厚,按 8～12 s/mm 硬化速度进行估算。

(5)其他工艺条件

热固性塑料注射成型时,注射机每完成一次注射动作,螺杆的槽中总会留有一部分已被塑化好的熔体未能注射出去,因此,必须控制它在料筒内的存留时间。塑料在料筒内的存留时间和成型周期有关。此外,热固性注射塑料在固化反应中,会产生缩合水和低分子气体,型腔必须要有良好的排气结构,否则会在塑件表面上留下气泡和流痕。对壁厚塑件,在注射成型操作时，有时还应采取卸压开模放气的措施。热固性塑料注射成型典型工艺条件可参考表 10－1，相同塑料的注射成型工艺也会因品级不同、塑件不同或生产厂家不同而有差异。

表 10－1　热固性注射塑料的典型工艺条件

项目 \ 塑料		酚醛	脲甲醛	三聚氰胺	不饱和聚酯	环氧树脂	PDAP	有机硅	聚酰亚胺	聚丁二烯
螺杆转速/(r·min^{-1})		40～80	40～80	40～50	30～80	30～60	30～80		30～80	
喷嘴温度/℃		90～100	75～95	85～95		80～90			120	120
机筒温度	前端/℃	75～100	70～95	80～105	70～80	80～90	80～90	88～108	100～130	100
	后端/℃	40～50	40～50	45～55	30～40	30～40	30～40	65～80	30～50	90
模具温度/℃		160～169	140～160	150～190	170～190	150～170	160～175	170～216	170～200	230
注射压力/MPa		98～147	60～78	59～78	49～147	49～118	49～147		49～147	2.7
背压/MPa		0～0.49	0～0.29	0.196～0.49		<7.8				
注射时间/s		2～10	3～8	3～12					20	20
保压时间/s		3～15	5～10	5～10						
硬化时间/s		15～50	15～40	20～70	15～30	60～80	30～60	30～60	60～80	

注：① 注射有机硅塑料时，机筒分 3 段控温，前段 88～108 ℃，中段 80～93 ℃，后段 65～80 ℃；
② 聚丁二烯为英国 BIP 化工公司的 INS/PBD 注射塑料。

10.1.2　热固性塑料注射模简介

典型的热固性塑料注射模的结构如图 10－2 所示，它与热塑性塑料注射模结构类似，包括浇注系统、型腔、型芯、导向机构、推出机构、侧向分型与抽芯机构等，其在注射机上的安装方法也相同。下面就与热塑性塑料注射模某些要求不同的地方做简单介绍。

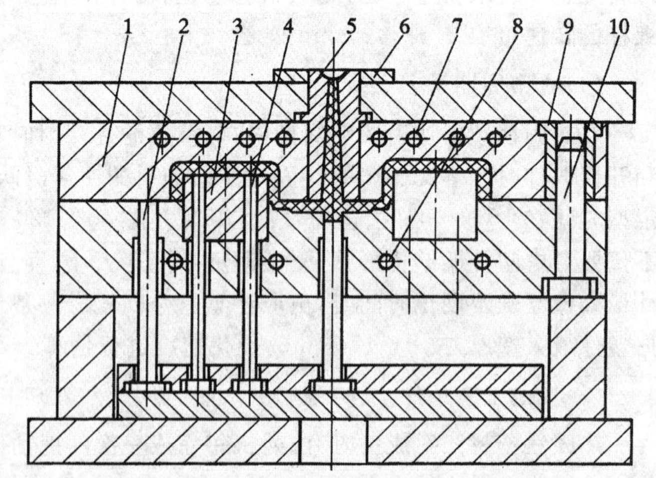

1－定模板；2－复位杆；3－凸模；4－推杆；5－浇口套；6－定位圈；7、8－电热棒孔；9－导套；10－导柱

图 10－2　热固性塑料注射模结构

1. 浇注系统设计

为防止塑料提前固化，热固性塑料成型时在料筒内没有加热至足够的温度，因此希望主流道的截面积要

小一些以增加摩擦力，一般主流道的锥角为1°～2°。为了提高分流道的表面积以利于传热，一般采用半圆形或梯形截面的分流道，分流道在相同截面积的情况下其深度可适当取小些。当分流道断面积比较大时，应采用比较扁平的断面形状。热固性塑料注射模的分流道要尽量采用平衡式布置形式，使每个模型同时充满固化。浇口的类型及位置选择原则和热塑性注射模基本相同，即点浇口的尺寸不宜太小，一般不小于1.2 mm，可根据塑件尺寸大小在1.2～1.5 mm之间选取。侧浇口的深度在0.8～3 mm内选取，以防止熔体温度升高过大，加速化学交联反应进行，使粘度上升，充模发生困难。

2. 推出机构

热固性塑料由于熔融温度比固化温度低，在一定的成型条件下塑料的流动性好，可以流入细小的缝隙中而成为飞边，因此，制造时应提高模具合模精度，避免采用推件板推出机构，同时尽量少用镶拼零件。热固性塑料注射模一般采用推杆推出机构，因其易于加工、配合间隙容易保证、推出过程滑动力小、间隙在飞边易于清除。

3. 型腔位置排布

由于热固性塑料注射成型注射压力大，模具受力不平衡时会在分型面之间产生较多的溢料与飞边，因此，型腔位置排布时，在分型面上的投影面积的中心应尽量与注射机的合模力中心相重合。热固性塑料注射模型腔上下位置对各型腔或同一型腔的不同部位温度分布影响很大，这是因为自然对流时，热空气由下向上运动影响的结果，实测表明上面部分吸收的热量与下面部分可相差两倍。因此，为了改善这种情况，多型腔布置时应尽量缩短上下型腔之间的距离。

4. 模具材料

由于成型零部件在模具工作中要受到高温、腐蚀和冲击，所以对材料的硬度和耐蚀性要求较高。型腔常用采用表面硬度为40～45HRC的析出硬化钢，也可采用耐磨性好的合金工具钢9Mn2V、5CrMnMo或9CrMnWMo，热处理后硬度达到53～57HRC。当注射含有硬质填料的塑料时，还要在成型零件表面抛光并镀铬层，以提高表面质量和防腐耐磨性。

10.2 低发泡注射模

低发泡塑料是指发泡率在5倍以下、密度为0.2～1.0 g/cm^3 的塑料。在某些塑料中加入一定量的发泡剂，通过注射成型获得内部低发泡、表面不发泡德尔塑件的工艺方法称为低发泡注射成型。至今，几乎所有的热固性和热塑性塑料都能制成泡沫塑料，但最常用的有：聚苯乙烯、聚氨基甲酸酯、聚氯乙烯、聚乙烯和脲甲醛等。在泡沫塑料中，由于气相的存在，所以具有密度低、防止空气对流、不易传热、能吸音等优点。因此，在建筑上广泛用作隔音材料；在致冷方面广泛用作绝热材料；在仪器仪表、家用电器、工艺品等方面广泛用作防振、防潮的包装材料；在水面作业时常用作漂浮材料。

低发泡塑件除质量轻、比强度高、刚性好外，还具有如下优点：塑件内应力小，塑件表面无一般注射成型塑件那样的收缩凹陷，也不会产生翘曲变形；塑件可以采用铁钉、自攻螺钉等连接，而不会产生破坏性应力集中。

10.2.1 低发泡的工艺特点

低发泡塑料的注射成型可采用低压法、夹芯注射法和高压法 3 种方法，其中低压法是比较常用的一种方法。这里仅介绍低压法。

低压发泡法是向模腔内注入发泡剂与熔融塑料的混合物，混合物在模腔内膨胀发泡充满整个型腔。该方法又可分为化学发泡剂低压法和氮气发泡低压法。

1. 化学发泡剂低压法

将化学发泡剂与树脂混合加入到螺杆注射机内塑化，加热到发泡剂分解的温度。这种注射方法应采用带封闭锁阀的短喷嘴，减少熔体在喷嘴中的停留时间，防止发泡剂分解释放的气体增压使熔体流涎。

2. 氮气发泡低压法

将塑料在料筒塑化过程中直接加压通入氮气，再将含有氮气的熔体以较低压力注入模腔内发泡、对塑料用挤出机进行塑化，机筒上有氮气加入口。将塑化好并含有氮气的塑料熔体先挤入一个或数个储料器内，并在约 35 MPa 的压力下保存，防止过早发泡。当储料器内达到要求的加料量后，通入模腔的阀打开，将熔体以较低的压力注入模腔。这种方法可获得泡沫均匀、表面平直无凹陷产品，但产品表面带有特有的卷曲花纹，只能用表面涂饰等装饰工序加以修饰。

10.2.2 低发泡注射模设计要点

低发泡注射成型模具比较简单，总体结构与一般注射模基本相同。主要差别是型腔压力低，除生产批量大、表面质量要求高、形状复杂的塑件必须采用钢质模具外，一般都可采用强度低、易切削加工的模具材料。对于小型、薄壁和复杂的泡沫塑件或者小批量生产的泡沫塑件，常采用蒸箱发泡的手工操作模具；对于大型厚壁或者大批量生产的泡沫塑件，常采用带有蒸汽室的液压机直接通蒸汽发泡模具。

1. 注射用喷嘴

低发泡注射用喷嘴应具有能实现塑料熔体快速流动和防止流涎的功能，喷嘴出口孔径大于一般注射用喷嘴。

2. 主流道

主流道应开设在单独的主流道衬套内，应具有比一般注射模主流道大的锥度，设计锥度可取7°～8°，小端直径大于注射机喷嘴内径0.8～1.0 mm，最大长度一般不应超过60 mm，向分流道或型腔的转折过渡应设较大圆角。这种粗而短和大圆角的设计是为了避免妨碍快速充模。

3. 分流道

通常采用比表面积大的圆形或梯形截面的分流道，以减少塑料熔体流过时的压力损失和热量损失，保持必要的流动速率。分流道直径取9.5～19 mm，具体数值应按塑件体积、充模速度要求和流动长度确定。

4. 浇　口

一般注射模中的浇口形式原则上都适用，但最常用的是直接浇口和侧浇口，优先选用直接浇口。

5. 排气槽

低发泡注射成型时，因发泡剂会产生大量气体，所以必须开设排气槽。分型面上料流末端及料流汇合处的排气槽深度取0.1～0.2 mm，型腔底部排气塞上的排气槽狭缝宽度取0.15～0.25 mm。

6. 推出机构

低发泡塑件表面虽坚韧，但内部是泡孔状的弹性体，所以推杆的推出面积过小容易损坏塑件，因此，推杆直径应比普通注射成型的推杆大20%～30%。对于大型塑件也可采用压缩空气推出。

10.3 精密注射模

10.3.1 精密注射成型工艺

精密注射成型是随着塑料工业迅速发展而出现的一种新的注射成型工艺方法。使用精密注射成型得到的塑件尺寸和形状精度很高、表面粗糙度很小，而所用的注射模具即为精密注射模。

精密注射模的基本结构和一般注射模相同，其特别之处在于进行精密注射模设计时，着重考虑如何防止塑件出现变形；防止成型收缩率的波动；防止塑件发生脱模变形；使模具制造误差得到最小；防止模具精度发生波动；保持模具精度等。因此在选择塑料品种、注射成型工艺、注射机、进行注射模具设计计算、选择模具材料和模具加工方法等方面时，综合考虑诸因素以确保成型精密塑件。

判断塑件是否需要精密注射的依据主要是塑件的精度。在精密注射成型中，影响塑件精度和表面粗糙度的因素很多，如何确定塑件的精度和表面粗糙度，是一个非常重要、而且比较复杂的问题，既要使塑件精度满足生产实际需要，又要考虑目前模具制造所能达到的精度，塑料品种及其成型技术、注射机等满足精密成型的可能性。表 10-2 所列为日本塑料工业技术研究会综合塑模结构和塑料品种两方面的因素提出的精密注射成型塑件最小公差数值。这些极限值是在采用单腔塑模结构时，塑件所能达到的最小公差数值，不适于多腔模和大批量生产，表中的实用极限是指在采用四腔以下的塑料模结构时，塑件所能达到的最小公差数值。

表 10-2 精密塑件的基本尺寸与公差 mm

基本尺寸	PC、ABS		PA、POM	
	最小极限	实用极限	最小极限	实用极限
~0.5	0.003	0.003	0.005	0.01
0.5~1.3	0.005	0.01	0.008	0.025
1.3~2.5	0.008	0.02	0.012	0.04
2.5~7.5	0.01	0.03	0.02	0.06
7.5~12.5	0.015	0.04	0.03	0.08
12.5~25	0.022	0.06	0.04	0.10
25~50	0.03	0.08	0.05	0.15
50~75	0.04	0.10	0.06	0.20
75~100	0.05	0.15	0.08	0.25

10.3.2 精密注射成型用塑料

对于精密塑件要求的公差值，并不是所有塑件品种都能达到。对于不同的聚合物和添加剂组成的塑料，其成型特性及成型后塑件的形状与尺寸的稳定性有很大差异，即使是成分相同的塑料，由于生产厂家、出厂时间和环境条件的不同，注射成型的塑件还会存在形状与尺寸稳定性的差异问题。因此，如需要将某种塑件进行精密注射成型，除了要求它们必须具有良好的流动性能和成型性能之外，还须要求成型出的塑件能够具有形状和尺寸方面的稳定性，否则塑件的精度很难保证。所以在采用精密注射成型时，必须对塑料品种及其成型塑料的状态和品级进行严格选择。

目前使用精密注射成型的塑料品种主要有聚碳酸酯(包括玻璃纤维增强型)、聚酯胺及其增强型、聚甲醛(包括碳纤维和玻璃纤维增强型)及ABS等。

10.3.3 精密注射成型的工艺特点

塑料的注射压力大、注射速度快和温度控制精确，是精密注射成型的主要工艺特点。

1. 注射压力大

一般注射成型的注射压力为40～200 MPa，而精密注射成型的注射压力则为180～250 MPa(目前最高压力可达415 MPa)。采用这样高的注射压力有几个原因：

① 提高塑件的注射压力可以增大塑料熔体的体积压缩量，使其密度增加、线膨胀系数减小，从而降低塑件的收缩率及其波动数值，提高塑件形状尺寸的稳定性；

② 提高塑件的注射压力可使成型时允许使用的流动比增大，从而有助于改善塑件的成型性能并能成型薄壁塑件；

③ 提高塑件的注射压力有助于充分发挥注射速度的功效。形状复杂的塑件一般都必须采用较快的注射速度，较快的注射速度必须靠较高的注射压力来保证。

2. 注射速度快且塑件质量高

精密注射成型时，如果采用较快的注射速度，不仅可以成型形状比较复杂的塑件，而且还能保证较小塑件的尺寸公差，这一结论已经得到生产实践的验证。

3. 温度控制精确且塑件质量提高

温度对塑件成型质量影响很大，它是注射的成型的3大工艺条件之一。对精密注射成型来讲，不仅要注意控制注射温度的高低，而且必须严格控制温度的波动范围，即存在温度的控制精度问题。很显然，在塑件的精密注射成型中，如果温度控制得不精确，则塑料熔体的流动性以及塑件的成型性能和收缩率就会不稳定，也就无法保证塑件的精度。因此，在精密注射成型的实际生产中，为了保证塑件的精度，除了必须严格控制机筒、喷嘴和塑模的温度之外，还要考虑塑件脱模后周围环境的温度以及进行 24 h 连续生产时，塑件尺寸波动与模温和室温的影响。

10.3.4 精密注射成型工艺对注射机的要求

由于精密注射成型对塑件具有较高的精度要求，因此一般都应在专门的精密注射机上完成。这种注射机有如下特点：

① 注射功率大。在精密注射成型中，除了满足注射压力和注射速度的要求之外，还需要注意注射功率对塑件精度的改善作用。因此，精密注射机一般都采用比较大的注射功率。

② 控制精度要高。要实现精密注射，就要求注射机控制系统必须保证各种注射的工艺参数具有良好的重复精度，以避免塑件精度因工艺参数波动而发生变化。因此，要求精密注射机的控制系统应具有很高的控制精度。精密注射机一般都对注射量、注射压力、注射速度、保压力、背压力和螺杆转速等工艺参数采取多级反馈控制，而对于机筒和喷嘴温度等采取 PID 控制器进行控制，温度波动可控制在±0.5 ℃。另外，精密注射机还必须对合模力大小能够进行精确控制，因为过大或过小的合模力都将对塑件精度产生不良影响；必须对液压回路中的工作油温进行精确控制，以防止液体温度的变化而引起粘度和流量变化，并进一步导致注射工艺参数波动，从而使塑件失去应有的精度。

③ 液压系统的反应速度要快。为了满足高速成型对液压系统的工艺要求，精密注射机的液压系统必须具有很快的反应速度。因此，液压系统除了必须选用灵敏度高、响应快的液压元件外，还可采用插装比例技术，或在设计时缩短控制元件到执行元件之间的油路，必要时也可加装蓄能器，这样不仅可以提高系统的压力反应速度，而且也能起到吸振和稳定压力以及节能等作用。目前精密注射机的液压控制系统正朝着机、电、液、仪一体化方向发展，使注射机实现稳定、灵敏和精确的工作。

10.3.5 精密注射模的设计要点

一般注射模设计计算方法基本适用于精密注射模的设计。但由于塑件的精度要求高，所以进行模具设计时，应注意一下几点：

1. 合理确定精密注射模的设计精度

精密注射模应首先具有较高的设计精度，如果在设计时没有提出恰当的技术要求，或模具结构设计得不合理，则无论加工和装配技术有多么高，成型精度也不可能得到可靠保证。为了确保精密注射模的设计精度，设计时要求模具型腔精度和分型面精度要与塑件精度相适应。一般精密注射模型腔的尺寸公差应小于塑件公差的1/3，并应根据塑件的实际情况来确定。

模具中的通用零部件虽然不直接参与注射成型，但其精度却能影响模具精度，并进而影响塑件的精度。因此，无论是设计一般注射模还是精密注射模，均应对它们的通用零部件提出恰当而又合理的精度及其他技术要求。此外，在精密注射模设计中，为尽量减少动、定模之间的错位以确保动模和定模的对合精度，可将锥面定位机构或圆柱导正销定位机构与导柱导向机构配合使用。

2. 合理选择精密模具的结构、模具加工精度及加工方法

为了使模具在使用过程中保持其原有的精度，必须使注射模的制造误差达到最小使它具有较高的耐磨性，所以需要对模具的有关零件进行淬火。但淬火后的钢材除了磨削加工外，很难有达到0.01 mm级以下的尺寸精度。因此，凡是精度在0.03 mm以下的精密注射模零件，就应该设计成易于采用磨削加工或电加工的结构形式。这个精度完全能满足镶嵌式注射模和镶拼式注射模的要求。但大多数的精密注射模均为小型结构，为了减小磨削变形和缩短加工时间，可选用淬火变形小的钢材和设计成淬火变形小的结构形状。

3. 控制收缩率的波动对塑件精度的影响

成型收缩率的波动对塑件精度及精度的稳定性影响较大，为防止成型收缩率发生波动，正确设计浇注系统或温度调节系统是解决成型收缩均匀性的有效途径。

(1)型腔的排列

为了较为简便地确定精密成型模具的成型条件，多型腔模具的分流道应采用平衡布置，通常采用圆形排列或一模四腔的H形排列。

(2)型腔温度单独调节

温度控制系统最好能对各个型腔温度进行单独调节，以使各型腔的温度保持一致，防止因各型腔温差引起塑件的收缩率的差异。设计时，可对每个型腔单独设置冷却水路，并在各型腔冷却水路出口处设置流量控制装置。如果不对各个型腔单独设置冷却水路，而是采用串联式冷却水路，则必须严格控制入水口和出水口的温度。一般水温调节精度为±0.5 ℃，入水口和出水口的温差在2 ℃以内能满足使用要求。

同理，对型腔和型芯分别设置冷却水路，分别用温度调节器进行温度控制是符合生产要求的。

4. 防止塑件的脱模变形

由于精密注射成型塑件的尺寸一般都比较小，壁厚也比较薄，有的还带有许多薄筋，因此很容易在脱模时产生变形，这种变形必然会造成塑件精度下降。因此需要注意以下几点：

① 精密注射成型的塑件脱模斜度一般都比较小,不易脱模。为了减小脱模阻力,防止塑件在脱模过程中变形,必须对脱模部件的加工方法提出恰当的技术要求。例如,适当降低塑件包络部分的成型零件的表面粗糙度,对模具零件进行镜面抛光,抛光方向应与脱模方向一致等。

② 一般精密注射成型的塑件最好用推板推出机构脱模,以免塑件产生脱模变形。但若无法使用推板推出机构时,就必须考虑用其他合适的顶出零件。例如,对于带有薄肋的矩形塑件,可在肋部采用直径很小的圆形顶杆或宽度很小的矩形顶杆,并且还要均衡配置。

③ 对于成型精度要求特别高的塑件,必要时应做“试验模”,并按大批量生产的成型条件进行成型,然后根据实测数据设计与制造生产用注射模。

10.4 气体辅助注射模

气体辅助注射成型技术是国外20世纪80年代开始使用的一种新技术,它将结构发泡成型和注射成型的优点结合在一起,具有较大的技术应用优势。该方法已成功应用于汽车、家电、家具、日常用品、办公用品等领域,能成型用普通注射成型方法难以成型的塑件,为塑件成型开辟了一个全新的道路。

10.4.1 气体辅助注射成型的原理

塑料注射成型时,熔体在注射压力的作用下,进入模具型腔后,在同一截面上,各点的流速是不同的,中间最快,愈靠近型腔壁流速愈慢,接触型腔壁的一层速度为零。这是由于愈靠近型腔壁,冷却速度愈快,温度愈低,熔体粘度愈大的原因造成的。而中心部位温度最高,熔体粘度最小,这样,注射压力总是通过中间层迅速传递,致使中心部位的质点以最快的速度前进。由于熔体外层流速慢,内层流速快,内层熔体在向前推进的同时,向外翻而贴膜。这时,如果让注射机注射到一定位置停止注射,以一定压力的气体代替熔体注入,气体同样会向流动阻力最小的中间层流动,这样借助气体气压的作用,就会将中部塑料熔体向前继续推进,并将注入型腔的熔体吹胀直至熔体贴满整个型腔,形成壁部中空,外形完整的塑件,如图10-3所示。气体辅助注射成型工艺过程可分为4个阶段,分别是:熔体注射、气体注射、气体保压和塑件脱模。

气体辅助注射成型过程中,气体总是按流动阻力最小的路径,由高压向低压,向厚壁部位流动,因为该部位温度高、阻力小。除特别柔软的塑料外,几乎所有的热塑性塑料(如:聚苯乙烯、ABS、聚乙烯、聚丙烯、聚氯乙烯、聚碳酸酯、聚甲醛、聚酰胺和聚苯硫醚等)和部分热固性塑料(如酚醛树脂等)均可用气体辅助注射成型。

需要注意的是,在气体辅助注射成型中,熔体的精确定量十分重要,一般充满型腔的70%~95%,实际生产时预注射量因塑件而异。若注入熔体过多,则会造成壁厚不均匀;反之,若注入熔体过少,气体会冲破熔体使成型无法进行。

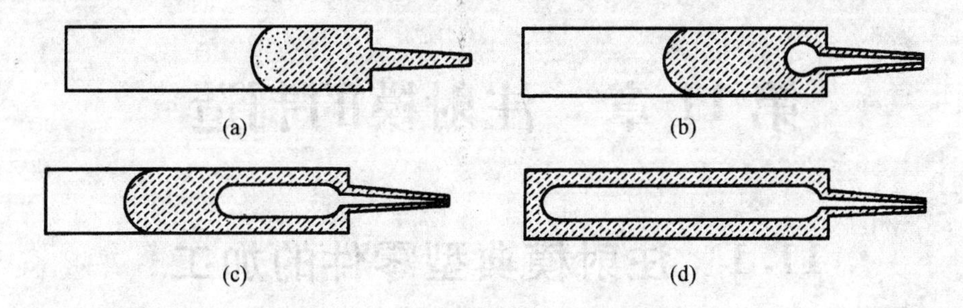

图 10－3　气体辅助注射成型的原理

10.4.2　气体辅助注射成型的特点

1. 气体辅助注射成型的优点

与传统的注射成型的方法相比较，气体辅助注射成型有如下优点：

① 能够成型壁厚不均匀的塑件及复杂的三维中空塑件，且气体辅助注射成型产品在设计时可将壁厚减薄，同时在注射时不需满料注射，因此可节省原料 15%～20%。

② 气体从浇口至流动末端形成连续的气流通道，能有效传递压力，实现低压注射成型，由此能获得低残余应力的塑件，减少产品发生翘曲的问题。

③ 传统注射成型时注射过程基本分为 3 个阶段（即：充填、压缩和保压），而气体辅助注射成型的注射过程只有一个充填阶段，它的压缩段与保压段在回料的同时由高压气体保压来代替完成，因此可提高生产效率 20%左右。

④ 由于注射成型所需的压力比普通注射成型需要的压力小得多，而且气体压力在型腔中分布很均匀，所以可在锁模力较小的注射机上成型尺寸较大的塑件，通常可降低锁模力达 25%～60%。

2. 气体辅助注射成型存在的缺点

气体辅助注射成型存在一些缺点，如：需要增设供气装置和充气喷嘴，提高了设备的成本；对注射机的精度和控制系统有一定的要求；塑件注入气体与未注入气体的表面会产生不同的光泽等。

思考与练习

10.1　简述热固性塑料注射成型工艺和模具设计要点。

10.2　简述精密注射成型的工艺特点。

10.3　简述气体辅助注射成型的特点和应用场合。

第 11 章　注射模的制造

11.1　注射模典型零件的加工

塑料注射模具的主要零件多采用结构钢制造，通常只需调质处理，其硬度一般不高，因此其加工工艺性较好。

现以图 11－1 塑料盒体的注射模具为例介绍塑料注射模具典型零件的加工。塑料盒体的注射模具为单型腔注射模，采用直浇口进料，推杆推出塑件。

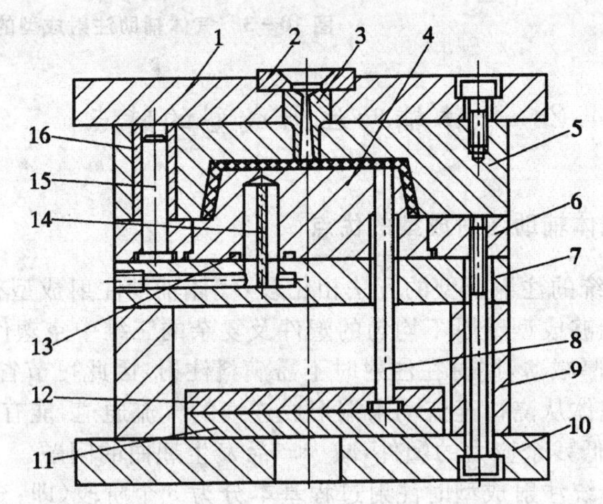

1－定模座板；2－定位圈；3－浇口套；4－型芯；5－定模板；6－型芯固定板；7－支承板；8－推杆；9－垫块；10－动模座板；11－推板；12－推杆固定板；13－密封圈；14－隔水板；15－导柱；16－导套

图 11－1　塑料盒体注射模

1. 型腔的加工

在注射模具的定模板上加工型腔，如图 11－2 所示。其加工工艺过程如表 11－1 所列。

表 11－1　定模板的加工工艺过程

工　序	说　明
画　线	以图 11－2 中 A、B 面为基准，画各加工线位置
粗　铣	粗铣出型腔形状，各加工面留余量
精　铣	精铣型腔，达到塑件要求的外形尺寸
钻、铰孔	钻、铰出浇口套安装孔
抛　光	将型腔表面抛光，以满足塑件表面质量要求
钻　孔	钻出定模板上的冷却水孔

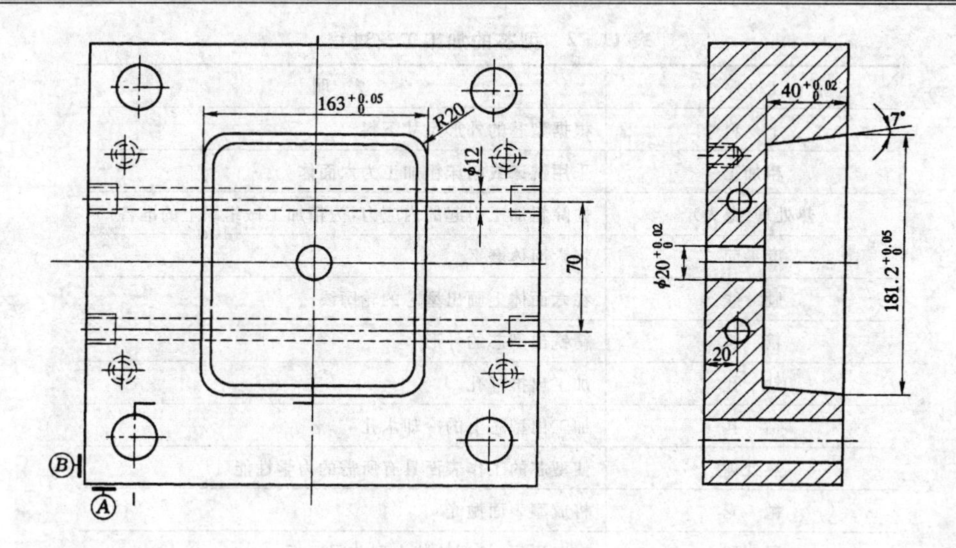

图 11-2　定模板

2. 型芯的加工

型芯采用整体镶嵌的方法安装于型芯固定板上，型芯的结构如图 11-3 所示，其加工工艺过程如表 11-2 所列。

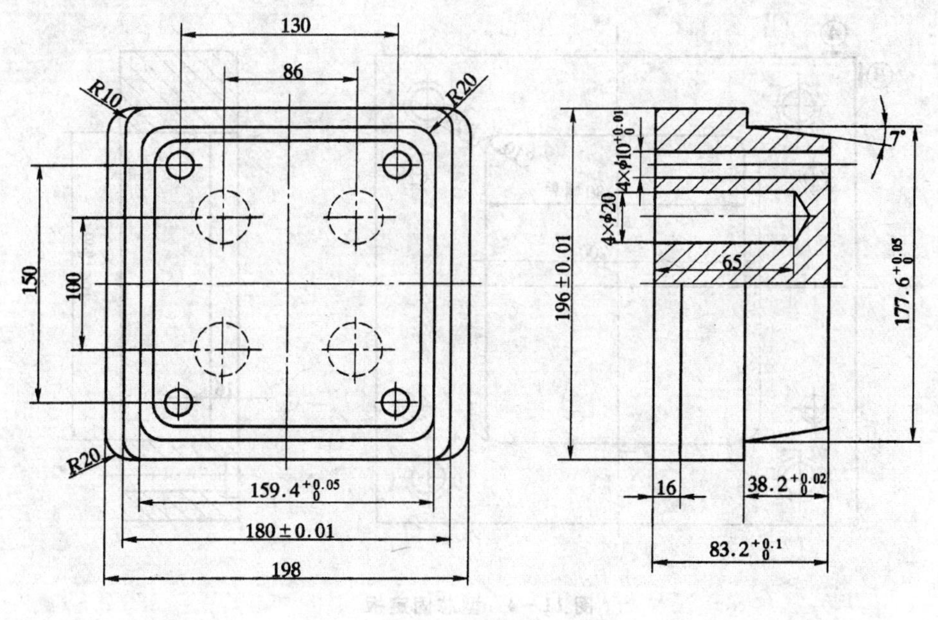

图 11-3　型　芯

表 11-2 型芯的加工工艺过程

工 序	说 明
下 料	根据型芯的外形尺寸下料
粗加工	采用铣床或刨床粗加工为六面体
热处理(退火)	去除粗加工引起的内应力,为精加工做组织上的准备
磨平面	将六面体磨平
画 线	在六面体上画出型芯的轮廓线
精 铣	精铣出型芯的外形
钻 孔	加工出推杆孔
钻 孔	加工出型芯上的冷却水孔
热处理	使型芯的工作表面具有所需的力学性能
抛 光	将成型表面抛光
研 配	钳工研配,将型芯装入型芯固定板

3. 型芯固定板的加工

型芯固定板即动模板,作用是安装、固定型芯,如图 11-4 所示。其加工艺过程如表 11-3 所列。

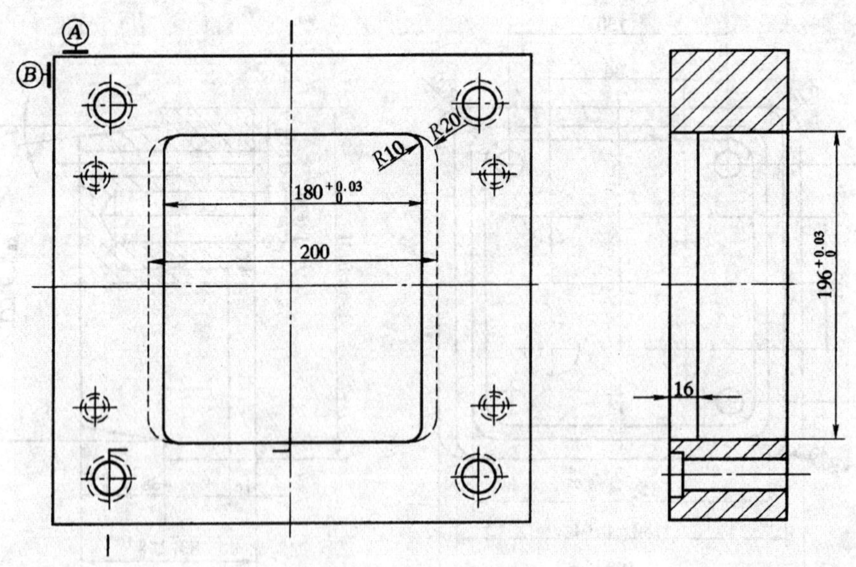

图 11-4 型芯固定板

表 11-3　型芯固定板的加工工艺过程

工　序	说　明
画　线	以图 11-4 中 A、B 面为基准，画出各加工线的位置
粗　铣	粗铣出安装固定槽，各面留加工余量
精　铣	精铣出安装固定槽
研　配	将安装固定槽与型芯研配，保证型芯的安装精度

11.2　注射模具装配

11.2.1　概　述

1. 模具装配及其工艺过程

按照模具合同规定的技术要求，将加工完成、符合设计要求的零件和购配的标准件，按设计的工艺进行相互配合、定位、安装、固定成为模具的过程就是模具装配。模具装配按其工艺顺序进行装配、检验、试模、调整与试模成功的全过程，称为模具装配工艺过程。

2. 模具装配工艺要求

模具装配时要求相邻零件，或相邻装配单元之间的配合与连接均需按装配工艺确定的装配基准进行定位与固定，以保证其间的配合精度和位置精度。保证凸模与凹模（或型芯与型腔）间有精密、均匀的配合和定向开合运动，保证其他辅助机构（如推出机构、侧抽芯机构与复位装置等）运动的精确性。因此，评定模具装配精度等级、质量与使用性能技术要求如下：

① 通过装配与调整，使装配尺寸链的精度能完全满足封闭环的要求。

② 装配完成的模具，用该模具成型出的塑件完全满足塑件图样的要求。

③ 装配完成的模具使用性能与寿命，可达预期设定的、合理的数值水平。

11.2.2　型芯的装配

由于塑料模的结构不同，型芯在固定板上的固定方式也不相同，型芯与固定板的装配方式有多种，常用的有以下几种：

(1)型芯与固定板上通孔装配

型芯与固定板上通孔一般采用过渡配合，压入装配。在装配前必须检查其过盈量、配合部分的表面粗糙度以及压入端的导入斜度等，在符合要求后方可压入装配。

图 11－5、图 11－6 所示为型芯与固定板上通孔的装配。为便于将型芯压入固定板上的通孔并防止损伤孔壁，应将型芯端部四周修出斜度，如图 11－5 所示。若型芯上不允许修出斜度，则可将固定板孔口修出导向斜度，如图 11－6 所示。此时斜度可取 1°以内，高度为 5 mm 以内。

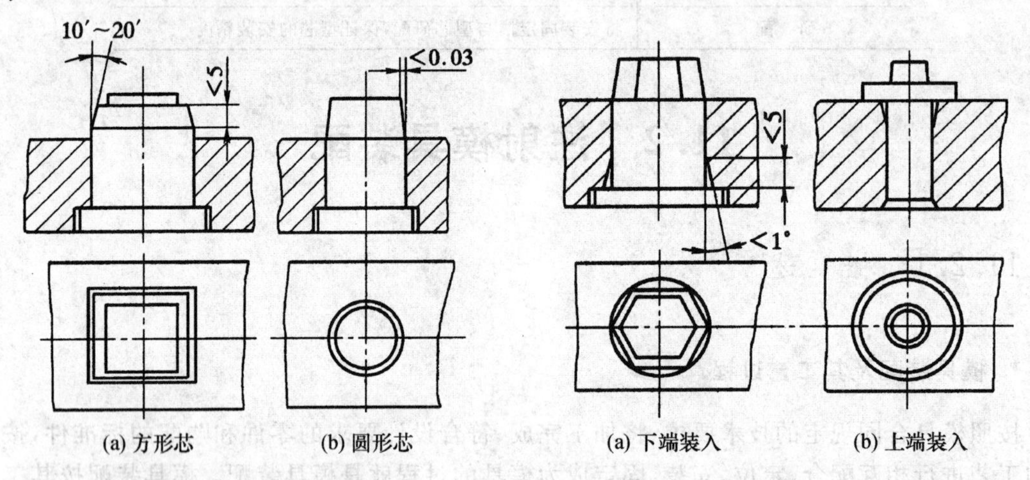

图 11－5　型芯设导入斜度　　图 11－6　固定板孔增加导入斜度

为了避免型芯与固定板配合的尖角部分发生干涉，可将型芯角部修成半径为 0.3 mm 左右的圆角，如图 11－7(a)所示。当不允许型芯修成圆角时，则应将固定板孔的角部用锯条修出清角、圆角或窄槽，如图 11－7(b)所示。

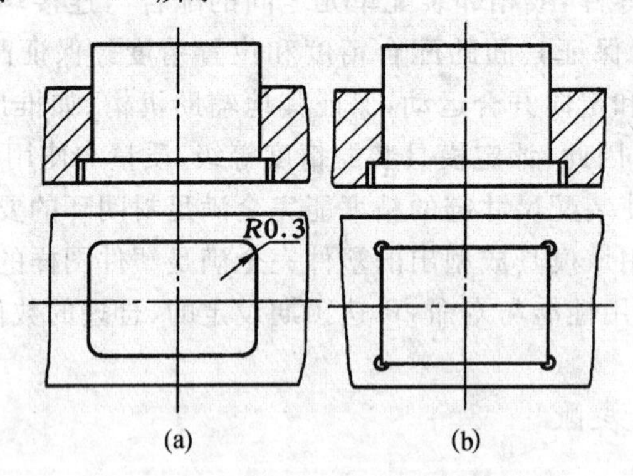

图 11－7　型芯与固定板配合尖角修正

型芯与固定板上通孔装配前应涂润滑油，先将导入部分放入通孔或固定板中，测量并校正其垂直度后方可缓慢而平稳地压入。在压入过程中应随时测量与校正型芯的垂直度，以保证装配质量。型芯装入后，还应将型芯尾部同固定板装配平面一起平整。

(2)型芯埋入式装配

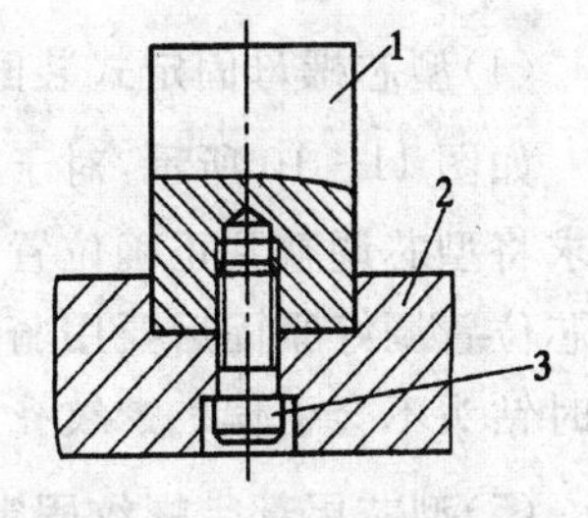

1—型芯;2—型芯固定板;3—螺钉

图11-8 型芯埋入式装配

型芯埋入式装配结构如图11-8所示。固定板沉孔与型芯尾部为过渡配合。

固定板沉孔一般均由立铣刀加工,由于沉孔具有一定形状,因此往往与型芯埋入部分尺寸有差异,所以在装配前应检查两者尺寸,如有偏差应进行修正。一般多采用修正型芯的方法,但应注意,修正不能影响装配后型芯与型腔的配合。

(3)型芯螺钉固定式装配

对于面积大而高度低的型芯,常采用螺钉、销钉直接与固定板连接的装配方法。如图11-9所示,其装配过程为:

① 在淬硬的型芯1上压入实心销钉套5;

② 将定位块4用平口卡钳3卡紧在固定板2上,以确定型芯1的位置;

③ 在型芯螺孔口部抹红丹粉,把型芯和固定板合拢,将型芯1的螺钉孔位置复印到固定板2上,然后在固定板上钻螺钉过孔及锪沉孔;

④ 初步用螺钉将型芯1紧固,动、定模闭合,检查型芯1位置是否正确,如不正确则加以调整;

⑤ 调整好型芯1后,在固定板2的反面画出销钉孔位置,并与型芯1一起钻、铰销钉孔,然后装入销钉。

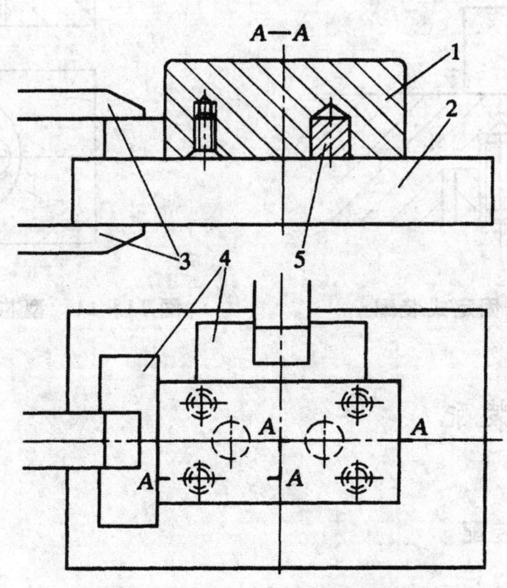

1—型芯;2—固定板;3—平口卡钳;4—定位块;5—销钉套

图11-9 型芯螺钉固定式装配

(4)型芯螺母固定式装配

如图 11－10 所示，对于某些有方向要求的型芯，在采用螺母固定方式装配时，只需按设计要求将型芯调整到正确位置后，用螺母固定，使装配过程简便。采用这种固定方式应注意，将型芯位置调好紧固后要用骑缝螺钉止转。骑缝螺钉孔的中心线应偏离缝 0.5 mm，以确保钻孔时钻头不会引偏。螺纹孔的加工应安排在型芯热处理之前加工。

(5)型芯尾部带螺纹固定的装配

如图 11－11 所示，型芯尾部带螺纹与型芯固定板直接连接。这种固定方式，对某些有方向要求的型芯，当螺钉拧紧后型芯的实际位置与理想位置之间常常出现误差，α 是理想位置与实际位置之间的夹角。型芯的位置误差可以通过修磨 A 或 B 面来消除。为此，应先进行预装并测出角度的大小，其修磨量按下式计算：

$$\Delta_{修磨} = \frac{P}{360°}\alpha \tag{11-1}$$

式中：α——误差角，(°)；

P——连接螺纹的螺距，mm。

与螺母固定式结构类似，将型芯位置调好紧固后要用骑缝螺钉止转。

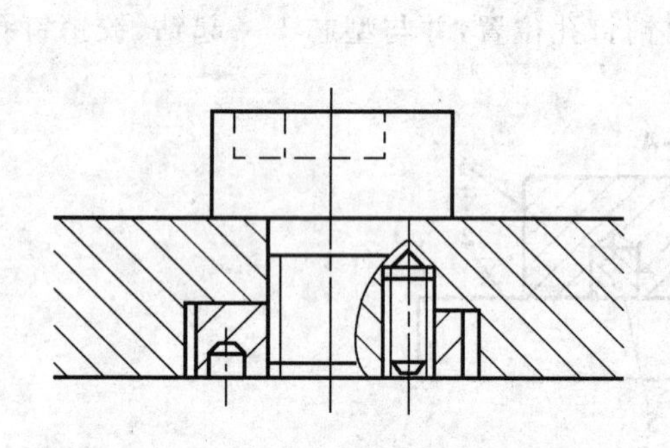

图 11－10 型芯螺母固定式装配

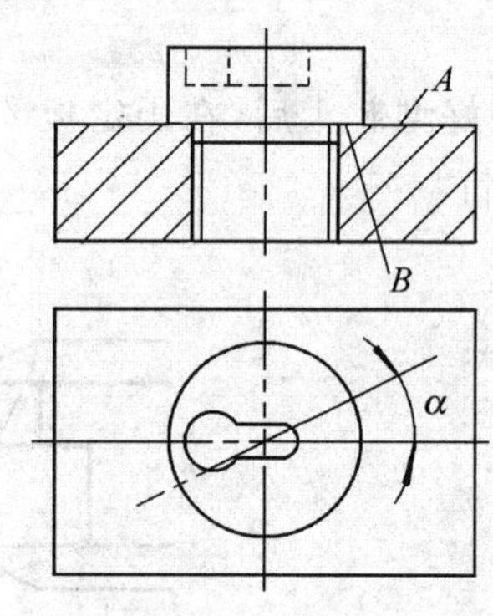

图 11－11 型芯尾部带螺纹固定式装配

11.2.3 型腔的装配

1. 整体嵌入式型腔的装配

图 11－12 是圆形整体嵌入式型腔的镶嵌形式。为保证型腔和动、定模板镶合后其分型面紧密贴合，压入端一般不允许有斜度，将压入时的导入部分设在模板上。对于有方向要求的型腔，在型腔压入模板一小部分后应采用百分表检测型腔的直线部位后再压入模板。为了方便

装配，可考虑使型腔与模板间保持 0.01～0.02 mm 的配合间隙，在型腔装入模板后将位置找正，再用定位销定位。

2. 拼块结构式型腔的装配

图 11－13 所示是拼块结构的型腔。这种型腔的拼合面在热处理后要进行磨削加工，装配前拼块两端均应留余量，待装配完毕后，再将两端面和模板一起磨平。

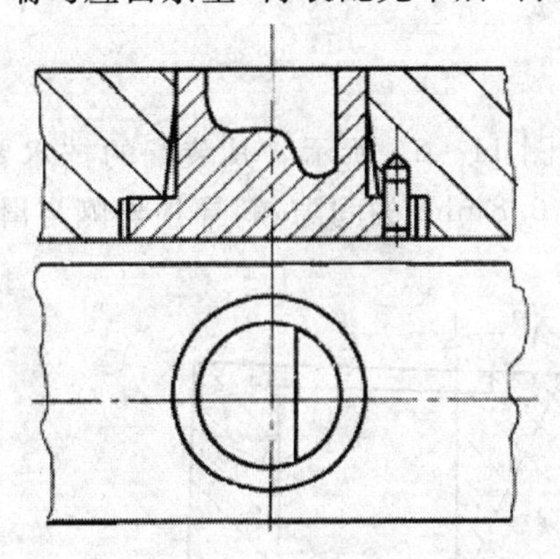

图 11－12　整体嵌入式型腔

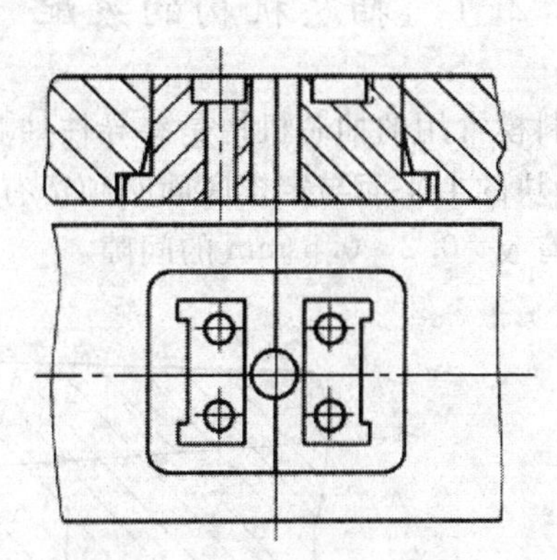

图 11－13　拼块结构式型腔

为不使拼块结构的型腔在压入模板的过程中，各拼块在压入方向上产生错位，应在拼块的压入端放一平垫板，通过平垫板推动各拼块一起移动，如图 11－14 所示。

3. 型芯与型腔的配合及修正

如果型芯装配后出现间隙，可用修配法消除。如图 11－15 所示，装配后在型芯端面与型腔板间出现了间隙 Δ。此间隙可采用下列方法加以消除：

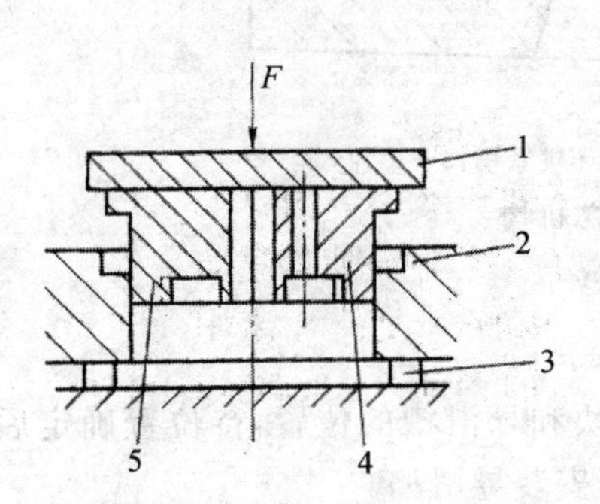

1－平垫板；2－模板；3－等高垫板；4、5－型腔拼块

图 11－14　拼块结构式型腔的装配

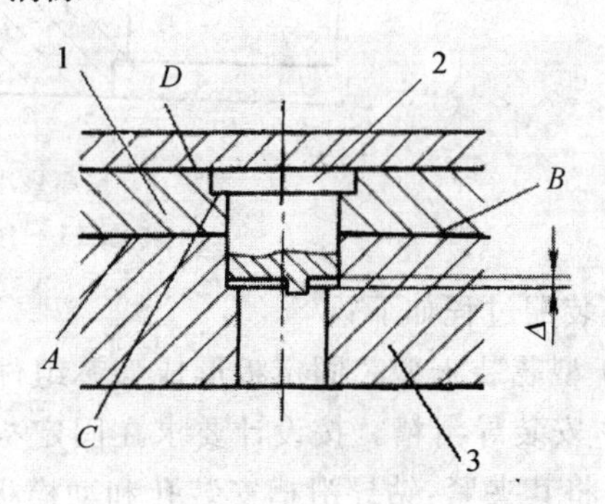

1－型芯固定板；2－型芯；3－型腔板

图 11－15　型芯端面与加料室底平面间出现间隙

① 修磨型芯固定板平面 A。修磨时需要拆下型芯，磨掉的金属层厚度等于间隙值 Δ。

② 修磨型腔板上平面 B。修磨时不需要拆卸零件，比较方便。当一副模具有几个型芯时，由于各型芯在修磨方向上的尺寸不可能绝对一致，因此不论修磨 A 面或 B 面都不可能使各型芯和型腔表面在合模时同时保持接触，所以对具有多个型芯的模具不能采用这样的修磨方法。

③ 修磨型芯（或固定板）台肩面 C。采用这种修磨法应在型芯装配合格后再将支承面 D 磨平。此法适用于多型芯模具。

11.2.4 抽芯机构的装配

塑料模常用的抽芯机构是斜导柱抽芯机构，如图 11－16 所示。其装配的技术要求为：合模后，滑块的上平面与定模底面必须留有 $x=0.2\sim0.8$ mm 的间隙，斜导柱外侧与滑块斜导柱孔应留有 $y=0.2\sim0.5$ mm 的间隙。

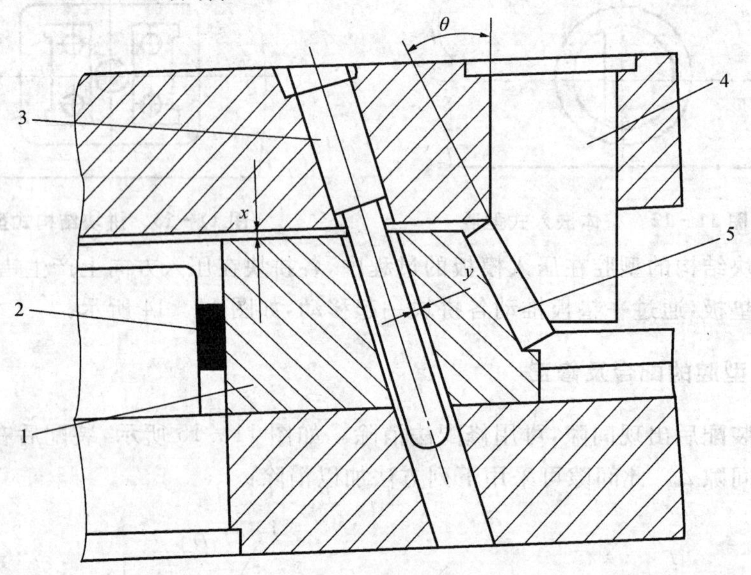

1—滑块；2—壁厚垫片；3—斜导柱；4—锁紧楔；5—垫片

图 11－16 斜导柱抽芯机构

其装配过程如下：

① 型芯装入型芯固定板形成型芯组件。

② 安装导滑槽。按设计要求在固定板上调整滑块和导滑槽的位置，待位置确定后，用平行夹头将其夹紧，钻导滑槽安装孔和动模板上的螺孔，安装导滑槽。

③ 安装定模板锁紧楔。保证锁紧楔斜面与滑块斜面有 70％以上的面积贴合。如侧型芯不是整体式的，在侧型芯位置垫以相当于塑件壁厚的铝片或钢片。

④ 闭模。检查间隙 x 值是否合格（通过修磨和更换滑块尾部垫片保证 x 值）。

⑤ 镗斜导柱孔。将定模板、滑块和型芯组合在一起用平行夹板夹紧，在卧式镗床上镗斜导柱孔。

⑥ 松开模具，安装斜导柱。

⑦ 修正滑块上的斜导柱孔口为圆环状。

⑧ 调整导滑槽，使之与滑块松紧适应，钻导滑槽销孔，安装销钉。

⑨ 镶侧型芯。

11.2.5 推出机构的装配

塑料模常用的推出机构是推杆推出机构，如图 11－17 所示。其装配的技术要求为：装配后运动灵活、无卡阻现象，推杆在固定板孔每边应有 0.5 mm 左右的间隙，推杆工作端面应高出型面 0.05～0.1 mm，完成塑件推出后，应能在合模后准确回复初始位置。

推出机构的装配顺序如下：

① 先将导柱 5 垂直压入垫板 9 并将端面与垫板一起磨平。

② 将装有导套 4 的推杆固定板 7 套装在导柱上，并将推杆 8、复位杆 2 装入推杆固定板 7、垫板 9 和型腔镶块 11 的配合孔中，盖上推板 6 并用螺钉拧紧，进行调整，使其运动灵活。

③ 修磨推杆和复位杆的长度。如果推板 6 和垫圈 3 接触时，复位杆、推杆低于型面，则修磨导柱的台肩。如果推杆、复位杆高于型面时，则修磨推板 6 的底面。一般将推杆和复位杆在加工时留长一些，装配后将多余部分磨去。

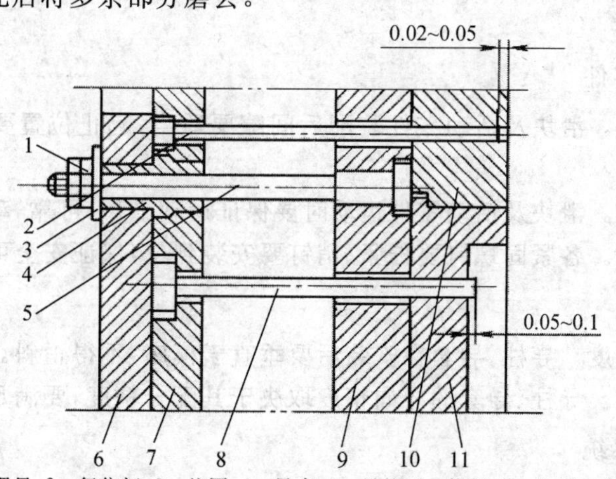

1—螺母；2—复位杆；3—垫圈；4—导套；5—导柱；6—推板；7—推杆固定扳；8—推杆；9—垫板；10—动模板；11—型腔镶块

图 11－17 推杆的装配

11.2.6 总体装配

1. 总体装配概述

塑料注射模具的质量，取决于模具零件的加工制造质量和装配质量，因此提高装配质量是非常重要的，在模具装配时应注意如下方面：

(1)成型零件及浇注系统

① 成型零件的形状、尺寸必须符合图样的要求，一般型腔尽量取下偏差尺寸，型芯尽量取上偏差尺寸，以延长模具的使用寿命。

② 成型零件及浇注系统的表面应平整、光洁，成型零件表面要经过抛光或镀铬。抛光时其抛光纹路应与脱模方向一致。

③ 互相接触承压零件应有适当的间隙或合理的承压面积，以防止模具使用时零件互相挤压而损坏。

④ 型腔的分型面处、浇口处应保持锐边，一般不准修成圆角。

(2)推出系统零件

要求推出系统在模具打开时能顺利推出塑件，并方便取出塑件和浇注系统凝料；闭模时能准确回复到初始位置。另外要求推出系统各零件动作灵活，在装配后要动作平稳、灵活，不得有卡阻现象。

(3)滑块及活动零件

① 保证装配精度。滑块及活动零件装配后间隙要适当，起止位置要安装正确，不准有卡滞、歪斜现象。

② 保证运动精度。滑块及活动零件运动时要保证运动平稳、可靠、动作灵活、协调、准确。

③ 保证装配可靠。各紧固螺钉要拧紧、销钉要安装到位，保证安全可靠，不松动。

(4)导向机构

① 保证装配垂直度。导柱、导套在安装后要垂直于模座，不得歪斜。

② 保证配合精度。导柱、导套的导向精度取决于其配合精度，要满足设计图样的要求。

(5)加热与冷却系统

① 冷却水路要通畅，不漏水，阀门控制可靠，能达到模具温度的要求。

② 电加热系统要绝缘良好，无漏电现象并且安全可靠，能达到模具温度的要求。

(6)模具外观

① 为搬运、安装方便，模具上应设有超重吊孔或吊环。

② 模具装配后其闭合高度、安装尺寸等要符合设计图样的要求。

③ 模具闭合后，分型面、承压面之间要闭合严密。模具外露部分的棱边要倒角。

④ 模具装配后动、定模座板安装面对分型面平行度在 300 mm 范围内不大于 0.05 mm。

⑤ 装配后的模具应打印标记、编号及合模标记。

2. 总体装配应用举例

装配后的注射模具，应在生产条件下进行试模，直到生产出满足质量要求的塑件。由于注射模结构比较复杂，且种类较多，故在装配前要根据其结构特点拟订具体的装配工艺。现以图 11－18 所示的注射模为例，说明塑料模装配的过程。

(1)装配动模部分

① 装配型芯固定板、动模垫板、支承板和动模固定板。先将型芯 3、导柱 17、21、拉料杆 18 压入型芯固定板和垫板，并检验合格。再将型芯固定板 8、垫板 9、支承板 12 和动模座板 13 按其工作位置合拢、找正并用平行夹头夹紧。以型芯固定板上的螺孔、推杆孔定位，在垫板、支承板和动模座板上钻出螺纹孔、推杆孔的锥窝，然后拆下型芯固定板，以锥窝为定位基准钻出螺钉过孔、推杆过孔和锪出螺钉沉孔，最后用螺钉拧紧固定。

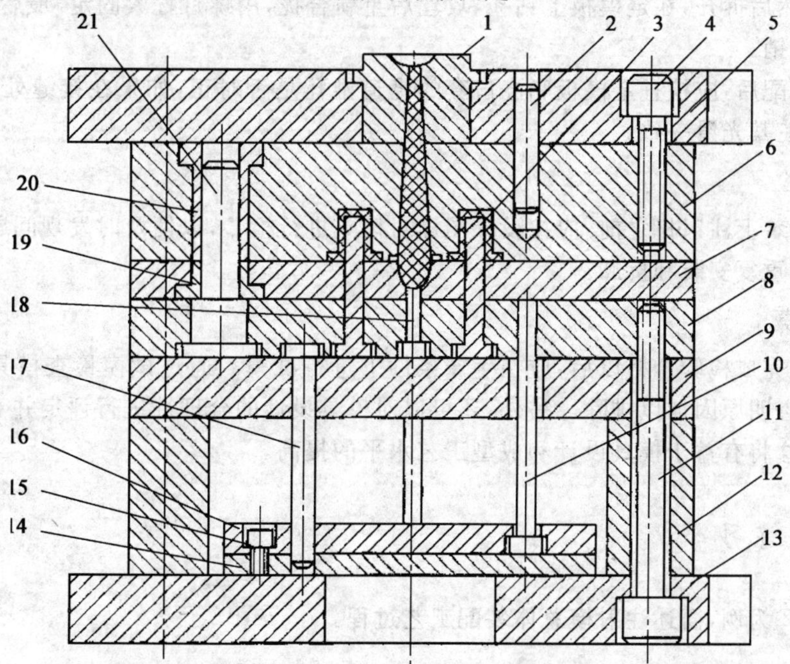

1—浇口套；2—定位销；3—型芯；4、11—内六角螺栓；5—定模座板；6—定模板；7—推件板；
8—型芯固定板；9—垫板；10—推杆；12—支承板；13—动模座板；14—推板；
15—螺钉；16—推杆固定板；17、21—导柱；18—拉料杆；19、20—导套

图 11－18　热塑性塑料注射模装配图

② 装配推件板。推件板 7 在总装前已压入导套 19 并检验合格。总装前应对推件板 7 的型芯孔先进行修光,并与型芯做配合检查,要求滑动灵活、间隙均匀并达到配合要求。将推件板套装在导柱和型芯上,以推件板平面为基准测量型芯高度尺寸,如果型芯高度尺寸大于设计要求,则进行修磨或调整型芯,使其达到要求;如果型芯高度尺寸小于设计要求,则需将推件板平面在平面磨床上磨去相应的厚度,保证型芯高度尺寸。

③ 装配推出机构。将推杆 10 套装在推杆固定板上的推杆孔内,并穿入型芯固定板 8 的推杆孔内。再套装到推板导柱上,使推板和推杆固定板重合。在推杆固定板螺孔内涂红丹粉,将螺钉孔位复印到推板上。然后,取下推杆固定板,在推板上钻孔并攻丝后,重新合拢并拧紧螺钉固定。装配后,进行滑动配合检查,经调整使其滑动灵活,无卡阻现象。最后,将推件板拆下,将推板放到最大极限位置,检查推杆在型芯固定板上平面露出的长度,将其修磨到和型芯固定板上平面平齐或低 0.02 mm。

(2)装配定模部分

总装前浇口套、导套均已组装结束并检验合格。装配时,将定模板 6 套装在导柱上并与已装浇口套的定模座板 5 合拢,找正位置,用平行夹头夹紧。以定模座板上的螺钉孔定位,对定模板钻锥窝,然后拆开,在定模板上钻孔、攻丝后重新合拢,用螺钉拧紧固定,最后钻、铰定位销孔并打入定位销。

经以上装配后,应检查定模板和浇口套的浇道锥孔是否对正,如果在接缝处有错位,需进行铰削修整,使其光滑一致。

(3)检　验

在模具安装上注射机之前,应按设计图样对模具进行检验,以便及时发现问题,进行修理,减少不必要的重复安装和拆卸。

(4)试　模

模具装配完成检验合格以后,应在生产条件下进行试模。通过试模检查模具在制造上存在的缺陷,并查明原因加以排除。另外,还可以对模具设计的合理性进行评定并对成型工艺条件进行探索,这将有益于模具设计和成型工艺水平的提高。

思考与练习

以图 3-2 为例,简述注射模总体装配工艺过程。

第 12 章　注射模具设计与制造实例

本章通过一个典型的塑件，介绍了从塑件成型工艺分析到确定模具的主要结构，最后绘制出模具结构图的塑料注射模具设计全过程。

12.1　塑件的工艺分析

1. 塑件的成型工艺性分析

塑件如图 12-1 所示。

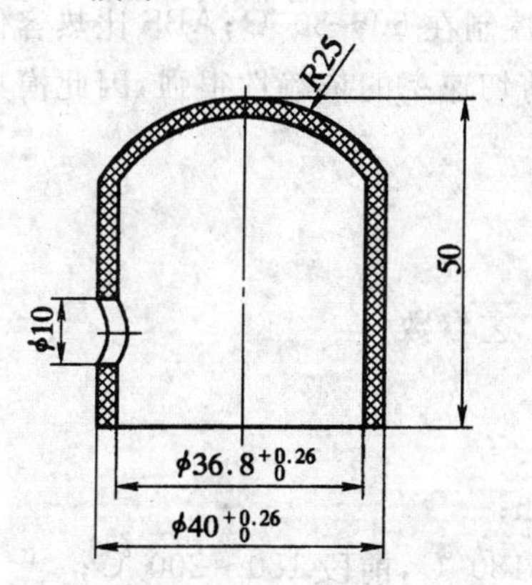

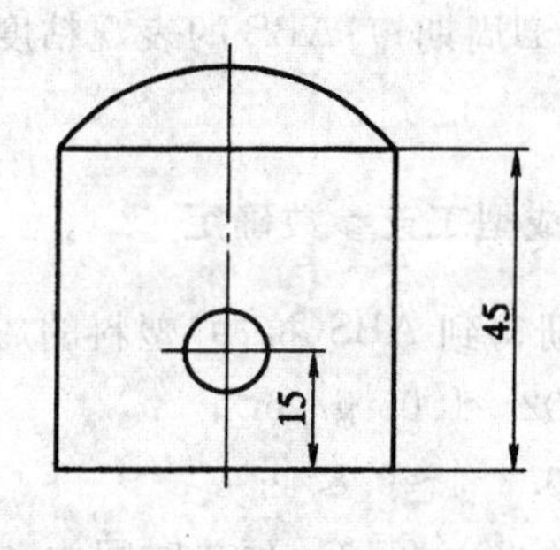

图 12-1　塑件图

产品名称：防护罩

产品材料：ABS

产品数量：较大批量生产

塑件尺寸：如图 12-1 所示

塑件质量：15 g

塑件颜色：红色

塑件要求：塑件外侧表面光滑，下端外沿不允许有浇口痕迹。塑件允许最大脱模斜度 0.5°

(1)塑料的基本特性

ABS 是丙烯腈、丁二烯、苯乙烯 3 种单体的共聚物，价格便宜，原料易得，是目前产量最大、应用最广的工程塑料之一。ABS无毒、无味，为呈微黄色或白色不透明粒料，成型的塑件有较好的光泽，密度为1.02～1.05 g/cm^3。

ABS是由3种组分组成的，故具有3种组分的综合力学性能，而每一组分又在其中起着固有的作用。丙烯腈使ABS具有良好的表面硬度、耐热性及耐化学腐蚀性，丁二烯使ABS坚韧，苯乙烯使它有优良的成型加工性和着色性能。

ABS的热变形温度比聚苯乙烯、聚氯乙烯和尼龙等都高，尺寸稳定性较好，具有一定的化学稳定性和良好的介电性能，经过调色可配成任何颜色。其缺点是耐热性不高，连续工作温度为70 ℃左右，热变形温度为93 ℃左右。不透明，耐气候性差，在紫外线作用下易变硬发脆。

(2)塑料的成型特点

ABS易吸水，使成型塑件表面出现斑痕、云纹等缺陷。为此，成型加工前应进行干燥处理；在正常的成型条件下，壁厚、熔体温度对收缩率影响极小；要求塑件精度高时，模具温度可控制在50～60 ℃，要求塑件光泽和耐热时，应控制在60～80 ℃；ABS比热容低，塑化效率高，凝固也快，故成型周期短；ABS的表观粘度对剪切速率的依赖性很强，因此模具设计中大都采用点浇口形式。

2. 塑件的成型工艺参数确定

查有关手册得到ABS(抗冲)塑料的成型工艺参数：

密度为1.02～1.05 g/cm^3；

收缩率为0.3%～0.8%；

预热温度为80～85 ℃，预热时间为2～3 h；

料筒温度为后段150～170 ℃，中段165～180 ℃，前段180～200 ℃；

喷嘴温度为170～180 ℃；

模具温度为50～80 ℃；

注射压力为60～100 MPa；

成型时间包括注射时间20～90 s，保压时间0～5 s，冷却时间20～150 s。

12.2 模具的基本结构及模架选择

1. 模具的基本结构

(1)确定成型方法

塑件采用注射成型法生产。根据ABS的成型特点，采用点浇口成型，因此模具应设计为双分型面注射模，即三板式注射模。

(2)型腔布置

塑件形状较简单,质量较小,生产批量较大。所以采用多型腔注射模具。考虑到塑件的侧面有直径为 10 mm 的圆孔,需侧向抽芯,所以模具采用一模两腔、平衡布置。这样模具尺寸较小,制造加工方便,生产效率高,塑件成本较低。型腔布置如图 12－2 所示。

(3)确定分型面

塑件分型面的选择应保证塑件的质量要求,本实例中塑件的分型面有多种选择,如图 12－3所示。图 12－3(a)的分型面选择在轴线上,这种选择会使塑件表面留下拼缝痕迹,影响塑件表面质量。同时这种分型面也使侧向抽芯困难;图 12－3(b)的分型面选择在下端面,这样的选择使塑件的外表面可以在整体凹模型腔内成型,塑件大部分外表面光滑,仅在侧向抽芯处留有拼缝痕迹。同时侧向抽芯容易,而且塑件脱模方便。因此本实例中塑件应选择如图 12－3(b)所示的分型面。

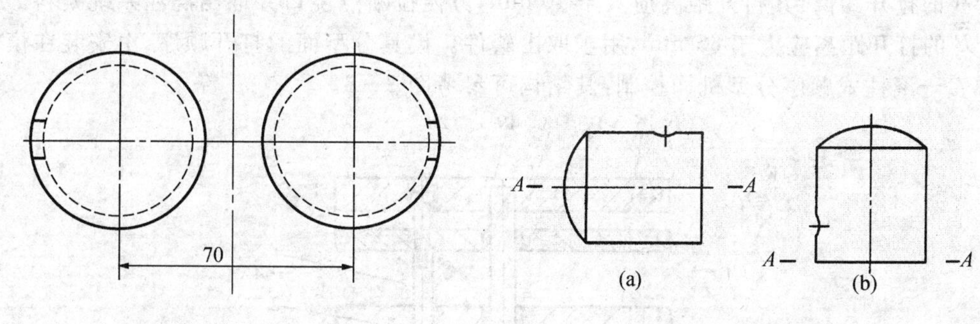

图 12－2　型腔布置图　　图 12－3　分型面的选择

(4)选择浇注系统

塑件采用点浇口成型,其浇注系统如图 12－4 所示。点浇口直径为 0.8 mm,点浇口长度为 1 mm,分流道与点浇口过渡部分半径 R 取 2 mm。分流道采用半圆截面流道,其半径 R 取 3.5 mm。主流道为圆锥形,锥角 α 为 6°。上部直径与注射机喷嘴相配合,下部直径取 8 mm。

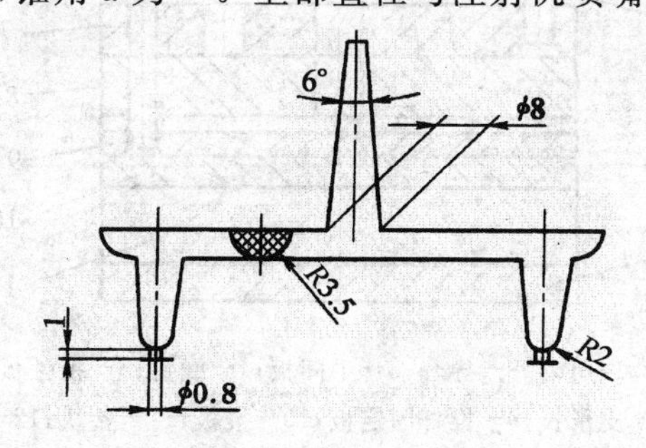

图 12－4　点浇口浇注系统

(5)确定推出方式

由于塑件形状为圆壳形而且壁厚较薄,采用推杆推出容易在塑件上留下推出痕迹,并使塑件产生较大内应力,出现较大变形,故不宜采用。所以选择推件板推出机构完成塑件的推出,这种推出机构结构简单、推出力均匀,塑件在推出时变形小,推出可靠。

(6)侧向抽芯机构

塑件的侧面有 10 mm 的侧孔,因此模具需设侧向抽芯机构,由于抽出距离较短,抽出力较小,所以采用斜导柱侧向抽芯机构,并采用斜导柱安装在定模板上,滑块安装在推件板上的结构。

(7)模具的总体结构

模具结构为双分型面注射模,如图 12-5 所示。采用定距拉杆 1 和限位螺钉 20 控制分型面 $A-A$ 的打开距离,其打开距离应大于 40 mm,方便拉断点浇口并取出浇注系统凝料。分型面 $B-B$ 的打开距离应大于 65 mm,用于取出塑件。模具分型面的打开顺序,由安装在模具外侧的弹簧—滚柱式顺序分型机构控制,其结构可参考图 3-8。

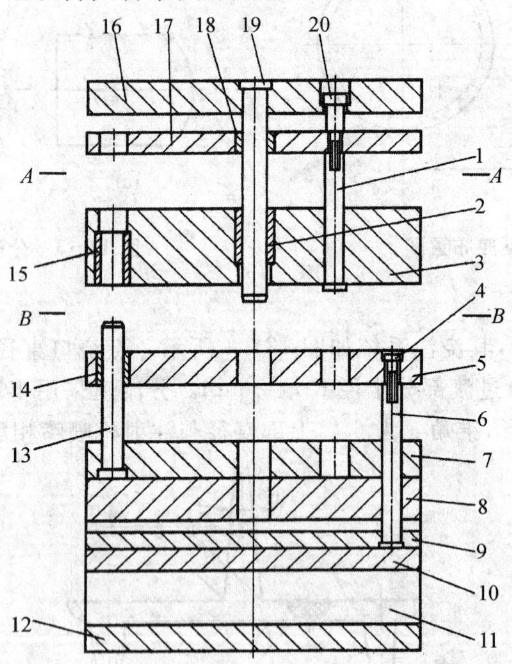

1—定距拉杆;2、14、15、18—导套;3—中间板;4—螺钉;5—推件板;6—复位杆;7—动模板;8—支承板;9—推杆固定板;10—推板;11—垫块;12—动模座板;13、19—导柱;16—定模座板;17—定模推件板;20—限位螺钉

图 12-5 双分型面注射模模具结构

8. 选择成型设备

选用 G54－S200/400 型卧式注射机，其有关参数为：

额定注射量/cm^3　200/400

注射压力/MPa　109

锁模力/kN　2 540

最大注射面积/cm^2　645

模具厚度/mm　165～406

最大开合模行程/mm　260

喷嘴圆弧半径/mm　18

喷嘴孔直径/mm　4

拉杆间距/mm　290×368

2. 选择模架

(1)模架的结构

模架的结构如图 12－6 所示。

(2)模架安装尺寸校核

模具外形尺寸为长 300 mm、宽250 mm、高 345 mm，小于注射机拉杆间距和最大模具厚度，可以方便地安装在注射机上。经校核(详细过程略)，注射机的最大注射量、注射压力、锁模力和开模行程等参数均能满足使用要求，故可用。

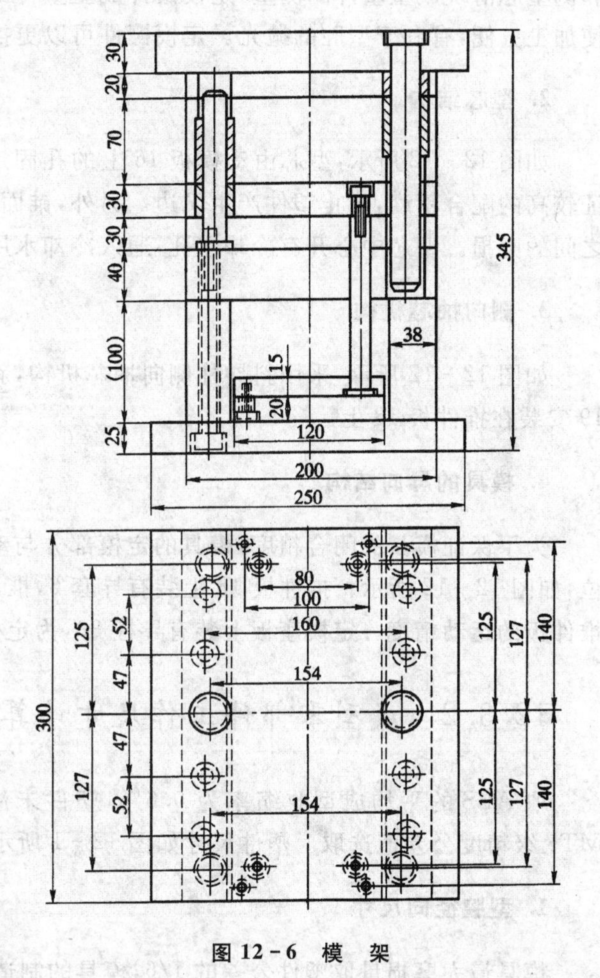

图 12－6　模　架

12.3　模具结构、尺寸的设计计算

12.3.1　模具结构设计

1. 型腔结构

如图 12－12 所示，型腔由定模板 4、定模镶件 26 和侧型芯滑块 19 共 3 部分组成。定模板

和侧型芯滑块成型塑件的侧壁，定模镶件成型塑件的顶部，而且点浇口开在定模镶件上，这样使加工方便，有利于型腔的抛光。定模镶件可以更换，提高了模具的使用寿命。

2. 型芯结构

如图 12－12 所示，型芯由动模板 16 上的孔固定。型芯与推件板 18 采用锥面配合，以保证较高的配合精度，防止塑件产生飞边。另外，锥面配合可以减少推件板在推件运动时与型芯之间的磨损。型芯中心开有冷却水孔，通入冷却水用来强制冷却型芯。

3. 侧向抽芯机构

如图 12－12 所示，采用斜导柱侧向抽芯机构，斜导柱 21 安装在定模板 4 上，侧型芯滑块 19 安装在推件板 18 上。

4. 模具的导向结构

为了保证模具的闭合精度，模具的定模部分与动模部分之间采用导柱 1 和导套 2 导向定位，如图 12－12 所示。推件板 18 上装有导套 6，推出塑件时，导套 6 在导柱 1 上运动，保证了推件板的运动精度。定模座板上装有导柱 30，为定模推件板 24 和定模板 4 的运动导向。

12.3.2 成型零部件工作尺寸计算

取 ABS 的平均成型收缩率为 0.6%，塑件未注公差按照 GB/T 14486—1993 中规定的 MT5 级精度公差值选取。塑件尺寸如图 12－1 所示。

1. 型腔径向尺寸

模具最大磨损量取塑件公差的 1/6；模具的制造公差 $\delta_z=\Delta/3$；取 $x=0.75$。

① $\phi 40^{+0.26}_{0} \rightarrow \phi 40.26^{0}_{-0.26}$

$$(L_{m1})^{+\delta_z}_{0}=[(1+\overline{S})L_{S1}-x\Delta]^{+\delta_z}_{0}=$$
$$[(1+0.6\%)\times 40.26-0.75\times 0.26]^{+0.09}_{0}=40.31^{+0.09}_{0}$$

② $R25^{0}_{-0.50}$

$$(L_{m2})^{+\delta_z}_{0}=[(1+\overline{S})L_{S2}-x\Delta]^{+\delta_z}_{0}=$$
$$[(1+0.6\%)\times 25-0.75\times 0.50]^{+0.17}_{0}=24.78^{+0.17}_{0}$$

2. 型腔深度尺寸

模具最大磨损量取塑件公差的 1/6；模具的制造公差 $\delta_z=\Delta/3$；取 $x=0.5$。

① $50_{-0.84}^{0}$

$$(H_{m1})_{0}^{+\delta_z} = [(1+\bar{S})H_{S1} - x\Delta]_{0}^{+\delta_z} =$$

$$[(1+0.6\%)\times 50 - 0.5\times 0.84]_{0}^{+0.28} = 49.88_{0}^{+0.28}$$

② $45_{-0.84}^{0}$

$$(H_{m2})_{0}^{+\delta_z} = [(1+\bar{S})H_{S2} - x\Delta]_{0}^{+\delta_z} =$$

$$[(1+0.6\%)\times 45 - 0.5\times 0.84]_{0}^{+0.28} = 44.85_{0}^{+0.28}$$

3. 型芯径向尺寸

模具最大磨损量取塑件公差的 1/6；模具的制造公差 $\delta_z=\Delta/3$；取 $x=0.75$。

① $\phi 36.8_{0}^{+0.26}$

$$(L_{s1})_{-\delta_z}^{0} = [(1+\bar{S})L_{S1} + x\Delta]_{-\delta_z}^{0} =$$

$$[(1+0.6\%)\times 36.8 + 0.75\times 0.26]_{-0.09}^{0} = 37.22_{-0.09}^{0}$$

② $\phi 10_{0}^{+0.28}$

$$(L_{s2})_{-\delta_z}^{0} = [(1+\bar{S})L_{S1} + x\Delta]_{-\delta_z}^{0} =$$

$$[(1+0.6\%)\times 10 + 0.75\times 0.28]_{-0.09}^{0} = 10.27_{-0.09}^{0}$$

4. 型芯高度尺寸

模具最大磨损量取塑件公差的 1/6；模具的制造公差 $\delta_z=\Delta/3$；取 $x=0.75$。

① $48.4_{0}^{+0.64}$

$$(H_{m1})_{-\delta_z}^{0} = [(1+\bar{S})h_{S1} + x\Delta]_{-\delta_z}^{0} =$$

$$[(1+0.6\%)\times 48.4 + 0.5\times 0.64]_{-0.21}^{0} = 49.01_{-0.21}^{0}$$

② $15_{0}^{+0.58}$

$$(H_{m2})_{-\delta_z}^{0} = [(1+\bar{S})h_{S2} + x\Delta]_{-\delta_z}^{0} =$$

$$[(1+0.6\%)\times 15 + 0.5\times 0.58]_{-0.19}^{0} = 15.38_{-0.19}^{0}$$

12.3.3 模具加热、冷却系统的设计计算

1. 模具加热

一般生产 ABS 塑件的注射模具不需要外加热。

2. 模具冷却

模具的冷却分为两部分，一部分是型腔的冷却，另一部分是型芯的冷却。型腔的冷却由在

定模板 4 上的两条直径为 10 mm 的冷却水道完成，如图 12－7 所示。型芯的冷却如图 12－8 所示，在型芯内部开有直径为 16 mm 的冷却水孔，中间用隔水板 2 隔开，冷却水由支承板 5 上的冷却水孔进入，沿着隔水板的一侧上升到型芯的上部，翻过隔水板，流入另一侧，再流回支承板上的冷却水孔。然后继续冷却第二个型芯，最后由支承板上的冷却水孔流出模具。型芯 1 与支承板 5 之间用密封圈 3 密封。

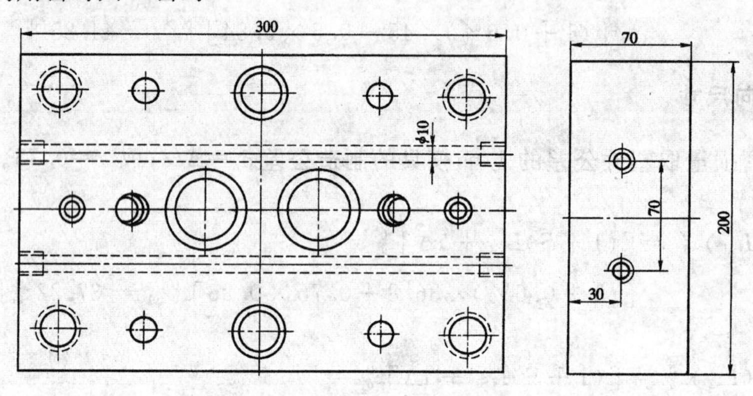

图 12－7 定模板冷却水道

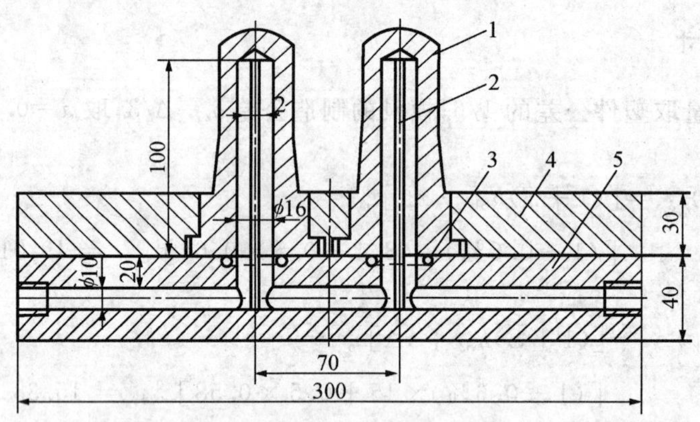

1－型芯；2－隔水板；3－密封圈；4－动模板；5－支承板

图 12－8 型芯的冷却

12.4 模具主要零件图及加工工艺

12.4.1 定模板加工工艺

定模板零件图如图 12－9 所示。

定模板的加工工艺如下：

① 以 A、B 基准面定位，加工 $\phi52^{+0.02}_{0}$ 和 $\phi40.31^{+0.09}_{0}$ 的型腔孔，可以采用坐标镗床或加工中心完成。

② 以 A、B 基准面定位，加工宽 32 mm、长 40 mm 装配侧滑块的孔，可以采用铣床或加工中心完成。

③ 以 A、B 基准面定位，加工宽 32 mm、长 20 mm、深 40 mm 的斜楔装配孔及其上的 M8 螺钉沉孔，可以采用铣床和钻床完成。

④ 钳工研配侧滑块和斜楔。

⑤ 将侧滑块装入定模板侧滑块孔内定位锁紧，共同加工直径为 15 mm 的斜导柱孔，可以采用铣床或钻床完成。

⑥ 以 A、B 基准面定位，加工 4×ϕ16 mm 孔，可以采用钻床或铣床完成。

⑦ 加工 2×ϕ10 mm 冷却水孔，由钻床或深孔钻床完成。

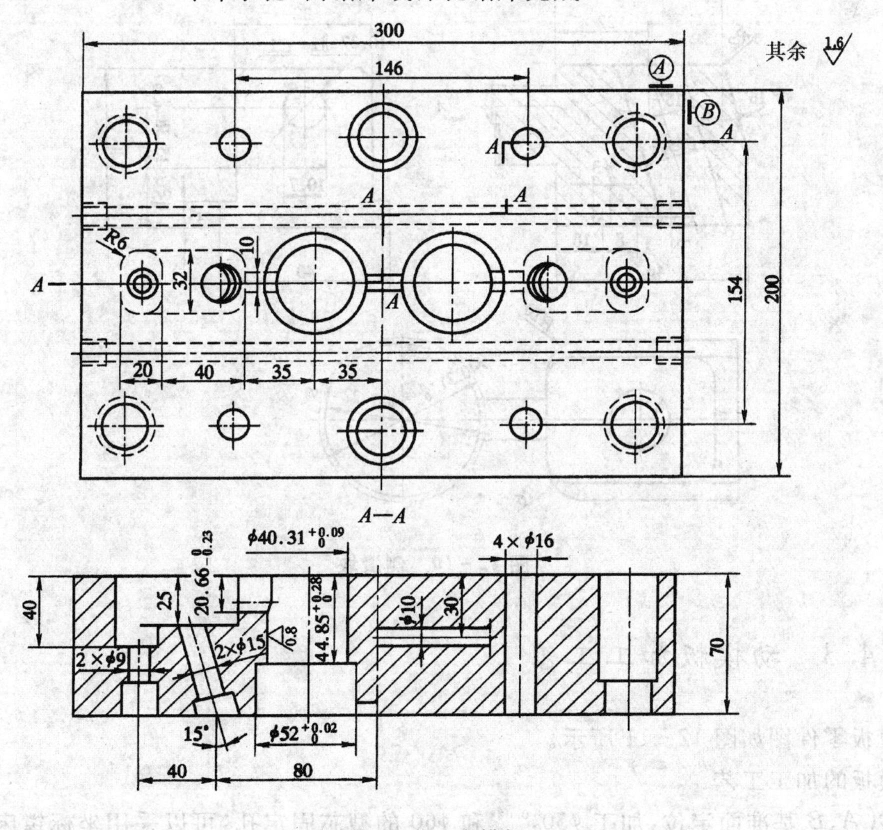

图 12-9　定模板

12.4.2 模具侧滑块加工工艺

侧滑块零件图如图 12－10 所示。

侧滑块的加工工艺如下：

① 加工外形尺寸，由铣床或加工中心完成。

② 钳工研配，首先与推件板研配侧滑块的滑道部分，要求滑动灵活，无晃动间隙；其次研配侧滑块与型芯及定模板的配合，要求配合接触紧密，注射成型时不产生飞边；最后研配斜楔，要求斜楔在注射成型时锁紧侧滑块。

③ 与定模板配钻斜导柱孔。

④ 加工侧滑块的两个 $\phi3$mm 的定位凹孔。

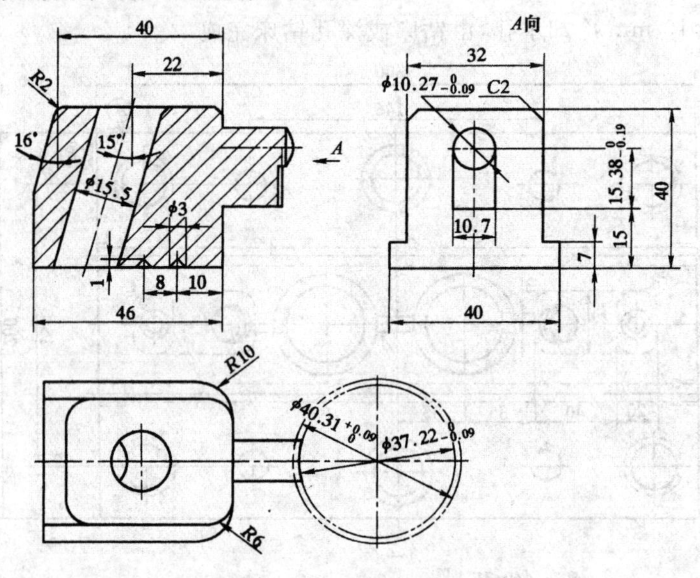

图 12－10 侧滑块

12.4.3 动模板加工工艺

动模板零件图如图 12－11 所示。

动模板的加工工艺：

① 以 A、B 基准面定位，加工 $\phi50_{0}^{+0.02}$ 和 $\phi60$ 的型芯固定孔，可以采用坐标镗床或加工中心完成。

② 以 A、B 基准面定位，加工 $4\times\phi21$ 孔，可采用镗床或钻床完成。

③ 钳工装配型芯。

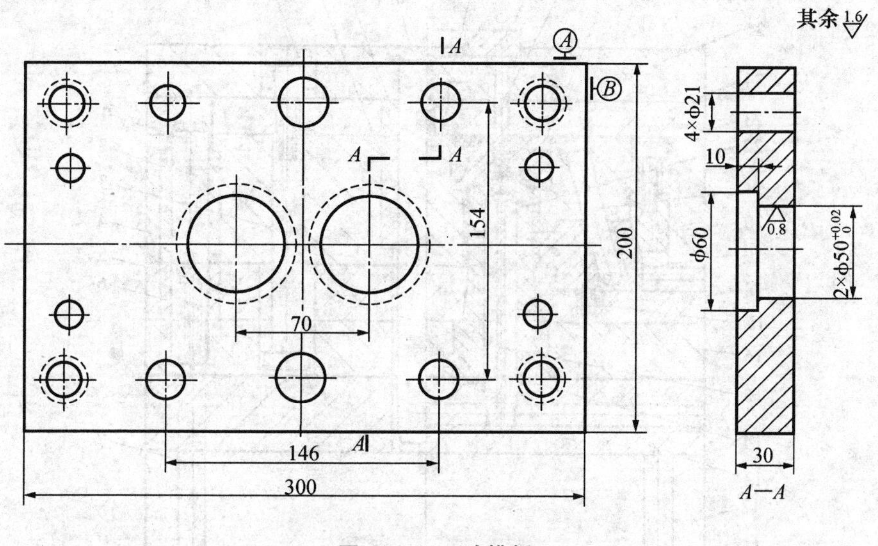

图 12-11　动模板

12.5　模具总装图及模具的装配、试模

1. 模具总装图及模具的装配

图 12-12 为模具的总体装配图。模具的装配要求参考 11.2 节。

2. 模具的安装试模

试模是模具制造中的一个重要环节，试模中的修改、补充和调整是对模具设计的补充。

(1)试模前的准备

试模前要对模具及试模用的设备进行检验。模具的闭合高度与注射机的各个配合尺寸应匹配，推出形式、开模距离、模具工作要求等要符合所选设备的技术条件。检查模具各滑动零件配合间隙要适当、无卡住及紧涩现象，活动要灵活、可靠，起止位置的定位要正确。各镶嵌件、紧固件要牢固，无松动现象。各种水管接头、阀门、附件、备件要齐全。对于试模设备也要进行全面检查，即对设备的油路、水路、电路、机械运动部位、各操纵件和显示信号要检查、调整，使之处于正常运转状态。

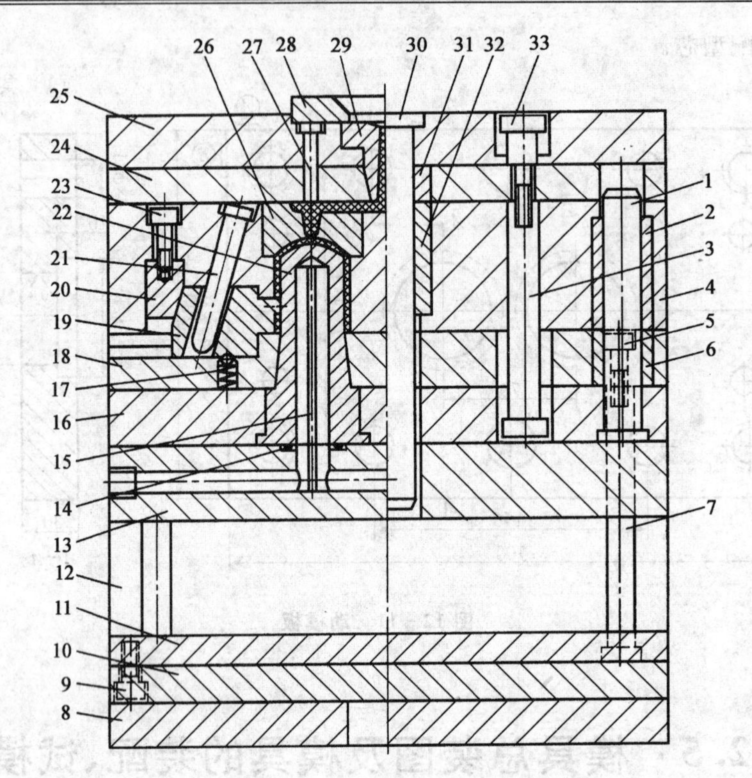

1—导柱；2—导套；3—定距拉杆；4—定模板；5、9、23—螺钉；6—导套；7—复位杆；8—动模座板；10—推板；11—推杆固定板；12—垫块；13—支承板；14—密封圈；15—隔水板；16—动模板；17—弹簧；18—推件板；19—侧型芯滑块；20—锁紧楔；21—斜导柱；22—型芯；24—定模推件板；25—定模座板；26—定模镶块；27—拉料杆；28—定位圈；29—浇口套；30—导柱；31、32—导套；33—限位螺钉

图 12-12 模具总体装配图

(2)模具的安装及调试

模具的安装是指将模具从制造地点运至注射机所在地，并安装在指定注射机的全过程。

模具安装于注射机上之后，要进行空运行调整。其目的在于检验模具上各运动机构是否可靠、灵活，定位装置是否能够有效作用。要注意以下方面：

① 合模后分型面不得有间隙，要有足够的合模力。

② 活动型芯、推出机构及导向部位运动及滑动要平稳、无干涉现象，定位要正确、可靠。

③ 开模时，推出要平稳，保证将塑件及浇注系统凝料推出模具。

④ 冷却水要畅通，不漏水，阀门控制正常。

(3)试 模

模具安装调整后即可以进行试模。

① 加入塑料。塑料的品种、规格、牌号应符合塑件图样中的要求，成型性能应符合有关标

准的规定。

② 调整设备。按照工艺条件要求调整注射压力、注射速度、注射量、成型时间、成型温度等工艺参数。

③ 试模。开始注射时，首先在低压、低温和较长的时间条件下成型。如果型腔未充满，则增加注射时的压力。在提高压力无效时，可以适当提高温度。试模过程中塑件容易产生的缺陷及原因可参考附录 C、D。

试模过程中，应进行详细记录，将结果填入试模记录卡，并保留试模的样件。

通过试模可以检验出模具结构是否合理；模具能否完成批量生产。针对试模中发现的问题，对模具进行修改、调整后再试模，使模具和生产出的样件满足客户的要求，试模合格的模具，应清理干净，涂防锈油入库保存。

第3篇 其他塑料模具设计及快速原型制造技术

第13章 压缩模设计

压缩模又称压塑模，是塑料成型模具中一种比较简单的模具，主要用来成型热固性塑料。某些热塑性塑料也可用压缩模来成型，但由于模具需要交替地加热和冷却，所以生产周期长，效率低，从而限制了热塑性塑料在这方面的进一步应用。

13.1 压缩成型工艺

13.1.1 压缩成型原理及其特点

压缩成型又称压塑成型，它的基本成型原理如图13－1所示。将松散状(粉状、粒状、碎屑状或纤维状)的固态塑料直接加入到成型温度下的模具型腔中，使其逐渐软化熔融，并在压力作用下使塑料熔体充满模具型腔，这时塑料中的高分子产生化学交联反应，最终经过固化转变为塑件。

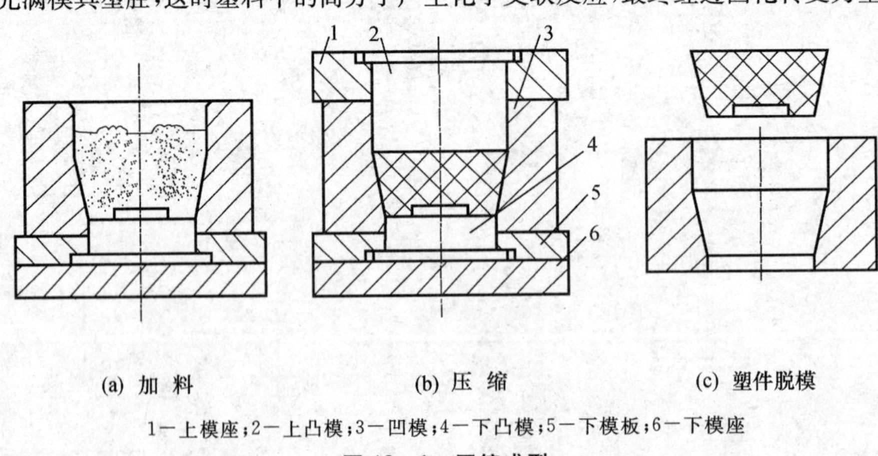

1—上模座；2—上凸模；3—凹模；4—下凸模；5—下模板；6—下模座

图13－1 压缩成型

与注射成型相比，压缩成型生产过程的控制、使用的设备及模具结构比较简单，易成型大型塑件。压缩成型可采用普通液压机，具有压缩塑件内部取向组织少、性能均匀，塑件成型收缩率小等优点。其缺点是成型周期长，生产效率低，劳动强度大，生产操作多用手工而不易实现自动化生产；带有深孔、形状复杂的塑件难于成型；塑件经常带有溢料飞边，高度方向的尺寸精度难以控制等。此外，压缩模操作中受到冲击、振动较大，易磨损和变形，使用寿命较短。因此，对模具材料要求较高。

13.1.2　压缩成型工艺过程

压缩成型一般包括预压、预热等压缩成型前的准备阶段；安放嵌件、加料、合模、排气、固化和脱模等压缩成型阶段，以及模具清理，塑件后处理等 3 个阶段。

1. 压缩成型前的准备

(1)预　压

热固性塑料的比容比较大，压缩成型前，为了成型时操作的方便和提高塑件的质量，常利用预压模将塑料在预压机上压成质量一定、形状相似的锭料，在成型时以一定数量的锭料放入压缩模内。锭料的形状一般以能十分紧凑地放入模具中便于预热为宜。通常，使用的锭料形状多为圆片状，也有长条状、扁球状、空心体状或仿塑件形状。

(2)预热与干燥

热固性塑料比较容易吸湿，存贮时易受潮。成型前对塑料进行干燥，可除去其中的水分和其他挥发物；通过加热提高料温，便于缩短成型周期，提高塑件内部固化的均匀性，从而改善塑件的物理力学性能。生产中预热与干燥的常用设备是烘箱和红外线加热炉。

2. 压缩成型过程

热固性塑料塑件压缩成型工艺过程如图 13－2 所示。

模具装上压机后要进行预热。一般热固性塑料压缩过程可以分为加料、合模、排气、固化和脱模等几个阶段，在成型带有嵌件的塑件时，加料前应预热嵌件并将其安放于模内。

(1)加　料

加料量的多少直接影响塑件的尺寸和密度，必须严格控制加料量。控制的方法有测重法、容量法和计数法 3 种。测重法比较准确，但操作麻烦；容量法虽然不及测重法准确，但操作方便；计数法只用于预压锭料的加料。

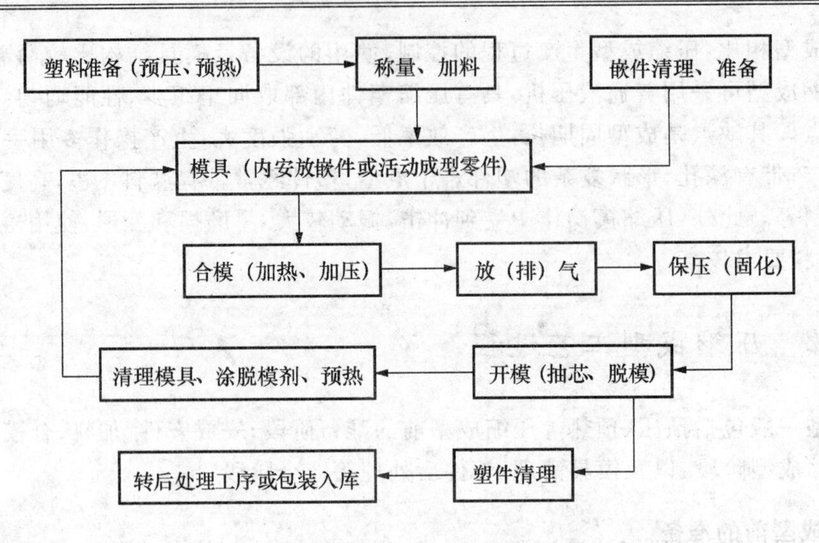

图 13-2 热固性塑料塑件压缩成型工艺过程

(2)合 模

当凸模尚未接触塑料时，为缩短成型周期，避免塑料在合模之前发生化学反应，应采用较快的合模速度；当凸模接触到塑料之后，为避免嵌件或模具成型零件的损坏，并使模腔内空气充分排出，应放慢合模速度，即所谓先快后慢的合模方式。一般时间在几秒钟到数十秒钟不等。

(3)排 气

压缩成型热固性塑料时，在模具闭合后，有时还需卸压将凸模松动少许时间，以便排出其中的气体。排气不但可以缩短固化时间，而且还有利于塑件性能和表面质量的提高。排气的次数和时间要按需要而定，通常排气次数为一至两次，每次时间在几秒至几十秒之内。

(4)固 化

热固性塑料在压缩成型温度下保持一段时间，使其性能达到最佳状态，通常将这一过程叫做固化。对固化速率不高的塑料，为提高生产率，有时不必将整个固化过程放在模具内完成(特别是一些固化速度过慢的塑料)，只需塑件能完整脱模即可结束成型，然后采用后处理的方法来完成固化。模内固化时间应适中，过长或过短对塑料性能都不好，一般为 30 s 至数分钟不等，视塑料品种、塑件厚度、预热状况与成型温度而定。

(5)塑件脱模

塑件脱模方法分为机动推出脱模和手动推出脱模。带有侧向型芯时，必须先侧抽芯才能取出塑件。塑件脱模后，应对模具进行清理。必要时可用铜刀或铜刷去除残留在模具内的塑料废边，然后用压缩空气吹净模具。如果塑料有粘模现象，用上述方法不易清理时则用抛光剂拭涮。

3. 后处理

为了进一步提高塑件的质量,热固性塑件脱模后常在较高的温度下保温一段时间。后处理能使塑料固化更趋完全,同时减少或消除塑件的内应力,减少水分及挥发物等,有利于提高塑件的电性能及强度。常用的热固性塑件退火处理温度及时间可参考表 13-1。

表 13-1 常用热固性塑件退火处理温度及时间

塑件种类	退火温度/℃	保温时间/h
酚醛塑料塑件	80～130	4～24
氨基塑料塑件	70～80	10～12
酚醛纤维塑料塑件	130～160	4～24

13.1.3 压缩成型工艺参数

压缩成型的工艺参数主要是指压缩成型压力、压缩成型温度和压缩时间。

1. 压缩成型压力

压缩成型压力是指压缩时压力机通过凸模对塑料熔体在充满型腔和固化时,在分型面单位投影面积上施加的压力,简称成型压力,可采用以下公式进行计算

$$p = \frac{P_b \pi D^2}{4A} \tag{13-1}$$

式中:p——成型压力,一般为 15～35 MPa;

P_b——压力机工作液压缸压力,MPa;

D——压力机主缸活塞直径,mm;

A——塑件与凸模接触部分在分型面上的投影面积,mm^2。

施加成型压力的目的是促使塑料熔体流动充模,提高塑件的密度和内在质量。成型压力的大小与塑料品种、塑件结构以及模具温度等因素有关。一般情况下,塑料的流动性愈小、塑件愈厚、形状愈复杂、塑料固化速度和压缩比愈大,所需的成型压力就愈大。

2. 压缩成型温度

压缩成型温度是指压缩成型时所需的模具温度。它是使热固性塑料流动、充模并最后固化成型的主要工艺因素,决定了成型过程中聚合物交联反应的速度,从而影响塑件的最终性能。

在一定温度范围内,模具温度升高,可使成型周期缩短,生产效率提高。如果模具温度太

高，将使塑料产生热分解，塑件表面颜色就会暗淡。由于塑件外层首先硬化，影响塑料的流动，可能会引起填充不足，特别是成型形状复杂、薄壁、深度大的塑件最为明显。同时，由于水分和挥发物难以排除，塑件内应力大，模具开启时塑件易发生肿胀、开裂和翘曲等；如果模具温度过低，硬化不足，塑件表面将会无光泽，其物理性能和力学性能下降。

常见热固性塑料压缩成型温度和压缩成型压力见表13－2。

表13－2 热固性塑料的压缩成型温度和成型压力

塑料类型	压缩成型温度/℃	压缩成型压力/MPa
酚醛塑料(PF)	146～180	7～24
三聚氰胺甲醛塑料(MF)	140～180	14～56
脲-甲醛塑料(UF)	135～155	14～56
聚酯塑料(UP)	85～150	0.35～3.5
邻苯二甲酸二丙烯酯塑料(PDPO)	120～160	3.5～14
环氧树脂塑料(EP)	145～200	0.7～14
有机硅塑料(DSMC)	150～190	7～56

3. 压缩时间

热固性塑料压缩成型时，要在一定温度和一定压力下保持一定时间，才能使其充分交联固化，成为性能优良的塑件，这一时间称为压缩时间。压缩时间与塑料的种类(树脂种类、挥发物含量等)、塑件形状、压缩成型的其他工艺条件以及操作步骤(是否排气、预压、预热)等有关。压缩成型温度升高，塑件固化速度加快，所需压缩时间减少，因而压缩周期随模具温度提高也会缩短。对成型塑料进行预热或预压以及采用较高成型压力时，压缩时间均可适当缩短，通常塑件厚度增加压缩时间会随之增加。

压缩时间的长短对塑件的性能影响很大。压缩时间过短，塑料硬化不足，将使塑件的外观性能变差，力学性能下降，易变形。适当增加压缩时间，可以减少塑件收缩率，提高其耐热性能和其他物理力学性能。但如果压缩时间过长，不仅降低生产率，而且会使树脂交联过度，从而导致塑件收缩率增加，产生内应力，并使塑件力学性能下降，严重时会使塑件破裂。表13－3列出了酚醛塑料和氨基塑料的压缩成型工艺参数。

表13－3 热固性塑料压缩成型的工艺参数

工艺参数	酚醛塑料			氨基塑料
	一般工业用①	高电绝缘用②	耐高频电绝缘用③	
压缩成型温度/℃	150～165	150～170	180～190	140～155
压缩成型压力/MPa	25～35	25～35	＞30	25～35
压缩时间/min	0.8～1.2	1.5～2.5	2.5	0.7～1.0

注：① 系以苯酚-甲醛线型树脂的粉末为基础的压缩粉；

② 系以甲醛-甲醛可溶性树脂的粉末为基础的压缩粉；

③ 系以苯酚-苯胺-甲醛树脂和无机矿物为基础的压缩粉。

13.2　压缩模结构与压力机

13.2.1　压缩模的典型结构

压缩模主要用于成型热固性塑料。典型的压缩模结构如图 13－3 所示，它可分为固定于压机上压板的上模和固定于下压板的下模两大部分，两大部分靠导柱导向开合。上下模闭合构成型腔和加料腔，塑料在热和压力作用下，成为熔融状态充满整个型腔，当塑件固化成型后，上下模打开，利用推出机构推出塑件。

13.2.2　压缩模的组成

压缩模具由以下几部分组成：

1. 型　腔

型腔是直接成型塑件的部位，加料时与加料腔一道起装料的作用，图 13－3 中的模具型腔由上凸模 3、下凸模 9、型芯 8 和凹模 4 等构成。

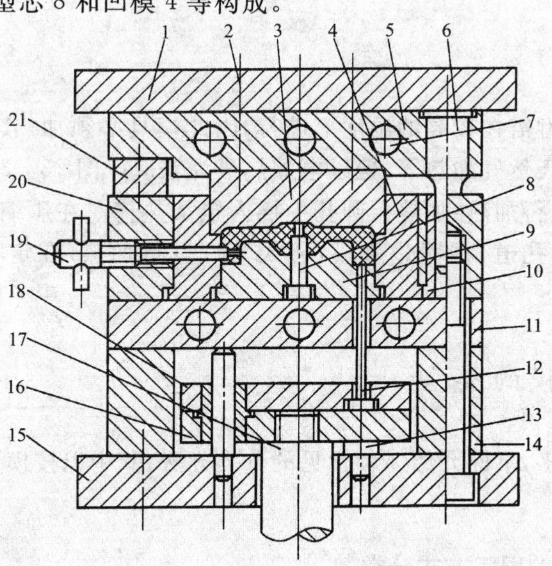

1－上模座板；2－螺钉；3－上凸模；4－加料腔（凹模）；5、11－加热板；6－导柱；7－加热孔；8－型芯；9－下凸模；10－导套；12－推杆；13－支承钉；14－垫块；15－下模座板；16－推板；17－连接杆；18－推杆固定板；19－侧型芯；20－型腔固定板；21－承压块

图 13－3　典型压缩模结构

2. 加料腔

由于塑料原料与塑件相比具有较大的体积，塑件成型前单靠型腔往往无法容纳全部塑料，因此在型腔之上设有一段加料腔。加料腔在图 13－3 中指凹模 4 的上半部，即凹模端面尺寸扩大的部分。

3. 导向机构

图 13－3 中由布置在模具上周边的四根导柱 6 和导套 10 组成。导向机构用来保证上下模合模的对中性。为了保证推出机构上下运动平稳，该模具在下模座板 15 上设有两根推板导柱，在推板上还设有推板导套。

4. 侧向分型抽芯机构

在成型带有侧向凹凸或侧孔的塑件时，模具必须设侧分型抽芯机构。图 13－3 中的塑件有一侧孔，在推出之前用手动丝杠(侧型芯 19)抽出侧型芯。

5. 推出机构

一般固定式压缩模设有推出机构，图 13－3 中的推出机构由推板 16、推杆固定板 18、推杆 12 等零件组成。

6. 加热系统

热固性塑料压缩成型需在较高的温度下进行，因此模具必须加热。常见的加热方式有电加热、蒸汽加热、煤气和天然气加热等，但以电加热最为普遍。图 13－3 中加热板 5、11 分别对上凸模、下凸模和凹模进行加热，加热板圆孔中插入电加热棒。在压缩成型热塑性塑料时，在型腔周围开设温度控制孔道，在塑化阶段，通入蒸汽进行加热，在定型阶段，通入冷水进行冷却。

13.2.3 压缩模的类型

压缩模分类方法很多，下面介绍 3 种常见的分类方法，其中以按模具的上下模配合结构进行分类最为常见。

1. 按模具在压机上的固定方式分类

按模具在压机上的固定方式分为移动式压缩模、半固定式压缩模和固定式压缩模。

(1)移动式压缩模

移动式压缩模如图 13－4 所示。模具不固定在压机上，成型后将模具移出压机，先抽出侧型芯，再取出塑件。在清理加料腔后，将模具重新组合好，然后放入压机内再进行下一个循环的压缩成型。

这种压缩模结构简单，制造周期短。但因加料、开模、取塑件等工序均手工操作，模具易磨损，劳动强度大，模具质量一般不宜超过 20 kg。目前只供试验及新产品试制时制造样品用，正式生产中已经淘汰。

(2)半固定式压缩模

半固定式压缩模如图 13－5 所示。开合模在机内进行，一般将上模固定在压机上，下模可沿导轨移动，用定位块定位，合模时靠导向机构定位。也可按需要采用下模固定的形式，工作时则移出上模，用手工利用卸模架取出塑件。这种结构便于安放嵌件和加料，适用于小批量塑件的生产。

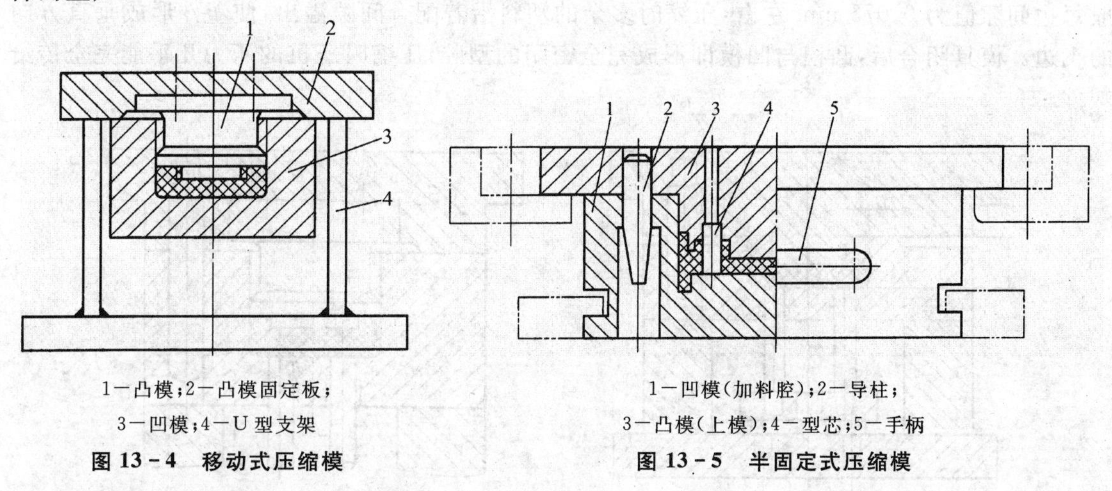

1－凸模；2－凸模固定板；
3－凹模；4－U 型支架
图 13－4　移动式压缩模

1－凹模(加料腔)；2－导柱；
3－凸模(上模)；4－型芯；5－手柄
图 13－5　半固定式压缩模

(3)固定式压缩模

固定式压缩模如图 13－3 所示。上下模都固定在压机上，开模、合模和脱模等工序均在压机内进行，生产效率高，操作简单，劳动强度小，开模振动小，模具寿命长。但其结构复杂，制造成本高，且安放嵌件不方便。适用于成型批量较大或形状较大的塑件。

2. 按压塑模具上下配合结构分类

按照压塑模具上下配合结构特征分为溢式压缩模、不溢式压缩模和半溢式压缩模。

(1)溢式压缩模

溢式压缩模又称敞开式压缩模，如图 13－6 所示。这种模具无加料腔，型腔的高度 h 基本上就是塑件的高度。型腔闭合面形成水平方向的环形挤压环 B,以减薄塑件飞边。压缩成型时多余的塑料极易沿着挤压边溢出,在塑件上产生水平方向的飞边。模具的凸模与凹模无配合部分,完全靠导柱定位,仅在模具最后闭合后,凸模与凹模才完全密合。溢式压缩模结构简单,造价低、耐用。

压缩时压机的压力不能全部传给塑料。模具闭合较快,会造成溢料量的增加,既造成原料的浪费,又降低了塑件密度,使塑件强度降低。溢式模具结构简单,造价低廉;因耐用(凸、凹模间无摩擦),塑件易取出,通常可用压缩空气吹出塑件一对加料量的精度要求不高,加料量一般稍大于塑件质量的5%～9%,常用预压型坯进行压缩成型。适用于压缩成型厚度不大、尺寸小且形状简单的塑件。

(2)不溢式压缩模

不溢式压缩模又称封闭式压缩模,如图 13－7 所示。这种模具有加料腔,其断面形状与型腔完全相同,加料腔是型腔上部的延续,没有挤压环。凸模与凹模有高度不大的间隙配合,一般每边间隙值为 0.075 mm 左右,压缩时多余的塑料沿着配合间隙溢出,使塑件形成垂直方向的飞边。模具闭合后,凸模与凹模即形成完全密闭的型腔,压缩时压机的压力几乎能完全传给塑件。

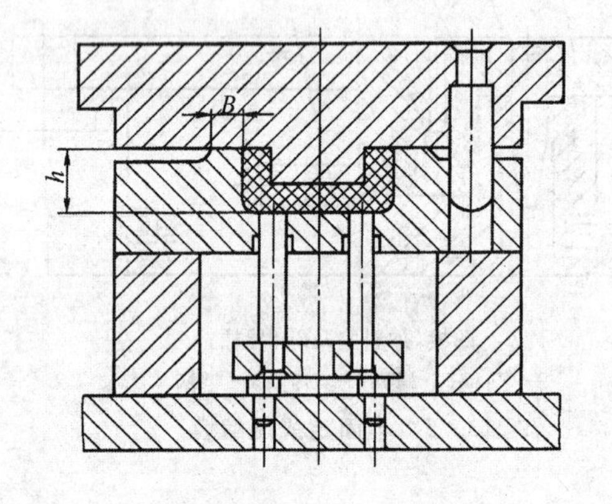

图 13－6　溢式压缩模图

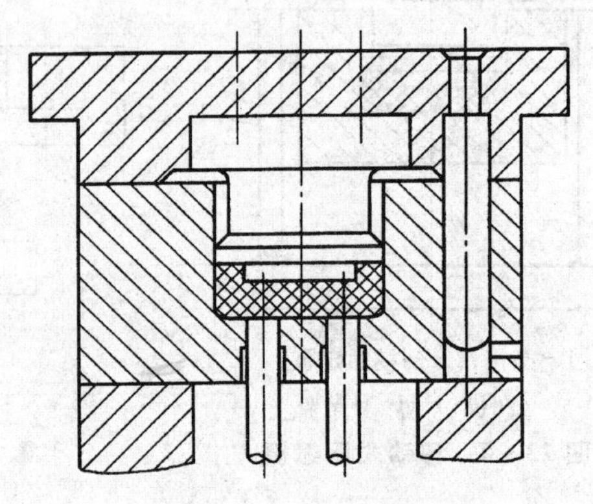

图 13－7　不溢式压缩模

不溢式压缩模具有以下特点:

① 压力传递好,故塑件密实性好,强度高。

② 不溢式压缩模由于塑料的溢出量极少,因此加料量的多少直接影响着塑件的高度尺寸,每模加料都必须准确称量。塑件高度尺寸不易保证。

③ 凸模与加料腔侧壁摩擦,不可避免地会擦伤加料腔侧壁,同时,加料腔的截面尺寸与型腔截面相同,在推出塑件时带有伤痕的加料腔会损伤塑件外表面。

④ 不溢式压缩模必须设置推出装置,否则塑件很难取出。

⑤ 不溢式压缩模一般不应设计成多腔模,因为加料不均衡就会造成各型腔压力不等,而

引起一些塑件欠压。

不溢式压缩模适用于成型形状复杂、壁薄和深腔塑件，也适用于成型流动性特别小、比容大的塑料。例如用它成型棉布、玻璃布或长纤维填充的塑件效果好，这不单因为这些塑料流动性差，要求单位压力高，而且若采用溢式压缩模成型，当布片或纤维填料进入挤压面时，不易被模具夹断而妨碍模具闭合，造成飞边增厚和塑件尺寸不准，飞边去除困难等问题。而不溢式压缩模没有挤压面，所产生的飞边不但极薄，而且飞边在塑件上呈垂直分布，去除比较容易，可以用平磨等方法去除。

(3)半溢式压缩模

又称为半封闭式压缩模，如图 13－8 所示。这种模具有加料腔，其断面尺寸大于型腔尺寸。凸模与加料腔呈间隙配合，加料腔与型腔的分界处有一环形挤压面，其宽度为 4～5 mm。挤压面可限制凸模的下压行程，并保证塑件的水平方向飞边很薄。

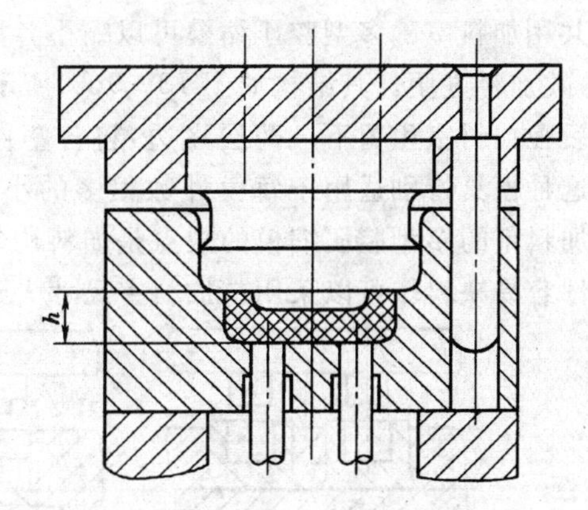

图 13－8　半溢式压缩模

半溢式压缩模具有以下特点：

① 模具使用寿命较长。因加料腔的断面尺寸比型腔大，故在推出塑件时塑件表面不易受损伤。

② 塑料的加料量不必严格控制，因为多余的塑料可通过配合间隙或在凸模上开设的溢料槽溢出。

③ 塑件质密、强度较高，塑件径向尺寸和高度尺寸的精度也容易保证。

④ 便于简化加工工艺。当塑件外形复杂时，若用不溢式压塑模必然造成凸模与加料腔的制造困难，而采用半溢式压塑模则可将凸模与加料腔周边配合面简化。

⑤ 半溢式压缩模由于有挤压面，在操作时要随时注意清除落在挤压面上的废料，以免此处过早地损坏和破裂。

由于半溢式压缩模兼有溢式压缩模和不溢式压缩模的特点，因而被广泛用来成型流动性较好的塑料及形状比较复杂、带有小型嵌件的塑件。

3. 按型腔数目分类

按照型腔数目分为单型腔压缩模和多型腔压缩模。

上面所列举的压缩模具都属于单型腔模具，压缩模也常采用多型腔结构，一模可以生产数个、数十个塑件，型腔数目有塑件形状、在分型面上的投影面积、批量大小和压机的能力(吨位)确定。多型腔压缩模生产效率高，但模具结构复杂。

多型腔压缩模可以采用溢式和半溢式的结构。其中溢式多型腔压缩模如图 13－9(a)所示。半溢式多型腔压缩模可以分为独立加料室和共用加料室两种结构，图 13-9(b)所示为独立加料室的结构，其优点是个别型腔损坏时可以不给受损型腔加料，不影响整个模具的使用；缺点是每个型腔需单独均衡的加料，所需加料时间长，可能造成先加入的塑料受热过早固化。为了克服这一缺点，可以采用一种特制的加料器实现多型腔快速加料，其结构如图 13-10 所示，加料器用木板或轻金属制成，抽动抽板即可使预先加入的坯料落入型腔内。图 13-10 中，d 应小于型腔直径且大于预压锭料直径；a_1、a_2 为型腔中心距；b 为加料腔深度，由加料量确定。

共用加料室的多型腔压缩模可以缩小各型腔间的中心距，压缩模的结构较紧凑，可以统一加料，故加料方便。其结构如图 13-9(b)所示，塑料受热塑化后在压力作用下流入各个型腔，固化后在加料室里留下一薄层飞边，将各塑件连接成一体，推出时连成一体的塑件可一次取出。这种模具特别适用于每模件数很多的小塑件，通过在转鼓里滚转或其他办法去除飞边。共用加料室的多型腔压缩模的缺点是加料均匀与否会影响塑件致密度的一致性，而且边角上的塑件容易缺料。可以采用与加料室尺寸大致相近的预压锭料来改善这一不足。

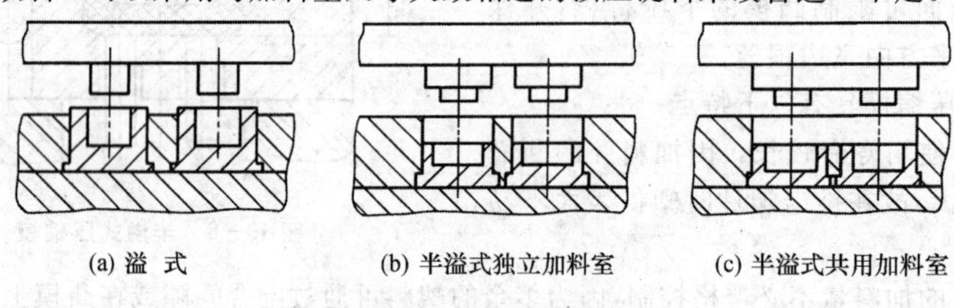

(a) 溢 式　(b) 半溢式独立加料室　(c) 半溢式共用加料室

图 13-9　多型腔压缩模

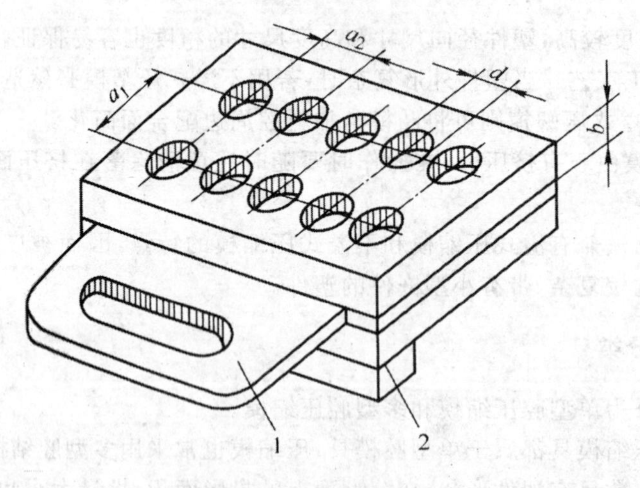

1—抽板；2—定位块

图 13-10　加料器

13.2.4　压缩模与压机的关系

压机是压缩成型的主要设备，压缩模的结构一定要适应压机的结构和性能，压机的工作能力必须保证塑件脱模和模具安装顺利实现。所以压缩模设计者必须熟悉压机的主要技术性能，设计时应对压机的有关技术参数进行校核。

1. 压机最大总压力校核

成型压力是指塑料压缩成型时所需的压力。它与塑件几何形状、水平投影面积、成型工艺等因素有关，成型压力必须满足下式：

$$F_M \leqslant KF_P \tag{13-2}$$

式中：F_M ——用模具成型塑件所需的成型总压力，N；

F_P ——压机的公称压力，N；

K——修正系数，一般取0.75～0.90，视压机新旧程度而定。

模具成型塑件时所需总压力如下：

$$F_M = nAp \tag{13-3}$$

式中：n——型腔数目；

A——每一型腔（或加料腔）的水平投影面积，mm^2；

p——塑料压缩成型时所需的单位压力，MPa。

当确定压机后，可确定型腔的数目，从式（13-2）和式（13-3）中可得

$$n \leqslant \frac{KF_P}{Ap} \tag{13-4}$$

2. 开模力和脱模力的校核

（1）开模力的计算：

开模力可按下式计算

$$F_K = kF_M \tag{13-5}$$

式中：F_K ——开模力，N；

k——系数，塑件形状简单、配合环（凸模与凹模相配合部分）不高时取0.1，高时取0.15，形状复杂配合环较高时取0.2。

（2）脱模力的计算

脱模力是将塑件从模具中顶出的力，必须满足

$$F_d > F_t \tag{13-6}$$

式中：F_d——压机的顶出力，N；

F_t——塑件从模具内脱出所需的力，N。

脱模力的计算公式如下：

$$F_t = A_c P_j \tag{13-7}$$

式中：A_c——塑件侧面积之和，mm^2；

P_j——塑件与金属的结合力，MPa。含木纤维和矿物填料的塑料 $P_j=0.49$；玻璃纤维塑料 $P_j=1.47$。

3. 压缩模高度和开模行程的校核

为使模具正常工作，就必须使模具的闭合高度和开模行程与压机上下工作台面之间的最大和最小开距以及活动压板的工作行程相适应，即

$$h_{min} \leqslant h < h_{max} \tag{13-8}$$

$$h = h_1 + h_2 \tag{13-9}$$

式中：h_{min}——压机上下模板之间的最小距离，mm；

h_{max}——压机上下模板之间的最大距离，mm；

h——合模高度，mm。

如果 $h<h_{min}$，上下模不能闭合，压机无法工作，这时在上下压板间必须加垫板，以保证 $h_{min} \leqslant h+$垫板厚度。

除满足 $h_{max}>h$ 外，还要求大于模具的闭合高度与开模行程之和，如图 13-11 所示，以保证顺利脱模，即

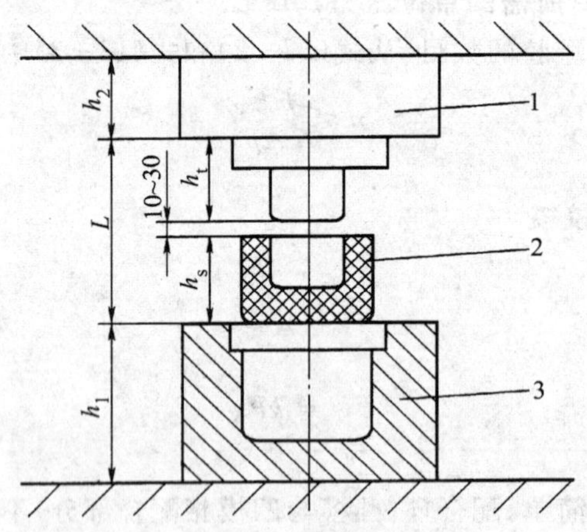

图 13-11 开模行程的校核

$$h_{max} \geqslant h + L \tag{13-10}$$

$$L = h_s + h_t + (10 \sim 30)\ \text{mm} \tag{13-11}$$

故

$$h_{max} \geqslant h + h_s + h_t + (10 \sim 30)\text{mm} \tag{13-12}$$

式中：h_s——塑件高度，mm；

h_t——凸模高度，mm；

L——模具最小开模距离，mm。

4. 压机工作台面尺寸与模具的固定

压机有上下两块压模固定板，称为上压板（或动梁）和下压板（或工作台）。模具宽度应小于压机立柱或框架之间的距离，以使模具能顺利地通过。模具的最大外形尺寸不宜超过台面尺寸，否则便无法安装固定模具。

压机的上下两个压板都开有相互平行或沿对角线交叉的 T 形槽。模具的上下模可直接用四个螺钉分别固定在上压板和工作台上。压模脚上的固定螺钉孔（或长槽、缺口）应与台面上的 T 形槽位置相符合。模具也可用压板螺钉压紧固定，此时模脚尺寸比较自由，只需设计出宽 15～30 mm 的凸缘即可。

5. 压机顶出机构的校核

固定式压模一般均利用压机工作台面下的顶出机构（机械式或液压式）驱动模具推出机构进行工作，因此压机的顶出机构与模具的推出机构两者的尺寸应相适应，即模具所需的推出行程必须小于压机顶出机构的最大工作行程，其中，模具需用的推出行程 L_d 一般应保证塑件推出时高出凹模型腔 10～15 mm，以便将塑件取出，图 13－12 所示为塑件高度与压机顶出行程的尺寸关系图。

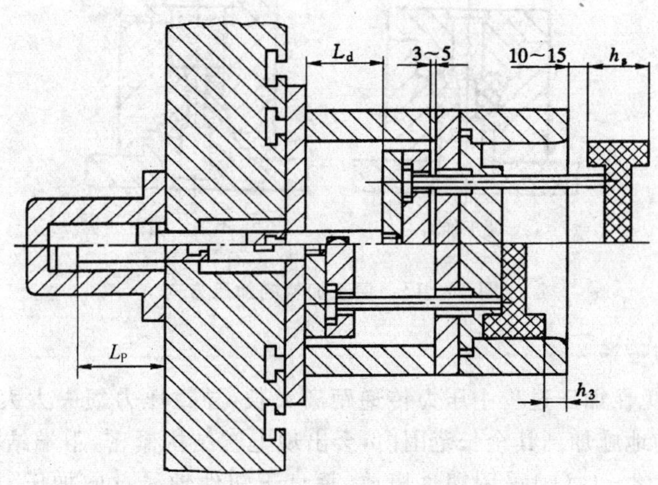

图 13－12　塑件高度与压机顶出行程

压机的顶出距离必须满足

$$L_d = h_s + h_3 + (10 \sim 15)\text{mm} \leqslant L_P \tag{13-13}$$

式中：L_d——压缩模需要的推出行程，mm；

h_s——塑件的最大高度，mm；

h_3——加料腔高度，mm；

L_P——压机推顶机构的最大行程，mm。

13.3 压缩模具结构设计要点

13.3.1 型腔总体设计

1. 塑件在模具内加压方向的确定

塑件在模具内的加压方向，是指压机通过与凸模向型腔内塑件施加压力的方向。加压方向对塑件质量、模具结构和脱模难易都有较大影响。

确定加压方向应遵循以下原则：

(1)便于加料

如图 13－13 所示，图 13－13(a)所示加压方向，使加料腔大而浅，便于加料，图 13－13(b)所示加压方向，使加料腔小而深，不便于加料。

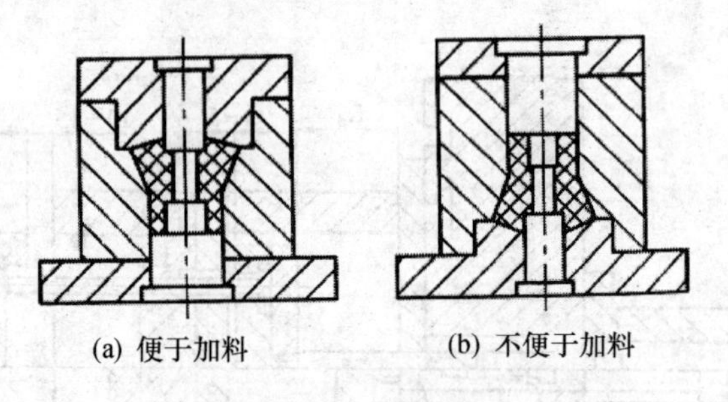

(a) 便于加料　(b) 不便于加料

图 13－13　便于加料的加压方向

(2)有利于压力传递

加压方向应避免在加压过程中压力传递距离太长，导致压力损失太大。图 13－14(a)因圆筒太长，不易均匀地施加到其全长范围内，会出现上端结构紧密，下端结构疏松或角落处填充不足的情况。图 13－14(b)采用塑件横放，垂直于塑件轴线方向加压，可保证塑件密度均匀。但缺点是，塑件外表形成拼缝痕迹，若型芯过于细长，用此方法易使型芯发生弯曲。

(3)应便于塑料熔体充模

为了便于塑料熔体充模，加压方向应与料流方向一致，如图 13－15(a)所示，料流方向与加压方向一致，比较合理；图 13－15(b)所示的型腔设在上模，加压方向与料流方向相反故需增大压力，不太合理。

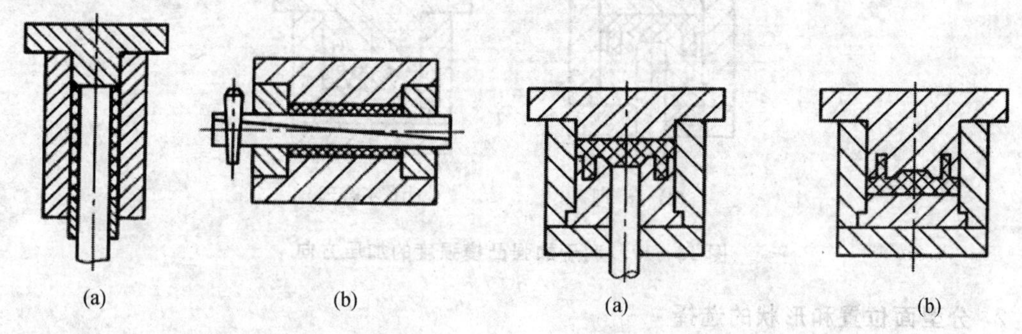

图 13－14 有利于传递压力的加压方向　　图 13－15 便于塑料流动的加压方向

(4)便于安装和固定嵌件

成型带嵌件塑件时，应优先考虑将嵌件放在下模。如图 13－16(a)所示，这样不仅安装方便，不会出现嵌件下落压坏模具的问题，而且可以利用嵌件推出塑件，在塑件上不会留下推杆痕迹。若必须将嵌件安放在上模，如图 13－16(b)所示，应该采取弹性连接固定的方法，可参考图 5－18 的固定结构。

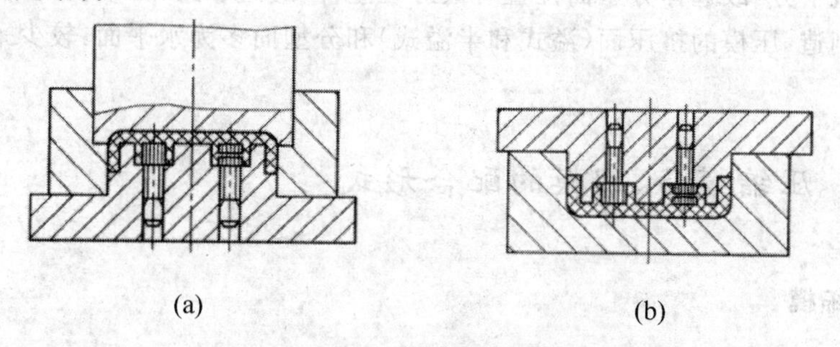

图 13－16 便于安放嵌件的加压方向

(5)保证凸模强度

因上凸模加压时受力较大，为保证其强度，应将复杂型面置于下模。使上凸模形状越简单越好，如图 13－17 所示，图 13－17(a)的设计比图 13－17(b)的设计合理。

(6)保证重要尺寸的精度

沿加压方向的塑件高度尺寸，会因飞边厚度和加料量的不同而发生变化，故精度要求较高的尺寸不宜设置在加压方向上。

(7)使长型芯的轴向和加压方向保持一致

当塑件带有侧孔时，应将较长型芯的轴线方向与加压方向保持一致(即长型芯顺着开模方向)，而将较短的型芯设为侧型芯。

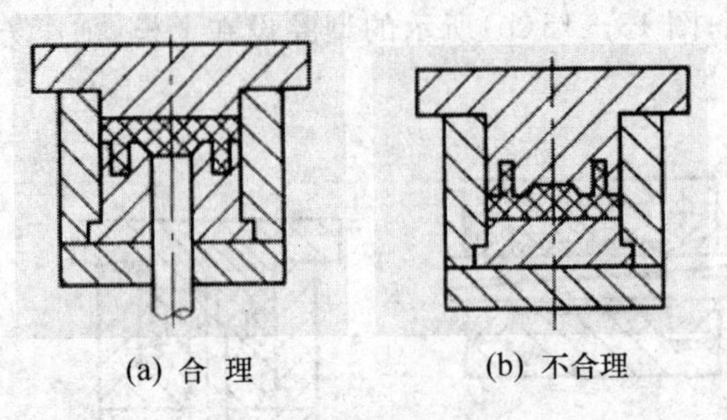

图 13-17 利于加强凸模强度的加压方向

2. 分型面位置和形状的选择

当施压方向选定即可确定分型面的位置，分型面位置的确定原则与注射模相似，例如分型面应设计在塑件断面轮廓最大的地方；尽可能避免采用瓣合模和侧抽芯；分型面的应设在塑件比较隐蔽和易于修整溢料飞边的地方，分型面应设在塑件直角转折处，而不应横过光滑的外表面或圆弧转折处；为保证关键部位的同心度，最好将要求同心的尺寸全部设在压模的下模一侧或上模一侧，而不宜分置于上下模两边；无论上压式压力机还是下压式压力机，其主要推出机构均位于压力机下方，故选择分型面位置时最好让塑件在开模时留在下模。

为了便于制造，压模的挤压面（溢式和半溢式）和分型面多为水平面，较少采用曲面或弯阶梯面。

13.3.2 压缩模凸、凹模的配合形式

1. 溢式压缩模

溢式压缩模凸、凹模无配合段，凸模与凹模在分型面接触，接触面应光滑平整。为减少飞边厚度，接触面不宜太大，一般设计成宽度为 3～5 mm 的环形面，多余的塑料可以通过环形面溢出，如图 13-18(a)所示。由于环形面面积较小，靠其承受压机的余压会导致环形面过早变形和磨损，使塑件脱模困难。为此，可在环形面之外再增加承压面或在型腔周围距边缘 3～5 mm处设溢料槽，槽以外为承压面，槽以内为溢料面，如图 13-18(b)所示。

2. 不溢式压缩模

这种模具的结构特点是加料腔截面尺寸、形状与型腔相同，二者之间无挤压面。模具合模后，要求上模凸模和下模凹模呈部分配合，如图 13-19 所示，配合间隙不宜过小，否则成型时型腔内气体无法通畅地排出，且模具是在高温下使用，间隙过小，凸、凹模极易擦伤、咬合；反之，过大间隙会造成严重溢料，不但影响塑件质量，而且飞边难以去除。加料腔与凸模一般按

H8/f8 配合，通常取单边间隙 0.025～0.075 mm 为宜。为了减少摩擦面积，易于开模，配合高度不宜太大，常取 10 mm 左右，加料腔的入口应有 $R1.5$ 的倒角，并设 $15'\sim20'$ 的斜度作为引导。推杆与模板的配合段长度 h 取 4～5 mm。

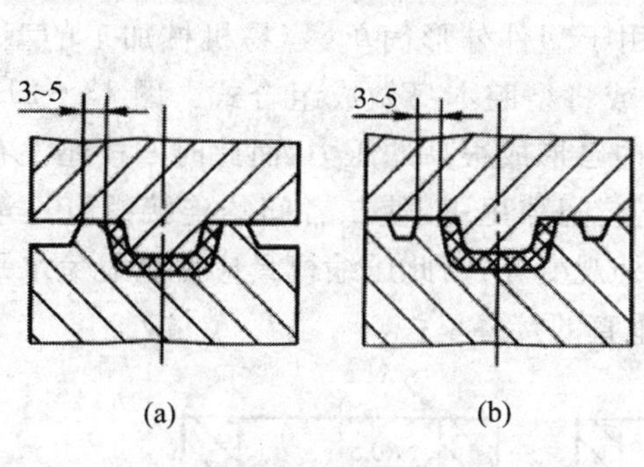

图 13-18　溢式压缩模凸凹模配合形式

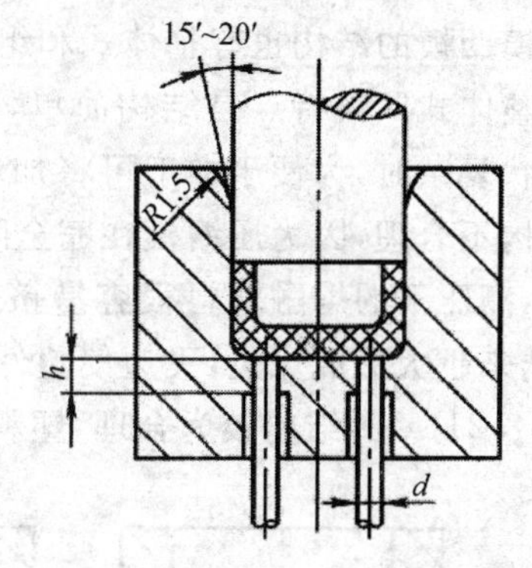

图 13-19　不溢式压缩模凸凹模配合形式

3. 半溢式压缩模

半溢式压缩模的结构特点是带有水平挤压面，如图 13-20(a)中的 N 面，为了使压机的余压不致全部由挤压面承受，在半溢式压缩模上下模闭合面上设置承压块或承压面 M。承压面的宽度不应太小，否则容易导致凹模边缘向内倾斜而形成倒锥，阻碍塑件顺利脱模。

设计时，最薄的边缘 B，如图 13-20(b)、(c)所示，其宽度对于中、小型塑件取 2～4 mm，较大的塑件取 3～5 mm。模具装配时修磨承压面，边缘 B 处应留有间隙 0.03～0.05 mm，以确保飞边容易去除。

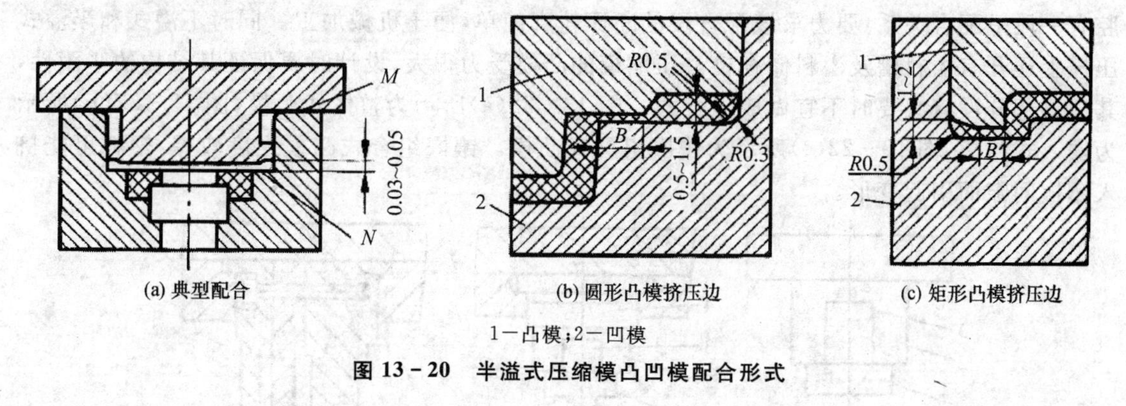

1—凸模；2—凹模

图 13-20　半溢式压缩模凸凹模配合形式

13.3.3　压缩模成型零部件的设计

压缩模成型零部件的结构与注射模成型零部件的结构大同小异，这里不再详细介绍，仅就其设计特点加以讨论。

1. 凹 模

压缩模凹模的结构也有整体式和组合式之分，如图 13－21(a)所示为带有加料腔的整体式凹模。整体式凹模特点是结构简单、强度高，适用于塑件外形简单、容易机械加工的型腔。当型腔形状复杂时，为便于加工可将加料腔和型腔或将型腔本身做成组合式。图 13－21(b)的组合结构不合理，因为压缩模在完全闭合前型腔内已形成很高的压力，而此时凹模还没有被压机锁紧，高压下的熔融塑料很容易挤入水平的连接间隙里去，使二者间的连接螺钉逐渐拉长，间隙越来越大形成飞边，飞边使塑件难以脱出，外观变坏，因此压缩模具应尽量避免水平接缝。图 13－21(c)的结构较为合理，塑料很难挤入垂直的接缝里去。

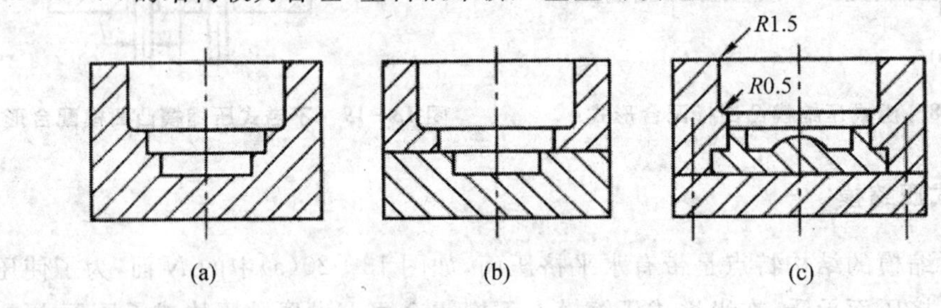

图 13－21 压缩模凹模结构

2. 凸 模

压缩模具的凸模与注射模具相比没有什么本质的区别，只是不溢式和半溢式凸模与加料腔有一段呈配合关系，要力求该配合段的断面轮廓简单，便于机械加工。同时不溢式和半溢式压模上还开有溢料槽及溢料储存槽。压缩模的凸模受力很大，设计时要保证其结构的坚固性，其成型部分没有必要时不宜做成组合式。图 13－22(a)所示为整体式凸模，图 13－22(b)所示为嵌入式凸模，图 13－22(c)所示为镶嵌组合式凸模。镶嵌组合式凸模强度较差，塑料可能挤入镶嵌间隙而引起变形。

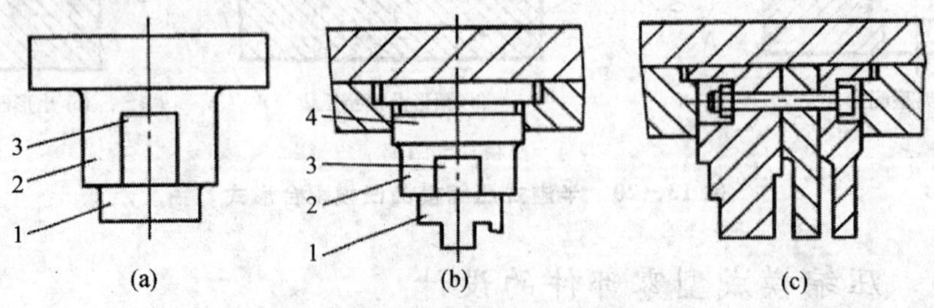

1—成型段；2—与加料腔配合段；3—溢料槽；4—固定段

图 13－22 压缩模凸模结构

3. 型 芯

压缩模的型芯或成型杆受力情况比注射模恶劣，由于受力不均匀，易引起型芯弯曲，特别是与压缩方向垂直的型芯，因此，型芯长度不宜太长。当型芯采用一端固定的结构时，与压缩方向平行的型芯，其长度不宜超过直径的 2.5～3 倍。与压缩方向垂直的孔长度不宜超过直径。当成型通孔时为避免型芯头部与相对的成型面相抵触，最好将型芯稍微做短一些，使相对面之间有 0.05～0.1 mm 间隙，如图 13－23 所示。

直径很大的型芯，要确保塑件飞边较薄，就必须在型芯上做出挤压边缘，即沿型芯边缘留出 1.5～2 mm 宽的平面做挤压边缘，它与相对的成型面间有 0.05～0.1 mm 间隙，其余部分则加厚到 0.5～1.5 mm，如图 13－24 所示。

当塑件孔较深时，为保证孔的精度和防止型芯弯曲采用型芯深入凸模内支撑的方法，如图 13－25 所示。型芯与凸模配合段不宜过长，主型芯的高度应高出加料腔上平面 6～8 mm。

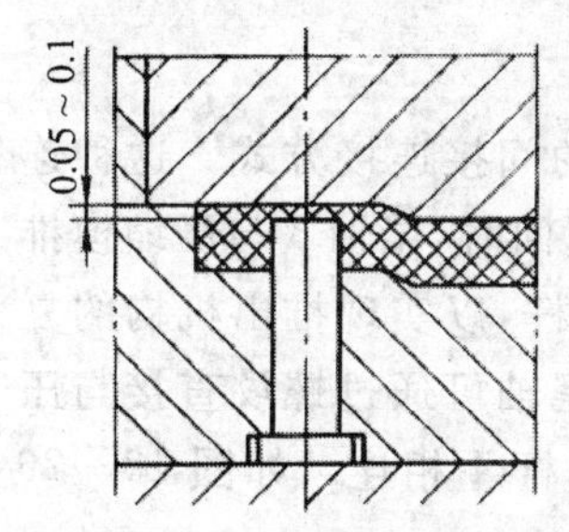

图 13－23 一端固定的型芯

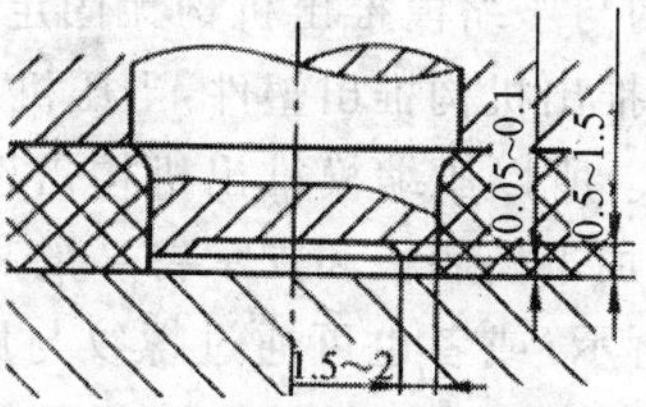

图 13－24 成型大孔的型芯

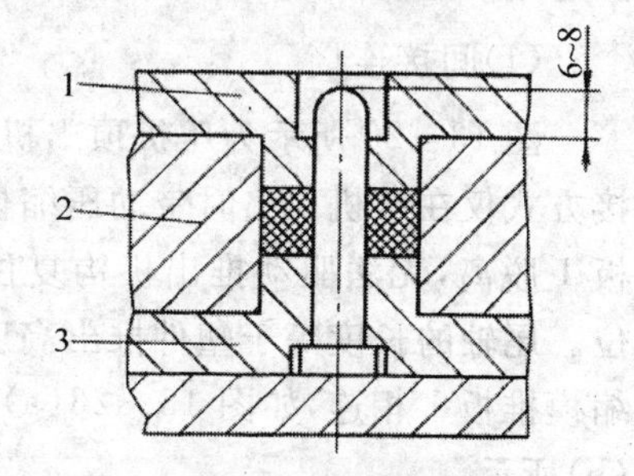

1—上凸模；2—型腔；3—下凸模

图 13－25 一端固定、一端支撑的型芯

4. 加料腔的设计及计算

溢式模具无加料腔，塑料原料被堆放在型腔中部。不溢式模具加料腔断面形状及尺寸与型腔最大断面形状及尺寸相同，其加料腔高度用下式计算：

$$H = V/A + (0.5 \sim 1)\text{cm} \qquad (13-14)$$

式中：H——加料腔高度，cm；

V——塑料加料量，cm^3；

A——料腔截面积，cm^2。

其中，0.5～1 cm 为不装塑料的富裕空间，用以避免在合模时塑料飞溅出来。

当型腔底部有凸起结构时，加料腔高度计算公式为

$$H = (V + V_1)/A + (0.5 \sim 0.1)\text{cm} \qquad (13-15)$$

式中：V_1——型腔底部凸起结构的体积，cm^3。

13.3.4 推出机构设计

与注射模相仿,同样有简单推出机构、二级推出机构和上下模均有推出装置的双推出机构几类,常见的有推杆推出机构、推管推出机构、推板推出机构等。移动式压模还可采用脱模架等方式脱模,但固定式压缩模一般均借助压机的推出装置驱动模具的推出机构进行脱模。

1. 固定式压缩模的推出机构

固定式压缩模的推出机构有上推出机构和下推出机构。其中下推出机构比较常用,包括推杆、推管、推件板推出机构及二次推出机构。

由于压缩模的下推出机构大多是利用压机顶出机构来实现塑件的机动脱模的,所以设计固定式压缩模下推出机构时,必须了解压机顶出机构与压缩模推出机构的连接方式。

(1)间接连接

图 13-26 所示为压机顶出机构与压缩模推出机构无固定连接的间接连接方式。这种连接方式仅在压机顶出时带动压缩模推出机构推出塑件,当压机顶杆返回时,尾轴 3 与压缩模推板 1 脱离,无法驱动推出机构复位。所以压缩模推出机构需设复位杆,以实现推出机构的复位。尾轴的长度等于塑件推出高度加下模底板和支承钉 2 的高度,尾轴可通过螺纹直接与压缩模推板 1 相连,如图 13-26(a)所示;或者也可通过螺纹与压机顶杆 4 相连。如图 13-26(b)所示。

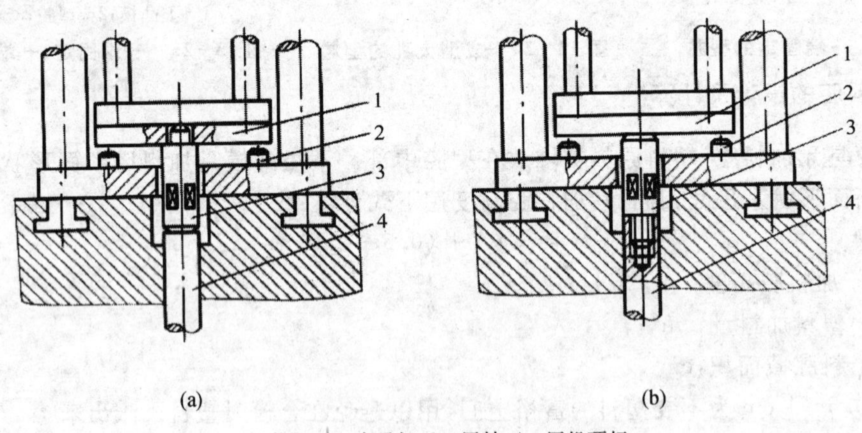

1—推板;2—支承钉;3—尾轴;4—压机顶杆

图 13-26 间接连接结构

(2)直接连接

如图 13-27 所示,压机顶出机构与压缩模推出机构固定连接在一起。这种连接方式使压机顶杆不仅在其上升过程,而且在下降过程均能带动推出机构动作,故压缩模的推出机构不必设计复位机构。图 13－27(a)为利用一端带有螺纹另一端带有轴肩的尾轴将推出机构与压机顶出机构连接的结构；图 13－27(b)为利用头部有环槽的压机顶杆与推出机构连接的结构；图 13－27(c)为利用顶端设有 T 形台肩的尾轴与推出机构连接的结构。

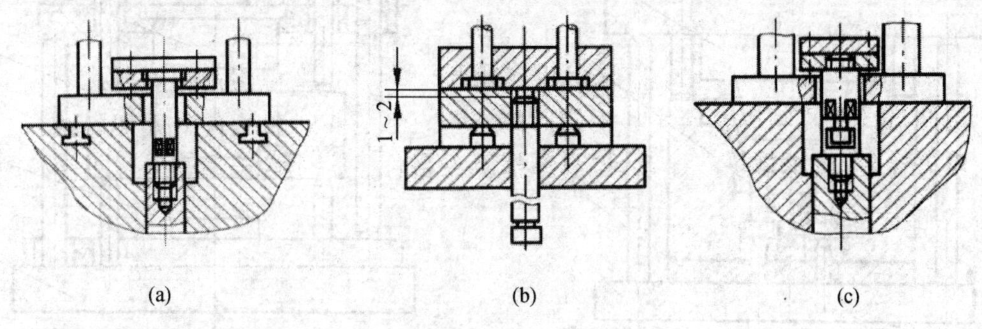

图 13－27 直接连接结构

2. 半固定式压缩模的推出机构

半固定式压缩模分型后，塑件随可移动部分(上模或下模)移出模外，然后用手工或借助脱模工具脱出塑件，如图 13－5 所示。

3. 移动式压缩模推出机构

移动式压缩模不与压机工作台固定连接，当塑件压缩成型后，压缩模整个被移出压机工作台外，利用脱模架打开模具并脱出塑件。脱模架分两大类：一是撞击式，即将压缩模从压机取出后，在撞击脱模架上，利用人工撞击力将模具打开，并手工将塑件从模具中取出，如图 13－4 所示。这种脱模方式脱模架结构简单，但劳动强度大，且脱模力也容易使模具变形和磨损，只适用于小型塑件。另一类是将压缩模放在特制的脱模架上，利用压机的动力对脱模架的作用，将模具打开并推出塑件。这种脱模方式，开模动作平稳，模具不容易变形和磨损，减轻了劳动强度，但生产效率低。下面简单介绍常用的几种典型的利用脱模架的脱模方式。

(1)单分型面压缩模脱模架脱模

如图 13－28 所示，脱模时先将上脱模架 1、下脱模架 6 分别插入模具相应孔内。当压机的活动横梁压到上脱模架或下脱模架时，压机的压力通过上、下脱模架传递给模具，使凸模 2 和凹模 4 分开，同时下脱模架推动推杆 3，推出塑件。

(2)双分型面压缩模脱模架脱模

如图 13－29 所示，脱模时先将上脱模架 1、下脱模架 5 的推杆分别插入模具的相应孔内，压机的活动横梁压到上脱模架或下脱模架上，上、下脱模架上的长推杆使上凸模 2、下凸模 4、凹模 3 三者分开，开模后凹模留在上、下脱模架的短推杆之间，最后从凹模中取出塑件。

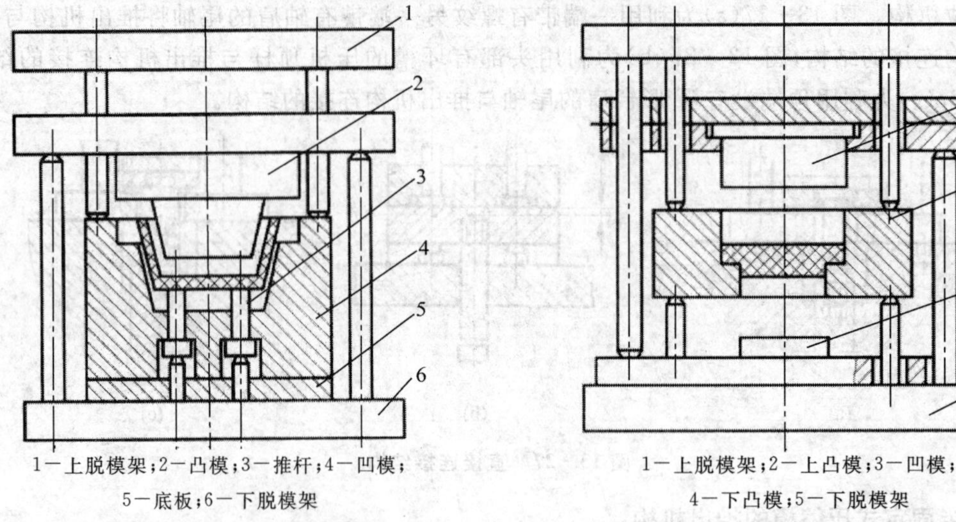

1—上脱模架；2—凸模；3—推杆；4—凹模；

5—底板；6—下脱模架

图 13－28 单分型面压缩模脱模架

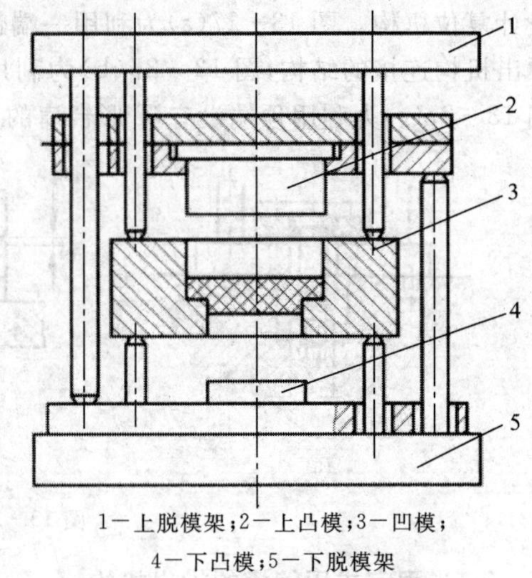

1—上脱模架；2—上凸模；3—凹模；

4—下凸模；5—下脱模架

图 13－29 单分型面压缩模脱模架

13.3.5 侧向分型与抽芯机构

用于压缩模的侧向分型与抽芯机构和注射模的类似，但考虑压缩模中零件受力比较复杂，因此在选用机构的类型时，更要注意可靠性。目前国内广泛使用着各种手动侧向分型抽芯机构，机动侧向分型抽芯机构仅用于大批量生产。下面介绍几种压缩模常用的侧向分型与抽芯机构。

1. 机动侧向分型抽芯

(1)弯销侧向分型与抽芯机构

用于压缩模的弯销侧向分型与抽芯机构，如图 13－30 所示，在图中滑块 7 上有一个侧型芯，在凸模 13 下降到最低位置时，侧型芯向前运动才结束。矩形截面的弯销 10 有足够的刚度，而侧型芯的截面积又不大，因此，可以不设楔紧块，滑块的抽出位置由柱销 5 定位。

(2)斜滑块侧分型机构

当抽芯距离不大或塑件带有环状凹、凸时，可采用斜滑块分型抽芯机构。这种机构比较坚固，抽芯和分型两个动作可以同时进行，需要多面抽芯时，模具结构简单紧凑，但因受到合模高度和分模距离的限制，斜滑块之间的开距不能太大。如图 13－31 所示为常采用的模套导滑式斜滑块分型抽芯机构。其动作原理如下：斜滑块 4 安放在带有导轨的模套 7 中，当推杆 9 推起斜滑块时，斜滑块 4 即开始分离，完成抽芯动作。为了防止斜滑块 4 滑出模套，在斜滑块 4 上开一长槽，并在模套上加限位螺钉 5 予以限位。

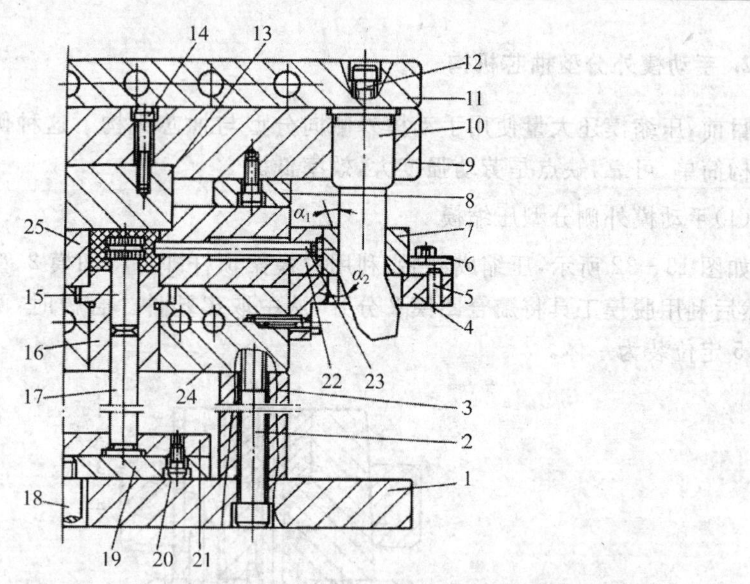

1—下模座；2、12、14、20—螺钉；3—垫块；4—支架；5—柱销；6—压板；7—滑块；8—承压块；9—凸模固定板；10—弯销；11—上模座板；13—凸模；15—嵌件；16—下模镶块；17—推杆；18—尾轴；19—推板；21—推杆固定板；22—侧型芯固定板；23—侧型芯；24—下加热板；25—凹模板

图 13-30　弯销侧向分型与抽芯机构

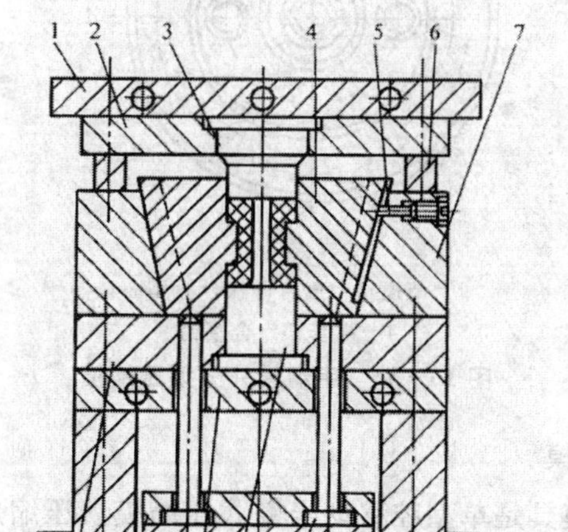

1—上模座板；2—凸模固定板；3—上凸模；4—斜滑块；5—限位螺钉；6—承压板；7—模套；8—支脚；9—推杆；10—下凸模；11—支撑板(加热板)；12—推板；13—推杆安装板；14—凸模固定板

图 13-31　斜滑块分型机构

2. 手动模外分型抽芯机构

目前，压缩模还大量使用手动模外侧向分型与抽芯机构。这种侧向分型与抽芯方式的模具结构简单、可靠，缺点是劳动强度大，效率低。

(1)手动模外侧分型压缩模

如图 13－32 所示，压缩成型后，利用脱模架顶杆即可将凹模 2、型芯 3、模套 4 分成三个部分，然后利用脱模工具将瓣合凹模 2 分开，从中取出塑件。合模时，两分离的瓣合凹模通过合模销 5 定位装为一体。

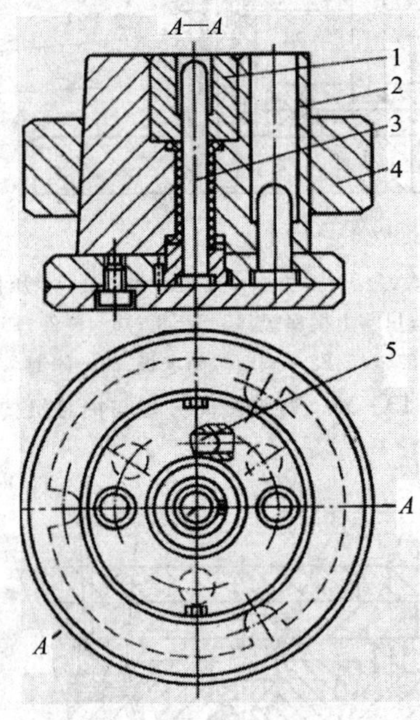

1一凸模；2一瓣合凹模；3一型芯；
4一模套；5一合模销

图 13－32 手动模外分型压缩模

(2)手动模外抽芯压缩模

如图 13－33 所示，该模具是单型腔移动半溢式压缩模。压缩成型后，利用专用扳手拧出侧型芯 3，在机外脱模架上打开上下模，塑件留在凹模 5 内，将塑件连同活动镶块 9 一起脱出，再取出活动镶块，即获得塑件。定位销 18 有两个，一端固定在活动镶块上，而另一端与下凸模 19 间隙配合。

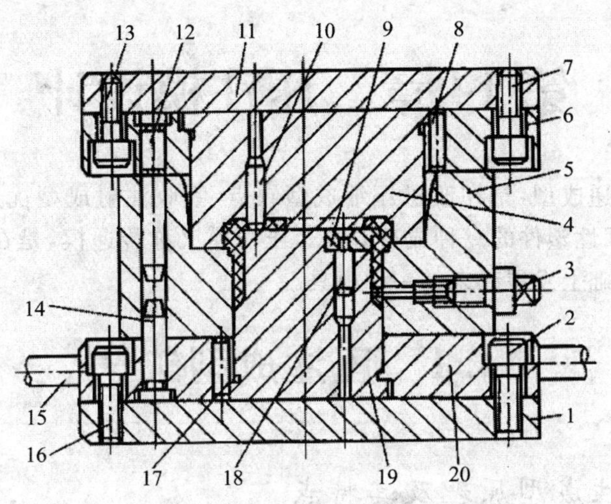

1—下模座板；2、7、13、16—螺钉；3—侧型芯；4—凸模；5—凹模；6、20—固定板；
8、17—销钉；9—活动镶块；10—小型芯；11—上模座板；12—导柱；
14—合模销；15—把手；18—定位销；19—下凸模

图 13-33　手动模外抽芯压缩模

13.3.6　压缩模的加热系统

热固性塑料压缩成型一般在高温、高压下进行，以保证迅速交联固化。因此，模具必须设有加热装置，例如酚醛塑料在 180℃左右成型，氨基塑料在 150℃成型。当压缩热塑性塑料板材（如 RPVC 板）时，既要有加热装置又要有冷却装置，具体设计要求可参照第 9 章进行，此处不再赘述。

思考与练习

13.1　简要说明溢式、半溢式和不溢式压缩模在结构上的主要区别，各有什么优缺点？

13.2　简述压缩模具结构设计要点。

13.3　设计压缩模时，需对压机进行哪些参数校核？

第14章　压注模设计

压注成型又称传递成型，是在改进压缩成型缺点，吸收注射成型优点的基础上发展起来的，主要用于成型热固性塑件的一种成型方法。压注模又称传递模，是在吸收注射模的优点，改进压缩模不足的基础上发展起来的一种模具。

14.1　压注成型工艺

14.1.1　压注成型原理及其特点

1. 压注成型原理

压注成型首先是将固态成型塑料加入压注模的加料腔，如图 14-1(a)所示，使其受热软化，变为粘流态；然后在压力机柱塞作用下，使塑料熔体经过浇注系统充满模具型腔，塑料熔体在型腔内继续受热受压，如图 14-1(b)所示，产生交联反应而固化定型；最后开模取出塑件，如图 14-1(c)所示，清理加料腔和浇注系统后进行下一次成型。

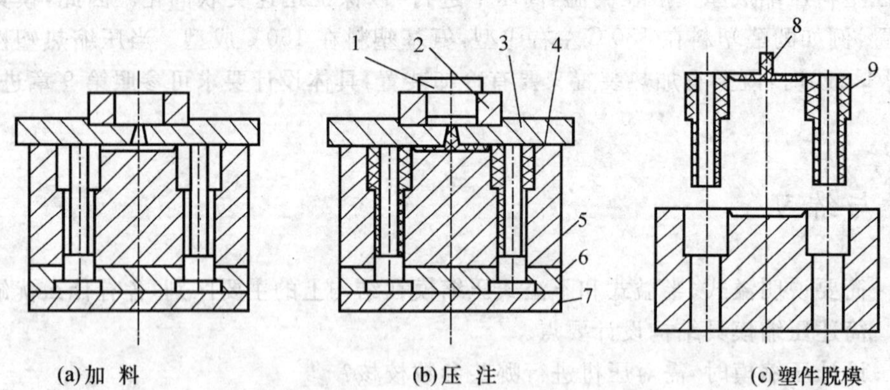

1—压注柱塞(压柱)；2—加料腔；3—上模座；4—凹模；5—凸模；6—凸模固定板；7—下模座；8—浇注系统凝料；9—塑件

图 14-1　压注成型原理图

2. 压注成型特点

与压缩成型相比，压注成型主要有以下优点：

①成型效率高。压注成型时，成型塑料以高速通过浇注系统挤入型腔，在流道内变为薄层与高温的流道壁接触，使塑料升温快而均匀。又由于料流在通过流道窄小部位时产生的摩擦热，使塑料温度进一步提高，所以所需的交联固化时间较短，其固化时间比压缩成型缩短了2/3～4/5。

②塑件性能好。由于塑料受热均匀，塑件各断面硬化均匀、充分，使得塑件的强度、力学性能和电性能得以提高，质量好。

③适于成型带有细小嵌件、较深的孔及形状较复杂的塑件。压注成型时塑料是以熔融状态挤入型腔，因此对型芯、嵌件等产生的挤压力小。可压注成型孔深不大于 10 倍直径的通孔、3 倍直径的盲孔，而压缩成型在与压缩平行的方向上成型的孔深不大于直径的 3 倍，与压缩方向垂直的孔深不大于直径。

④尺寸精度高。压注成型时，塑料熔体是注入闭合的型腔，因此在分型面处塑件的飞边很薄，在合模方向上也能保持较准确的尺寸，压注成型在高度尺寸上比压缩成型塑件的精度要高很多。

压注成型虽然具有上述诸多优点，但也存在以下缺点：

①成型压力比压缩成型高。压注成型压力约为 70～200 MPa，而压缩成型压力仅为 15～35 MPa，而且对塑料的流动性能要求较高。

②工艺条件比压缩成型要求更严格，操作比压缩成型难度大。

③压注模比压缩模结构复杂。为发挥压注成型的优势，压注模的结构一般比压缩模复杂。成型设备除了普通液压机外，还可以采用专用液压机，以满足较高生产要求。

④塑件存在比较严重的取向问题。压注成型容易使塑件产生取向应力和各向异性，特别是成型纤维增强塑料时，塑料大分子的取向与纤维的取向结合在一起，更容易使塑件的各向异性程度提高。

⑤成型后加料腔内总留有一部分余料以及浇注系统中的凝料不能回收，故原料消耗较大。

14.1.2　压注成型工艺

1. 压注成型工艺过程

压注成型的一般工艺过程与压缩成型的基本类似，主要区别在于：压缩成型过程是先加料后闭模，而压注成型则是先闭模后加料。

2. 压注成型工艺参数

压注成型主要工艺参数包括成型压力、成型温度和成型时间，均与塑料品种、模具结构等多种因素有关。

(1)成型压力

成型压力是指压力机通过压注柱塞对加料腔内塑料熔体施加的压力。由于熔体通过浇注系统时有压力损失,故压注时的成型压力一般为压缩时的2～3倍。例如,酚醛塑料粉和氨基塑料粉需要用的成型压力通常为50～80 MPa,最高可达100～200 MPa;有纤维填料的塑料为80～160 MPa;环氧树脂、硅酮等低压封装塑料为2～10 MPa。

(2)模具温度

压注成型的模具温度通常要比压缩成型的温度低15～30 ℃,一般约为130～190 ℃,因为塑料通过浇注系统时能从摩擦中取得一部分热量。加料腔和下模的温度要低一些,而中框的温度要高一些,这样可保证塑料充模顺利而不会出现溢料现象,同时也可以避免塑件出现缺料、起泡、熔接痕等缺陷。

(3)压注周期

压注周期包括加料时间、充模时间、交联固化时间、脱模取塑件时间和清模时间等。压注成型时的充模时间通常为5～50 s,而固化时间取决于塑料品种,塑件的大小、形状、壁厚,预热条件和模具结构等,通常为30～180 s。

压注成型对塑料有一定要求,即在未达到硬化温度以前塑料应具有较大的流动性,而达到硬化温度后,又须具有较快的硬化速度,能符合这种要求的塑料有:酚醛、三聚氰胺甲醛和环氧树脂等塑料。而不饱和聚酯和脲醛塑料因在低温下具有较大的硬化速度,所以不能成型较大的塑件。

表14-1和表14-2列出了酚醛和其他一些热固性塑料压注成型的主要工艺参数。

表14-1 酚醛压注成型的主要工艺参数

模具类型 / 工艺参数	罐式		柱塞式
	未预热	高频预热	高频预热
预热温度/℃	—	100～110	100～110
成型压力/MPa	160	80～100	80～100
充模时间/min	4～5	1～1.5	0.25～0.33
固化时间/min	8	3	3
成型周期/min	12～13	4～4.5	3.5

表 14－2　部分塑料压注成型的主要工艺参数

塑　料	填　料	成型温度/℃	成型压力/MPa	压缩率	成型收缩率/%
环氧双酚A模塑料	玻璃纤维	138～193	7～34	3.0～7.0	0.001～0.008
	矿物填料	121～193	0.7～21	2.0～3.0	0.002～0.001
环氧酚醛模塑料	矿物和玻璃纤维	121～193	1.7～21		0.004～0.008
	矿物和玻璃纤维	190～196	2～17.2	1.5～2.5	0.003～0.006
	玻璃纤维	143～165	17～34	6～7	0.002
三聚氰胺	纤维素	149	55～138	2.1～3.1	0.005～0.15
酚醛	织物和回收料	149～182	13.8～138	1.0～1.5	0.003～0.009
聚酯(BMC、TMC①)	玻璃纤维	138～160		—	0.004～0.005
聚酯(SMC、TMC)	导电护套料②	138～160	1.4～3.4	1.0	0.000 2～0.001
聚酯(BMC)	导电护套料	138～160		—	0.000 5～0.004
醇酸树脂	矿物质	160～182	13.8～138	1.8～2.5	0.003～0.016
聚酰亚胺	50%玻璃纤维	199	20.7～69	—	0.002
脲醛塑料	α-纤维	132～182	13.8～138	2.2～3.0	0.006～0.014

注：①TMC 指粘稠状成型料；

②在聚酯中添加导电性填料和增强材料的电子材料，用于工业用护套料。

14.2　压注模结构及压注成型设备

14.2.1　压注模的类型及典型结构

1. 压注模的类型

按照加料腔的结构特征，压注模可分为活板式、柱塞式和料腔式；按照所用压力机的类型可分为普通压力机用压注模和专用压力机用压注模；按操作方法不同，可分为移动式压注模和固定式压注模；按照推料柱塞位置分类，又可分为上推料式压注模、下推料式压注模和侧推料式压注模。

2. 压注模的典型结构

由于移动式模具结构简单，使用灵活方便，故在小型塑件生产上有着广泛的应用。因篇幅所限，这里仅介绍固定式压注模和移动式压注模的结构。

通常，压注模由压柱、上模、下模 3 部分组成，固定式压注模的上、下模两部分分别与压力机的滑块和工作台面固定连接，压柱固定在上模部分，生产操作均在压力机工作空间内完成，劳动强度低，生产效率高，主要用于塑件批量较大的压注成型生产。压柱对加料腔内的塑料施加成型压力，同时也起合模的作用。图 14－2 所示为典型的固定式压注模结构图，分型面 $A-A$ 用于取出主流道凝料并清理加料腔，分型面 $B-B$ 用于取出塑件和分流道凝料。其工作过程为：开模时，因拉钩 13 的连接，模具首先从 $A-A$ 分型面打开，并迫使主流道凝料和分流道凝料分离。拉杆 11 下端的螺母碰到拉钩并使拉钩摆开，在定距导柱 16 的作用下，$B-B$ 分型面打开。由推出机构推出塑件。

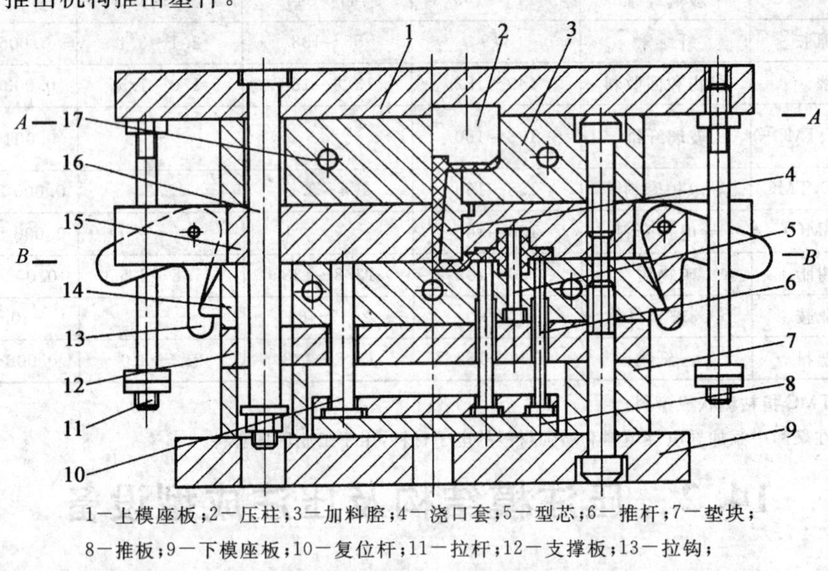

1—上模座板；2—压柱；3—加料腔；4—浇口套；5—型芯；6—推杆；7—垫块；
8—推板；9—下模座板；10—复位杆；11—拉杆；12—支撑板；13—拉钩；
14—下模板；15—上模板；16—定距导柱；17—加热器安装孔

图 14－2　固定式压注模的结构

如图 14－3 为典型的移动式压注模。移动式压注模的上、下模两部分均不与压力机的滑块和工作台面固定连接，这种模具可在任何形式的普通压力机上使用，其加料、合模、开模、脱取塑件等生产操作均可在压力机工作空间之外手动完成，适于批量不大的压注成型生产。

压注模与注射模、压缩模有同样的开合模、侧向分型与抽芯、脱模的动作要求，因此这些机构的结构基本相同，模具的加热方法完全相同，成型零部件的结构、尺寸计算等也基本相同。压注模与压缩模的最大区别在于前者设有单独的加料腔，而后者没有。压注成型与注射成型的不同之处在于压注成型塑料是在模具加料腔内塑化的，而注射成型塑料则是在注射机料筒内塑化的。

3. 压注模的组成

以典型固定式压注模为例，压注模由以下几部分组成：

①成型零部件。用于成型塑件的部分，由凸模、凹模、型芯等组成(如图 14－2 中 5、14 和 15)，分型面的形式及位置选择与注射模、压缩模相似。

②加料腔。移动式压注模的加料腔和模具本体是可分离的，开模前先取下加料腔，然后开模取出塑件。固定式压注模的加料腔是在上模部分。

③浇注系统。多型腔压注模的浇注系统与注射模相似，同样分为主流道、分流道和浇口；单型腔压注模一般只有主流道，与注射模不同的是加料腔底部可开设几个流道同时进入型腔。

④导向机构。与注射模类似，一般由导柱和导柱孔(或导套)组成。在柱塞和加料腔之间，上、下模之间，都应设导向机构。

⑤侧向分型与抽芯机构。压注模的侧向分型抽芯机构的结构和设计要点与压缩模和注射模基本相同。

⑥推出机构。推出机构与注射模类似。如图 14－2 采用了推杆推出机构，由推杆 6、推板 8、复位杆 10 等组成。

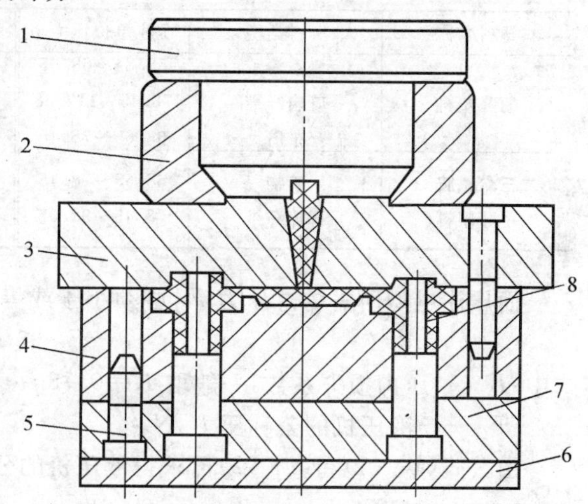

1—柱塞；2—加料腔；3—上模座板；4—凹模；5—导柱；6—下模座板；7—型芯固定板；8—型芯

图 14－3　移动式压注模的结构

⑦加热系统。固定式压注模由压柱、上模、下模 3 部分组成，应分别对这 3 部分加热，在加料腔和型腔周围分别钻有加热孔，插入电加热元件。移动式压注模加热是利用装于压机上的上、下加热板加热的，压注前柱塞、加料腔和压注模都应放在加热板上进行加热。

14.2.2　压注成型设备

塑料压注成型所用的设备是压力机。压力机按其传动方式分为机械式压机和液压机。机械式压机的压力不准确，运动噪声大，容易磨损；液压机能提供大的压力，获得大行程，工作压力可调，设备结构简单，操作方便，工作平稳，使用十分广泛。根据所用压力机的类型和操作方法的不同，压注模可分为普通液压机用压注模和专用液压机用固定式压注模两类。本节主要介绍普通液压机和专用液压机的选择。

1. 普通液压机

在选择普通液压机时，应根据所用塑料的单位压力和加料腔截面积求出压注模所需的成型总压力，即

$$F_{总} = pA \tag{14-1}$$

式中：$F_{总}$——压注成型所需的总压力，N；

p——压注成型所需的单位压力，MPa，可按表 14－3 选取；

A——加料腔的横截面积，mm^2。

表 14－3　压注成型的单位压力 p　　MPa

塑料名称	填料类型	压注单位压力 p	塑料名称	填料类型	压注单位压力 p
酚醛塑料	木粉	58.84～68.65	环氧塑料		3.92～9.81
	玻璃纤维	78.45～117.68	硅酮塑料		3.92～9.81
	布屑	68.65～78.45	脲甲醛塑料		69.65
三聚氰胺甲醛塑料	矿物	68.65～78.45	DAP 塑料		49.03～58.84
	石棉纤维	78.45～98.07			

而压注成型所需的总压力 $F_{总}$ 必须小于或等于液压机的有效压力，即

$$F_{总} \leqslant KF_{公} \tag{14-2}$$

式中：K——压力损失系数，一般取 $K=0.75 \sim 0.90$，根据压机新旧程度而定；

$F_{公}$——液压机的公称压力，N。

由公式(14－1)和(14－2)可求得液压机的公称压力 $F_{公}$

$$F_{公} \geqslant \frac{pA}{K} \tag{14-3}$$

并根据 $F_{公}$ 最后选择液压机的型号。

2. 专用液压机的选择

供压注成型的专用液压机实际上是具有两个液压缸的双压式液压机。其中，主缸供合模使用；辅助缸供压注成型使用。通常，主缸压力设计得比辅助缸压力大，这样可防止合模力不足而引起溢料现象。

(1)辅助缸压力的校核

在选择专用液压机时，压注成型所需的总压力应小于或等于液压机辅助缸的有效压力，即

$$pA \leqslant KF_{辅} \tag{14-4}$$

式中：$F_{辅}$——液压机辅助缸的公称压力，N。

(2)主缸压力的校核

为了使型腔内熔融塑料的压力不至于顶开分型面，所需的合模力应小于或等于液压机主缸的有效压力，即

$$pA \leqslant KF_{主}$$

故

$$F_{主} \geqslant \frac{pA_{主}}{K} \tag{14-5}$$

式中：$F_{主}$——液压机主缸的公称压力，N；

$A_{型}$——型腔与浇注系统在水平分型面上投影面积之和，mm^2。

14.3　压注模的结构设计

14.3.1　压注模加料腔的设计

压注模与注射模不同之处在于它有加料腔。压注成型之前塑料必须先加入到加料腔内，进行预热、加压，才能压注成型。由于压注模的结构不同，所以加料腔的形式也不相同。加料腔断面形状常见的有圆形和矩形，应由塑件断面形状决定，例如圆形塑件采用圆形断面加料腔。多腔模具的加料腔断面，一般应尽可能盖住所有模具的型腔，因而常采用矩形断面。

1. 固定式压注模加料腔

固定式压注模的加料腔与上模连成一体，在加料腔底部开设一个或数个流道通向型腔，如图 14－2 所示。

2. 移动式压注模加料腔

移动式压注模加料腔可单独取下，并有一定的通用性。如图 14－4 所示，为无定位的加料腔，这种结构的上模下表面和加料腔上表面均为平面，制造简单，清理方便，使用时目测加料腔基本在模具中心即可。如图 14－4(a)所示，加料腔底部为一带有 40°～45°角的台阶，其作用在于当压柱向加料腔内的塑料加压时，压力也作用在台阶上，将加料腔紧紧地压在模具的模板上，从而避免塑料从加料腔的底部溢出。图 14－4(b)中加料腔下部直接开设浇注系统。

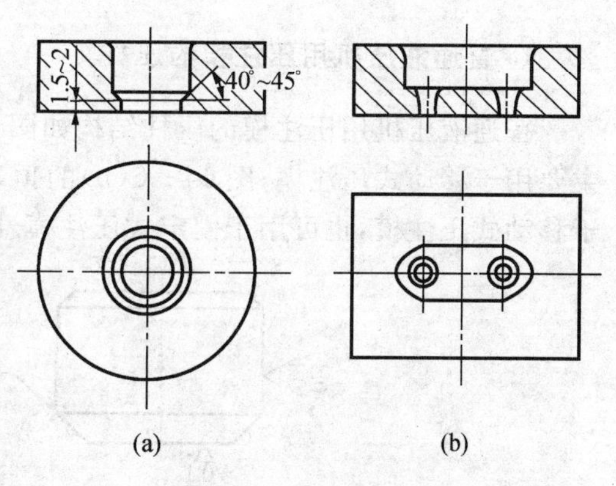

图 14－4　移动式压注模加料腔的结构

加料腔在模具上的定位方式如图 14－5 所示。图 14－5(a)为导柱定位加料腔，这种结构中，导柱既可固定在加料腔也可固定在下模(图中固定在加料腔)，其间隙配合一端应采用较大间隙，这种结构的缺点是拆卸和清理不太方便；图 14－5(b)采用 4 个圆销定位，这种结构加工及使用都较方便；图 14－5(c)采用加料腔内部锥面定位，这种结构可以减少溢料的可能性，因此得到广泛的应用。

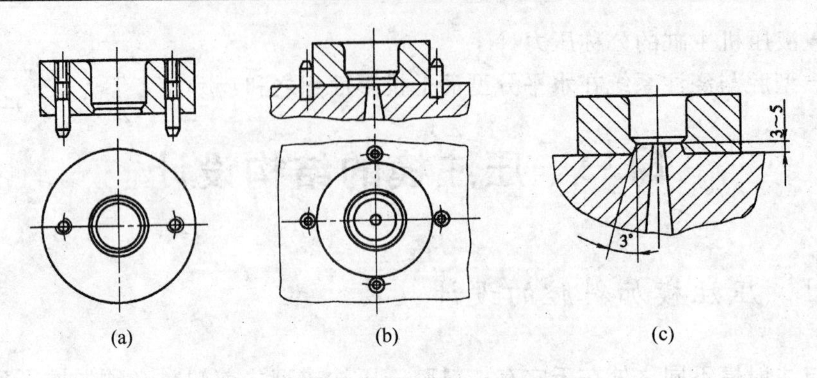

图 14-5 移动式压注模加料腔的定位

加料腔的材料一般选用 T10、CrWMn、Cr12 等，热处理硬度为 52～56HRC。加料腔内最好镀铬且抛光至 $R_a=0.4\ \mu m$ 或 $0.4\ \mu m$ 以下。

14.3.2 压柱的设计

压柱又称压料柱，其作用是给加料腔内的熔融塑料加压使其经浇注系统充入型腔。

1. 普通液压机用压注模的压柱

普通液压机用压注模的压柱结构如图 14-6 所示。图 14-6(a)不带凸缘，加工简便省料，主要用于移动式压注模；图 14-6(b)的顶端增加凸缘之后，承压面积大，工作较平稳，既可用于移动式压注模，也可用于固定式压注模，图 14-6(c)、(d)主要用于固定式压注模。

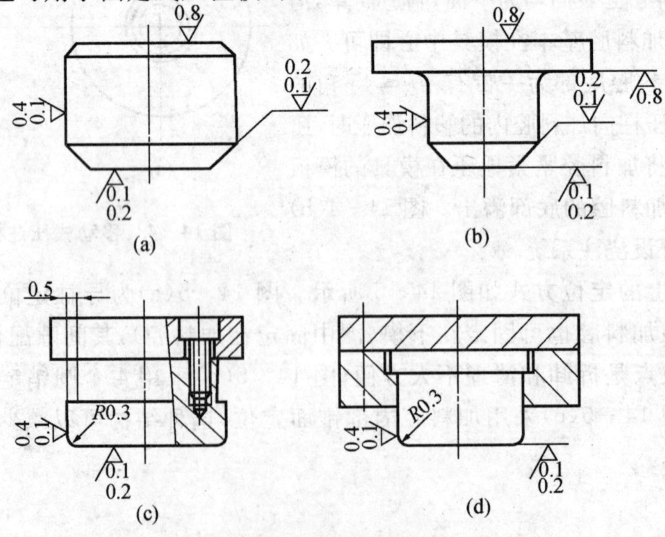

图 14-6 普通液压机用压注模的压柱

2. 专用液压机用压注模的压柱

专用液压机用压注模的压柱结构如图 14－7 所示，压柱顶端带有螺纹，直接拧在专用液压机辅助缸的活塞上。其中图 14－7(b)所示压柱的底面开有球形凹面，以使料流集中，减少加压时朝侧向间隙溢料的倾向。另外，该压柱的侧面还可开设环形沟槽，沟槽可以收集侧向间隙溢料，溢料在沟槽中固化后，可起活塞环的作用，从而阻止塑料熔体从侧向间隙进一步溢出。

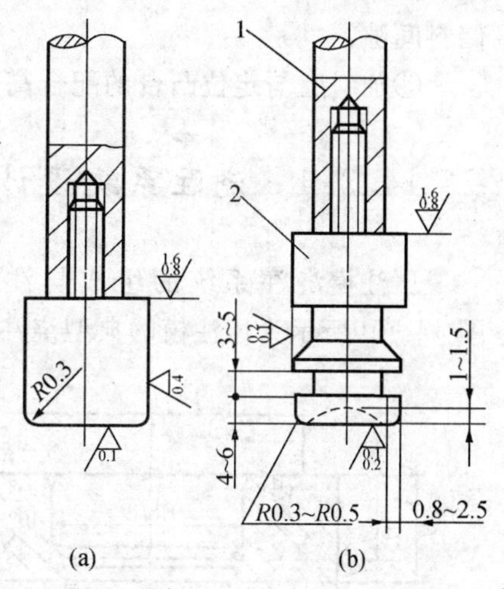

1－辅助缸活塞杆；2－压柱

图 14－7 专用液压机用压注模的压柱

3. 压柱的头部拉料结构

如图 14－8 所示，压柱头部开有楔形沟槽的结构，其作用是为了拉出主流道凝料。图 14－8(a)用于直径较小的压柱；图 14－8(b)用于直径大于 75 mm 的压柱；图 14－8(c)用于拉出几个主流道凝料的场合。

压柱是承受压力的主要零件，压柱材料和热处理要求与加料腔相同。

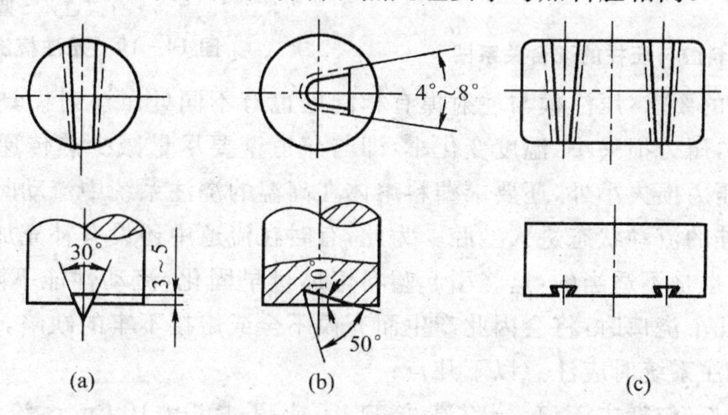

图 14－8 压柱的头部拉料结构

14.3.3 加料腔与压柱的配合

加料腔与压柱的配合关系如图 14－9 所示，具体原则为：

①加料腔与压柱的配合通常为 H8/f9、H9/f9 或采用 0.05～0.1 mm 的单边间隙。若为带环槽的压柱，间隙可更大些。

②压柱的高度 H_1 应比加料腔的高度 H 小 0.5～1 mm，底部转角处应留 0.3～0.5 mm 的

储料间隙。

③加料腔与定位凸台的配合高度之差为 0～0.1 mm，加料腔底部倾角 α＝40°～50°。

14.3.4 浇注系统设计

压注模浇注系统的组成与注射模相似，各组成部分的作用也与注射模相类似。如图 14－10所示为压注模的典型浇注系统。

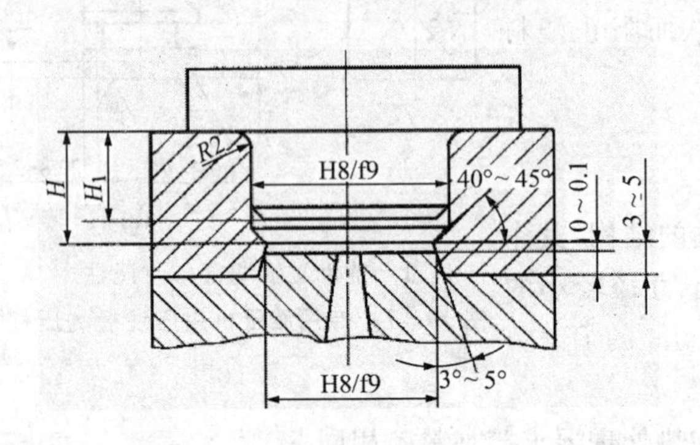

图 14－9 加料腔与压柱的配合关系图

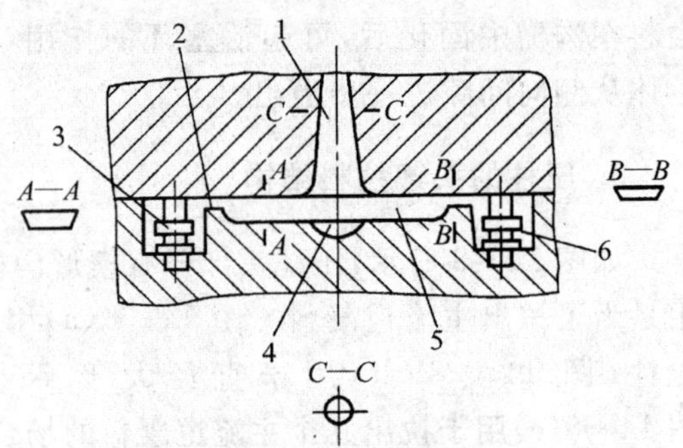

1－主流道；2－浇口；3－嵌件；4－反料槽；5－分流道；6－型腔

图 14－10 压注模浇注系统

对于浇注系统的要求，压注模与注射模有相同处也有不同处。注射模具要求塑料熔体在浇注系统中流动时，压力损失小，温度变化小，即与流道壁要尽量减少热传递。但对压注模来说，除要求流动时压力损失小外，还要求塑料熔体在高温的浇注系统中流动时进一步塑化和提高温度，使其以最佳的流动状态进入型腔。为此，有时在流道中还设有补充加热器。但流道对塑料熔体过分加热也是不适当的，这将引起塑料熔体过早固化，流动性能下降，特别当流程较长，或一个塑件有几个浇口时，将会因此产生而充模不全或熔接不牢的缺陷。

设计压注模浇注系统时应注意以下几点：

①浇注系统总长(包括主流道、分流道、浇口)不应超过 60～100 mm，流道应平直圆滑、尽量避免弯折(尤其对增强塑料更为重要)，以保证塑料熔体尽快充满型腔。

②主流道尽量分布在模具的压力中心。

③分流道截面形状宜取在相等截面积时周边为最长的形状，以有利于模具加热塑料，增大摩擦热，提高料温。梯形是较常用的截面形状。

④浇口形状及位置应便于去除浇口，并不损伤塑件表面美观，修正方便。

⑤主流道末端宜设反料槽，以利于塑料熔体流动。

⑥浇注系统中有拼合面者必须防止溢料，以免取出浇注系统凝料困难。

1. 主流道的设计

在压注模中，常见的主流道结构如图 14－11 所示。

图 14－11(a)所示为正圆锥形主流道，其大端与分流道相连，常用于多型腔压注模，有时也设计成直接浇口的形式，用于流动性较差的塑料的单型腔模具。主流道有 6°～10°的锥度，与分流道的连接处应有半径为 3 mm 以上的圆弧过渡。图 14－11(b)所示为倒锥形主流道。这种主流道大多用于固定式罐式压注模，与端面带楔形槽的压柱配合使用。开模时，主流道连同加料腔中的残余废料由压柱带出。这种流道既可用于多型腔模具，又可使其直接与塑件相连用于单型腔模具或同一塑件有几个浇口的模具。这种主流道尤其适用于以碎布、长纤维等为填料时塑件的成型。图 14－11(c)所示为带分流锥的主流道，它主要用于塑件较大，型腔距模具中心较远或主流道过长的场合。分流锥的形状及尺寸按塑件尺寸及型腔分布而定。型腔沿圆周分布时，分流锥可采用圆锥形；当型腔两排并列时，分流锥可做成矩形截锥状。分流锥与流道间隙一般取 1～1.5 mm。流道可以沿分流锥整个表面分布，也可在分流锥上开槽。

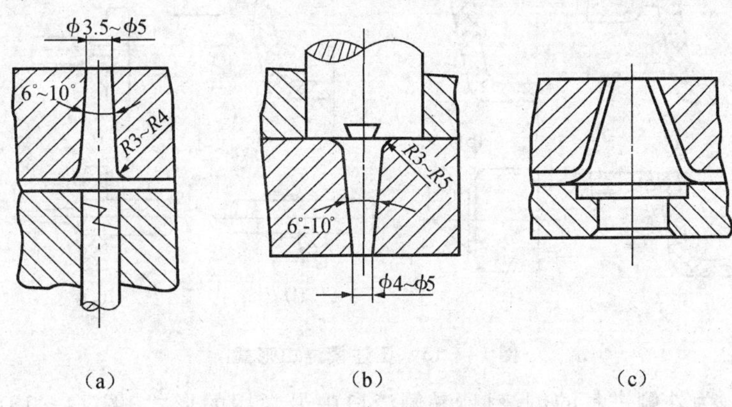

图 14－11　压注模主流道

需要指出的是，当正圆锥形或倒圆锥形主流道穿过多块模板时，应使用主流道衬套。主流道衬套的结构设计可以参考注射模浇口套的设计。主流道衬套顶面应低于加料腔的底面0.1～0.4 mm。

2. 分流道的设计

为了达到较好的传热效果，分流道一般都比较浅而宽，但若过浅，会使塑料受热而过早硬化，降低其流动性。一般小型塑件分流道深度取 2～4 mm，大型塑件深度取 4～6 mm，最浅应不小于 2 mm。最常采用梯形断面的分流道，其尺寸如图 14－12 所示，梯形每边应有 5°～15°的斜角；也有半圆形分流道的，其半径可取 3～4 mm。以上两种截面加工容易、受热面积大，但隅角部容易过早交联固

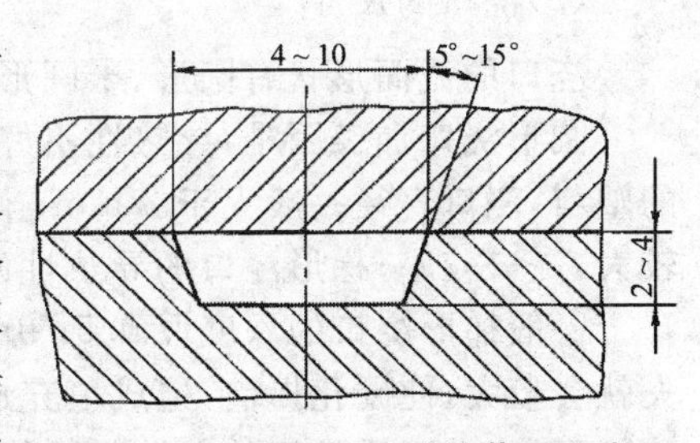

图 14－12　梯形分流道的截面形式

化。圆形截面的分流道为最合理的截面,流动阻力小,但加工较困难。

3. 浇口的设计

浇口是浇注系统中的重要组成部分,它与型腔直接相连,其位置形状及尺寸大小直接影响熔体的流速及流态,对塑件质量、外观及浇注系统的去除都有直接影响,因此,浇口设计应根据塑料特性、塑件形状及要求和模具结构等因素来考虑。

(1)浇口的形式

压注模的浇口形式与注射模的浇口形式基本相同,可以参照注射模的浇口进行设计。由于热固性塑料的流动性较差,所以设计压注模浇口时,其浇口应取较大的截面尺寸。

常见的压注模的浇口形式有圆形点浇口、侧浇口、扇形浇口、环形浇口以及轮辐式浇口等。如图 14－13 所示。

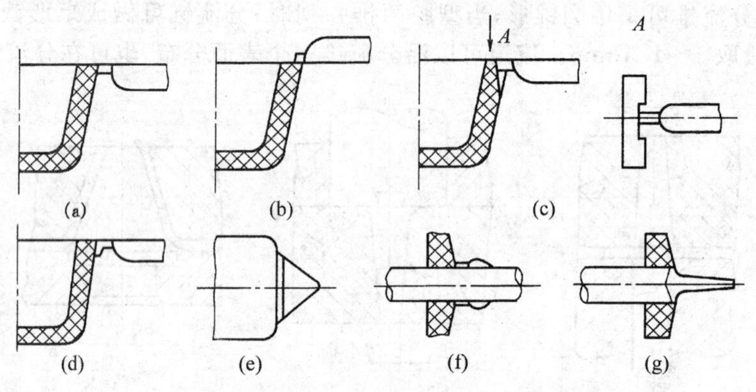

图 14－13 压注模浇口形式

图 14－13(a)为外侧进料的侧浇口,是侧浇口中最常用的形式;图 14－13(b)所示的塑件外表面不允许有浇口痕迹,所以用端面进料;图 14－13(c)所示的结构可保证浇口折断后,断痕不会伸出表面,不影响装配,可降低修浇口的费用;如果塑件用碎布或长纤维做填料,侧浇口应设在附加于侧壁的凸台上,这样在去除浇口时就不会损坏塑件表面,如图 14－13(d)所示;对于宽度较大的塑件可用扇形浇口,如图 14－13(e)所示;图 14－13(f)、(g)为环形浇口。

(2)浇口的尺寸

浇口的截面形状有圆形、半圆形及梯形等 3 种形式。

圆形浇口加工困难,导热性不好,去除浇口时不方便,因此圆形浇口只适用于流动性较差的塑料,浇口直径一般大于 3 mm;半圆形浇口的导热性比圆形好,机械加工方便,但流动阻力较大,浇口较厚;梯形浇口的导热性好,机械加工方便,是最常用的浇口形式。

一般梯形浇口的深度取 0.5～0.7 mm,宽度不大于 8 mm。如果浇口过薄、太小,压力损失就会较大,使硬化提前,造成填充成型性不好;如果浇口过厚、过大会造成流速降低,易产生熔接不良、表面质量不佳等缺陷并使去除浇注系统凝料困难。

浇口尺寸应按塑料性能、塑件形状、尺寸之壁厚和浇口形式以及流程等因素，根据经验来确定。实际设计时一般应取较小值，经试模后再修正到适当尺寸。

常用梯形截面浇口尺寸如表 14－4 所列。

表 14－4　梯形截面浇口尺寸

浇口截面积/mm^2	宽×厚/(mm×mm)	浇口截面积/mm^2	宽×厚/(mm×mm)
≤2.5	5×0.5	＞7.0～8.0	8×1
＞2.5～3.5	5×0.7	＞8.0～10.0	10×1
＞3.5～5.0	7×0.7	＞10.0～15.0	10×1.5
＞5.0～7.0	6×1	＞15.0～20.0	10×2

(3)浇口位置的选择

压注模浇口位置和数量的选择应遵循以下原则：

①由于热固性塑料流动性较差，故浇口开设位置应有利于流动，一般浇口开设在塑件壁厚最大处，以减少流动阻力，并有助于补缩。

②浇口的开设位置应避开塑件的重要表面，以不影响塑件的使用、外观，同时应使塑料熔体在型腔内流动平稳，否则会卷入空气形成塑件缺陷。

③热固性塑料在型腔内的最大流动距离应尽可能限制在 100 mm 内，对大型塑件应多开设几个浇口以减小流动距离。这时浇口间距应不大于 120～140 mm，否则在两股料流汇合处，由于塑料硬化而降低熔接强度。

④压注成型长纤维做填充剂的塑料时，可能产生比注射成型更严重的取向问题，故应注意浇口位置。例如对于长条形塑件，当浇口开设在长条中点时会引起长条弯曲，而改在端部进料较好。圆筒形塑件单边进料易引起塑件变形，改为环形浇口较好。

4. 溢料槽和排气槽的设计

(1)溢料槽

成型时为防止产生熔接痕或使多余料溢出，以避免嵌件及模具配合中渗入更多塑料，有时需要在产生熔接痕的地方及其他位置开设溢料槽。

溢料槽尺寸应适当，过大则溢料多，使塑件组织疏松或缺料，过小时溢料不足，最适宜的时机应为塑料经保压一段时间后才开始将料溢出，一般溢料槽宽取 3～4 mm，深 0.1～0.2 mm。溢料槽多数情况下设在分型面上，一般试模后才确定开设与否。开设时应先取薄，边试模后边修正。

(2)排气槽

压注成型时，需要及时排出型腔内的气体，包括型腔内原有的空气和塑料受热后挥发的气体以及塑料固化时产生的气体，因此，不能仅依靠分型面和推杆的间隙排气，还需开设排气槽。

压注成型时从排气槽中不仅逸出气体，还可能溢出少量前锋冷料，因此需要附加工序去除，但这样有利于提高排气槽附近熔接痕的强度。

排气槽的截面形状一般为矩形或梯形。对于中小型塑件，分型面上排气槽的深度可取0.04～0.13 mm，宽度可取3.2～6.4 mm，视塑件体积和排气槽数量而定，排气槽推荐尺寸如表14－5所列。

表14－5 排气槽截面积推荐尺寸

排气槽截面积/mm^2	排气槽截面尺寸，槽宽×槽深/(mm×mm)
≤0.2	5×0.04
＞0.2～0.4	5×0.08
＞0.4～0.6	6×0.10
＞0.6～0.8	8×0.10
＞0.8～1.0	10×0.10
＞1.0～1.5	10×0.15
＞1.5～2.0	10×0.20

排气槽位置可按以下原则确定：

①排气槽应开在远离浇口的末端即气体最终聚集处。

②靠近嵌件或壁厚最薄处。因为这里最容易形成熔接痕，熔接痕处应排尽气体和排除部分冷料。

③最好开设在分型面上。因为分型面上排气槽产生的溢边很容易随塑件脱出。

④模具上的活动型芯或顶杆，其配合间隙都可用来排气。应在每次成型后清除溢入间隙的塑料，以保持排气畅通。

应注意，采用排气槽排气时，每次成型后均应清除排气槽中的溢料，防止溢料堵塞排气槽，确保下次成型时排气顺畅。

思考与练习

14.1 比较压注成型、压缩成型和注射成型的异同点。

14.2 比较压注模、压缩模和注射模在结构上的不同之处。

14.3 移动式压注模与固定式压注模在结构上的主要区别是什么？

14.4 压注模的浇注系统设计与注射模浇注系统有何不同？设计时应注意哪些问题？

第15章 挤出模设计

15.1 概 述

挤出模又称挤出机头、模头。挤出成型又称挤出模塑，是利用挤出机料筒内的螺杆旋转加压的方式，连续将塑化好的呈熔融状态的物料从料筒中挤出，通过特定截面形状的机头口模成型，并借助于牵引装置将挤出的塑件均匀拉出，同时冷却定型，获得截面形状一致的连续型材。挤出成型适用于成型塑料的管材、棒材、异形截面型材等连续型材、中空塑件以及单丝、电缆包层、薄膜等的挤出加工，还可以对塑料进行塑化、混合、造粒、脱水及喂料等准备工序或半成品加工。

15.1.1 挤出成型原理及工艺过程

1. 挤出成型原理及特点

在热塑性塑料成型中挤出成型是一种用途广泛、所占比例很大的加工方法。

现以管材的挤出为例介绍热塑性塑料的挤出成型原理。如图15-1所示，首先将颗粒状或粉状的塑料加入挤出机料筒内，在旋转的挤出机螺杆的作用下，加热的塑料沿螺杆的螺旋槽向前方输送。在此过程中，塑料不断地接受外加热和螺杆与塑料之间、塑料与塑料之间及塑料与料筒之间的剪切摩擦热，逐渐熔融呈粘流态，然后在挤出系统的作用下，塑料熔体通过具有一定形状的挤出模具(机头)口模以及一系列辅助装置(定型、冷却、牵引和切割等装置)，从而获得截面形状一定的塑料型材。

这种成型方法有以下特点：

①连续成型，产量大，生产率高，成本低，经济效益显著。

②塑件的几何形状简单，横截面形状不变，因此模具结构比较简单，制造维修方便。

③塑件内部组织均衡紧密，尺寸比较稳定准确。

④适应性强。除氟塑料外，所有的热塑性塑料都可采用挤出成型，部分热固性塑料也可采用挤出成型。变更机头口模，产品的断面形状和尺寸相应改变，这样就能生产出不同规格的各种塑件。

⑤挤出成型所用的设备为挤出机，设备结构简单，操作方便，应用广泛。

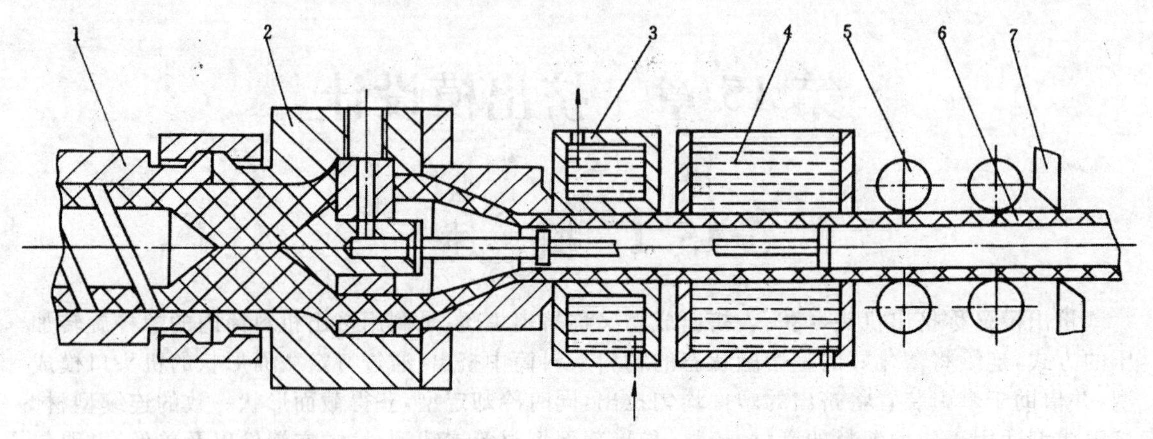

1—挤出机料筒；2—机头；3—定径装置；4—冷却装置；5—牵引装置；6—塑料管；7—切割装置

图 15－1　挤出成型原理示意图

2. 挤出成型工艺过程

热塑性塑料的挤出成型工艺过程可分为塑化阶段、挤出成型阶段、冷却定型阶段和塑件的牵引、卷取和切割 4 个阶段。

(1)塑化阶段

经过干燥处理的塑料原料由挤出机料斗加入料筒后，在料筒温度和螺杆旋转、压实及混合作用下塑化。

(2)挤出成型阶段

均匀塑化的塑料熔体随螺杆的旋转向料筒前端移动，在螺杆的旋转挤压作用下，通过一定形状的口模而得到截面形状与口模一致的连续型材。

(3)冷却定型阶段

通过适当的处理方法，如定径处理、冷却处理等，使已挤出的塑料连续型材固化为断面形状、尺寸一定的塑件。

大多数情况下，定型和冷却是同时完成的，只有在挤出各种棒料和管材时，才有一个独立的定径过程，而挤出薄膜、单丝等无需定型，仅通过冷却即可。挤出板材与片材，可通过一对压辊压平，也有定型与冷却作用。管材的定型方法可用定径套、定径环和定径板等，也有采用能通水冷却的特殊口模来定径的。不论采用哪种方法，都是使管材内外形成压力差，使其紧贴在定径套上而冷却定型。冷却一般采用空气冷却或水冷却，冷却速度对塑件性能有很大影响。硬质塑料(如聚苯乙烯、低密度聚乙烯和硬聚氯乙烯等)不能冷却得过快，否则容易造成残余内应力，并影响塑件的外观质量；软质或结晶型塑料则要求成型后及时冷却，以免塑件变形。

(4)塑件的牵引、卷取和切割

塑件自口模挤出后，一般都会因压力突然解除而发生离模膨胀现象，而冷却后又会发生收缩现象，从而使塑件的尺寸和形状发生改变。此外，由于塑件被连续不断地挤出，自重越来越大，如果不加以引导，会造成塑件停滞，使其不能顺利挤出。因此，在冷却的同时，要连续均匀地将塑件引出，这就是牵引。

牵引过程由挤出机辅机之一的牵引装置来完成。牵引速度要与挤出速率相适应，一般是牵引速度略大于挤出速度，以便消除塑件尺寸的变化值，同时对塑件进行适当的拉伸可提高其质量。不同的塑件牵引速度不同。通常，薄膜和单丝的牵引速度可以快些，其原因是牵引速度大，塑件的厚度和直径减小，纵向抗断裂强度增高，扯断伸长率降低。对于挤出硬质塑件，牵引速度则不能大，通常需将牵引速度规定在一定范围内，并且要十分均匀，不然就会影响塑件的尺寸均匀性和力学性能。

通过牵引的塑件可根据使用要求在切割装置上裁剪(如棒、管、板和片等)，或在卷取装置上绕制成卷(如薄膜、单丝和电线电缆等)。此外，某些塑件，如薄膜等有时还需要进行后处理，以提高尺寸稳定性。

15.1.2　挤出成型的主要工艺参数

挤出成型的主要工艺参数包括温度、压力、挤出速度和牵引速度等，下面分别进行讨论。

1. 温　度

温度是挤出成型得以顺利进行的重要条件之一。从粉状或粒状的塑料原料开始，到高温塑件从机头挤出，经历了一个复杂的温度变化过程。严格来讲，挤出成型温度应指塑料熔体的温度，但该温度却在很大程度上取决于料筒和螺杆的温度，一小部分来自料筒中混合时产生的摩擦热，所以经常用料筒温度近似表示成型温度。

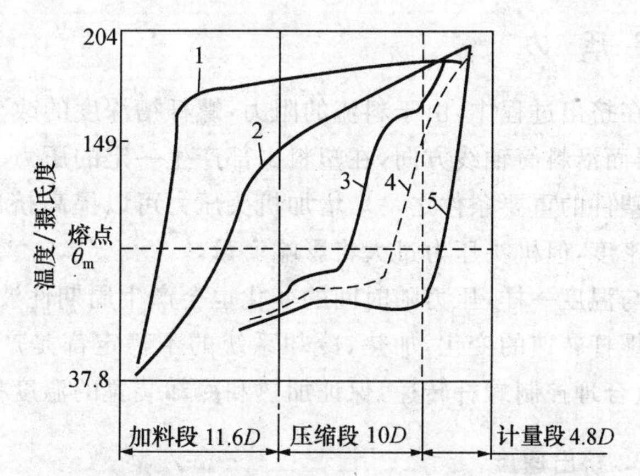

1—料筒温度曲线；2—螺杆温度曲线；3—塑料熔体最高温度曲线；4—塑料熔体平均温度曲线；5—塑料熔体最低温度曲线

图 15-2　聚乙烯挤出成型温度曲线

图 15-2 所示为聚乙烯挤出成型温度曲线，图中 D 为挤出机螺杆外径。由图可知，料筒和塑料温度在螺杆各段是有差异的，为了使塑料在料筒中输送、熔融、均化和挤出的过程顺利进行，以便高效率地生产高质量塑件，关键问题是控制好料筒各段温度，而料筒各段温度的调节是靠挤出机的加热冷却系统和温度控制系统来实现的。

机头温度必须控制在塑料热分解温度以下，口模处的温度可比机头温度稍低一些，但应保证塑料熔体具有良好的流动性。

此外，成型过程中温度的波动和温差，会使塑件产生残余应力、各点强度不均匀和表面灰暗无光泽等缺陷。产生这种波动和温差的因素很多，如加热、冷却系统不稳定，螺杆转速变化等，但以螺杆设计和选用的好坏影响最大。表 15－1 所列是几种常见塑料挤出成型管材、片材和板材及薄膜等的温度参数，供设计时参考。

表 15－1 热塑性塑料挤出成型时的温度参数

塑料名称	挤出温度/℃				原料中水分控制/%
	加料段	压缩段	均化段	机头及口模段	
丙烯酸类聚合物	室温	100～170	～200	175～210	≤0.025
醋酸纤维素	室温	110～130	～150	175～190	<0.5
聚酰胺(PA)	室温～90	140～180	～270	180～270	<0.3
聚乙烯(PE)	室温	90～140	～180	160～200	<0.3
硬聚氯乙烯(HPVC)	室温～60	120～170	～180	170～190	<0.2
软聚氯乙烯及氯乙烯共聚物	室温	80～120	～140	140～190	<0.2
聚苯乙烯(PS)	室温～100	130～170	～220	180～245	<0.1

2. 压　力

在挤出过程中，由于料流的阻力，螺杆槽深度的改变，以及过滤网、过滤板和口模等产生阻碍，因而沿料筒轴线方向，在塑料内部产生一定的压力。这种压力是塑料变为均匀熔体并得到致密塑件的重要条件之一。增加机头压力可以提高挤出熔体的混合均匀性和稳定性，提高塑件致密度，但机头压力过大将影响产量。

与温度一样，压力随时间的变化也会产生周期性波动，这种波动对塑件质量同样有不利影响。螺杆转速的变化，加热、冷却系统的不稳定都是产生压力波动的原因。为了减少压力波动，应合理控制螺杆转速，保证加热和冷却装置的温度控制精度。

3. 挤出速度

挤出速度亦称挤出速率，用单位时间内挤出机头挤出的塑料质量(单位为 kg/h)或长度(单位为 m/min)来表示。挤出速度的大小表征着挤出产生能力的高低。

影响挤出速度的因素很多，如机头、螺杆和料筒的结构、螺杆转速、加热冷却系统结构和塑料的性能等。理论和实践都证明，挤出速度随螺杆直径、螺槽深度、均化段长度和螺杆转速的增大而增大，随螺杆末端熔体压力和螺杆与料筒间隙增大而增大。在挤出机的结构和塑料品种及塑件类型已确定的情况下，挤出速度仅与螺杆转速有关，因此，调整螺杆转速是控制挤出速度的主要措施。

挤出速度在生产过程中也存在波动现象，这将影响塑件的几何形状和尺寸精度。因此，除了正确确定螺杆结构和尺寸参数之外，还应严格控制螺杆转速，严格控制挤出温度，防止因温度改变而引起挤出压力和熔体粘度变化，从而导致挤出速度的波动。

4. 牵引速度

挤出成型主要生产连续的塑件，因此必须设置牵引装置。从机头和口模中挤出的塑件，在牵引力作用下将会发生拉伸取向。拉伸取向程度越高，塑件沿取向方向的抗拉强度也越大，但冷却后长度收缩也越大。通常，牵引速度可与挤出速度相当或略大于挤出速度。牵引速度与挤出速度的比值称牵引比，其值必须大于 1。表 15－2 所列为几种塑料管材的挤出成型工艺参数。

表 15－2　几种塑料管材的挤出成型工艺参数

塑料管材工艺参数		硬聚氯乙烯（HPVC）	软聚氯乙烯（LPVC）	低密度聚乙烯（LDPE）	ABS	聚酰胺－1010（PA－1010）	聚碳酸酯（PC）
管材外径/mm		95	31	24	32.5	31.3	32.8
管材内径/mm		85	25	19	25.5	25	25.5
管材厚度/mm		5±1	3	2±1	3±1	—	—
机筒温度/℃	后段	80～100	90～100	90～100	160～165	200～250	200～240
	中段	140～150	120～130	110～120	170～175	260～270	240～250
	前段	160～170	130～140	120～130	175～180	260～280	230～255
机头温度/℃		160～170	150～160	130～135	175～180	220～240	200～220
口模温度/℃		160～180	170～180	130～140	190～195	200～210	200～210
螺杆转速/$(r \cdot min^{-1})$		12	20	16	10.5	15	10.5
口模内径/mm		90.7	32	24.5	33	44.8	33
芯模内径/mm		79.7	25	19.1	26	38.5	26
稳流定型段长度/mm		120	60	60	50	45	87
牵引比		1.04	1.2	1.1	1.02	1.5	0.97
真空定径套内径/mm		96.5	—	25	33	31.7	33
定径套长度/mm		300	—	160	250	—	250
定径套与口模间距/mm		—	—	—	25	20	20

15.1.3 挤出模的结构组成及分类

挤出模的作用是：使熔融的塑料由螺旋运动变成直线运动；使塑料经过机头而进行进一步的塑化；产生足够的成型压力，使塑件密实；使塑件具有一定的截面形状和尺寸。

1. 挤出模的结构组成

挤出模主要由两部分组成，即机头和定型装置（如图 15-3 中的定径套）。由于挤出成型的塑件的截面形状各种各样，机头可分为挤出管材的管机头，挤出棒材的棒机头，挤出片材的片机头，吹塑薄膜的吹塑薄膜机头等，但机头的组成基本是一样的。下面以图 15-3 所示的典型的管材挤出成型机头为例，介绍机头的结构组成。

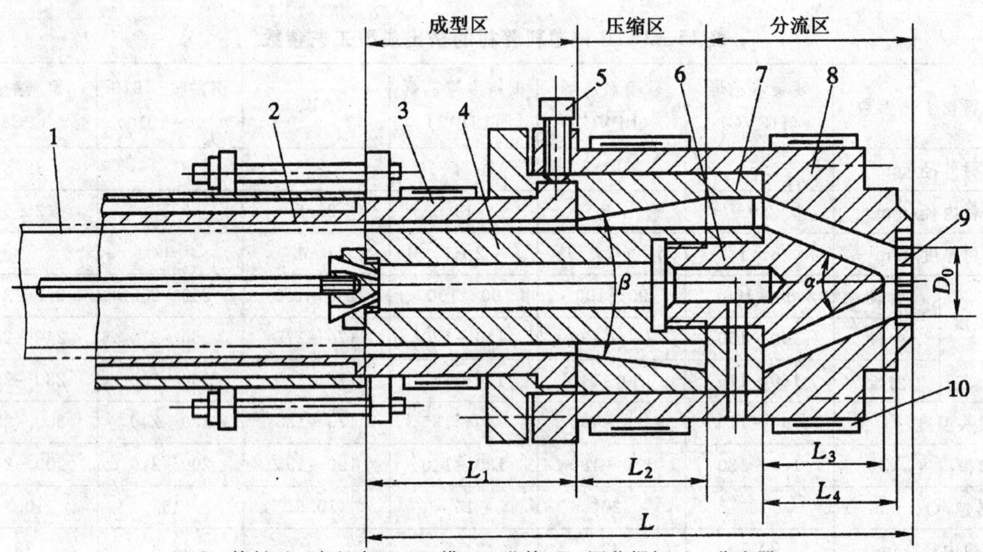

1—管材；2—定径套；3—口模；4—芯棒；5—调节螺钉；6—分流器；
7—分流器支架；8—机头体；9—过滤板；10—电加热圈

图 15-3 管材挤出成型机头

挤出机头主要零件如图 15-3 所示，各零件的作用如下：

①口模 3 和芯棒 4 是成型塑件截面形状的成型零件。其中口模成型塑件的外表面，芯棒成型塑件的内表面。

②分流器 6 和分流器支架 7 使通过分流器的塑料熔体被分流后变成薄环状，平稳地进入成型区，同时进一步加热和塑化。分流器支架主要用于支承分流器和芯棒，同时也能加强对分流后的塑料熔体的剪切混合作用。小型分流器和分流器支架可设计成一体。

③机头体 8 的作用是组装并支承机头的各零部件，机头体还需要与挤出机相连接，连接处

应密封，以防止塑料熔体溢出。

④过滤板 9 的作用是将塑料熔体由螺旋运动转变为直线运动，同时过滤杂质，并形成一定压力。

⑤电加热圈 10、11 一般设在机头上，目的是保证塑料熔体在机头中的正常流动及挤出成型质量。

⑥调节螺钉 5 用来调节成型区内的口模和芯棒之间的间隙及同轴度，以保证挤出塑件壁厚均匀，调节螺钉的数目通常定为 4～8 个。

⑦离开成型区的塑料虽已具有一定的形状，但由于塑料的温度仍较高，不能抵抗自重产生的变形，为此需要用定径套 2 对其进行冷却定径，以保证塑件获得良好的表面质量、正确的尺寸和几何形状。

2. 挤出模的分类

由于塑件的品种规格很多，因此生产中使用的机头也是多种多样的，一般按下述方法进行分类。

(1)按挤出成型的塑件分类

通常挤出成型塑件有管材、棒材、板材、片材、网材、单丝、粒料、各种异型材、吹塑薄膜和电线电缆等，所用机头分别称为管机头、棒机头等。

(2)按塑件出口方向分类

可分为直向机头(又称直通机头)和横向机头(又称角式机头)。在直向机头中，熔体在机头内的挤出流向与挤出机螺杆的轴线平行，如硬管机头；在横向机头中，熔体在机头内的挤出流向与挤出机螺杆的轴线成一定角度，如电缆机头，当熔体挤出流向与螺杆轴线垂直时，称为直角机头。

(3)按机头内压力大小分类

根据塑料熔体在机头内所受压力大小的不同，可分为低压机头(熔体所受压力小于 4 MPa)，中压机头(熔体所受压力为 4～10 MPa)和高压机头(熔体所受压力大于 10 MPa)。

15.1.4　挤出模与挤出机

挤出成型模具必须安装在与其相适应的挤出机上才能进行生产。设计机头的结构，必须首先要了解挤出机的技术参数及要求，还要考虑机头与挤出机的连接形式，因此设计的机头必须满足挤出机的技术要求。从机头的设计角度来看，机头除了必须按照塑件的结构形状、尺寸、精度以及材料性能等要求设计外，还必须对挤出机的各项技术规范有所了解，全面考虑所使用的挤出机工艺参数是否能满足机头设计要求特别是满足机头的特性要求，否则挤出过程就难以顺利进行。

1. 挤出设备的组成及分类

一台挤出设备一般由主机(挤出机)、辅机和控制系统组成。其中,主机包括挤压系统、传动系统和加热冷却系统;辅机包括机头、定型装置、冷却装置、牵引装置、切割装置和卷取装置等。

挤出机的外形和原理与注射机十分相似,所不同的是挤出机是连续供料,因此螺杆的运动是连续的。挤出机一般分为单螺杆挤出机和双螺杆挤出机两种,见表 15-3 所列。

表 15-3 单螺杆挤出机和双螺杆挤出机的比较

类 型	特 点	适 用
单螺杆挤出机	结构简单	软质聚氯乙烯、聚苯乙烯、ABS 等型材
双螺杆挤出机	对材料的推进、分散、混合效果好	高精度、高硬度(如硬聚氯乙烯)的大型塑件,如塑料门窗等

按螺杆在空间的位置可分为卧式挤出机和立式挤出机。卧式挤出机的螺杆是水平放置的,可方便完成各种塑件的生产,应用广泛。立式挤出机的螺杆是垂直放置的,由于立式挤出机辅机配制较困难,而且机器高度尺寸较大,一般只有小型机才采用。

2. 挤出模与挤出机

设计挤出模的结构时,首先要了解挤出机的技术参数以及挤出模与挤出机的连接形式,所设计的挤出模应当适应挤出机的要求。挤出机型号不同,挤出机的技术参数和安装机头部位的结构、尺寸也不相同。

(1)挤出机的技术参数

挤出机的技术参数主要有螺杆直径、螺杆转速、螺杆的长径比(指螺杆的有效长度与直径之间的比值)、电动机功率等。表 15-4 所列为部分国产挤出机的主要参数。型号中“SJ”表示塑料挤出机,“Z”表示造粒机,“W”表示喂料机,数字代表螺杆的直径,最后的字母 A 或 B 表示机器结构或参数改进后的标记(机型)。例如 SJ-30 表示螺杆直径为 30 mm 的塑料挤出机。

表 15-4 部分国产挤出机的主要技术参数

型 号	螺杆直径 D/mm	螺杆长径比 L/D	螺杆转速/($r \cdot min^{-1}$)	生产能力/($kg \cdot h^{-1}$)	主电动机功率/kW	加热功率/kW	机器的中心高 H/mm
SJ-30	30	20	11~100	0.7~6.3	1~3	3.3	1 000
SJ-30×25B	30	25	15~225	1.5~22	5.5	48	1 000
SJ-45B	45	20	10~90	2.5~22.5	5.5	5.8	1 000
SJ-65A	65	20	10~90	6.7~60	5~15	12	1 000

续表 15-4

型　号	螺杆直径 D/mm	螺杆长径比 L/D	螺杆转速/($r \cdot min^{-1}$)	生产能力/($kg \cdot h^{-1}$)	主电动机功率/kW	加热功率/kW	机器的中心高/H/mm
SJ-65B	65	20	10～90	6.7～60	22	12	1 000
SJ-Z-90 排气式	90	30	12～120	25～250	6～60	30	1 000
SJ-120	120	20	8～48	25～150	18.3～55	37.5	1 100
SJ-150	150	25	7～42	50～300	25～75	60	1 100
SJ-Z-150 排气式	150	27	10～60	60～200	25～75	71.5	1 100
SJ-90	90	20	12～72	40～90	7.3～22	18	1 000
SJ-90×25	90	25	33～100	90	18.3～55	24	1 000
SJ_2-120	120	18	15～45	90	13.3～40	24.3	900
SJ-150	150	20	7～42	20～200	25～75	48	1 100
SJ-200	200	20	4～30	420	25～75	55.2	1 100

(2)机头与挤出机的连接形式

机头与挤出机的连接形式有卡箍连接、螺母连接、法兰连接和铰链连接，前 3 种连接形式如图 15-4所示，一般用于小型挤出机与挤出机头的连接。生产中使用最多的是铰链连接，如图 15-5 所示。

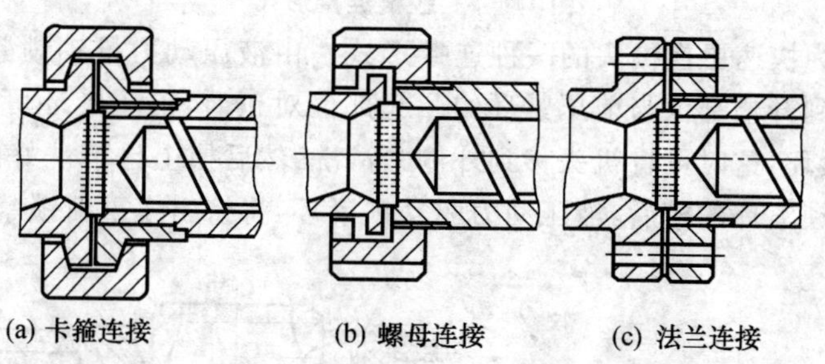

图 15-4　小型挤出机与机头的连接形式

图 15-5(a)中机头以螺纹连接在机头法兰上，而机头法兰是以铰链螺钉与挤出机法兰连接固定的，图中为 4 个铰链螺钉，有时为 6 个铰链螺钉。一般的安装次序是先松动铰链螺钉，打开机头法兰，清理干净后，将过滤板装入机筒部分(或装在机头上)，再将机头安装在机头法兰上。最后闭合机头法兰，紧固铰链螺钉即可。过滤板分别与机头与机筒配合，保证了机头与机筒的同轴度要求。因此安装时过滤板的端部必须压紧，否则会漏料。图 15-5(b)与图 15-5(a)的连接形式基本相同。图 15-5(c)中机头用内六角螺钉与机头法兰连接固定。因为机头法兰与挤出机法兰有定位销 6 定位，机头的外圆与机头法兰内孔配合，因此可以保证

机头与机筒的同轴度。

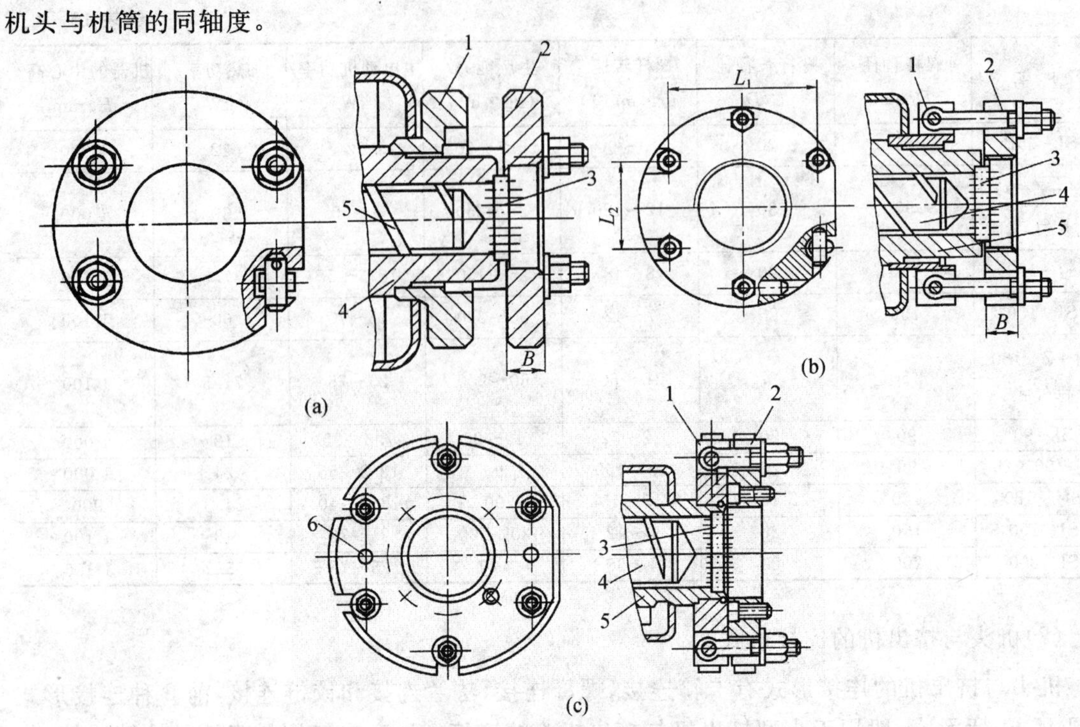

1－挤出机法兰；2－机头法兰；3－过滤板；4－机筒；5－螺杆；6－定位销

图 15－5 铰链连接形式

图 15－6 所示为快速更换机头的一种连接形式。由液压动力推动锁紧环 2 旋转，使螺纹部分松开。当旋转到开槽部位与前压紧环的凸起部位对正时，前压紧环可绕铰链座 1 上的铰链轴转动，退出锁紧环，这时可将机头移到外侧去清洗，然后换上已清洗好的后压紧环 8，使后压紧环的凸起对正锁紧环的槽后，液压动力驱动锁紧环，将挤出模重新锁紧，即可连续供料。

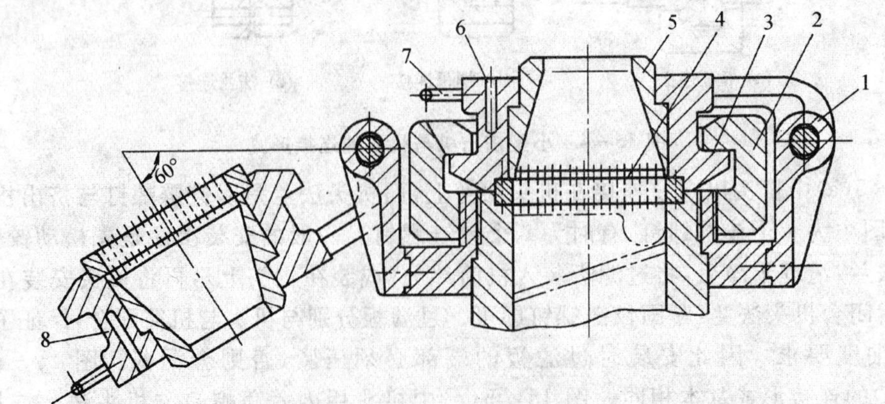

1－铰链座；2－锁紧环；3－前压紧环；4－过滤板；5－机头；6－装测温装置的孔；7－手柄；8－后压紧环

图 15－6 快速更换机头

15.1.5　挤出模的设计要点

挤出模的设计要点如下：

①内腔应呈流线型。为了使塑料熔体能沿着机头中的流道均匀平稳流动从而顺利挤出，机头的内腔应呈光滑的流线型，表面粗糙度值 R_a 应小于 1.6～3.2 μm；流道中不能有死角和停滞区，以免塑料熔体因过热而分解。

②具有足够的压缩比。为使塑件密实和消除因分流器支架造成的结合缝，根据塑件和塑料种类不同，应设计足够的压缩比。

③截面形状及尺寸应合理正确。由于塑料的物理性能和成型时压力、温度等因素引起的离模膨胀效应，以及由于牵引作用使分子取向而引起收缩效应使得机头的成型区截面形状和尺寸并非塑件所要求的截面形状和尺寸，因此设计时，要对口模进行适当的形状和尺寸补偿，合理确定流道尺寸，控制口模成型长度，以使塑件获得正确的截面形状及尺寸。

④结构紧凑。在满足强度和刚度的条件下，机头结构应紧凑，并且装卸方便，不漏料，形状设计规则、对称，便于均匀加热。

⑤选择材料合理。机头内的流道与流动的塑料熔体相接触，磨损较大；有的塑料在高温成型过程中还会产生化学气体，腐蚀流道。因此为提高机头的使用寿命，机头材料应选择耐磨、耐腐蚀、硬度高的钢材或合金钢。

15.2　管材挤出模

管材挤出模是挤出模的主要类型之一，在挤出模中具有代表性，应用范围比较广泛，主要用来成型连续的圆形截面塑料管件。管材挤出模适用于聚乙烯、聚丙烯、聚碳酸酯、尼龙、聚氯乙烯、氯化聚醚、聚砜等塑料的挤出成型。管材挤出模适用的挤出机螺杆长径比 $i=15\sim25$，螺杆转速 $n=10\sim35$ r/min。

15.2.1　管材挤出模的典型结构

管材挤出模的常用结构有直通式挤管挤出模、直角式挤管挤出模和旁侧式挤管挤出模 3 种形式。另外，还有微孔流道挤管挤出模等。

1. 直通式挤管挤出模

直通式挤管挤出模如图 15－3 所示，其特点是塑料熔体在机头内的流动方向与挤出方向一致，主要用于挤出薄壁管材，机头结构比较简单，容易制造，但塑料熔体经过分流器支架时，易产生熔接痕迹且不易消除，管材的力学性能较差，机头的长度较大，结构笨重。它适用于挤出成型塑料小管，分流器和分流器支架设计成一体，装卸方便。

2. 直角式挤管挤出模

直角式挤管挤出模又称弯管机头，机头轴线与挤出机螺杆的轴线成直角，用于内径定径的场合，如图 15－7 所示。直角式挤管挤出模内无分流器及分流器支架，塑料熔体流动成型时不会产生分流痕迹。熔体的流动阻力小，成型的塑件尺寸精度高，表面质量好，但机头的结构比较复杂，制造困难。

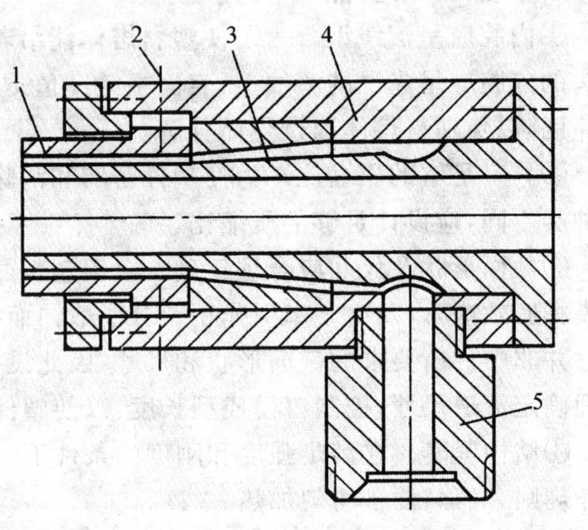

1－口模；2－调节螺钉；3－芯棒；4－机头体；5－连接管

图 15－7 直角式挤管挤出模

3. 旁侧式挤管挤出模

旁侧式挤管挤出模与直角式挤管挤出模结构相似，如图 15－8 所示，适用于直径大、管壁较厚的管材。旁侧式挤管挤出模机头的体积较小，但结构复杂，熔体流动阻力大，且制造更困难。

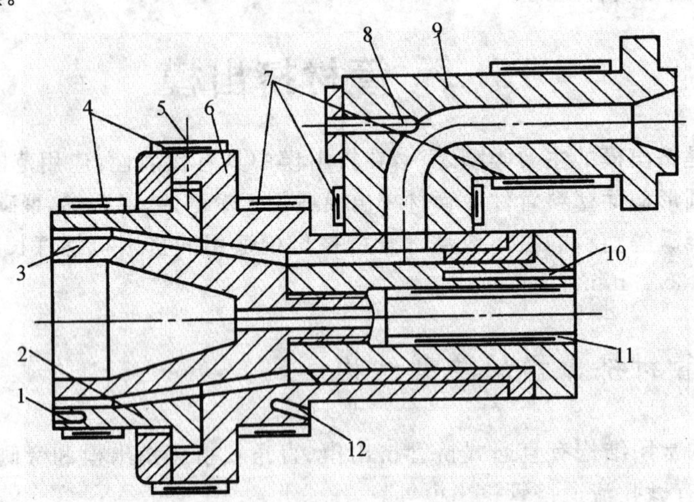

1、12－温度计插孔；2－口模；3－芯棒；4、7－电加热器；5－调节螺钉；6－机头体；8、10－熔体测温孔；9－机头体；11－芯棒加热器

图 15－8 旁侧式挤管挤出模

4. 微孔流道挤管挤出模

微孔流道挤管挤出模又称筛孔式挤管挤出模。机头内无芯棒，熔体的流动方向与挤出机螺杆的轴线方向一致，熔体通过微孔管上的微孔进入口模而成型，如图 15－9 所示。该挤出模特别适合于成型直径大，流动性差的塑料如聚烯烃。微孔流道挤管挤出模体积小，结构紧凑，但由于管材直径大，自重对管壁厚度均匀性影响较大，所以口模与芯棒的间隙下侧比上侧要小 10％～18％，用以克服因管材自重而引起的壁厚不均匀。

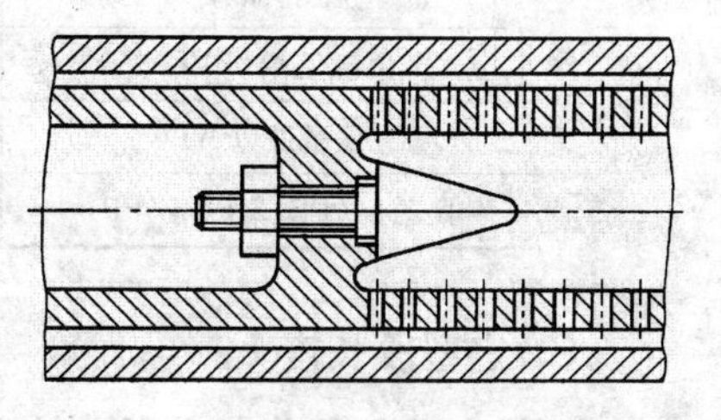

图 15－9　微孔流道挤管挤出模

15.2.2　管材挤出模的结构设计

管材挤出模主要由口模和芯棒两部分组成，设计其结构时主要是对机头内口模、芯棒、分流器和分流器支架的形状和尺寸及其工艺参数的确定。下面以直通式挤管挤出模为例介绍机头零件的结构设计，如图 15－3 所示。

在设计管材挤出模时，需有已知的数据，包括挤出机型号、塑件的内径、外径及塑件所用的材料等。

1. 口模的设计

口模是用于成型管子外表面的成型零件。在设计管材挤出模时，口模的主要尺寸为口模的内径尺寸和定型段的长度尺寸两部分，如图 15－3 所示。

(1)口模的内径 D

口模内径的尺寸不等于管材外径的尺寸，因为挤出的管材在脱离口模后，可能由于压力突然降低，熔体体积膨胀，使管径增大，即出现离模膨胀效应。也可能由于牵引和冷却收缩而使管径变小。挤出的管材在脱离口模后膨胀或收缩都与塑料的性质、口模的温度压力以及定径套的结构有关，可根据经验确定，通过调节螺钉(图 15－3 中件 5)调节口模与芯棒间的环隙使其达到合理值。

口模的内径可按以下公式计算：

$$D = \frac{D_s}{K} \tag{15-1}$$

式中：D——口模的内径，mm；

D_s——管材的外径，mm；

K——补偿系数，见表 15－5 所列。

表 15-5 补偿系数 K 值

塑料品种	内径定径	外径定径
聚氯乙烯(PVC)	—	0.95～1.05
聚酰胺(PA)	1.05～1.10	—
聚乙烯(PE)聚丙烯(PP)	1.20～1.30	0.90～1.05

(2)定型段长度 L_1

口模和芯棒平直部分的长度称为定型段,见图 15-3 中 L_1。塑料熔体通过定型部分时料流阻力增加,使塑件密实,同时也使料流稳定均匀,消除螺旋运动和分流痕迹。

塑料品种及尺寸的不同,定型长度也应不同,定型段长度不宜过长或过短。过长时,料流阻力增加很大;过短时,起不到定型作用。当不能测得材料的流变参数时,可按经验公式计算。

①按管材外径计算

$$L_1=(0.5\sim3.0)D_s \tag{15-2}$$

式中:L_1——定型段长度,mm。

通常当管子直径较大时,定型段长度取小值,因为此时管子的被定型面积较大,阻力较大,反之就取大值。同时考虑到塑料的性质,一般挤软管取大值,挤硬管取小值。

②按管材壁厚计算

$$L_1=nt \tag{15-3}$$

式中:t——管材壁厚,mm;

n——系数,具体数值见表 15-6,一般对于 D_s 较大的管材取小值;反之取大值。

表 15-6 口模定型段长度 L_1 计算系数 n

塑料品种	硬聚氯乙烯(HPVC)	软聚氯乙烯(SPVC)	聚乙烯(PE)	聚丙烯(PP)	聚酰胺(PA)
系数 n	18～33	15～25	14～22	14～22	13～23

2. 芯棒(芯模)的设计

芯棒是用于成型管子内表面的成型零件。一般芯棒与分流器之间用螺纹连接,其结构如图 15-3 中件 4 所示。芯棒的结构应利于熔体流动,利于消除分流痕,容易制造。其主要尺寸包括芯棒外径、压缩段长度和压缩角。

(1)芯棒的外径 d

芯棒的外径由管材的内径(即定型段的直径)决定,但由于与口模结构设计同样的原因,即离模膨胀和冷却收缩效应,所以芯棒外径的尺寸不等于管材内径尺寸。根据生产经验,可按下式计算:

$$d=D-2\delta \tag{15-4}$$

式中：d——芯棒的外径，mm；

D——口模的内径，mm；

δ——口模与芯棒的单边间隙，通常取管材壁厚的 0.83～0.94 倍，mm。

(2)定型段、压缩段和收缩角

芯棒的长度分为定型段长度和压缩段长度两部分。塑料经过分流器支架后，先经过一定的收缩。为使多股料流很好地会合，压缩段 L_2 与口模中的相应的锥面部分构成塑料熔体的压缩区，使进入定型区之前的塑料熔体的分流痕迹被熔合消除。

①芯棒定型段的长度与 L_1 相等或稍长。

②芯棒的压缩段长度 L_2 可按下面经验公式计算

$$L_2=(1.5\sim2.5)D_0 \tag{15-5}$$

式中：L_2——芯棒的压缩段长度，mm；

D_0——塑料熔体在过滤板出口处的流道直径，mm。

③芯模压缩角 β。压缩区的锥角 β 称为压缩角，一般在 30°～60°范围内选取。压缩角过大会使管材表面粗糙，失去光泽。低粘度塑料的 β 取较大值，一般为 45°～60°；高粘度塑料 β 值取较小值，一般为 30°～50°。

3. 分流器和分流器支架的设计

塑料熔体经过过滤网和分流器初步形成管状，分流器使塑料层变薄，这样便于均匀加热，以利于塑料进一步塑化。大型挤出机的分流器中还设有加热装置。图 15-10 所示为分流器和分流器支架的结构图。分流器的主要尺寸由 3 部分组成，即扩张角 α、分流锥面长度 L_3 及分流器顶部圆角 R。

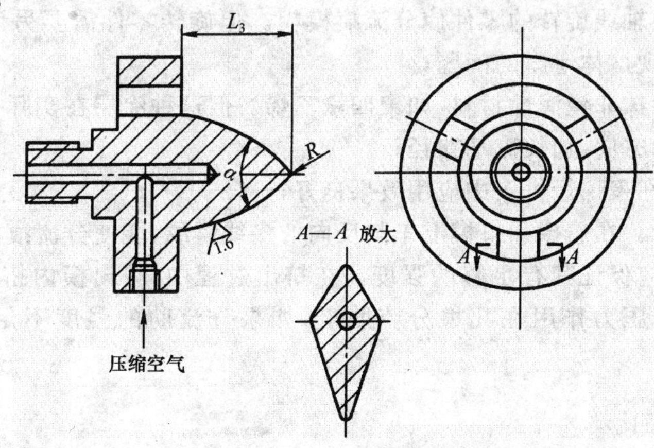

图 15-10 分流器和分流器支架的结构图

(1)分流器扩张角 α

分流器扩张角 α 的选取与塑料粘度有关,通常取 30°～80°。塑料粘度低时,α 取 30°～80°;塑料粘度高时,α 取 30°～60°。扩张角 α 过大时熔体的流动阻力大,容易过热分解;扩张角 α 过小时,不利于机头对其内的塑料熔体均匀加热,机头体积也会增大。分流器扩张角 α 应大于芯棒压缩段的收缩角 β。

(2)分流器锥面长度 L_3

分流器锥面长度 L_3 按下式计算:

$$L_3=(0.6\sim1.5)D_0 \tag{15-6}$$

式中:L_3——分流器锥面长度,mm。

(3)分流锥尖角处圆弧半径 R

分流器顶部圆角 R 一般取 0.5～2.0 mm。R 不宜过大,否则熔体容易在此处发生滞留。

(4)分流器表面粗糙度值 R_a

分流器表面粗糙度值 R_a 一般取 0.4～0.2 μm。

(5)分流器支架的设计

分流器支架主要用于支承分流器及芯棒,同时对熔体起搅拌作用。中小型管材挤出模芯棒、分流器与分流器支架可制成整体机构,支架上的分流肋应做成流线型,在满足强度要求的条件下,其宽度和长度尽可能小些,目的在于减少阻力,并且出料端角度应小于进料端角度。分流肋数目尽可能少些,这样不仅可以避免产生过多的分流痕迹,对减少阻力也有好处。一般小型机头设计 3 根分流肋,中型的 4 根,大型的 6～8 根。

分流痕除了影响或损害塑件的外观以外,还是一条潜在的开裂线,塑件在使用过程中有可能沿着该线开裂。为了减轻或消除这些影响,在结构设计上可采用如下措施:

①采用环绕机头轴线旋转的零件使分流痕模糊。但旋转零件需要另设驱动装置,可能引起密封不好,甚至出现熔体泄露的问题;

②在分流肋上涂抹非浸润性材料,如聚四氟乙烯。但这种涂层在实际操作中很容易磨损;

③改变熔体流动方向,加长流动路径;

④附装多孔板,在聚烯烃机头中应用效果良好;

⑤采用混合装置。在芯棒和口模上车削反向的多线螺纹,能使分流痕模糊。

设计分流肋时,应保证其有足够的强度。在挤出过程中,挤出模内挤出压力值可以达到 15 MPa,如此巨大的压力作用在几根分流肋上,如果分流肋的强度不足,很容易发生剪切破坏。

4. 拉伸比和压缩比

拉伸比和压缩比是与口模和芯棒尺寸相关的工艺参数。根据管材断面尺寸确定口模环隙截面尺寸时，一般根据拉伸比确定。

(1)拉伸比

拉伸比是指口模和芯棒在成型区的环隙截面积与管材成型后的截面积之比，其反映在牵引力的作用下，管材从高温型坯到冷却定型后的截面变形情况及纵向取向程度和拉伸强度。计算公式如下：

$$I=\frac{D^2-d^2}{D_s^2-d_s^2} \tag{15-7}$$

式中：I——拉伸比；

D_s、d_s——塑料管材的外、内径，mm；

D、d——分别为口模的内径、芯棒的外径，mm。

常用塑料的挤管拉伸比如表 15－7 所示。

表 15－7　常用塑料的挤管拉伸比

塑料品种	硬聚氯乙烯 (HPVC)	软聚氯乙烯 (SPVC)	聚碳酸酯 (PC)	ABS	高压聚乙烯 (PE)	低压聚乙烯 (PE)	聚酰胺 (PA)
拉伸比	1.00～1.08	1.10～1.35	0.90～1.05	1.00～1.10	1.20～1.50	1.10～1.20	0.90～1.05

挤出时拉伸比较大有如下 3 项优点：

①经过牵引的管材，可明显提高力学性能；

②在生产过程中变更管材规格时，一般不需要拆装芯棒、口模；

③在加工某些容易产生熔体破裂现象的塑料时，用较大的芯棒、口模可以生产小规格的管材，既不致使熔体破裂又提高了产量。

(2)压缩比

压缩比是指机头和多孔板相接处最大料流截面积与口模和芯棒间成型区的环形间隙截面积之比，一般用 ε 表示。它反映了挤出成型过程中塑料熔体的压实程度，机头模腔内应有足够的压缩比。压缩比值随塑料的特性而异，对于低粘度塑料，压缩比 ε 取 4～10；对于高粘度塑料，压缩比 ε 取 2.5～6.0。

15.2.3　定径装置的设计

管材从口模中挤出后，还处于半熔融状态，具有相当高的温度，由于自重及离模膨胀效应的影响，会产生变形，因此必须采取定径装置进行冷却定型，以保证管子获得较小的粗糙度值、准确的几何尺寸和形状。经过定径装置定径和初步冷却后的管子进入水槽继续冷却，管子离开水槽时已经完全定型。定型的方法可分为外径定径法和内径定径法。

1. 外径定径

外径定径适用于直通式挤出模和微孔流道式挤出模。外径定径是使管子和定径套内壁相接触，为此，常用内部加压或在管子外壁抽真空的方法来实现，因而外径定径又分为内压法定径和真空吸附法定径。

(1)内压法定径

如图 15-11 所示。工作时在管子内部通入压缩空气(0.03～0.25 MPa)，为保持压力，可用浮塞堵住防止漏气，浮塞用绳索系于芯模上。这种定径方法的特点是定径效果好，适用于直径较大的管材。定径套的内径和长度一般根据经验和管材外径来确定，如表 15-8 所列。

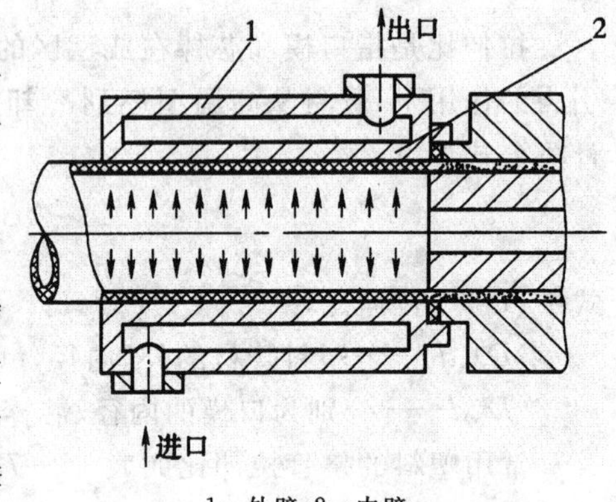

1—外壁;2—内壁

图 15-11　内压定径原理

表 15-8　内压外定径套尺寸　　mm

材　料	定径套的内径	定径套的长度
PE、PP	(1.02～1.04)D_s	10D_s
PVC	(1.00～1.02)D_s	10D_s

注：D_s—管材的外径。

(2)真空吸附法定径

如图 15-12 所示，在定径套内壁 2 上加工很多小孔或窄缝做抽真空用，孔径或缝宽小于 0.8 mm，孔间距约 10 mm。通过抽真空使管材外壁紧贴于定径套内壁 2，同时在定径套外壁 1、内壁 2 夹层内通入冷却水，管坯伴随真空吸附过程的进行被冷却硬化。真空吸附法的定径装置比较简单，管口不必堵塞，但需要一套抽真空设备。此种方法常用于生产小管。

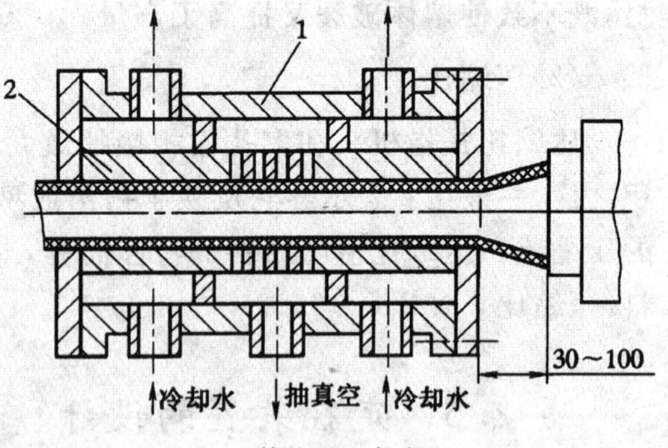

1—外壁;2—内壁

图 15-12　真空吸附定径原理

真空定径套生产时与机头口模应有 30～100 mm的距离，使口模中挤出的管材先进行离模膨胀和一定程度的空冷收缩后，再进入定径套冷却定型。定径套内的真空度一般要求在 53～66 kPa。真空定径套的内径如表 15-9 所列。

表 15-9　真空定径套的内径　　mm

材　料	定径套内径
HPVC	$(0.993\sim0.99)/D_s$
PE	$(0.98\sim0.96)/D_s$

真空定径套的长度一般应大于其他类型定径套的长度。例如，对于直径大于100 mm的管材，真空定径套的长度可取 4～6 倍的管材外径。这样有助于更好地改善或控制离模膨胀效应和冷却收缩对管材尺寸的影响。

2. 内径定径

内径定径适用于直角挤管挤出模或旁侧式挤管挤出模，工作原理如图 15-13 所示，定径芯模 2 与芯棒 4 相连，在定径芯模内通入冷却水。当管坯通过定径芯模后，便获得内径尺寸准确、圆柱度较好的塑料管材。这种方法使用较少，因为管材的标准化系列多以外径为准。但对于内径公差要求严格、用于压力输送的管道应采用这种定径方法。

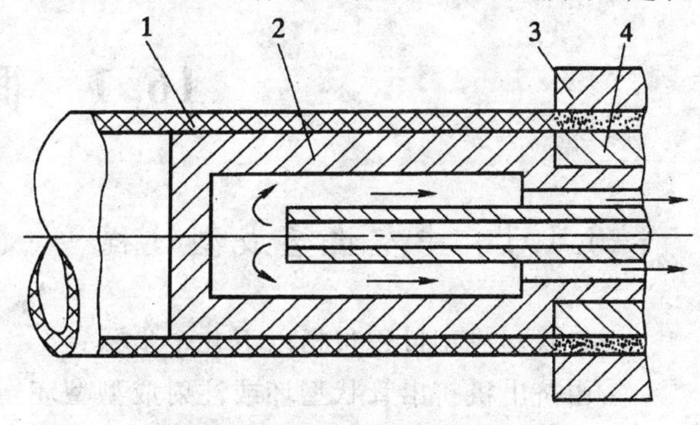

1—管材；2—定径芯模；3—口模；4—芯模

图 15-13　内径定径原理

定径芯模设计要点：

①定径芯模应沿其长度方向带有一定的锥度，一般在 0.6：100～1.0：100 之间选取。

②定径芯模外径一般取$[1+(2\%\sim4\%)]d_s$（d_s 为管材内径），定径芯模外径稍大于管材内径，使管材内壁紧贴在定径芯模上，使管壁获得较低的表面粗糙度值。另外，使用一段时间后出现磨损也能保证管材内径 d_s 的尺寸公差，可提高定径芯模的寿命。

③定径芯模的长度一般取 80～300 mm。牵引速度较大或管材壁厚较大时取大值，反之，取小值。

采用外径定径法对管材定型时，管材的外壁先冷却，内壁后冷却，而采用内径定径法时正好相反。因此两种定径方法造成管材内应分布不同，内径定径的管材比外径定径的管材能承受更大的压力。但外径定径方法更简单，操作也更方便。

通常，当对管材内径尺寸公差有要求时，就用内径定径法，当对外径尺寸公差有要求时就用外径定径法。我国的管材标准是以管材的外径为基本尺寸，有精度要求，以方便管件和管材的配合，因此从安装角度出发以外径定径为好。这也是目前我国还是以外径定径方法使用最为广泛的原因。

第16章　中空吹塑模设计

中空吹塑成型又称吹塑模塑成型，是借助气体压力使闭合在模具中的热熔塑料型坯吹胀形成空心塑件的工艺。其成型原理是把塑性状态的塑料型坯置于模具内，压缩空气注入型坯中将其吹涨，使吹涨后其形状与模具内腔的形状相同，冷却定形后得到需要的塑件。中空吹塑成型主要用于吹制薄壁塑料瓶、桶以及玩具类塑件的中空塑件，如加仑筒、化工容器、饮料瓶等。适合吹塑成型的塑料有高压聚乙烯、低压聚乙烯、硬氯聚乙烯、聚酯塑料、聚苯乙烯、聚酰胺、聚甲醛、聚丙烯和聚碳酸酯等，其中应用最多的主要是聚乙烯（日常生活用品等），其次是聚氯乙烯（化工容器等），还有聚酯塑料（饮料瓶等）。

16.1　概　述

16.1.1　中空吹塑成型过程

中空吹塑成型过程包括以下几个步骤：

①由挤出机挤出管状型坯或注射成型型坯；

②将型坯移入吹塑模内；

③通入压缩空气，将型坯吹胀使其紧贴模具型腔，压缩空气的压力一般为0.27～0.5 MPa。常用塑料吹塑成型所需要的充气压力见表16-1所列；

④塑件在吹塑模内充分冷却，并保持压力；

⑤放出塑件中的压缩空气；

⑥开模，取出塑件，修除飞边。

表16-1 常用塑料吹塑成型时所需的压力　　MPa

塑料名称	充气压力	塑料名称	充气压力
聚碳酸酯	0.6～0.7	聚甲醛	0.7
尼龙	0.2～0.3	聚酚氧	0.28～0.63
高密度聚乙烯	0.3～0.5	聚砜	0.5～0.6
低密度聚乙烯	0.4～0.7	聚四甲基戊烯	0.5
聚丙烯	0.5～0.7	有机玻璃	0.5～0.6
聚氯乙烯	0.3～0.5	聚全氯乙丙烯	0.3～0.5
聚苯乙烯	0.35～0.45	离子聚合物	0.42～0.56
纤维素塑料	0.2～0.35		

16.1.2　中空吹塑成型的分类及特点

根据成型方法的不同,可分为挤出吹塑、注射吹塑、注射拉伸吹塑、多层吹塑成型 4 种形式。

1. 挤出吹塑成型

挤出吹塑成型是成型中空塑件的主要方法,图 16－1 所示为挤出吹塑成型工艺过程。首先挤出机挤出管状型坯;截取一段管坯趁热将其放入模具中,闭合对瓣合式模具的同时夹紧型坯上下两端;向型腔内通入压缩空气,使其膨胀附着模腔内壁而成型,然后保压;最后经冷却定型,便可排除压缩空气并开模取出塑件。

挤出吹塑成型模具结构简单,投资少,操作容易,适合多种塑料的中空吹塑成型。缺点是壁厚不易均匀,塑件需后加工去除飞边。

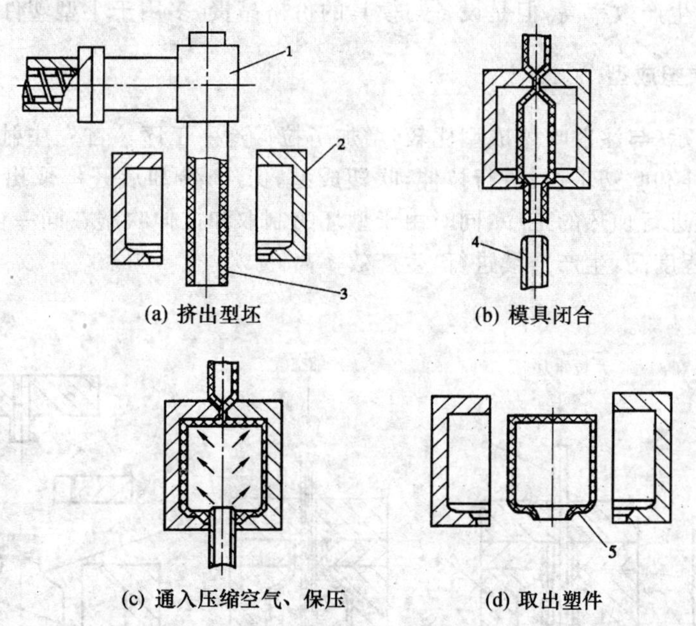

1－挤出机头;2－吹塑模;3－管状型坯;4－压缩空气吹管;5－塑件

图 16－1　挤出吹塑成型

2. 注射吹塑成型

图 16－2 所示是用注射机在注射模中制成型坯,然后把热型坯移入中空吹塑模具中进行中空吹塑。首先注射机在注射模中注入熔融塑料制成型坯;型芯与型坯一起移入吹塑模内,型

芯为空心并且壁上带有孔；从芯棒的管道内通入压缩空气，使型坯吹胀并贴于模具的型腔壁上；保压、冷却定型后放出压缩空气，并且开模取出塑件。

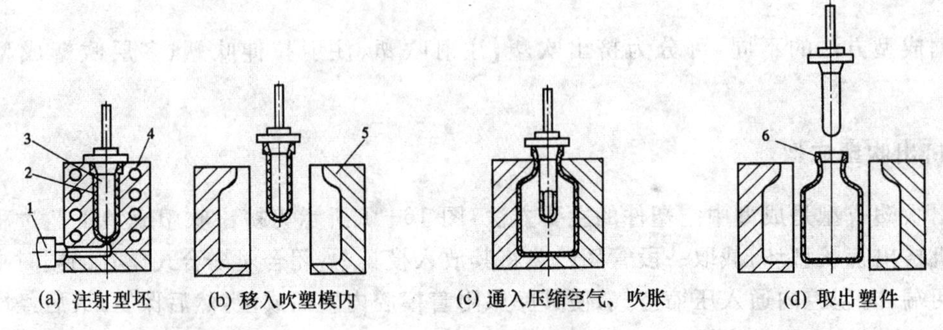

(a) 注射型坯　(b) 移入吹塑模内　(c) 通入压缩空气、吹胀　(d) 取出塑件

1—注射机喷嘴；2—注射型坯；3—空心型芯；4—加热器；5—吹塑模；6—塑件

图 16-2　注射吹塑成型

经过注射吹塑成型的塑件壁厚均匀，无飞边，不需后加工，由于注射型坯有底，因此底部没有拼接缝，强度高，生产效率高，但是设备与模具的价格昂贵，多用于小型塑件的大批量生产。

3. 注射拉伸吹塑成型

如图 16-3 所示，与注射吹塑成型比较，增加了拉伸这一工序。首先注射一空心的有底的型坯；型坯移到拉伸和吹塑工位，进行拉伸；吹塑成型、保压；冷却后开模取出塑件。这种成型方法省去了把冷坯进行加热的工序，同时由于型坯的制取和拉伸吹塑在同一台设备上进行，占地面积小，自动化程度高，生产连续进行，生产效率高。

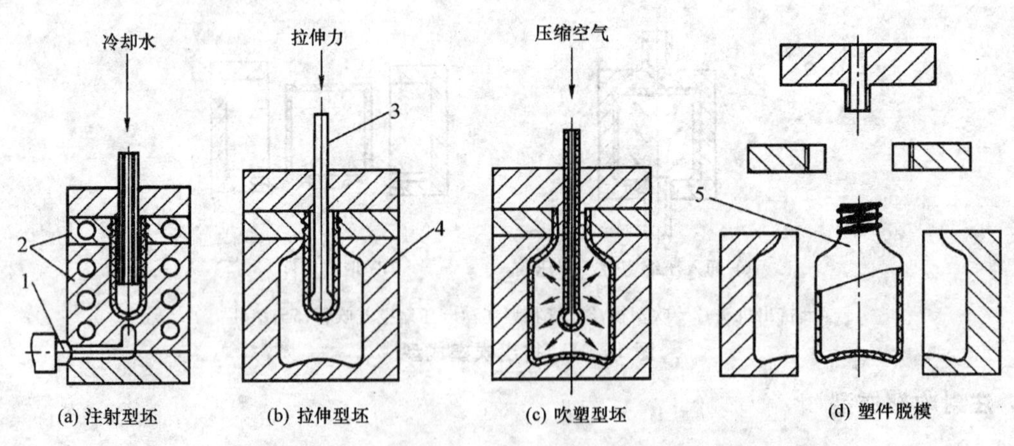

(a) 注射型坯　(b) 拉伸型坯　(c) 吹塑型坯　(d) 塑件脱模

1—注射机喷嘴；2—注射模；3—拉伸芯棒(吹管)；4—吹塑模；5—塑件

图 16-3　注射拉伸吹塑成型

还有另外一种注射拉伸吹塑成型的方法，即冷坯成型法。型坯的注射和塑件的拉伸吹塑成型分别在不同设备上进行，型坯注射完以后，再移到吹塑机上吹塑。此时型坯已散发一些热量，需要进行二次加热，以确保型坯的拉伸吹塑成型温度。这种方法的主要特点是设备结构相对较简单。

注射拉伸吹塑成型的原理和双向拉伸薄膜的原理相同，可使分子双轴取向，塑件的透明性得到改善，强度明显增高。表 16－2 所列为拉伸吹塑瓶和普通吹塑瓶性能的比较。

表 16－2　拉伸吹塑瓶和普通吹塑瓶性能的比较

力学性能	拉伸吹塑瓶		普通吹塑瓶		聚氯乙烯瓶	
	纵向	横向	纵向	横向	纵向	横向
抗拉强度(屈服)/MPa	80	93	45	44	47	43
抗拉强度(断裂)/MPa	155	166	60	67	38	26
拉伸破坏变形/%	8	5	33	34	13	17
落锤冲击强度/MPa	3*		3		10	
试样壁厚/mm	0.30		0.60		0.55	

注：拉伸吹塑瓶以普通吹塑瓶一半的壁厚，可以与普通吹塑瓶表示出大致相同的落锤冲击强度。

4. 多层吹塑成型

多层吹塑是指不同种类的塑料，经特定的挤出机头挤出一个坯壁分层而又粘结在一起的型坯，再经吹塑制得多层中空塑件的成型方法。

发展多层吹塑的主要目的是解决单独使用一种塑料不能满足使用要求的问题。例如单独使用聚乙烯，由于它的气密性较差，所以其容器不能盛装带有香味的食品，而聚氯乙烯的气密性优于聚乙烯，可采用外层为聚氯乙烯、内层为聚乙烯的容器，气密性好且无毒。

多层容器质量的影响因素是层间的粘合问题与接缝处的强度问题，这与塑料的种类、层数和层厚的比率有关，要得到合格的多层吹塑容器，关键是挤出厚薄均匀的多层型坯。

由于多种塑料的复合，塑料的回收利用比较困难；机头结构复杂，设备投资大，成本高。

16.2　中空吹塑塑件及模具设计

16.2.1　吹塑塑件设计

中空成型时，需要确定的是塑件的吹胀比、延伸比、螺纹、塑件上的圆角、支承面及外表面等，现在分别叙述。

1. 吹胀比 B

吹胀比是指塑件最大直径与型坯直径之比，一般在 2～4 之间选择。吹胀比过大，会使塑件壁厚不均匀，加工工艺不易掌握，但吹胀比越大，则塑件的横向强度就越大，但只能在一定的范围内。吹胀比计算公式如下：

$$B = \frac{D_1}{d_1} \tag{16-1}$$

式中：B——吹胀比；

D_1——塑件外径，mm；

d_1——型坯外径，mm。

机头口模与芯棒之间的间隙可根据吹胀比和塑件的最大径向尺寸来确定。计算公式如下：

$$\delta = tB\alpha \tag{16-2}$$

式中：δ——口模与芯棒之间的单边间隙，mm；

B——吹胀比，一般取 2～4；

t——塑件的壁厚，mm；

α——修正系数，一般取 1～1.5，与加工塑料的粘度有关，粘度大的塑料取小值。

型坯断面形状一般要做成与塑件的外形轮廓大体一致，如吹塑圆形截面的瓶子型腔截面应是圆管形；若吹塑方桶或矩形桶，则型坯断面应制成方管状或矩形管状；其目的是使型坯各部位塑料的吹胀情况能够趋于一致。

2. 延伸比 S_R

在注射拉伸吹塑中，塑件的长度与型坯的长度之比，计算公式如下：

$$S_R = \frac{c}{b} \tag{16-3}$$

式中：S_R——延伸比；

b——型坯长度，mm；

c——塑件长度，mm。

延伸比 S_R 确定后，型坯的长度就能确定。实验证明，延伸比越大的塑件，即相同型坯长度而生产出壁厚越薄的塑件，其纵向的强度越高。也就是延伸比和吹胀比越大，得到的塑件强度越高。然而在实际生产中，必须保证塑件的实用刚度和实用壁厚。表 16－3 所列为不同延伸比、吹胀比瓶子性能的比较。

3. 螺　纹

吹塑成型的螺纹通常采用梯形或半圆形的截面，而不采用细牙或粗牙螺纹，这是因为后者难以成型。为了便于塑件上飞边的处理，在不影响使用的前提下，螺纹可制成断续状的，即在分型面附近的一段塑件上不带螺纹，如图 16－4 所示，这样清理塑件毛边容易。

表 16-3　不同延伸比瓶子性能的比较

名　称	A		B	
塑件容量/cm^3	900		600	
塑件壁厚/mm	8.4		8.6	
塑件质量/g	42		42	
延伸比	8.6		8.2	
吹胀比	2.76		2.75	
强　度	纵　向	横　向	纵　向	横　向
抗拉强度/MPa	91.1	136.4	84.3	130.7
断裂强度/MPa	127.6	201.3	50.4	159.1
弹性模量/MPa	2 834.5	4 449.9	2 319.6	3 487.5

4. 圆　角

吹塑成型塑件的角隅处不允许设计成尖角，其侧壁与底部的交接部分一般设计成圆角，因为尖角难于成型。对于一般容器的圆角，在不影响使用的前提下，圆角以大为好，圆角大则壁厚均匀，对于有造型要求的产品，圆角可以减小。

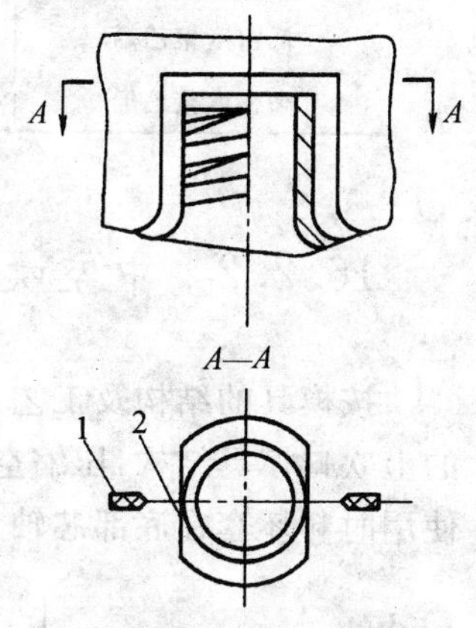

1—余料；2—夹坯口(切口)

图 16-4　螺纹形状

5. 塑件的支承面

在设计塑料容器时，不可以整个平面作为塑件支承面，应尽量减小底部的支承面，特别要减少结合缝作为支承面，因为切口的存在将影响塑件的平稳放置。对于瓶类塑件，一般采用环形支承面。

6. 塑件的外表面

吹塑塑件大部分都要求外表面的艺术质量。如雕刻图案、文字和容积刻度等。有的要做成镜面、绒面和皮革面等。这就要求对模具的表面进行艺术加工。其加工方式如下：

①用喷砂做成绒面；

②用镀铬抛光做成镜面；

③用电铸方法铸成模腔壳体然后嵌入模体；

④用钢材热处理后的碳化物组织形状，通过酸腐蚀做成类似皮革纹；

⑤用涂覆感光材料后经过感光显影腐蚀等过程做成花纹。

成型聚氯乙烯塑件的模具型腔表面，最好采用喷砂处理过的粗糙表面，因为粗糙的表面在吹塑成型过程中可以存储一部分空气，可避免塑件在脱模时产生吸真空现象，有利于塑件脱模，并且粗糙的型腔表面并不妨碍塑件的外观，因为这种粗糙表面类似于磨砂玻璃。

7. 塑件收缩率

通常容器类的塑件对精度要求不高，成型收缩率对塑件尺寸影响不大。但对有刻度的定容量的瓶子和螺纹塑件，收缩率对塑件尺寸有相当的影响。各种常用塑料的吹塑成型收缩率见表 16－4。

表 16－4　常用塑料的吹塑成型收缩率

塑料名称	收缩率/%	塑料名称	收缩率/%
聚缩醛及其共聚物	8.0～3.0	聚丙烯	8.2～2.0
尼龙 6	8.5～2.0	聚碳酸酯	8.5～0.8
低密度聚乙烯	8.2～2.0	聚苯乙烯	8.5～0.8
高密度聚乙烯	1.5～3.5	聚氯乙烯	0.6～0.8

16.2.2　中空吹塑模具设计

按模具的结构及工艺方法分类，吹塑模分为上吹口和下吹口两类。图 16－5 所示是典型的上吹口模具结构，压缩空气由模具上端吹入模腔。图 16－6 所示是典型的下吹口模具结构，使用时料坯套在底部芯轴上，压缩空气自芯轴吹入。

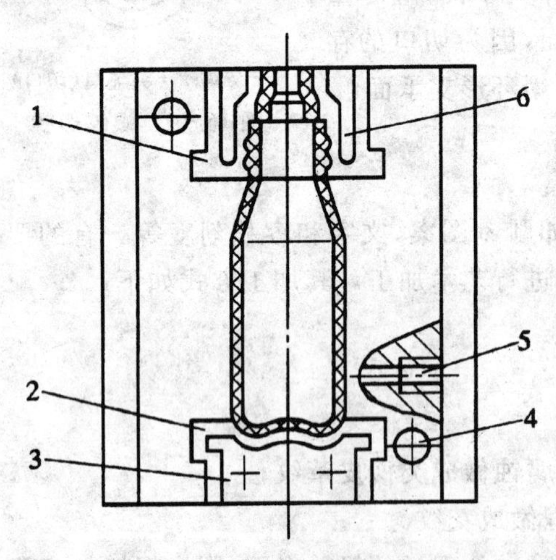

1—口部镶块；2—底部镶块；3、6—余料槽；4—导柱；5—冷却水道

图 16－5　上吹口模具结构

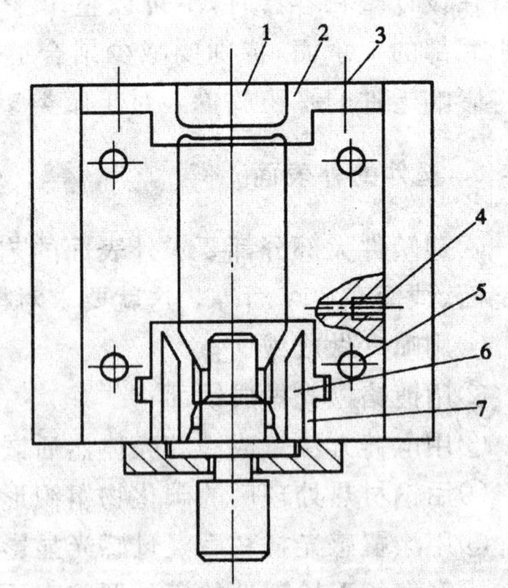

1、6—余料槽；2—底部镶块；3—螺钉；4—冷却水道；5—导柱；7—瓶颈(吹口)镶块

图 16－6　下吹口模具结构

中空吹塑模设计要点如下：

1. 模　口

模口在瓶颈板上，是吹管的入口，也是塑件的瓶口，吹塑后对瓶口尺寸进行校正并切除余料。口部内径校正是由装在吹管外面的校正芯棒，通过模口的截断部分，同时进行校正和截断的。

2. 夹坯口

夹坯口也称切口。挤出吹塑过程中，模具在闭合的同时需将型坯封口并将余料切除，因此在模具相应部位要设置夹坯口。瓶底剪切口的截面形状及尺寸如图 16－7 所示，刃口部接合宽度为 b，切口倾斜角为 α。对于小型吹塑件切口宽度 b 取 1～2 mm；对于大型吹塑件 b 取 2～4 mm。不同塑料品种切口宽度 b 和切口倾斜角 α 见表 16－5 所列。

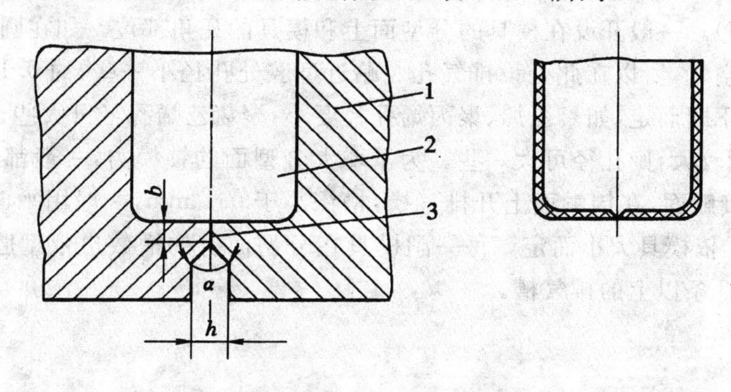

1－模具；2－型腔；3－夹坯口（刃口）

图 16－7　瓶底夹坯口（刃口）形状

表 16－5　瓶底切口尺寸

材　料	b/mm	α/(°)	材　料	b/mm	α/(°)
聚缩醛及其共聚物	0.5	30	聚丙烯	0.3～0.4	15～45
尼龙 6	0.5～4	30～60	聚苯乙烯及其改性品	0.3～1	30
聚乙烯（低密度）	0.1～4	15～45	聚氯乙烯	0.5	60
聚乙烯（高密度）	0.2～4	15～45			

用于薄壁情况下的切口形状，切口倾斜角 α 小，有利于瓶底的融合，也可减少瓶底残留飞边，此时 b 的尺寸较小。为防止瓶底部分过分变薄而采用在其外侧做一阻挡墙，利用其反压力使余料在未被剪断前先向内涌进一些，以补偿由吹塑所引起的减薄过多。

剪口部分的制造是关键部位，剪口接合面的表面粗糙度值要尽可能地小，热处理后要经过磨削和研磨加工，在大量生产中应镀硬铬抛光。

注射吹塑模具因吹塑时型坯完全置入吹塑模腔内，不需制出夹坯口（切口），只需制出型坯的固定装置。

3. 余料槽

型坯在刃口的切断作用下，会有多余的塑料被切除，并被容纳在余料槽内。余料槽通常设在切口的两侧，如图 16－5 和图 16－6 所示。其大小应依型坯夹持后余料的宽度和厚度来确定，以模具能严密闭合为准。

4. 排气孔（槽）

模具闭合后，型腔呈封闭状态，应考虑在型坯吹胀时，模具内原有空气的排出问题。排气不良会使塑件表面出现斑纹、麻坑和成型不完全等缺陷。为此，设计吹塑模还要考虑设置一定数量的排气孔（槽）。一般开设在模具的分型面上和模具的死角部位。如在圆瓶的肩部或瓶底的周围容易滞留空气，所以在此处设排气孔。贴近型腔处孔径小一些，约 0.1～0.3 mm，根据所用塑料品种的不同而定，如聚乙烯、聚丙烯孔径要小，聚氯乙烯孔径可大些；并且要根据型腔的容积而定，如桶较大，则孔径可大一些。为了增大分型面的锁模力，一般都沿型腔周围留有 3～10 mm 宽的接触面，在接触面上开排气槽，槽深小于 0.1 mm，一般用平面磨床精磨而成，槽宽 10～25 mm，依模具大小而定。每一副模具在分型面上的槽数也依型腔的容积而定，在型腔的两边各开 3 条以上的排气槽。

5. 冷　却

吹塑模具的温度一般控制在 20～50 ℃。吹塑模的冷却效果直接影响到瓶子的表面质量，如果冷却不均匀，吹出的成品表面的光泽便有明显的差异，对外观影响非常大。

6. 锁模力

吹塑模具合模时，应使两个半模闭合严密，使模具闭合的力为锁模力，锁模力应大于胀模力。计算公式如下：

$$F > (1.2\sim1.3)p_1A \qquad (16-4)$$

式中：F——设备的锁模力，N；

p_1——吹胀压力，MPa；

A——塑件在分型面上的投影面积，mm^2。

吹胀的压缩空气压力根据所用的塑料而定，如表 16－6 所列。

表 16－6　常用塑料吹胀压力　MPa

塑料种类	吹胀压力	塑料种类	吹胀压力
聚乙烯(低密度)	18～20	聚丙烯	28～30
聚乙烯(高密度)	22～25	聚碳酸酯	30～32
聚苯乙烯	25～28		

思考与练习

16.1　中空吹塑模具分为哪几类？其结构特点分别是什么？

16.2　设计中空吹塑模具时应注意哪些问题？

第 17 章　快速原型制造技术

17.1　快速原型制造技术的基本原理和特点

快速原型(也称快速成型)制造 RP&M(RapidPrototyping&Manufacturing)技术，又称RP技术，是借助计算机、激光、精密传动和数控等现代手段，将计算机辅助设计(CAD)和计算机辅助制造(CAM)集于一体，根据在计算机上构造的三维模型，能在很短的时间内直接制造产品样品，无需传统的机械加工机床和模具。

17.1.1　快速原型制造技术的基本原理

快速原型制造技术的具体工艺方法很多，但其基本原理都是一致的，即以材料添加为基本方法，将三维CAD模型快速(相对于机械加工而言)转变为由具体物质构成的三维实体原型。其基本原理和成型过程如图17-1所示，即先由CAD系统构造出所需零件，然后根据工艺要求，将CAD模型离散化为一定厚度的层片，再对层片数据进行一定的处理，加入加工参数，生成数控代码，最后在计算机的控制下，数控系统以平面加工方式有顺序地连续加工出每个片层，并使它们自动粘接而逐步堆积成型。

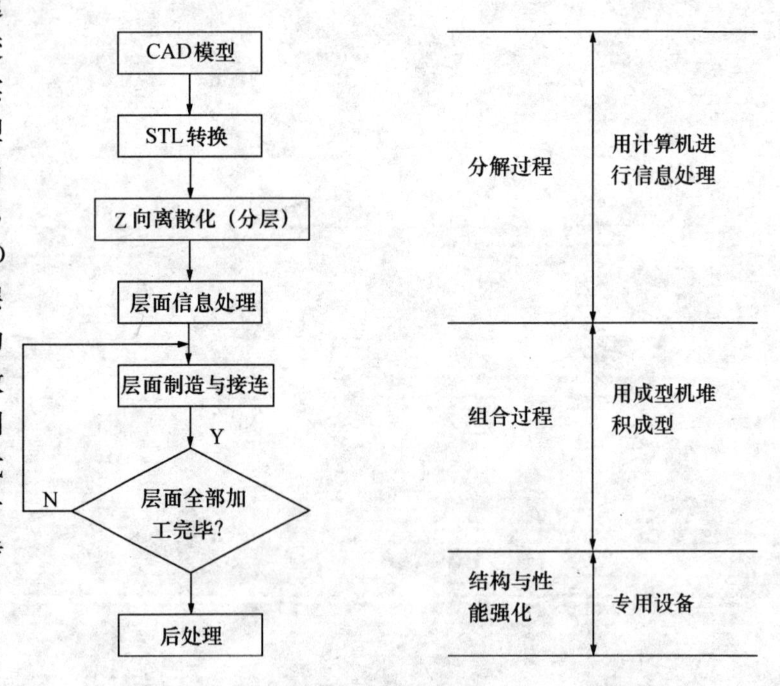

图 17-1　快速原型制造的基本原理与过程

17.1.2　快速原型制造技术的特点及应用

1. 快速原型制造技术的特点

快速原型制造技术作为当代制造技术的前沿，与传统的“受迫成型”（如铸、锻、挤压等）和“去除成型”（如车、铣、钻等）加工技术相比，具有以下特点：

①RP 技术是一种“数字制造技术”。采用离散/堆积成型原理，自动完成数字模型（CAD 模型）到物理模型的转化。

②具有高度柔性和适应性。由于 RP 技术采用将三维转化成二维平面分层制造机理，对于工件的几何复杂性不敏感，因而能制造任意复杂的零件，充分体现设计细节，并能直接制造复合材料零件。

③“直接 CAD 制造”反映了该技术设计、制造一体化的特点。人们只要给出设计目标而无需关心任何后续工艺规划和加工过程，即可制造出产品或原型。

④“即时制造”和“快速成型”反映了该技术的快速性。快速成型过程是高度自动化、长时间连续进行的，操作简单，可以做到昼夜无人看管，开一次机可以自动完成整个工件的加工。

⑤材料的适应性广。RP 技术所用的材料类型丰富多样，包括树脂、纸、蜡、陶瓷粉末和金属粉末等。

⑥RP 技术的制造过程不需要工装模具的投入，其成本只与成型机的运行费、材料费及操作者的工资有关，与产品的批量无关，很适于单件、小批量及特殊、新试制产品的制造。

2. 快速成型制造技术的应用

RP 技术的发展和应用前景十分广阔，在产品的设计和制造领域应用此技术，能显著地缩短产品投放市场的周期，降低成本，提高质量，增强企业的竞争力。一般而言，产品投放市场的周期由设计（初步设计和详细设计）、试制、试验、征求用户意见、修改定型、正式生产和市场核销等环节所需的时间组成。由于采用快速成型技术之后，从产品设计的最初阶段开始，设计者、制造者、推销商和用户都能拿到实实在在的样品（甚至小批量试制的产品），因而可以及早地、充分的进行评价、测试及反复修改，并且能对制造工艺过程及其所需的工具、模具和夹具的设计进行校核，甚至用相应的快速模具制造方法做出模具，因此可以大大减少失误和不必要的返工，从而能以最快的速度、最低的成本和最好的品质将产品推入市场。

当前，随着 RP 技术的持续发展，RP 技术的应用已从单一的模型制作向快速工装、快速功能零件制作等多用途发展。应用领域从机械、电子、汽车、航空，扩大到医疗、美术和建筑等行业，且新的应用领域还在不断扩大。概括地说，RP 技术在制造业的应用主要有以下几个方面：

①设计校验。用 RP 技术快速制作产品的物理模型，以验证设计思想，并发现设计中存在

的问题,从而显著地减少了设计修改的次数,达到缩短产品开发周期、降低开发成本的目标。

②可制造性分析和供货询价。RP原型可用于制造性分析,从而减少工程修改次数和模具返工费用,用于与客户的交流、供货询价和拍摄产品样本照片,进行产品宣传与促销等。

③功能验证。可用RP技术快速制作产品原型直接用于装配检验、干涉检查和功能测试,如流动分析、应力分析和动力学分析等,从而优化设计。

④快速工装或直接制造实际零件。这是当前RP技术应用的一个热点。在许多情况下,用户希望RP原型与最终零件具有相同的物理与力学性能。RP技术可直接快速制造出实际零件或模具,或通过各种转换技术快速制造出工装、模具,快速制造出最终零件,从而大大缩短产品开发周期。

17.2 快速原型制造技术的典型工艺方法

目前,比较成熟的快速原型制造工艺方法已有10余种。下面重点介绍几种常用的快速原型制造技术。

17.2.1 光固化立体成型

1. 光固化立体成型工艺过程

光固化立体成型SLA(Stereo Lithography Apparatus)是采用立体印刷原理的一种工艺,也是最早出现的、技术最成熟和应用最广泛的快速原型技术。光固化立体成型工艺过程为:在液槽中盛满液态光敏树脂,该树脂可在紫外光照射下快速固化。开始时,可升降的上表面处于液面一个截面层(CAD模型离散化后的截面层,厚度为0.07~0.4 mm)厚的高度,聚焦后的激光束在计算机的控制下,在截面轮廓范围内,对液态树脂逐点进行扫描,使被扫描区域的树脂固化,从而形成所需第一层固态截面轮廓;然后,工作台在升降臂的带动下,下降一层高度,以使在原先固化好的树脂表面再敷上一层新的液态树脂,然后激光再对新铺上的一层液态聚合物进行扫描固化,形成第二层所需固态截面轮廓,新固化的一层能牢固地粘接在前一层上,如此重复直到整个制件成型完毕。工件从液槽中取出后还要进行后固化,工作台上升到容器上部,排除剩余树脂,从SLA机取走工作台和工件,用溶剂清除多余树脂,然后将工件放入后固化装置,经过一段时间紫外曝光后,工件完全固化。常用的液态光敏聚合物有环氧树脂和丙烯酸树脂等。紫外光可以由He-Cd激光器,或者UVargorlion激光器产生。

2. 光固化立体成型的特点

SLA的特点是技术成熟,尺寸精度高,可确保工件尺寸精度在0.1 mm以内;表面质量好，工件的最上层表面很光滑；可以制作结构十分复杂的模型。不足之处有：设备昂贵，运行费用高；可选材料有限，必须是光敏树脂；成型过程中使聚合物收缩产生内应力，从而引起工件翘曲和其他变形；需要设计工件的支撑结构，确保在成型过程中工件的每一结构部位都能可靠定位。

17.2.2 叠层实体制造

1. 叠层实体制造工艺过程

叠层实体制造 LOM(Laminated Object Manufacturing)是通过对原料纸进行层合与激光切割来形成零件的。该制造技术所需设备有：计算机、原材料存储及送进机构、热粘压机构、激光切割系统、可升降工作台、数控系统和机架等组成。其中，计算机用于接收和储存工件的三维模型，沿模型的高度方向提取一系列的横截面轮廓线，发出控制指令。LOM 工艺先将单面涂有热熔胶的胶纸带通过加热辊加热加压，与先前已形成的实体粘接(层合)在一起，激光器按分层 CAD 模型所得数据，将一层纸切割成所制零件的内外轮廓，轮廓以外不需要的区域切割成小方块(废料)。该层切割完后，工作台下降一个纸厚高度，新的一层纸再平铺在刚成型的面上，通过热压装置将它与下面的已切割层层合和在一起，激光束再次进行切割。经过多次循环工作，最后形成由许多小废料块包围的三维原型零件。然后取出原型，将多余的废料块剔除，就可以获得三维产品。胶纸片的厚度一般为 0.07～0.15 mm。

2. 叠层实体制造的特点

LOM 的优点是：设备价格低廉(与 SLA 相比)，采用小功率 CO_2 激光器，不仅成本低廉，而且使用寿命长，造型材料成本低；原型强度和刚度高，几何尺寸稳定性好，因为造型材料一般是涂有热熔树脂及添加剂的纸，制造过程能够无相变，几乎不存在收缩和翘曲变形；只需切割截面轮廓，成型速度快，原型制造时间短；无需设计和构建支撑结构；能制造大尺寸零件，工业应用面广；代替蜡材烧制时不膨胀，便于熔模铸造。该方法也存在一些缺点：可供应用的原材料种类较少，尽管可选用若干原材料，如纸、塑料、陶土以及合成材料，目前常用的只是纸，其他箔材尚在研制中；纸质零件易吸潮，必须立即进行后处理、上漆；难以制造精细形状零件，难以去除里面的废料，不宜制造内部结构复杂的零件。

17.2.3 选择性激光烧结

1. 选择性激光烧结工艺过程

选择性激光烧结 SLS(Selected Laser Sintering)是采用 CO_2 激光器对粉末材料(塑料粉、

陶瓷与粘结剂的混合粉、金属与粘结剂的混合粉等)进行选择性烧结的工艺。

选择性激光烧结工艺过程为:先采用铺粉辊将一层粉末材料平铺在已成型零件的上表面,并加热至恰好低于该粉末烧结点的某一温度,控制系统控制激光束按照该层的截面轮廓在粉层上扫描,使粉末的温度升至熔化点,进行烧结并与下面已成型的部分实现粘接。当一层截面烧结完后,工作台下降一个层的厚度,铺料辊又在上面铺一层均匀密实的粉末,进行新一层截面的烧结,直至完成整个模型。在成型过程中,未经烧结的粉末对模型的空腔和悬臂部分起着支撑作用。

当实体构建完成并在原型部分充分冷却后,粉末块会上升到初始的位置,将其拿出并放置到一个空的工作台上,用刷子刷去表面粉末露出加工件部分,其余残留的粉末可用压缩空气除去。

SLS工艺适合成型中小型零件,零件的翘曲变形比液态光固化成型工艺要小,适合于产品设计的可视化表现和制造功能测试零件。由于采用各种不同成分金属粉末进行烧结,进行渗铜后置处理,因而制成的产品具有与金属零件相近的力学性能,故可用于制造EDM电极和金属模及小批量零件生产。

2. 选择性激光烧结的特点

SLS的优点是:可以采用多种原料,如大多数工程用塑料、蜡、金属和陶瓷等;能制造很硬的零件;无需设计支撑结构。

SLS的缺点是:预热和冷却时间长,总成型周期长;零件表面粗糙度的高低受粉末颗粒及激光点大小的限制;零件表面一般是多孔性的,后处理较为复杂。

17.2.4 熔丝堆积成型

1. 熔丝堆积成型工艺过程

熔丝堆积成型FDM(Fused Deposition Modeling)是一种不依靠激光作为成型能源,而将各种丝材加热熔化的成型方法。熔丝堆积成型过程为:加热喷头在计算机控制下,根据产品零件的截面轮廓信息,作$X-Y$平面运动,热塑性丝材由供丝机构送至喷头,并在喷头中被加热至略高于其熔点,呈半流动状态,从喷头中挤压出来,很快凝固后形成一层薄片轮廓。一层截面成型完成后,工作台下降一层高度,进行下一层的熔覆,一层叠一层,最后形成整体。

2. 熔丝堆积成型的特点

FDM可快速制造瓶状或中空零件,工艺相对简单,费用较低;但精度较低,难以制造复杂零件,且与截面垂直的方向强度小。适合于产品概念建模及功能测试,所用材料为聚碳酸酯、铸造蜡材和ABS,可实现塑料零件无注射模成型制造。

17.2.5　三维印刷

1. 三维印刷工艺过程

三维印刷 TDP(Three Dimensional Printing)与选择性激光烧结有些相似,不同之处在于它的成型方法是用粘结剂将粉末材料粘结,而不是用激光对粉末材料进行烧结,在成型过程中没有能量的直接介入。由于工作原理与打印机或绘图仪相似,通常称为三维印刷。

TDP 的工艺过程是:含有粘结剂的喷头在计算机控制下,按照零件截面轮廓信息在铺好一层粉末材料的工作平台上,有选择性地喷射粘结剂,使部分粉末粘结在一起,形成截面轮廓。一层粉末成型完成后,工作台下降一个截面层高度,再铺一层粉末,进行下一层轮廓的粘结,如此循环,最终形成三维制品的原型。为提高原型制件的强度,可用浸蜡、树脂或特种粘结剂作进一步的固化。

2. 三维印刷的特点

TDP 的优点是:设备简单,粉末材料价格便宜,制造成本低;成型速度快,高度方向可达 25～50 mm/h;适用的材料范围很广。TDP 的缺点是:制成原型尺寸精度较低,为 0.1～0.2 mm;制成原型的强度较低。

17.3　基于 RP 的快速制模技术

为了快速、低成本地制造出模具产品,近年来,基于 RP&M 和 RE 的快速模具制造技术已成为国外 RP&M 应用研究开发的重点,并演化出一整套快速模具制造技术(RapidTooling,简称 RT),能在几天之内、甚至 24 h 内完成复杂零部件从图样到模具制造的全过程。

目前,RT 技术主要用于生产注射模、冲压模和压铸模等。一般情况下,这类模具具有复杂的型芯、型腔结构,用传统机电加工相当困难,因此可用 RP&M 原型作母模,或据其复制的软模具,浇注(或涂覆)石膏、陶瓷、金属基合成材料和金属等构成硬模具,从而批量生产塑件或金属件。这种模具还有良好的机械加工性能,可进行局部切削加工,以便获得更高的模具精度。

17.3.1　常用的快速模具材料

常用的 RP&M 模具材料可分为表面处理材料、软模具材料和硬模具材料 3 种。表面处理材料主要有清漆、铝锌合金(用于电弧喷镀)、金属基或陶瓷基合成材料,材料直接涂覆在模具表面上,可提高其力学性能和稳定性。

软模具材料主要有硅橡胶、聚氨酯等。这些材料有很好的弹性,用它们来复制模具可不考虑脱模斜度,基本不会损失尺寸精度。硬模具材料主要有陶瓷、金属基或陶瓷基合成材料、铸铁或铸钢。这些材料的硬度高,能耐高温,可用于制作高温模具。

17.3.2 常用快速制模方法与工艺

利用 RP&M 快速制模可以分为间接制模和直接制模两种方式。

1. 间接制模法

目前,基于 RP 快速制造模具的方法多为间接制模法。间接制模法指利用 RP 原型间接地翻制模具,依据材质不同,间接制模法生产出来的模具一般分为软质模具(Soft Tooling)和硬质模具(Hard Tooling)两大类。

软质模具因其所使用的软质材料(如硅橡胶、环氧树脂等)有别于传统的钢质材料而得名,由于其制造成本低和制作周期短,因而在新产品开发过程中作为产品功能检测和投入市场试运行以及国防、航空等领域单件、小批量产品的生产方面受到高度重视,尤其适合于批量小、品种多、改型快的现代制造模式。目前提出的软质模具制造方法主要有硅橡胶浇注法、金属喷涂法、树脂浇注法等。

软质模具生产制品的数量一般为 50～5 000 件,对于上万件乃至几十万件的产品,仍然需要传统的硬质模具。硬质模具指的就是钢质模具,利用 RP 原型制作钢质模具的主要方法有熔模铸造法、电火花加工法、陶瓷型精密铸造法等。

间接制模法利用 RP 技术首先制作模芯,然后用此模芯复制硬模具(如铸造模具,或采用喷涂金属法获得轮廓形状),或制作加工硬模具的工具(如翻制由环氧树脂和碳化硅粉混合的砂轮——研磨模,在研磨机上研磨出石墨电极等),或者作母模复制软模具(Soft Tooling 或 Economical Tooling)等。在模具的设计和加工过程中,样件(原型)的设计和加工是非常重要的环节之一。与数控加工方式相比,RP&M 技术可以更快、更方便地设计并制造出各种复杂的原型。将 RP 原型作为样件用于传统的模具制造工艺,一般可使模具制造成本和周期减少一半,明显提高了生产效率。随着 RP 原型制作精度的提高,这种间接制模工艺已基本成熟,其方法则根据零件生产批量大小而不同。常用的有:硅橡胶模(批量 50 件以下)、环氧树脂模(数百件以下)、金属冷喷涂模(3 000 件以下)、快速制件 EDM 电极加工钢模(5 000 件以上)等,表 17-1 列出了几种简易模具的相对成本与寿命。

表 17-1　几种简易模具的相对成本与寿命

模具类型	相对制造成本	制造周期/周	模具寿命/次
硅橡胶模	5	2	30
金属树脂模	9	4～5	300
电弧热喷涂模	25	6～7	1 000
镍蒸发沉积模	30	6～7	5 000
合金模具	60	15～25	8～18 万

下面分别介绍几种常用的间接制模法：

(1)硅橡胶模具

硅橡胶具有良好的仿真性、强度和极低的收缩率。用该材料制造弹性模具简单易行，无需特殊的技术及设备，只需数小时在室温下即可制成。硅橡胶模具能经受重复使用和粗劣操作，能保持制件原型和批量生产产品的精密公差，并能直接加工出形状复杂的零件，免去铣削和打磨加工等工序，而且脱模十分容易，大大缩短产品的试制周期，同时模具修改也很方便。此外，由于硅橡胶具有良好的柔性和弹性，对于结构复杂、花纹精细、无脱模斜度或具有倒脱模斜度以及具有深凹槽的零件来说，制件浇注完成后均可直接取出，这是其相对于其他模具的独特之处。

硅橡胶可分为室温硫化硅橡胶(RTV)和高温硫化硅橡胶(HTV)两种，室温硫化硅橡胶一般为非透明体，也有透明体。例如，RTV585 是一种室温硫化非透明硅橡胶，它在 25 ℃下加入催化剂，经 24 h 后初步固化成弹性体，4 天后的性能如表 17-2 所列；RTV141 是一种室温硫化透明硅橡胶，它在 25 ℃下加入催化剂，经 24～48 h 后初步固化成弹性体，如果将其加热至 150 ℃，1 h 就能固化，固化后的性能如表 17-2 所列。这种材料有很好的切割性能，用薄刀片就可容易地将其切开，并且切面间非常贴合。因此，用它来复制模具时，可以先不分上、下模，整体浇注出软模后，再沿预定分型面将其切开，取出母模，得到上、下两个软模。TEKSIL 高温硫化硅橡胶的硫化温度为 170 ℃，它比室温硫化硅橡胶有更好的性能，其硬度为 55～75HSA，抗压强度可达 12.4～62.1 MPa，工作温度可达 150～500 ℃，用这种材料制成的锌合金离心铸造模的寿命可达 200～500 件。

基于 RP 原型的硅橡胶模具制作工艺过程的主要步骤：

1)原型表面处理

RP 法制作的原型在其叠层断面之间一般存在台阶纹或缝隙，需进行打磨和防渗与强化处理等，以提高原型的表面光滑度和抗湿性与抗热性等。只有原型表面足够光滑才能保证制作的硅胶模型的表面粗糙度，进而确保翻制的产品具有较高的表面质量和便于从硅胶模中取出。

表 17-2 RTV585 与 RTV141 的性能比较

材料 性能	RTV585	RTV141
硬度 HSA	28	50
抗拉强度/MPa	4	6
断裂伸长率/%	300	120
线收缩率/%	0.3	0.4

2)制作型框和固定原型

依据原型的几何尺寸和硅橡胶模使用要求设计浇注型框的形状和尺寸，型框的尺寸应适中。在固定原型之前，需确定分型面和浇口的位置，分型面和浇口位置的确定是十分重要的，它直接影响着浇注产品能否顺利脱模和产品浇注质量的好坏。当分型面和浇口选定并处理完毕后，便将原型固定于型框中。

3)硅橡胶计量、混合并真空脱泡

硅橡胶用量应根据所制作的型框尺寸和硅橡胶的密度准确计量。将计量好的硅橡胶添入适当比例的硬化剂，搅拌均匀后进行真空脱泡。脱泡时间应根据达到的真空度来掌握。

4)硅橡胶浇注及固化

硅橡胶混合体真空脱泡后浇注到已固定好原型的型框中。在浇注过程中，应掌握一定的技巧。硅橡胶浇注后，为确保型腔充填完好，再次进行真空脱泡。脱泡的目的是抽出浇注过程中掺入硅胶中的气体和封闭于原型空腔中的气体，此次脱泡的时间应比浇注前的脱泡时间适当加长，具体时间应根据所选用的硅橡胶材料的可操作时间和原型大小而定。脱泡后，硅胶模可自行硬化或加温硬化。加温硬化可缩短硬化时间。

5)拆除型框、刀剖开模并取出原型

当硅橡胶模硬化后，即可将型框拆除并去掉浇道棒等。参照原型分型面的标记进行刀剖开模，将原型取出，并对硅橡胶模的型腔进行必要清理，便可利用所制作的硅橡胶模具在真空状态下进行树脂或塑料产品的制造。

(2)环氧树脂模具

环氧树脂快速制模即借用金属浇注方法，将已准备好的浇注原料(树脂均匀掺入添加剂)注入一定的型腔中使其固化，从而制得模具的方法。

因为环氧树脂模具通常只应用于工艺验证和零件的单件小批量生产，因此，其力学性能并不十分重要，其强度一般由金属制作的模框来保证。然而，环氧树脂混合物的工艺性能应该尽量地好，以满足快速经济制模的要求。

低粘度的环氧树脂具有较好的流动性，这点对保证树脂模具有良好的复制性很重要。低粘度也有利于树脂混合物的排气，提高树脂材料的致密性。低分子量的环氧树脂本身具有较低的粘度，在环氧树脂混合物中加入稀释剂也降低其粘度。

环氧树脂混合物的固化收缩率应该尽可能地低，这样才能严格控制环氧树脂模具的收缩，并保证其制造精度，这点可以通过在环氧树脂混合物中加入填料的方法实现，常用的填料有铝粉、铁粉和铱粉等。这些填料不仅能降低环氧树脂混合物在固化过程中的收缩，而且还可提高环氧树脂模的强度、硬度、耐磨性、耐热性和导热性。用填料取代部分环氧树脂也可以降低模具的制作成本。

由于光固化树脂的玻璃化温度为 60 ～80 ℃，因此，如果直接使用光固化原型作为环氧树脂模具的制模模型，就应尽可能选用常温固化的固化剂，至少要保证初始固化温度低于 60 ℃。胺类固化剂通常能满足这种要求。如果直接使用光固化原型制作环氧树脂模具，还必须正确选择合适的脱模剂，因为光固化原型使用的光敏材料（环氧或丙烯酸类）都与环氧树脂有很强的亲和力。普通的塑料如 ABS 等都可以使用环氧树脂模具进行小批量的浇注成型，寿命可以达到 3 000 件以上。

环氧树脂模具制作工艺过程的主要步骤：

1)模型准备

多数采用快速原型技术制作的原型具有与真实零件完全相同的结构和形状，并用作设计评估和试装配，当原型用作制模模型时，必须考虑到模具制造的一些具体问题。首先，真实功能零件制造中可能存在材料的收缩，因此，原型的形状和尺寸应该适当修正以补偿材料收缩引起的变形。另一个问题是由制模方法所决定的，用于制造环氧树脂模具的快速原型应带合适的脱模斜度。通常分型线用耐火泥在模型上制出，但是，复杂的分型线也需要在快速原型上直接制造出来。用于制模的原型有时需要进一步抛光，以减弱“台阶效应”，并使模型具有较低的表面粗糙度。

环氧树脂模具的制作和其他软模（如硅橡胶模具）制作一样，首先由快速成型技术制作原型（实际最终零件）作母模，作为母模的原型件必须经过表面打磨和抛光。

2)底座制作并固定原型

底座的制作要保证与模型及分型面相吻合，底座可以由一些容易刻凿的材料像木材、金属、塑料、玻璃、石膏、甚至耐火泥制作。固定好模型后，进行模框搭建。当环氧树脂模具需要用模框加强时，模框应当用金属制作，并且模框内部应尽可能粗糙，以增大环氧树脂与模框的粘接强度。

3)涂脱模剂

为了顺利脱模，模型及分型面必须涂脱模剂。脱模剂应该涂得尽可能地薄，并且尽可能均匀地涂 2～3 遍，以防止漏涂和涂不均匀。然而，起增强作用的金属模框和一些镶嵌件不能涂脱模剂。有时，为了使其与环氧树脂连接更好，还应打毛其表面，或将其作为镶嵌结构。将环氧树脂与固化剂和填料及附加物金属粉末等均匀混合，混合过程中必须仔细搅拌，尽可能地防止混进气体。采用真空混料机可以有效地防止气体的混入。

4)浇注树脂

脱模剂喷洒完毕后,将混合好的填充物浇注到型框内,应保证浇注速度尽量均匀,并尽可能使环氧树脂混合料从模框的最低点进入。

5)去除底座并进行另一半模的制作

待树脂混合物基本固化后,将模具小心地翻转过来并移走底座,搭建另一半模的模框,喷洒脱膜剂,以同样过程浇注另一半模具。

6)树脂硬化并脱模

待树脂完全固化后,移走型框,将上下半模放入后处理的炉子内加热并保温,环氧树脂的硬化过程可以在一定压力下进行。实践证实,压力条件下进行硬化可以防止气孔的产生,并可提高材料的致密度以及模具的精度和表面质量。由于光固化树脂的力学性能较低,而且大部分做成中空结构(为了提高制造速度并节约树脂材料),因此压力不能太高。硬化过程最好在60 ℃以下,因为光固化树脂材料的玻璃化温度一般在60～80 ℃之间。当环氧树脂完全硬化后,采用顶模杆或专用起模装置将原型从树脂模具中取出。

7)模具修整并组装

如果环氧树脂模具上存在个别小的缺陷,可以进行手工修整。修整包括局部环氧树脂补贴和钳工打磨等。当上下半模修整完毕后,便可以与标准的或预先设计并加工好的模架进行装配,完成环氧树脂模具的制作,交付使用。

(3)金属喷涂模

金属喷涂模以原型为样模,将低熔点的熔化金属充分雾化后以一定的速度喷射到样模表面,形成模具型腔表面,背衬充填复合材料,用填充铝的环氧树脂或硅橡胶支撑,将壳与原型分离,得到精密的模具,并加入浇注系统和冷却系统等,连同模架构成注塑模具。

其特点为:工艺简单、周期短;型腔及其表面精细花纹一次同时形成,省去了传统模具加工中的制图、数控加工和热处理等昂贵、费时的步骤,不需机加工;模具尺寸精度高,周期短,成本低。

(4)陶瓷型精铸模

陶瓷型精铸模以快速成型系统制作样模,用特制的陶瓷浆料浇注成陶瓷铸型,制作模具工艺样模或陶瓷材料模具。

①化学粘结陶瓷浇注型腔。用快速原型系统制作母模,浇注硅橡胶、环氧树脂、聚氨酯等软材料构成软模,移去母模,在软模中浇注化学粘结陶瓷(CBC陶瓷基合成材料)型腔,在205℃下型腔固化,然后对型腔表面进行抛光处理,再加入浇注系统和冷却系统等。这种化学粘结陶瓷型腔的注射模寿命约为300件。

②用陶瓷或石膏模浇注塑钢或铁型腔。用快速原型系统制作母模,浇注硅橡胶、环氧树脂、聚氨酯等软材料构成软模,移去母模,在软模中浇注陶瓷或石膏模。浇注钢或铁型腔。型

腔表面须抛光，加入浇注系统和冷却系统等制成批量生产用注射模。

陶瓷型铸造的优点在于工艺装备简单，所得铸型具有极好的复印性和较好的表面粗糙度以及较高的尺寸精度。它特别适合于零件的小批量生产、复杂形状零件的整体成型制造、模具制造以及难加工材料成型。

2. 直接制模法

直接制模法指直接采用 RP 技术，将模具 CAD 的结果由 RP 系统直接制作出模具。由于制造出的模具能耐高温，并具有较好的机械强度和稳定性，故直接用 RP 技术制造出的模具，经表面处理后可直接用于生产中。这种方法不需要先用 RP 系统制作样件，也不依赖传统的模具制造工艺，对金属模具的制造尤为快捷，是一种有开发前景的快速模具制造方法。主要的方法如下：

(1)LOM 法

由于快速成型件有较好的机械强度和稳定性，因此可直接用做某些模具。快速成型系统制造的纸基模有较好的力学性能，经表面处理(如喷涂)后，可用作试制用注塑模型腔。常用的喷涂方法有金属电弧喷镀、金属基合成材料涂覆或陶瓷基合成材料涂覆。其中，金属电弧喷镀的材料为铝锌合金，喷镀厚度可达 3 mm；金属基合成材料又称为“液态金属”，在室温下呈胶体状，16 h 后固化，常用的有铝基合成材料，它是铝粉、环氧树脂与粘结剂的混合物，其抗压强度为 70～80 MPa，工作温度可达 140 ℃，固化收缩率约为 0.1%。陶瓷基合成材料的抗压强度为 251.7 MPa，工作温度可达 260 ℃。

(2)SLS 法

SLS 法使用的是粉末材料，固化过程是热引导相位变化面非化学反应。现有阶段适宜采用的材料有热塑性塑料和低熔点金属，如 ABS、聚氯乙烯、尼龙、石蜡、合金等，当然还包括表面涂有上述材料之一或多种材料的陶瓷或高熔点合金。这种直接制造模具的过程为：直接三维 CAD 实体造型模具(凸、凹模及其他部件)，采用 SLS 法，激光烧结涂有聚合物粘结剂的金属粉末，然后在炉中焙烧烧去粘结剂，得到金属模具。这个过程时间较长些，而且在烧结的过程中由于材料高收缩率的影响难以得到高精度的模具，加之模具内部有孔间隙，故必须将低熔点的金属(如铜)渗进去形成具有致密结构的模具，最后抛光型腔表面和型芯面，再加入浇注系统和冷却系统，构成注射模具。这种注射模具的寿命约为 5 万件。

(3)LS 法

LS 法中最典型的是直接烧结几种不同熔点的金属混合物，彼此补偿体积变化。烧结过程中产生的收缩几乎可以忽略，最终形成材料性能可与铝相比较的金属模具，还可通过将低熔点的金属渗进模具的方法使模具结构更致密，将模具工作面抛光，加入浇注系统和冷却系统即可得到能够用于生产的注射模具。这种方法比 SLS 法制作的模具精度高，因为其不存在烧掉粘结剂过程中的收缩问题。

由此可见，采用快速原型制造技术，结合精密铸造、硅橡胶等制造软模、粉末烧结等技术，可以快速制造出功能模具，与传统的CNC电火花成型加工模具的方法相比具有独特的优点。基于RP技术的快速模具制造既省时又节约了成本，尤其对于具有复杂形状零件的模具来说，RP技术更能充分显示其优越性。

附录A　常用塑料

A.1　热塑性塑料

1. 聚乙烯(PE)

(1)基本特性

聚乙烯塑料的产量为塑料工业之冠，其中以高压聚乙烯的产量最大。聚乙烯树脂为无毒、无味，呈白色或乳白色，柔软、半透明的大理石状粒料，密度为 0.91～0.96 g/cm^3，为结晶型塑料。

聚乙烯按聚合时所采用压力的不同，可分为高压、中压和低压聚乙烯。高压聚乙烯的分子结构不是单纯的线型，而是带有许多支链的树枝状分子。因此，它的结晶度不高(结晶度为60%～70%)，密度较低，相对分子质量较小，常称为低密度聚乙烯。它的耐热性、硬度和机械强度等都较低。但它的介电性能好，具有较好的柔软性、耐冲击性及透明性，成型加工性能也较好。中、低压聚乙烯的分子结构是支链很少的线型分子，其相对分子质量、结晶度较高(87%～95%)，密度大，常称为高密度聚乙烯。它的耐热性、硬度和机械强度等都较高，但柔软性、耐冲击性及透明性、成型加工性能都较差。

聚乙烯的吸水性极小，且介电性能与温度、湿度无关。因此，聚乙烯是最理想的高频电绝缘材料，在介电性能上只有聚苯乙烯、聚异丁烯及聚四氟乙烯可与之相比。

(2)主要用途

低压聚乙烯可用于制造塑料管、塑料板、塑料绳以及承载不高的零件，如齿轮、轴承等；中压聚乙烯最适宜的成型方法有高速吹塑成型，可制造瓶类、包装用的薄膜以及各种注射成型塑件和旋转成型塑件，也可用在电线电缆上面；高压聚乙烯常用于制作塑料薄膜(理想的包装材料)、软管、塑料瓶以及电气工业的绝缘零件和电缆外皮等。

(3)成型特点

聚乙烯的成型收缩率范围及收缩值大，方向性明显，容易变形、翘曲。应控制模温，保持冷却均匀、稳定；流动性好且对压力变化敏感；宜用高压注射，料温均匀，填充速度应快，保压充分；冷却速度慢，因此必须充分冷却，模具应设有冷却系统；质软易脱模，塑件有浅的侧凹槽时可强行脱模。

2. 聚丙烯(PP)

(1)基本特性

聚丙烯无色、无味、无毒。外观似聚乙烯,但比聚乙烯更透明、更轻。密度仅为0.9～0.91 g/cm³。它不吸水,光泽好,易着色。

聚丙烯具有聚乙烯所有的优良性能,如卓越的介电性能、耐水性、化学稳定性,好的成型加工性等;还具有聚乙烯所没有的许多性能,如屈服强度、抗拉强度、抗压强度和硬度及弹性等均优于聚乙烯。定向拉伸后聚丙烯可制作铰链,有特别高的抗弯曲强度。如聚丙烯注射成型一体铰链(盖和本体合一的各种容器),经过7×10^7次开闭弯折未产生损坏和断裂现象。聚丙烯熔点为164～170 ℃,耐热性好,能在100 ℃以上的温度下进行消毒灭菌。其低温使用温度达-15 ℃,低于-35 ℃时会脆裂。聚丙烯的高频绝缘性能好,而且由于其不吸水,绝缘性能不受湿度的影响,但在氧、热、光的作用下极易降解、老化,所以必须加入稳定剂。

(2)主要用途

聚丙烯可用做各种机械零件如法兰、接头、泵叶轮、汽车零件和自行车零件;可作为水、蒸气、各种酸碱等的输送管道,化工容器和其他设备的衬里、表面涂层;可制造盖和本体合一的箱壳,各种绝缘零件,并用于医药工业中。

(3)成型特点

聚丙烯的成型收缩范围及收缩率大,易发生缩孔、凹痕、变形,方向性强;流动性极好,易于成型;热容量大,注射成型模具必须设计能充分进行冷却的冷却回路,注意控制成型温度。料温低时方向性明显,尤其是低温、高压时更明显。聚丙烯成型的适宜模温为80 ℃左右,不可低于50 ℃,否则会造成成型塑件表面光泽差或产生熔接痕等缺陷。温度过高会产生翘曲和变形。

3. 聚氯乙烯(PVC)

(1)基本特征

聚氯乙烯是世界上产量最高的塑料品种之一。其原料来源丰富,价格低廉,性能优良,应用广泛。其树脂为白色或浅黄色粉末,形同面粉,造粒后为透明块状,类似明矾。

根据不同的用途加入不同的添加剂,聚氯乙烯塑件可呈现不同的性质。在聚氯乙烯树脂装加入适量的增塑剂,可制成多种硬质、软质塑件。纯聚氯乙烯的密度为1.4 g/cm³,加入了增塑剂和填料等的聚氯乙烯塑件的密度范围一般为1.15～2.00 g/cm³。

硬聚氯乙烯不含或含有少量增塑剂。它的机械强度颇高,有较好的抗拉、抗弯、抗压和抗冲击性能,可单独用做结构材料;其介电性能好,对酸碱的抵抗能力极强,化学稳定性好;但成型比较困难，耐热性不高。软聚氯乙烯含有较多的增塑剂，柔软且富有弹性，类似橡胶，但比橡胶更耐光、更持久。在常温下其弹性不及橡胶，但耐蚀性优于橡胶，不怕浓酸、浓碱的破坏，不受氧气及臭氧的影响，能耐寒冷。成型性好，但耐热性差，机械强度、耐磨性及介电性能等都不及硬聚氯乙烯，且易老化。

总的来说，聚氯乙烯有较好的电气绝缘性能，可以用做低频绝缘材料，其化学稳定性也较好。由于聚氯乙烯的热稳定性较差，长时间加热会导致分解，放出氯化氢气体，使聚氯乙烯变色，所以其应用范围较窄，使用温度一般在－15～55 ℃之间。

(2)主要用途

由于聚氯乙烯的化学稳定性高，所以可用于制作防腐管道、管件、输油管、离心泵和鼓风机等。聚氯乙烯的硬板广泛用于化学工业上制作各种贮槽的衬里、建筑物的瓦楞板、门窗结构、墙壁装饰物等建筑用材。由于电绝缘性能良好，可在电气、电子工业中用于制造插座、插头、开关和电缆。在日常生活中，用于制造凉鞋、雨衣、玩具和人造革等。

(3)成型特点

聚氯乙烯的流动性差，过热时极易分解，所以必须加入稳定剂和润滑剂，并严格控制成型温度及熔体的滞留时间。成型温度范围小，必须严格控制料温，模具应有冷却装置；采用带预塑化装置的螺杆式注射机。模具浇注系统应粗短，浇口截面宜大，不得有死角滞料。模具应冷却，其表面应镀铬。

4. 聚苯乙烯(PS)

(1)基本特性

聚苯乙烯是产量仅次于聚氯乙烯和聚乙烯的第三大塑料品种。聚苯乙烯无色、透明、有光泽、无毒无味，落地时发出清脆的金属声，密度为1.054 g/cm^3。聚苯乙烯是目前最理想的高频绝缘材料，可以与熔融的石英相媲美。

聚苯乙烯的化学稳定性良好，能耐碱、硫酸、磷酸、10％～30％的盐酸、稀醋酸及其他有机酸，但不耐硝酸及氧化剂的作用，对水、乙醇、汽油、植物油及各种盐溶液也有足够的抗腐蚀能力。它的耐热性低，只能在不高的温度下使用，质地硬而脆，塑件由于内应力而易开裂。聚苯乙烯的透明性很好，透光率很高，光学性能仅次于有机玻璃。它的着色能力优良，能染成各种鲜艳的色彩。

为了提高聚苯乙烯的耐热性和降低其脆性，常用改性聚苯乙烯和以聚苯乙烯为基体的共聚物，从而大大扩大了聚苯乙烯的用途。

(2)主要用途

聚苯乙烯在工业上可用做仪表外壳、灯罩、化学仪器零件和透明模型等；在电气方面用做良好的绝缘材料、接线盒、电池盒等；在日用品方面广泛用于包装材料、各种容器和玩具等。

(3)成型特点

聚苯乙烯性脆易裂，所以成型塑件脱模斜度不宜过小，顶出受力要均匀；热胀系数大，塑件中不宜有嵌件，否则会因两者热胀系数相差太大而导致开裂；由于流动性好，应注意模具间隙，防止成型飞边，且模具设计中大多采用点浇口形式；宜用高料温、高模温、低注射压力成型并延长注射时间，以防止缩孔及变形，降低内应力，但料温过高容易出现银丝；料温低或脱模剂多，则塑件透明性差。

5. 丙烯腈-丁二烯-苯乙烯共聚物(ABS)

(1)基本特性

ABS是丙烯腈、丁二烯、苯乙烯3种单体的共聚物，价格便宜，原料易得，是目前产量最大、应用最广的工程塑料之一。ABS无毒、无味，为呈微黄色或白色不透明粒料，成型的塑件有较好的光泽，密度为1.02～1.05 g/cm^3。

ABS是由3种组分组成的，故它有3种组分的综合力学性能，而每一组分又在其中起着固有的作用。丙烯腈使ABS具有良好的表面硬度、耐热性及耐化学腐蚀性，丁二烯使ABS坚韧，苯乙烯使它有优良的成型加工性和着色性能。

ABS的热变形温度比聚苯乙烯、聚氯乙烯、尼龙等都高，尺寸稳定性较好，具有一定的化学稳定性和良好的介电性能，经过调色可配成任何颜色。其缺点是耐热性不高，连续工作温度为70 ℃左右，热变形温度为93 ℃左右。不透明，耐气候性差，在紫外线作用下易变硬发脆。

根据ABS中3种组分之间的比例不同，其性能也略有差异，从而适应各种不同的应用。

(2)主要用途

ABS在机械工业上用来制造齿轮、泵叶轮、轴承、把手、管道、电机外壳、仪表壳、仪表盘、水箱外壳、蓄电池槽、冷藏库和冰箱衬里等；汽车工业上用ABS制造汽车挡泥板、扶手、热空气调节导管、加热器等，还可用ABS夹层板制作小轿车车身；ABS还可用来制作水表壳、纺织器材、电器零件、文教体育用品、玩具、电子琴及收录机壳体、食品包装容器、农药喷雾器及家具等。

(3)成型特点

ABS易吸水，使成型的塑件表面出现斑痕、云纹等缺陷。为此，成型加工前应进行干燥处理；在正常的成型条件下，壁厚、熔体温度对收缩率影响极小；要求塑件精度高时，模具温度可控制在50～60 ℃，要求塑件光泽和耐热时，应控制在60～80 ℃；ABS比热容低，塑化效率高，凝固也快，故成型周期短；ABS的表观粘度对剪切速率的依赖性很强，因此模具设计中大都采用点浇口形式。

6. 聚酰胺(PA)

(1)基本特性

聚酰胺通称尼龙。尼龙是含有酰胺基的线型热塑性树脂,尼龙是这一类塑料的总称。根据所用原料的不同,常见的尼龙品种有尼龙1010、尼龙610、尼龙66、尼龙6、尼龙9、尼龙11等。

尼龙有优良的力学性能,抗拉、抗压、耐磨。经过拉伸定向处理的尼龙,其抗拉强度很高,接近于钢的水平。因尼龙的结晶性很高,表面硬度大,摩擦系数小,故具有十分突出的耐磨性和自润滑性。它的耐磨性高于一般用做轴承材料的铜、铜合金、普通钢等。尼龙耐碱、弱酸,但强酸和氧化剂能侵蚀尼龙。尼龙的缺点是吸水性强、收缩率大,常常因吸水而引起尺寸变化。其稳定性较差,一般只能在80～100 ℃之间使用。

为了进一步改善尼龙的性能,常在尼龙中加入减摩剂、稳定剂、润滑剂和玻璃纤维填料等,以克服尼龙存在的一些缺点,提高机械强度。

(2)主要用途

尼龙广泛用于工业上制作各种机械、化学和电器零件,如轴承、齿轮、滚子、辊轴、滑轮、泵叶轮、风扇叶片、蜗轮、高压密封扣圈、垫片、阀座、输油管、储油容器、绳索、传动带、电池箱和电器线圈等零件,还可将粉状尼龙热喷到金属零件表面上,以提高耐磨性或作为修复磨损零件之用。

(3)成型特点

尼龙原料较易吸湿,因此在成型加工前必须进行干燥处理。尼龙的热稳定性差,干燥时为避免材料在高温时氧化,最好采用真空干燥法;尼龙的熔融粘度低,流动性好,有利于制成强度特别高的薄壁塑件,但容易产生飞边,故模具必须选用最小间隙;熔融状态的尼龙热稳定性较差,易发生降解使塑件性能下降,因此不允许尼龙在高温料筒内停留过长时间;尼龙成型收缩率范围及收缩率大,方向性明显,易产生缩孔、凹痕、变形等缺陷,因此应严格控制成型工艺条件。

7. 聚甲醛(POM)

(1)基本特性

聚甲醛是继尼龙之后发展起来的一种性能优良的热塑性工程塑料,其性能不亚于尼龙,而价格却比尼龙低廉。聚甲醛树脂为白色粉末,经造粒后为淡黄或白色,半透明有光泽的硬粒。

聚甲醛有较高的抗拉、抗压性能和突出的耐疲劳强度,特别适合于用做长时间反复承受外力的齿轮材料;聚甲醛尺寸稳定、吸水率小,具有优良的减摩、耐磨性能;能耐扭变,有突出的回弹能力,可用于制造塑料弹簧;常温下一般不溶于有机溶剂,能耐醛、酯、醚、烃及弱酸、弱碱,耐汽油及润滑油性能也很好，但不耐强酸；有较好的电气绝缘性能。

聚甲醛的缺点是成型收缩率大，在成型温度下的热稳定性较差。

(2)主要用途

聚甲醛特别适合于制作轴承、凸轮、滚轮、辊子、齿轮等耐磨传动零件，还可用于制造汽车仪表板、汽化器、各种仪器外壳、罩盖、箱体、化工容器、泵叶轮、鼓风机叶片、配电盘、线圈座、各种输油管、塑料弹簧等。

(3)成型特点

聚甲醛的收缩率大；它的熔融温度范围小，热稳定性差，因此过热或在允许温度下长时间受热，均会引起分解，分解产物甲醛对人体和设备都有害。聚甲醛的熔融或凝固十分迅速，熔融速度快有利于成型，缩短成型周期，但凝固速度快会使熔体结晶化速度快，塑件容易产生熔接痕等表面缺陷。所以，注射速度要快，注射压力不宜过高。其摩擦系数低、弹性高，浅侧凹槽可采用强制脱出，塑件表面可带有皱纹花样。

8. 聚碳酸酯(PC)

(1)基本特性

聚碳酸酯为无色透明粒料，密度为1.02～1.05 g/cm^3。聚碳酸酯是一种性能优良的热塑性工程塑料，韧而刚，抗冲击性在热塑性塑料中名列前茅；成型零件可达到很好的尺寸精度并在很宽的温度范围内保持其尺寸的稳定性；成型收缩率为0.5%～0.8%；抗蠕变、耐磨、耐热、耐寒；脆化温度在100 ℃以下，长期工作温度达120 ℃；聚碳酸酯吸水率较低，能在较宽的温度范围内保持较好的电性能。聚碳酸酯是透明材料，可见光的透光率接近90%。

其缺点是耐疲劳强度较差，成型后塑件的内应力较大，容易开裂。用玻璃纤维增强聚碳酸酯可克服上述缺点，使聚碳酸酯具有更好的力学性能，更好的尺寸稳定性，更小的成型收缩率，并可提高耐热性和耐药性，降低成本。

(2)主要用途

聚碳酸酯在机械上主要用做各种齿轮、蜗轮、蜗杆、齿条、凸轮、轴承、各种外壳、盖板、容器、冷冻和冷却装置零件等。在电气方面，用做电机零件、风扇部件、拨号盘、仪表壳、接线板等。聚碳酸酯还可制作照明灯、高温透镜、视孔镜、防护玻璃等光学零件。

(3)成型特点

聚碳酸酯虽然吸水性小，但高温时对水分比较敏感，会出现银丝、气泡及强度下降现象，所以加工前必须干燥处理，而且最好采用真空干燥法；熔融温度高，熔体粘度大，流动性差，所以成型时要求有较高的温度和压力；熔体粘度对温度十分敏感，一般用提高温度的方法来增加熔融塑料的流动性。

9. 聚甲基丙烯酸甲酯(PMMA)

(1)基本特性

聚甲基丙烯酸甲酯俗称“有机玻璃”，是一种透光塑料，具有高度的透明性和透光性是有机玻璃的特性，透光率达92%，优于普通硅玻璃。有机玻璃密度为1.18 g/cm^3，比普通硅玻璃轻一半。机械强度为普通硅玻璃的10倍以上；它轻而坚韧，容易着色，有较好的电气绝缘性能；化学性能稳定，能耐一般的化学腐蚀，但能溶于芳烃、氯代烃等有机溶剂；在一般条件下尺寸较稳定。有机玻璃可制成棒、管、板等型材，供二次加工成塑件；也可制成粉状物，供成型加工。其最大缺点是表面硬度低，容易被硬物擦伤拉毛。

(2)主要用途

有机玻璃主要用于制造要求具有一定透明度和强度的防震、防爆和观察等方面的零件，如飞机和汽车的窗玻璃、飞机罩盖、油杯、光学镜片、透明模型、透明管道、车灯灯罩、油标及各种仪器零件，也可用做绝缘材料、广告铭牌等。

(3)成型特点

为了防止塑件产生气泡、混浊、银丝和发黄等缺陷，影响塑件质量，原料在成型前要很好地干燥；为了得到良好的外观质量，防止塑件表面出现流动痕迹、熔接痕和气泡等不良现象，一般采用尽可能低的注射速度；模具浇注系统对料流的阻力应尽可能小，并应给出足够的脱模斜度。

10. 聚砜(PSU)

(1)基本特性

聚砜是20世纪60年代出现的工程塑料，呈透明状微带琥珀色，有些是象牙色的不透明体。聚砜具有突出的耐热、耐氧化性能，可在－100～150 ℃的范围内长期使用，其热变形温度是174 ℃。聚砜有很高的力学性能，其抗蠕变性能比聚碳酸酯还好，另外还有很好的刚性。聚砜的介电性能优良，即使在水和湿气中或190 ℃的高温下，仍保持高的介电性能。聚砜具有较好的化学稳定性，在无机酸或碱的水溶液、醇、脂肪烃中不受影响，但对酮类、氯代烃则不稳定，不宜在沸水中长期使用。聚砜尺寸稳定性较好，还能进行一般机械加工和电镀，但其耐气候性较差。

(2)主要用途

聚砜可用于制造精密度高、热稳定性强、刚性好及电绝缘性良好的电气和电子零件，如断路元件、恒温容器、开关、绝缘电刷、电视机元件、整流器插座、线圈骨架、仪器仪表零件等；聚砜还可制造需要具备热性能、耐化学性、持久性和刚性的零件，如转向柱轴环、电动机罩、飞机导管、电池箱、汽车零件、齿轮和凸轮等。

(3)成型特点

聚砜塑件易发生银丝、云母斑、气泡甚至开裂，因此，加工前原料应充分干燥；聚砜熔体流动性差，对温度变化敏感，冷却速度快，所以模具浇口的阻力要小，模具需加热；聚砜的成型性能与聚碳酸酯相似，但热稳定性比聚碳酸酯差，可能发生熔融破裂；聚砜为非结晶塑料，因而收缩率较小。

11. 聚苯醚(PPO)

(1)基本特性

聚苯醚是呈琥珀色透明的热塑性工程塑料，硬而韧。聚苯醚硬度较尼龙、聚甲醛、聚碳酸酯高，且其蠕变性小，有较好的耐磨性能。聚苯醚使用温度范围宽，长期使用温度为－127～121 ℃，脆化温度低，达－170 ℃，无载荷条件下的间断使用温度达 205 ℃。聚苯醚电绝缘性能优良。耐稀酸、稀碱和盐，耐水及蒸汽性能特别优良。聚苯醚吸水性小，在沸水中煮沸仍具有尺寸稳定性，且耐污染、无毒。聚苯醚的缺点是塑件应力大，易开裂，熔融粘度大，流动性差，疲劳强度较低。

(2)主要用途

聚苯醚可用于制造在较高温度下工作的齿轮、轴承、运输机械零件、泵叶轮、鼓风机叶片。水泵零件、化工用管道及各种紧固件、连接件等。聚苯醚还可用于线圈架、高频印制电路板、电机转子、机壳及外科手术用具以及食具等需要进行反复蒸煮消毒的器件。

(3)成型特点

由于聚苯醚流动性差，模具应加粗流道直径，尽量缩短流道长度，充分抛光浇口及流道内表面；为避免塑件出现银丝及气泡，成型加工前应对塑料进行充分的干燥；宜用高料温、高模温、高压、高速注射成型，保压及冷却时间不宜太长；为消除塑件的应力，防止开裂，应对塑件进行退火处理。

12. 氯化聚醚(CPT)

(1)基本特性

氯化聚醚是一种有突出化学稳定性的热塑性工程塑料，对多种酸、碱和溶剂有良好的耐腐蚀性，化学稳定性仅次于聚四氟乙烯，价格比聚四氟乙烯低。氯化聚醚耐热性能好，能在120 ℃下长期使用，抗氧化性能比尼龙高。氯化聚醚耐磨、减摩性比尼龙、聚甲醛还好，吸水率只有 0.01%，是工程塑料中吸水率最小的一种。它的成型收缩率小而稳定，有很好的尺寸稳定性，且具有较好的电气绝缘性能，特别是在潮湿的状态下的介电性能优异。氯化聚醚的缺点是刚性较差，抗冲击强度不如聚碳酸酯。

(2)主要用途

在机械方面可用于制造轴承、轴承保持架、导轨、齿轮、凸轮和轴套等；在化工方面，可用于制作防腐涂层、容器、化工管道、耐酸泵件、阀和窥镜等。

(3)成型特性

氯化聚醚塑件应力小，成型收缩率小，尺寸稳定性好，宜成型高精度。形状复杂、多嵌件的中小型塑件；吸水性小、加工前必须进行干燥处理；模温对塑件影响显著，模温高，塑件抗拉、抗弯、抗压强度均有一定提高，塑件坚硬而不透明，但其冲击强度及伸长率下降；成型时有微量氯化氢等腐蚀气体放出。

13. 氟塑料

氟塑料是各种含氟塑料的统称，主要包括聚四氟乙烯、聚三氟氯乙烯、聚全氟乙丙烯和聚偏氟乙烯等。

(1)氟塑料的基本特性及主要用途

1)聚四氟乙烯(PTFE)

聚四氟乙烯树脂为白色粉末，外观呈蜡状、光滑不粘，其平均密度为2.2 g/cm^3，是最重的一种塑料。聚四氟乙烯具有卓越的性能，非一般热塑性塑料所能比拟，故有“塑料王”之称。聚四氟乙烯的化学稳定性是目前已知塑料中最优越的一种，它对强酸、强碱及各种氧化剂等腐蚀性很强的介质都完全稳定，甚至沸腾的“王水”、原子工业中用的强腐蚀剂五氟化铀对它都不起作用，其化学稳定性超过金、铂、玻璃、陶瓷及特种钢等，在常温下还没有找到一种溶剂能溶解它。聚四氟乙烯还有优良的耐热耐寒性能，可在−195～250 ℃范围内长期使用而不发生性能变化。聚四氟乙烯的电气绝缘性能良好，且不受环境湿度、温度和电频率的影响，而且其摩擦系数也是塑料中最低的。

聚四氟乙烯的缺点是热膨胀大，而且不耐磨、机械强度差、刚性不足、成型困难。成型塑件时，一般将粉料冷压成坯件，然后再烧结成型。

聚四氟乙烯在防腐化工机械方面用于制造管子、阀门、泵、涂层衬里等；在电绝缘方面广泛应用在需要良好高频性能并能高度耐热、耐寒、耐腐蚀的场合，如喷气式飞机、雷达等方面。另外，聚四氟乙烯也可用于制造自润滑减摩轴承、活塞环等零件。由于聚四氟乙烯具有不粘性，在塑料加工及食品工业中被广泛地作为脱模剂用。聚四氟乙烯在医学上还可以用作代用血管、人工心肺装置等。

2)聚三氟氯乙烯(PCTFE)

聚三氟氯乙烯呈乳白色。聚三氟氯乙烯与聚四氟乙烯相比，其密度相似，为2.07～2.18 g/cm^3。聚三氟氯乙烯硬度较大，摩擦系数大，耐热性及高温下耐蚀性稍差。聚三氟氯乙烯长期使用温度为－200～200 ℃，且具有中等的机械强度和弹性，有特别好的透过可见光、紫外线、红外线以及阻气的性能。

聚三氟氯乙烯可用来制造各种用于腐蚀性介质中的机械零件，如泵、计量器等，也可以用于制作耐腐蚀的透明零件，如密封填料、高压阀的阀座。利用其透明性，聚三氟氯乙烯还可制作视镜及防潮、防粘等涂层和罐头盒的涂层。

3)聚全氟乙烯(PEP)

聚全氟乙烯是聚乙烯和六氟丙烯的共聚物，密度为 2.14～2.17 g/cm^3，其突出的优点是抗冲击性能好。聚全氟乙烯长期使用温度为－85～205 ℃，其高温下流动性比聚三氟氯乙烯好，易于成型加工。其他性能与聚四氟乙烯相似。

聚全氟乙丙烯通常可用来代替聚四氟乙烯，用于化工、石油、电子、机械工业各种尖端科学技术装备的元件或涂层等。

(2)聚三氟氯乙烯、聚全氟乙烯的成型特点

吸湿性小，成型加工前可不必干燥；这类塑料对热敏感，易分解产生有毒、有腐蚀性气体，因此要注意通风排气；熔融温度高，熔融粘度大，流动性差，因此采用高温、高压成型，模具应加热；熔体容易发生熔体破裂现象。

A.2 热固性塑料

1. 酚醛塑料(PF)

(1)基本特性

酚醛塑料是一种产量较大的热固性塑料，它是以酚醛树脂为基础制得的。酚醛树脂本身很脆，呈琥珀玻璃态，必须加入各种纤维或粉末状填料后才能获得具有一定性能要求的酚醛塑料。酚醛塑料大致可分为 4 类：层压塑料、压塑料、纤维状压塑料和碎屑状压塑料。

酚醛塑料与一般热塑性塑料相比，刚性好，变形小，耐热耐磨，能在 150～200 ℃的温度范围内长期使用；在水润滑条件下，有极低的摩擦系数；其电绝缘性能优良。酚醛塑料的缺点是质脆，抗冲击强度差。

(2)主要用途

酚醛层压塑料用浸渍过酚醛树脂溶液的片状填料制成，可制成各种型材和板材。根据所用填料不同，有纸质、布质、木质、石棉和玻璃布等各种层压塑料。布质及玻璃布酚醛层压塑料有优良的力学性能、耐油性能和一定的介电性能，可用于制造齿轮、轴瓦、导向轮、无声齿轮、轴承及用于电工结构材料和电气绝缘材料；木质层压塑料适用于制作水润滑冷却下的轴承及齿轮等；石棉布层压塑料主要用于高温下工作的零件。

酚醛纤维状压塑料可以加热模压成各种复杂的机械零件和电器零件，具有优良的电气绝缘性能，耐热、耐水、耐磨，可制作各种线圈架、接线板、电动工具外壳、风扇叶子、耐酸泵叶轮、齿轮和凸轮等。

(3)成型特点

酚醛塑料成型性能好，特别适用于压缩成型；模温对流动性影响较大，一般当温度超过160 ℃时流动性迅速下降；硬化时放出大量热，厚壁大型塑件内部温度易过高，发生硬化不均及过热现象。

2. 环氧树脂(EP)

(1)基本特性

环氧树脂是含有环氧基的高分子化合物。未固化之前，它是线型的热塑性树脂，只有在加入固化剂(如胺类和酸酐等化合物)交联成不熔的体型结构的高聚物之后，才有作为塑料的实用价值。

环氧树脂种类繁多，应用广泛，有许多优良的性能，其最突出的特点是粘结能力很强，是人们熟悉的"万能胶"的主要成分。此外，环氧树脂还耐化学药品、耐热，电气绝缘性能良好，收缩率小，比酚醛树脂有较好的力学性能。其缺点是耐气候性差，耐冲击性低，质地脆。

(2)主要用途

环氧树脂可用做金属和非金属材料的粘合剂，用于封装各种电子元件，配以石英粉等能浇铸各种模具，还可以作为各种产品的防腐涂料。

(3)成型特点

环氧树脂流动性好，硬化速度快；环氧树脂热刚性差，硬化收缩小，难于脱模，浇注前应加脱模剂；固化时不析出任何副产物，成型时不需排气。

3. 氨基塑料

氨基塑料是由氨基化合物与醛基(主要是甲醛)经缩聚反应而制得的塑料，主要包括脲-甲醛、三聚氰胺-甲醛等。

(1)氨基塑料的基本特性及主要用途

1)脲-甲醛塑料(UF)

脲-甲醛塑料是脲-甲醛树脂和漂白纸浆等制成的压塑粉。脲-甲醛塑料可染成各种鲜艳的色彩，外观光亮，部分透明，表面硬度较高，耐电弧性能好，耐矿物油、耐霉菌，但其耐水性较差，在水中长期浸泡后电气绝缘性能下降。

脲-甲醛塑料大量用于压制日用品及电气照明用设备的零件、电话机、收录机、钟表外壳、开关插座及电气绝缘零件。

2)三聚氰胺-甲醛塑料(MF)

由三聚氰胺-甲醛树脂与石棉滑石粉等制成,也称为密胺塑料。三聚氰胺-甲醛塑料可染上各种色彩,制成耐光、耐电弧、无毒的塑料,其在-20～100 ℃的温度范围内性能变化小,能耐沸水而且耐茶、咖啡等污染性强的物质,能像陶瓷一样方便地去除茶渍一类的污染物,且有重量轻、不易碎的特点。

密胺塑料主要用于制作餐具、航空茶杯及电器开关、灭弧罩及防爆电器的配件。

(2)氨基塑料的成型特点

氨基塑料常用压缩、压注成型。在压注成型时收缩率大,含水分及挥发物多,所以使用前需预热干燥;由于密胺塑料在成型时有弱酸性分解及水分析出,故模具应镀铬防腐,并注意排气;由于流动性好,硬化速度快,因此预热及成型时温度要适当,装料、合模及加工速度要快;带嵌件的密胺塑料塑件易产生应力集中,故尺寸稳定性差。

附录B　塑料常见代号与名称

表 B.1　塑料常见代号与名称

缩写代号	中文名	缩写代号	中文名
AAS	丙烯腈、丙烯酸酯、苯乙烯共聚物	E/P/D	乙烯-丙烯-二烯三元共聚物
ABR	丙烯酸酯-丁二烯橡胶	E/TFE	乙烯-四氟乙烯共聚物
ABS	丙烯腈-丁二烯-苯乙烯共聚物	E/VAC	乙烯-乙酸乙烯乙酯共聚物
A/S	丙烯腈苯乙烯共聚物	E/VAL	乙烯-乙烯醇共聚物
ACM	丙烯酸酯-2-氯乙烯醚橡胶	FDAP	苯二酸二烯丙酯(树脂)
ACS	苯乙烯、丙烯腈与氯化聚乙烯混合物	FEP	苯二酸二烯丙酯(树脂)
AFMU	亚硝基橡胶、三氯亚硝基甲烷、亚硝基全氯丁酸	FEP	全氟(乙烯-丙烯)共聚物、四氟乙烯-六氟丙烯共聚物
AL	藻朊酸纤维	FLU	维通橡胶
ALK	醇酸树脂	FPM	偏氟乙烯/六氟丙烯橡胶
A/A	丙烯腈-甲基丙烯酸酯共聚物	FRP	纤维增强塑料
ANM	丙烯酸酯丙烯腈橡胶	FSI	含氟甲基硅烷橡胶
AP	乙丙橡胶	GPS	通用苯乙烯
APT	三元乙丙橡胶	GRP	玻璃纤维增强塑料
AR	丙烯酸酯橡胶	HDPE	高密度聚乙烯
A/S/A	丙烯腈-苯乙烯-丙烯酸酯共聚物	HIPS	高冲击强度聚苯乙烯
BR	聚丁二烯橡胶	HMWPE	高分子量聚乙烯
CA	乙酸纤维素	HR	丁基橡胶
CAB	乙酸-丁酸纤维素	IR	异戊二烯橡胶
CAP	乙酸-丙酸纤维素	KFK	碳纤维增强塑料
CF	甲酚-甲醛树脂	LDPE	低密度聚乙烯
CFK	化纤增强塑料	MBS	甲基丙烯酸甲酯/丁二烯/苯乙烯共聚物
CFM	聚三氟氯乙烯	MC	甲基纤维素
CFRP	碳纤维增强塑料	MDPE	中密度聚乙烯
CHC	共聚氯醇乙烯化氧橡胶	MF	三聚氰胺-甲醛树脂

续表 B.1

缩写代号	中文名	缩写代号	中文名
CHR	均聚氯醇橡胶	MPF	三聚氰胺-酚甲醛树脂
CM	氯化聚乙烯	NBR	丁腈橡胶
CMC	羟甲基纤维素	NC	硝基纤维素
CN	硝酸纤维素	NCR	腈基氯丁橡胶
CP	丙酸纤维素	NK,NR	天然橡胶
CS	酪素塑料	OER	油充橡胶
CT	三醋酸纤维	PA	聚酰胺
CTA	三乙酸纤维素	PA4	尼龙 4,聚丁内酰胺及纤维
DAP	苯二酸二烯丙酯	PA6	尼龙 6,聚己内酰胺及纤维
EC	乙基纤维素	PA6I	尼龙 6I,间苯二酯六甲基二胺及纤维
ECB	乙烯共聚体与沥青混合物	PA6T	尼龙 6T,聚对苯二甲酰己二胺及纤维
ECO	氯醇橡胶	PA66	尼龙 66,聚己二酰己二胺及纤维
EEA	乙烯/丙烯酸乙酯共聚物	PA610	尼龙 610,聚癸二酸己二胺及纤维
EP	环氧树脂	PA1010	尼龙 1010,聚癸二栈癸二胺及纤维
E/P	乙烯/丙烯共聚物	PA11	尼龙 11,聚氨基十一酸及纤维
PAA	聚丙烯酸	PVA	聚乙烯醇及纤维
PAC	聚丙烯腈及纤维	PVAA	聚乙烯醇缩醛纤维
PAN	聚丙烯腈	PVCA	氯乙烯-乙酸乙烯酯共聚物
PB	聚丁烯-1	PVCC	氯化聚氯乙烯
PBTP	聚对苯二甲酸丁二(醇)酯	PVDC	聚偏二氯乙烯
PC	聚碳酸酯	PVDF	聚偏二氟乙烯
PCR	氯丁橡胶	PVF	聚氟乙烯
PCTFE	聚三氟氯乙烯	PVF2	聚偏二氟乙烯
PDAP	聚邻苯二甲酸二烯丙酯	PVFM	聚乙烯醇缩甲醛
PDAIP	聚间苯二甲酸二烯丙酯	PVK	聚乙烯基咔唑
PE	聚乙烯	PVSI	甲基苯基乙烯基硅橡胶
PEC	氯化聚乙烯	PVP	聚乙烯基吡咯烷酮
PEOX	聚氧化乙烯;聚环氧乙烷	PY	不饱和聚酯树脂

续表 B.1

缩写代号	中文名	缩写代号	中文名
PETP	聚对苯二甲酸乙二(醇)酯	RP	增强塑料
PF	酚醛树脂	RF	间苯二酚-甲醛树脂
PFEP	四氟乙烯/六氟丙烯共聚物	S/AN	苯乙烯-丙烯腈共聚物
PI	聚酰亚胺	SAN	苯乙烯/丙烯腈共聚物
PMCA	聚 α-氯化丙烯酸甲酯	SB	苯乙烯/丁二烯
PIB	聚异丁烯	SBR	丁苯橡胶
PIBI	丁基橡胶	SBS	苯乙烯/丁二烯/苯乙烯嵌段共聚物
PMI	聚甲基丙烯酰亚胺	SCR	苯乙烯氯丁二烯橡胶
POM	聚甲醛	SI	聚硅氧烷
PA	聚甲基丙烯酸甲酯	S/MS	苯乙烯-甲基苯乙烯共聚物
POR	环氧丙烷橡胶	S-PVC	悬浮聚合聚氯乙烯
PP	聚丙烯	SYN	合成纤维类
PPC	氯化聚丙烯	TM	聚硫橡胶
PPO	聚苯醚(聚 2,6-二甲基苯醚),聚苯撑氧	TMC	聚酯粘稠模塑料
PPOX	聚氧化丙烯,聚环氧丙烷	UF	脲甲醛橡胶
PPS	聚苯硫醚	UP	不饱和聚酯
PPSU	聚苯砜	UP-G-G	玻璃纤维织物聚酯预浸渍物
PS	聚苯乙烯	UP-G-M	玻璃毡聚酯预浸渍物
PSAN	苯乙烯/丙烯腈共聚物	UP-G-R	玻璃束聚酯预浸渍物
PSB	苯乙烯/丁二烯共聚物	UR	聚氨酯橡胶
PSI	甲基苯基硅橡胶	VC/E	聚乙烯-乙烯共聚物
PSU	聚砜	VC/E/MA	氯乙烯-乙烯-丙烯酸甲酯共聚物
PTFE	聚四氟乙烯	VC/A	氯乙烯-甲基丙烯酸甲酯共聚物
PUR	聚氨酯	VC/OA	氯乙烯-丙烯酸辛酯共聚物
PVAC	聚乙酸乙烯酯	VC/VAC	氯乙烯-乙酸乙烯酯共聚物
PVAL	聚乙烯醇	VC/VDC	氯乙烯-偏二氯乙烯共聚物
PVB	聚乙烯醇缩丁醛	VPF	交联聚乙烯
PVC	聚氯乙烯	VSI	甲基乙烯基硅橡胶

附录C　热塑性塑料注射成型塑件常见的表观缺陷及产生原因

表C.1　热塑性塑料注射成型塑件常见的表观缺陷及产生原因

塑件表观缺陷	产生的原因
塑件不完整	①注射量不够，加料量及塑化能力不足 ②料筒、喷嘴及模具温度偏低 ③注射压力太低 ④注射速度太慢或太快 ⑤流道或浇口太小，浇口数目不够，位置不当 ⑥溢料过多 ⑦塑件壁太薄，形状复杂且面积大 ⑧塑料流动性太差，或含水分及挥发物多
塑件四周飞边过大	①分型面贴合不严，有间隙，型腔和型芯部分滑动零件间隙过大 ②模具强度和刚性差 ③料筒、喷嘴及模具温度太高 ④注射压力太大、锁模力不足或锁模机构不良，注射机定、动模板不平 ⑤塑料流动性太好 ⑥加料量过多
塑件有气泡	①塑料干燥不良，含水分或挥发物 ②料温高，加热时间长，塑料存在降解、分解 ③注射速度太快 ④注射压力太小 ⑤模温太低，易出真空泡 ⑥模具排气不良
塑件凹陷	①加料量不足 ②料温太高、模温也高，冷却时间短 ③塑件设计不合理，壁太厚或厚薄不均 ④注射及保压时间太短 ⑤注射压力不足 ⑤注射压力不足 ⑥注射速度太快 ⑦浇口位置不当，不利于供料

续表 C.1

塑件表观缺陷	产生的原因
塑件尺寸不稳定	①注射机的电气、液压系统不稳定 ②加料量不稳定 ③塑料颗粒不均,收缩率不稳定 ④成型条件(温度、压力、时间)变化,成型周期不一致 ⑤浇口太小,多型腔时各浇口大小不一致,进料不平衡 ⑥模具精度不良,活动零件动作不稳定,定位不准确
塑件粘模	①注射压力太高,注射时间太长或太短 ②模具温度太高 ③浇口尺寸太大或位置不当 ④模具型腔表面粗糙度过大或有划痕 ⑤脱模斜度太小,不易脱模 ⑥推出位置结构不合理
熔接痕	①料温太低,塑料流动性太差 ②注射压力太小,注射速度太低 ③浇注系统流程长、截面积小,浇口尺寸及形状、位置不对,料流阻力大 ④塑件形状复杂,壁太薄 ⑤冷料穴设计不合理
塑件表面出现波纹	①料温低,模温、喷嘴温度也低 ②注射压力小,注射速度低 ③冷料穴设计不合理 ④塑料流动性差 ⑤模具冷却系统设计不合理 ⑥流道曲折、狭窄
塑件翘曲变形	①模具温度太高,冷却时间不够 ②塑件形状设计不合理,薄厚不均,相差太大,强度不足 ③塑料分子取向作用太大 ④嵌件分布不合理,预热不足 ⑤模具推出位置不当,受力不均 ⑥保压补缩不足,冷却不均,收缩不均
塑件分层脱皮	①不同塑料混杂 ②同种塑料不同级别相混 ③塑化不均匀 ④塑料被污染或混入异物

续表 C.1

塑件表观缺陷	产生的原因
塑件表面有黑点及条纹	①塑料有分解 ②螺杆转速太快,背压太高 ③塑料碎屑卡入螺杆(柱塞)和料筒间 ④喷嘴与进料口吻合不好,产生积料 ⑤排气不畅 ⑥塑料被污染,有杂质 ⑦塑料颗粒大小不均

附录 D　热固性塑件常见的表观缺陷及产生原因

表 D.1　热固性塑件常见的表观缺陷及产生原因

<table>
<tr><th>塑件表观缺陷</th><th>产生的原因</th></tr>
<tr><td>塑件表面不平或产生波纹</td><td>①塑料粘度低
②水分及挥发物含量大
③成型时间(主要指交联固化时间)短
④模具加热不均匀</td></tr>
<tr><td>塑件表面起泡和有气眼</td><td>①物料中的水分及挥发物含量太多,排气不顺畅
②模温过高或过低
③成型压力低或固化时间短,成型压缩率太大,致使塑料包裹空气过多</td></tr>
<tr><td>塑件颜色不均或有雾斑</td><td>①塑料中的着色剂分散程度差
②流动性不好或塑料发生变质
③塑料中混有异物,塑件欠熟</td></tr>
<tr><td>塑件翘曲</td><td>①成型时间短,塑件“欠熟”
②塑料中的水分或挥发物含量太多
③合模前塑料在模内停留时间太长
④塑料固化速度太慢
⑤模温过高或凹、凸模两部分表面温差太大
⑥塑件厚度相差太大,致使塑件各部分收缩不均</td></tr>
<tr><td>塑件变色</td><td>模温太高</td></tr>
<tr><td>塑件尺寸不合格</td><td>①加料量不准
②塑料中的水分与挥发物含量变化大
③操作有误或工艺控制条件发生变化
④塑料不合格</td></tr>
<tr><td>塑件飞边多而厚</td><td>①加料量大,塑料粘度高
②模具设计不合理或模板不平
③分型面贴合不严,有间隙,型腔和型芯部分滑动零件间隙过大</td></tr>
<tr><td>塑件脱模时呈现柔软状</td><td>①塑件“欠熟”
②塑料含水量大
③润滑剂用量太大</td></tr>
<tr><td>塑件粘模</td><td>①成型时间短,模温低
②无润滑剂或用量不当
③模腔表壁粗糙</td></tr>
</table>

参考文献

1. 齐卫东．塑料模具设计与制造[M]. 北京:高等教育出版社,2004.
2. 屈华昌．塑料成型工艺与模具设计[M]. 北京:高等教育出版社,2006.
3. 王鹏驹,张杰．塑料模具设计师手册[M]. 北京:机械工业出版社,2008.
4. 塑料模设计手册编写组．塑料模设计手册[M]. 北京:机械工业出版社,1994.
5. 杨占尧．塑料模具标准及设计应用手册[M]. 北京:化学工业出版社,2008.
6. 郭新玲．塑料模具设计[M]. 北京:清华大学出版社,2006.
7. 陈嘉真．塑料成型工艺及模具设计[M]. 北京:机械工业出版社,1994.